TRAITÉ

D'ANALYSE.

—

TOME I.

36081 Paris. — Imprimerie GAUTHIER-VILLARS ET FILS, quai des Grands-Augustins, 55.

COURS DE LA FACULTÉ DES SCIENCES DE PARIS.

TRAITÉ
D'ANALYSE

PAR

ÉMILE PICARD,

MEMBRE DE L'INSTITUT,
PROFESSEUR A LA FACULTÉ DES SCIENCES.

TOME I.

Intégrales simples et multiples.
L'équation de Laplace et ses applications. Développements en séries.
Applications géométriques du Calcul infinitésimal.

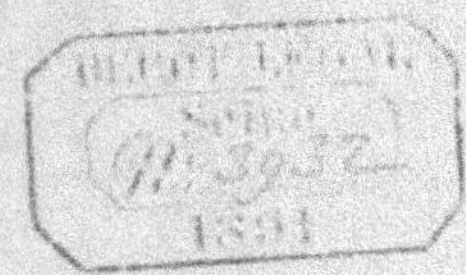

PARIS,

GAUTHIER-VILLARS ET FILS, IMPRIMEURS-LIBRAIRES
DU BUREAU DES LONGITUDES, DE L'ÉCOLE POLYTECHNIQUE,
Quai des Grands-Augustins, 55.

1891

INTRODUCTION.

En publiant ce *Traité d'Analyse*, j'ai pour but principal de développer la partie de mon cours de la Faculté des Sciences, relative à la théorie des équations différentielles. Cet Ouvrage sera donc surtout un traité général sur la théorie des équations différentielles à une ou plusieurs variables. Je n'ai cependant pas cru devoir adopter ce dernier titre, et cela pour deux raisons.

D'abord, quelques-uns de mes auditeurs ayant bien voulu exprimer le regret qu'une partie de mon cours lithographié de 1886-1887 ne fût pas reproduite, je me suis décidé à publier un Volume préliminaire commençant par les parties les plus élémentaires du Calcul intégral. De cette façon, je ne suppose chez le lecteur aucune autre connaissance que les éléments du Calcul différentiel aujourd'hui classiques dans les Cours de Mathématiques spéciales.

Un autre motif, d'un caractère tout scientifique, m'engageait encore à garder le titre un peu vague de *Traité d'Analyse* ; c'est que la théorie des équations différentielles est intimement liée à plus d'une autre théorie qu'il nous faudra approfondir. Pour ne citer qu'un exemple, l'étude préliminaire des fonctions algébriques est indispensable, quand on veut s'occuper de certaines classes d'équations différentielles.

a.

Nous ne nous bornerons donc pas strictement à l'étude des équations différentielles; nous rayonnerons autour de ce centre.

Je ne me dissimule pas les difficultés de la tâche que j'entreprends. L'activité de la pensée mathématique est aujourd'hui telle, qu'il est peut-être téméraire de chercher à esquisser, sur un sujet si vaste, l'état actuel de la Science. Le portrait, à le supposer ressemblant, est destiné, dans quelques parties, à vieillir assez vite. Mais peu importe si l'on se propose seulement d'être utile, en servant de guide à ceux qui désirent se mettre au courant de l'Analyse moderne et craignent de s'égarer seuls dans la multiplicité des Mémoires remplissant les journaux scientifiques.

Le présent Volume est le Volume préliminaire dont je parlais plus haut. Dans la première Partie, j'expose les éléments du Calcul intégral, en insistant sur les notions d'intégrale curviligne et d'intégrale de surface, qui jouent un rôle si important en Physique mathématique. La seconde Partie traite d'abord de quelques applications de ces notions générales; au lieu de prendre des exemples sans intérêt, j'ai préféré développer la théorie de l'équation de Laplace et les propriétés fondamentales du potentiel. On y trouvera ensuite l'étude de quelques développements en séries, particulièrement des séries trigonométriques. La troisième Partie est consacrée aux applications géométriques du Calcul infinitésimal; elle est, avec quelques additions, la reproduction de mon cours lithographié.

Un ami dévoué, M. Georges Simart, a été pour moi un précieux collaborateur. Il a bien voulu, avant l'impression, revoir mon manuscrit; ses judicieux conseils m'ont permis d'améliorer en bien des points ma rédaction et de préciser ou de simplifier plus d'une démonstration. Je suis heureux de lui adresser ici l'expression de mon affectueuse reconnaissance, en même temps que mes remerciements pour la peine qu'il a prise dans la correction des épreuves.

Ém. PICARD.

Paris, le 4 mai 1891.

TABLE DES MATIÈRES

DU TOME I.

PREMIÈRE PARTIE.

Intégrales simples et multiples.

CHAPITRE I.

DES INTÉGRALES DÉFINIES.

CHAPITRE II.

INTÉGRALES INDÉFINIES

CHAPITRE III.

INTÉGRALES CURVILIGNES.

DEUXIÈME PARTIE.

L'équation de Laplace et ses applications. Développements en séries.

CHAPITRE VI

DE L'ÉQUATION DE LAPLACE.

CHAPITRE VII.

ATTRACTION ET POTENTIEL.

CHAPITRE VIII.

INTÉGRATIONS DES SÉRIES. — SÉRIES ENTIÈRES.

CHAPITRE IX.

DES SÉRIES TRIGONOMÉTRIQUES.

CHAPITRE X.

SÉRIES MULTIPLES.

TROISIÈME PARTIE.

Applications géométriques du Calcul infinitésimal.

CHAPITRE XI.

THÉORIE DES ENVELOPPES. — SURFACES RÉGLÉES.
CONGRUENCES ET COMPLEXES.

CHAPITRE XII.

THÉORIE DU CONTACT. — COURBURE.

CHAPITRE XIII.

COURBURE ET TORSION DES COURBES GAUCHES.
FORMULES FONDAMENTALES.

CHAPITRE XIV.

DES COURBES TRACÉES SUR UNE SURFACE.

CHAPITRE XV.

SURFACES APPLICABLES. — REPRÉSENTATION CONFORME.
CARTES GÉOGRAPHIQUES.

TRAITÉ D'ANALYSE.

TOME I.

PREMIÈRE PARTIE.

INTÉGRALES SIMPLES ET MULTIPLES.

CHAPITRE I.

DES INTÉGRALES DÉFINIES.

I. — Définition de l'intégrale définie, ses propriétés fondamentales.

1. Le Calcul intégral a pris naissance le jour où l'on s'est posé la question suivante : une fonction $f(x)$ étant donnée, existe-t-il une fonction qui admette $f(x)$ pour dérivée, c'est-à-dire une fonction telle que l'on ait

$$(1) \qquad \frac{dy}{dx} = f(x).$$

On a d'abord répondu à cette question par une représentation géométrique qui n'a aucune valeur par elle-même, mais qui n'en a pas moins fait faire de grands progrès à la Science. On construisit la courbe $y = f(x)$, et l'on considérait l'aire comprise entre cette courbe, l'axe des x et deux parallèles à l'axe des y, l'une fixe, l'autre variable; on montrait que l'aire, considérée comme fonction de l'abscisse x de cette dernière ordonnée, est une fonction de x ayant $f(x)$ pour dérivée. Il est clair qu'à moins d'admettre que la notion d'aire est une notion première, il n'y a pas là une réponse rigoureuse au problème posé.

Nous allons supposer que la fonction $f(x)$ est une fonction continue de x entre les limites où restera cette variable. Les considérations suivantes conduisent d'elles-mêmes à la combinaison analytique qui, dans le Calcul intégral, joue le rôle essentiel.

Admettons, pour un moment, qu'il existe une fonction y satisfaisant à la relation (1), la fonction y prenant la valeur y_0 pour $x = a$, et la valeur Y pour $x = b$. Partageons l'intervalle (a, b) en n intervalles et soient $x_1, x_2, \ldots, x_{n-1}$ les valeurs de x aux points de subdivision; on désignera par $y_1, y_2, \ldots, y_{n-1}$ les valeurs correspondantes de y. Si l'intervalle $x_1 - a$ est suffisamment petit, le quotient $\frac{y_1 - y_0}{x_1 - a}$ diffère peu de $f(a)$, et nous écrivons les relations approchées

$$y_1 - y_0 = (x_1 - a) f(a),$$
$$y_2 - y_1 = (x_2 - x_1) f(x_1),$$
$$\cdots\cdots\cdots\cdots\cdots\cdots\cdots\cdots$$
$$Y - y_{n-1} = (b - x_{n-1}) f(x_{n-1}).$$

En additionnant membre à membre, il vient

$$Y - y_0 = (x_1 - a) f(a) + (x_2 - x_1) f(x_1) + \ldots + (b - x_{n-1}) f(x_{n-1}),$$

égalité approchée, mais qui, vraisemblablement, sera d'autant plus approchée que le nombre des intervalles sera plus grand, chacun d'eux se rapprochant de zéro. Nous sommes donc ainsi conduit, étant donnée la fonction continue $f(x)$, à *étudier la somme*

$$(x_1 - a) f(a) + \ldots + (b - x_{n-1}) f(x_{n-1}).$$

2. Dans cette étude, nous nous appuierons sur le lemme suivant, où nous entendrons par *oscillation* d'une fonction continue dans un intervalle la différence entre la plus grande et la plus petite des valeurs qu'elle prend dans cet intervalle.

Soient un intervalle (a, b), pour fixer les idées $a < b$, et une fonction $f(x)$ continue dans cet intervalle. Étant donné un nombre positif ε, aussi petit que l'on voudra, *on peut toujours trouver une quantité positive δ telle que, dans tout intervalle compris dans (a, b) et inférieur à δ, l'oscillation de la fonction soit inférieure à ε.*

Ce fait résulte immédiatement de la continuité. Supposons que l'intervalle (a, b) soit partagé en un certain nombre de parties égales, chacune d'elles en ce même nombre de parties, et ainsi de suite. Je dis que nous arriverons ainsi à des intervalles dans chacun desquels l'oscillation de $f(x)$ sera inférieure à $\frac{\varepsilon}{2}$. Admettons, en effet, que notre lemme soit inexact; qu'arrivera-t-il? Si loin qu'on pousse la division, on aura au moins un intervalle dans lequel l'oscillation sera supérieure à $\frac{\varepsilon}{2}$, dans cet intervalle un autre intervalle où l'oscillation sera encore supérieure à $\frac{\varepsilon}{2}$, et ainsi de suite. Ces intervalles étant compris les uns dans les autres, et tendant vers zéro, les extrémités de chacun d'eux tendent forcément vers un même point limite α; nous arrivons donc à cette conclusion que l'oscillation de la fonction serait supérieure à $\frac{\varepsilon}{2}$ dans un intervalle $(\alpha - h, \alpha + h)$, h étant aussi petit qu'on voudra, ce qui est impossible puisque la fonction est continue. D'ailleurs α pourrait coïncider avec a ou b, mais le raisonnement reste toujours applicable.

Pour le mode de subdivision adopté, il arrivera donc un moment où l'oscillation dans chaque intervalle sera inférieure à $\frac{\varepsilon}{2}$; prenons alors pour δ la longueur de cet intervalle; ce nombre satisfera aux conditions de l'énoncé, puisque un intervalle de longueur δ se composera toujours au plus de deux parties, dans chacune desquelles l'oscillation sera inférieure à $\frac{\varepsilon}{2}$.

Cela posé, nous pouvons démontrer le théorème fondamental qui suit :

Théorème. — *La somme*

$$(x_1 - a)f(a) + \ldots + (b - x_{p-1})f(x_{p-1})$$

tend vers une limite, quand tous les intervalles (x_{i-1}, x_i) tendent vers zéro, suivant une loi quelconque, en même temps que leur nombre augmente indéfiniment.

Prenons d'abord une première loi de subdivision telle qu'on passe d'une subdivision à la suivante en fractionnant chacun des intervalles. Nous poserons

$$x_{i+1} - x_i = \delta_{i+1},$$

et nous désignerons par M_{i+1} et m_{i+1} le maximum et le minimum de $f(x)$ dans cet intervalle; dans ces conditions, les deux sommes, qui comprennent la somme proposée,

$$M_1\delta_1 + M_2\delta_2 + \ldots + M_n\delta_n$$
$$m_1\delta_1 + m_2\delta_2 + \ldots + m_n\delta_n$$

ont chacune une limite, car la première va constamment en décroissant, et la seconde en croissant. Les deux limites sont d'ailleurs égales, car si nous prenons une subdivision telle que tous les intervalles soient moindres que δ, on aura $M_i - m_i < \varepsilon$, et la différence des deux sommes sera inférieure à

$$\varepsilon(\delta_1 + \delta_2 + \ldots + \delta_n) \qquad \text{ou} \qquad \varepsilon(b - a).$$

La différence des deux limites étant plus petite que tout nombre donné, puisque ε est arbitraire, sera donc rigoureusement nulle. Soit μ la valeur de cette limite. Il faut maintenant montrer que tout autre mode de subdivision conduira à la même limite.

Considérons un certain système d'intervalles x, $(a, x_1, \ldots, x_{n-1}, b)$, compris dans la loi de subdivision qui nous a donné la limite μ; nous supposons, comme il est permis, que tous ces intervalles soient moindres que δ. Concevons alors un autre mode de subdivision, et dans celui-ci un système d'intervalles y, $(a, y_1, \ldots, b)$, tel que le plus grand des intervalles y soit inférieur au plus petit des intervalles x. Entre deux valeurs consécutives quelconques de x se trouvera au moins une valeur de y. Écrivons sur une même ligne l'ensemble des valeurs de x et y

$$a, y_1, y_2, \ldots, y_p, x_1, y_{p+1}, \ldots, y_q, x_2, y_{q+1}, \ldots, b.$$

Soient S_x et S_y les sommes relatives aux subdivisions x et y.

Nous pouvons écrire S_y de la manière suivante :

$$(y_1 - a)f(a) + (y_2 - y_1)f(y_1) + \ldots + (y_\mu - y_{\mu-1})f(y_{\mu-1}) + (x_i - y_\mu)f(y_\mu)$$
$$+ (y_{\mu+1} - x_i)f(y_\mu) + \ldots\ldots\ldots\ldots\ldots\ldots\ldots\ldots\ldots\ldots\ldots + (x_2 - y_\nu)f(y_\nu)$$
$$+ (y_{\nu+1} - x_2)f(y_\nu) + \ldots\ldots\ldots\ldots\ldots\ldots\ldots\ldots\ldots\ldots\ldots\ldots\ldots\ldots\ldots\ldots$$
$$\ldots\ldots\ldots\ldots\ldots\ldots\ldots\ldots\ldots\ldots\ldots\ldots\ldots\ldots\ldots\ldots\ldots\ldots\ldots\ldots\ldots\ldots\ldots$$

Comme $f(y_1), \ldots, f(y_\mu)$ diffèrent de $f(a)$ de moins de ε, la première ligne pourra se mettre sous la forme

$$f(a)(x_1 - a) + R_1 \qquad \text{avec} \qquad |R_1| < \varepsilon(x_1 - a)$$

(le crochet $|a|$ indiquant la valeur absolue de a); de même la seconde ligne pourra s'écrire

$$f(x_1)(x_2 - x_1) + R_2 \qquad \text{avec} \qquad |R_2| < \varepsilon(x_2 - x_1),$$

et ainsi de suite. Si donc on forme la différence $S_x - S_y$, on aura évidemment

$$|S_x - S_y| < \varepsilon(b - a).$$

Or S_x tend vers la limite μ; il en résulte qu'à partir d'un certain moment S_y diffère de μ d'aussi peu qu'on veut, c'est-à-dire a μ pour limite, comme nous voulions l'établir.

La limite dont l'existence vient d'être démontrée s'appelle une *intégrale définie* et se représente par le symbole

$$\int_a^b f(x)\,dx,$$

qui s'énonce : somme de a à b $f(x)\,dx$.

Le signe $\int$ rappelle l'origine de cette limite de sommes; la lettre x sous le signe d'intégration peut être remplacée par toute autre lettre; l'expression $\int_a^b f(y)\,dy$ est identique à la précédente.

On a supposé, pour fixer les idées, $a < b$, mais on établira évidemment de la même manière l'existence de l'intégrale dans le cas où a est supérieur à b.

3. Au lieu de considérer la somme précédente, on eût pu con-

sidérer d'une manière plus générale l'expression

$$(x_1 - a) f(a + \theta_1 \delta_1) + (x_2 - x_1) f(x_1 + \theta_2 \delta_2) + \ldots + (b - x_{n-1}) f(x_{n-1} + \theta_n \delta_n),$$

les quantités θ étant prises arbitrairement entre zéro et un. La limite de cette somme sera, quels que soient les θ, la même que tout à l'heure. En effet, les intervalles étant supposés plus petits que δ, cette somme diffère de la précédente d'une quantité moindre que $\varepsilon(b - a)$, et l'assertion devient évidente.

Les remarques suivantes résultent immédiatement de la définition de l'intégrale. On a tout d'abord

$$\int_a^b f(x)\,dx + \int_b^a f(x)\,dx = 0,$$

car les éléments des deux sommes sont deux à deux égaux et de signes contraires.

Plus généralement, on aura

$$\int_a^b f(x)\,dx + \int_b^c f(x)\,dx + \int_c^a f(x)\,dx = 0,$$

comme on a en géométrie $ab + bc + ca = 0$, en tenant compte du principe des signes.

Supposons maintenant que dans l'intervalle (a, b) la fonction continue $f(x)$ ait un maximum M et un minimum m, l'intégrale

$$\int_a^b f(x)\,dx$$

sera comprise entre $M(b - a)$ et $m(b - a)$, en remarquant que $\int_a^b dx = b - a$. On pourra donc écrire

$$\int_a^b f(x)\,dx = A(b - a),$$

A étant compris entre M et m. La fonction $f(x)$ prendra la valeur A pour une valeur au moins ξ comprise entre a et b (¹); nous

(¹) Une fonction continue dans un intervalle $f(x)$ atteint effectivement son maximum et son minimum dans cet intervalle, et elle prend toutes les valeurs

avons ainsi

$$\int_a^b f(x)\,dx = f(\xi)(b - a),$$

ξ étant compris entre a et b.

La formule précédente se généralise immédiatement. Considérons en effet l'intégrale

$$(2) \qquad \int_a^b f(x)\varphi(x)\,dx$$

et *admettons que $\varphi(x)$ soit positif* entre les limites de l'intégrale. Désignons encore par M et m le maximum et le minimum de $f(x)$; nous aurons

$$M\varphi(a)(x_1 - a) > f(a)\varphi(a)(x_1 - a) > m\varphi(a)(x_1 - a),$$
$$M\varphi(x_1)(x_2 - x_1) > f(x_1)\varphi(x_1)(x_2 - x_1) > m\varphi(x_1)(x_2 - x_1),$$
$$\dots\dots\dots\dots\dots\dots\dots\dots\dots\dots\dots\dots\dots$$
$$M\varphi(x_{n-1})(b - x_{n-1}) > f(x_{n-1})\varphi(x_{n-1})(b - x_{n-1}) > m\varphi(x_{n-1})(b - x_{n-1})$$

si l'on suppose, pour fixer les idées, que a soit inférieur à b.

Ajoutant membre à membre et passant à la limite, on voit que l'intégrale (2) sera comprise entre

$$M\int_a^b \varphi(x)\,dx \quad \text{et} \quad m\int_a^b \varphi(x)\,dx.$$

On pourra par suite écrire

$$\int_a^b f(x)\varphi(x)\,dx = f(\xi)\int_a^b \varphi(x)\,dx,$$

ξ étant compris entre a et b.

II. — Fonction ayant pour dérivée une fonction donnée. Applications géométriques.

4. Nous pouvons maintenant répondre d'une manière précise à la question que nous avons posée au début de ce Chapitre. Soit

---

intermédiaires. Nous n'insistons pas sur ces théorèmes qu'on admet sans peine; on en trouvera par exemple la démonstration dans le Mémoire de M. Darboux sur les fonctions discontinues (*Annales de l'École Normale* 1875).

$f(x)$ une fonction continue dans un intervalle (a, b); x étant compris dans cet intervalle, l'intégrale

$$\int_a^x f(y)\,dy$$

est une grandeur bien déterminée qui dépend de la limite supérieure x; cette intégrale est donc une fonction de x, $F(x)$; nous allons démontrer qu'elle a $f(x)$ pour dérivée. On a en effet

$$F(x+h) - F(x) = \int_x^{x+h} f(y)\,dy = h\,f(\xi),$$

ξ étant compris entre x et $x+h$. De là résulte d'abord que la fonction $F(x)$ est continue; nous avons ensuite

$$\frac{F(x+h) - F(x)}{h} = f(\xi),$$

et, en faisant tendre h vers zéro, on voit que le premier membre a une limite qui est $f(x)$. Nous avons donc

$$F'(x) = f(x),$$

et l'existence d'une fonction continue $F(x)$, ayant pour dérivée une fonction continue donnée $f(x)$, est démontrée.

5. Si, par un procédé quelconque, on a trouvé une certaine fonction continue $F(x)$ qui admet pour dérivée $f(x)$, cette fonction ne différera que par une constante C de l'intégrale définie $\int_a^x f(y)\,dy$, puisque cette intégrale a même dérivée que $F(x)$. On aura donc

$$F(x) = \int_a^x f(y)\,dy + C.$$

En particulier, si $x = a$, on trouve $F(a) = C$; par suite

$$(3) \qquad F(x) - F(a) = \int_a^x f(y)\,dy;$$

et si l'on fait $x = b$,

$$F(b) - F(a) = \int_a^b f(y)\,dy.$$

formule qui est fondamentale pour le calcul des intégrales définies.

De cette formule et de celle établie (§ 3),

$$\int_a^b f(x)\,dx = f(\xi)(b-a),$$

on conclut le théorème souvent désigné sous le nom de *théorème des accroissements finis*. Soit, en effet, $F(x)$ une fonction continue ayant pour dérivée $f(x)$, il viendra

$$F(b) - F(a) = (b-a)F'(\xi);$$

c'est le théorème des accroissements finis. Il se trouve démontré, par ces considérations, pour une fonction continue $F(x)$ ayant une dérivée $F'(x)$ elle-même continue.

On sait que la démonstration de M. Bonnet, donnée aujourd'hui dans tous les cours de Mathématiques spéciales, n'exige pas que la dérivée soit continue, mais seulement qu'elle existe et soit finie.

6. Une remarque importante concerne le cas où la fonction $F(x)$ aurait plusieurs déterminations, ce qui arrive pour les fonctions circulaires $\arcsin x$, $\arctan x$. Pour éviter toute difficulté, on doit partir de la formule (3); on prend pour $F(a)$ une de ses déterminations; pour x voisin de a, il y aura, dans les cas qui se recontrent le plus fréquemment, une seule détermination de $F(x)$ voisine de celle que l'on a choisie pour $F(a)$. On trouvera ainsi, de proche en proche et sans ambiguïté, la valeur qu'il faut adopter pour $F(x)$, quand x variera de a à b. Soit, par exemple,

$$f(x) = \frac{1}{1+x^2},$$

on peut prendre

$$F(x) = \arctan x.$$

Parmi les déterminations diverses de $\arctan x$, choisissons celle qui s'annule pour $x = 0$; on aura alors

$$\int_0^b \frac{dx}{1+x^2} = \arctan b,$$

$\arctan b$ étant la détermination de $\arctan x$ obtenue en suivant

d'une manière continue, de $x = a$ à $x = b$, la détermination de
arc tang x qui s'annule pour $x = a$; par suite, dans la formule précédente, arc tang b représentera l'arc compris entre $-\frac{\pi}{2}$ et $+\frac{\pi}{2}$,
ayant b pour tangente.

7. L'intégrale définie

$$\int_a^b f(x)\,dx \qquad (a < b)$$

est susceptible d'une interprétation géométrique. Considérons la
courbe $y = f(x)$ et supposons d'abord $f(x)$ positif quand x varie
entre a et b. Chacun des termes de la somme

$$\Sigma f(x_i)(x_{i+1} - x_i)$$

représente un rectangle de hauteur $f(x_i)$ et de base $(x_{i+1} - x_i)$;
si l'on convient d'appeler *aire* limitée par la courbe, l'axe des x et
les deux droites $x = a$, $x = b$, la limite de la somme de ces rectangles, nous pourrons dire que l'intégrale définie représente une
aire. Si $f(x)$ n'était pas toujours positif de a à b, on voit de suite
que l'intégrale précédente représente, en supposant toujours $a < b$,
l'aire comprise entre les ordonnées $x = a$ et $x = b$, en ayant soin
de considérer comme négatives les portions de cette aire situées au-dessous de l'axe Ox. Si $a > b$, ce sont au contraire les portions
d'aire au-dessus de Ox que l'on devra considérer comme négatives,
et les autres comme positives.

Une autre remarque plus importante est relative au cas où la

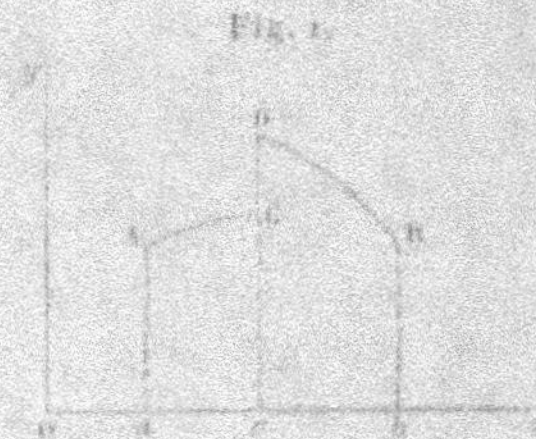

Fig. 1.

fonction $f(x)$ passerait brusquement d'une valeur à une autre,
comme l'indique la figure. Pour $x = c$, $f(x)$ passe brusquement

de cG à cD. L'intégrale définie n'en a pas moins un sens précis : elle représente la somme des deux aires, entendues comme il vient d'être dit, $ACac$ et $DBcb$. Nous sommes donc ainsi conduit à élargir notre notion de l'intégrale définie, en voyant que $f(x)$, en général continue, peut avoir entre a et b un nombre limité de discontinuités de la nature indiquée sans que l'intégrale cesse d'avoir un sens précis.

Si l'on considère maintenant l'intégrale

$$F(x) = \int_a^x f(x)\,dx,$$

ce sera une fonction continue de x et elle aura pour dérivée $f(x)$, nous l'avons dit, pour les valeurs de x qui rendent $f(x)$ continue. Pour une valeur telle que $x = c$, au contraire, cette fonction n'aura pas de dérivée, le rapport

$$\frac{F(c + h) - F(c)}{h}$$

tendant vers la limite Cc ou la limite Dc, suivant que h tend vers zéro par valeurs négatives ou positives.

8. Comme seconde application géométrique de la notion d'intégrale définie, définissons *la longueur d'un arc de courbe*. Soit une courbe gauche représentée par les trois équations

$$x = f(t), \qquad y = \varphi(t), \qquad z = \psi(t),$$

et admettons que, t variant de a à b $(a < b)$, le point (x, y, z) décrive un arc de cette courbe AB, en allant toujours dans le même sens. Les fonctions f, φ et ψ et leurs dérivées f', φ' et ψ' sont supposées continues de a à b.

Ceci posé, prenons sur l'arc AB les points $A_1, A_2, \ldots, A_{n-1}$, correspondant aux valeurs $t_1, t_2, \ldots, t_{n-1}$ du paramètre t, et considérons le contour polygonal $AA_1 A_2 \ldots A_{n-1} B$. Nous allons voir que ce contour polygonal tend vers une limite, quand tous les côtés tendent vers zéro, leur nombre augmentant indéfiniment : ce sera la longueur de l'arc. En effet, le côté $A_i A_{i+1}$ a pour expression

$$c_i = \sqrt{[f(t_{i+1}) - f(t_i)]^2 + [\varphi(t_{i+1}) - \varphi(t_i)]^2 + [\psi(t_{i+1}) - \psi(t_i)]^2};$$

et l'on a

$$f(t_{i+1}) - f(t_i) = (t_{i+1} - t_i)[f'(t_i) + \varepsilon_i],$$

avec des égalités analogues pour φ et ψ. Or, si tous les intervalles $t_{i+1} - t_i$ sont suffisamment petits, *toutes* les quantités ε_i auront une valeur absolue moindre que telle quantité donnée à l'avance (d'après le lemme du § 2); nous pouvons donc écrire

$$c_i = (t_{i+1} - t_i)\left[\sqrt{f'^2(t_i) + \varphi'^2(t_i) + \psi'^2(t_i)} + \rho_i\right],$$

et *tous* les ρ_i sont inférieurs en valeur absolue à une quantité donnée à l'avance ε, si tous les intervalles sont suffisamment petits. Nous aurons alors

$$\Sigma c_i = \Sigma(t_{i+1} - t_i)\sqrt{f'^2(t_i) + \varphi'^2(t_i) + \psi'^2(t_i)} + \Sigma \rho_i(t_{i+1} - t_i),$$

la première somme a pour limite

$$\int_a^b \sqrt{f'^2(t) + \varphi'^2(t) + \psi'^2(t)}\, dt,$$

la seconde tend vers zéro, puisque sa valeur absolue est moindre que $\varepsilon(b - a)$.

Nous avons en résumé

$$s = \int_a^b \sqrt{f'^2(t) + \varphi'^2(t) + \psi'^2(t)}\, dt.$$

Si à la place de b on met t comme limite supérieure, s deviendra une fonction de t, et on aura pour exprimer la différentielle ds *la formule fondamentale*

$$ds^2 = dx^2 + dy^2 + dz^2.$$

Prenons comme exemple une cycloïde, c'est-à-dire la courbe plane obtenue de la manière suivante : Une circonférence de rayon R roule sur une droite fixe, tout point de cette circonférence décrit une cycloïde.

Faisons partir le point décrivant de l'origine des coordonnées sur la droite fixe, prise pour axe des x. En appelant θ l'angle dont on aura tourné le rayon allant au point fixe qui décrit la courbe, on aura pour coordonnées de ce point

$$x = R(\theta - \sin\theta),$$
$$y = R(1 - \cos\theta).$$

La formule

$$ds^2 = dx^2 + dy^2$$

nous donne

$$ds^2 = 4R^2 \sin^2 \frac{\theta}{2}\, d\theta,$$

et par suite

$$ds = 2R \sin \frac{\theta}{2}\, d\theta,$$

si l'on veut que, θ étant compris entre o et 2π, s et θ croissent ensemble. En comptant les arcs à partir de l'origine, on aura donc

$$s = 4R\left(1 - \cos\frac{\theta}{2}\right).$$

III — Intégration par parties. — Formule de Taylor. Changement de variable.

9. Nous venons de voir qu'étant donnée une fonction continue $f(x)$, il existe toujours une fonction continue ayant $f(x)$ pour dérivée; on sait d'ailleurs que toutes les fonctions continues ayant même dérivée ne diffèrent que par une constante. Quant à la recherche effective de cette fonction, elle ne peut pas en général être faite; c'est qu'en effet l'opération de l'intégration conduit le plus souvent à une transcendante nouvelle, qui n'est pas susceptible de s'exprimer à l'aide de fonctions introduites auparavant dans l'Analyse mathématique. On voit donc, dès le début du Calcul intégral, s'introduire au moyen de l'intégration un nombre illimité de fonctions nouvelles. Nous étudierons bientôt quelques cas particuliers en prenant pour $f(x)$ des fonctions très-simples.

Le procédé d'intégration dit *par parties* permet de transformer une intégrale en une autre, et il y a là souvent une facilité pour la recherche effective de cette intégrale. Soit l'intégrale

$$\int_a^b u\,\frac{dv}{dx}\, dx,$$

u et v désignant deux fonctions continues de x. En se servant de la formule

$$u\frac{dv}{dx} = \frac{d(uv)}{dx} - v\frac{du}{dx},$$

nous aurons immédiatement, en multipliant par dx et intégrant de a à b,

$$\int_a^b u\frac{dv}{dx}\,dx = (uv)_a^b - \int_a^b v\frac{du}{dx}\,dx,$$

où $(uv)_a^b$ représente la différence des valeurs du produit uv pour $x = a$ et $x = b$. On voit que les calculs des deux intégrales

$$\int_a^b u\frac{dv}{dx}\,dx \quad\text{et}\quad \int_a^b v\frac{du}{dx}\,dx$$

se ramènent l'un à l'autre.

Plus généralement, on peut ramener l'une à l'autre les deux intégrales

$$\int_a^b u\frac{d^n v}{dx^n}\,dx \quad\text{et}\quad \int_a^b v\frac{d^n u}{dx^n}\,dx,$$

où $\frac{d^n u}{dx^n}$ et $\frac{d^n v}{dx^n}$ désignent les dérivées d'ordre n des fonctions u et v de x. On le verrait sans peine en appliquant n fois de suite l'intégration par parties ; mais, pour obtenir la formule finale sous une forme plus élégante, prenons, avec M. Kronecker [*], deux fonctions $f(x)$ et $g(x)$, et partons de l'identité

$$(1)\quad \left\{ \begin{aligned} &f^{(k)}(x)\,g^{(n-k)}(-x) - f^{(k-1)}(x)\,g^{(n-k+1)}(-x) \\ &= \frac{d}{dx}\big[f^{(k-1)}(x)\,g^{(n-k)}(-x)\big]. \end{aligned} \right.$$

D'une manière générale $f^{(n)}(x)$ désigne, suivant l'usage, la dérivée d'ordre n de $f(x)$, et $g^{(n)}(-x)$ la dérivée d'ordre n de $g(x)$ où l'on remplace x par $-x$.

Faisons successivement dans (1) $k = 1, 2, \ldots, n$ et additionnons. On aura

$$f^{(n)}(x)\,g(-x) - f(x)\,g^{(n)}(-x) = \sum_{k=1}^{k=n} \frac{d}{dx}\big[f^{(k-1)}(x)\,g^{(n-k)}(-x)\big],$$

---

[*] *Ueber eine bei Anwendung der partiellen Integration nützliche Formel* (Mémoires de l'Académie de Berlin, 1854).

et, si l'on intègre entre a et b,

$$\int_a^b f^{(n)}(x)g(-x)\,dx - \int_a^b f(x)g^{(n)}(-x)\,dx = \sum_{h=1}^{h=n}[f^{(h-1)}(x)g^{(n-h)}(-x)]_a^b.$$

Le calcul de la seconde intégrale se trouve donc ramené à celui de la première.

10. Indiquons deux applications de la formule précédente. Posons

$$f(x) = \mathrm{F}'(x), \qquad g(x) = \frac{(x-b)^n}{1.2\ldots n};$$

nous aurons

$$\int_a^b \mathrm{F}^{(n+1)}(x)\frac{(b-x)^n}{1.2\ldots n}dx - \int_a^b \mathrm{F}'(x)\,dx$$
$$= \sum_{h=1}^{h=n}\left[\mathrm{F}^{(h)}(x)\frac{(b-x)^h}{1.2\ldots h}\right]_a^b = -\sum_{h=1}^{h=n}\mathrm{F}^{(h)}(a)\frac{(b-a)^h}{1.2\ldots h},$$

et en développant

$$\mathrm{F}(b) = \mathrm{F}(a) + (b-a)\mathrm{F}'(a) + \ldots$$
$$+ \frac{(b-a)^n}{1.2\ldots n}\mathrm{F}^{(n)}(a) + \int_a^b \mathrm{F}^{(n+1)}(x)\frac{(b-x)^n}{1.2\ldots n}dx.$$

C'est la formule de Taylor. Le reste se présente sous la forme d'une intégrale définie. Il est facile de mettre ce reste sous la forme habituelle, en se servant du théorème démontré au § 3. On peut, en effet, écrire

$$\int_a^b \mathrm{F}^{(n+1)}(x)\frac{(b-x)^n}{1.2\ldots n}dx = \mathrm{F}^{(n+1)}(\xi)\int_a^b \frac{(b-x)^n}{1.2\ldots n}dx$$
$$= \mathrm{F}^{(n+1)}(\xi)\frac{(b-a)^{n+1}}{1.2\ldots n(n+1)},$$

ξ étant compris entre a et b.

Comme seconde application, nous prendrons

$$g(x) = (x+a)^n(x+b)^n;$$

la formule se réduira alors à

$$\int_a^b f^{(n)}(x)(x-a)^n(x-b)^n\,dx - \int_a^b f(x)\,g^{(2n)}(-x)\,dx = 0.$$

Le premier terme de cette relation sera nul, si $f(x)$ est un polynôme, d'ailleurs arbitraire, de degré $(n-1)$, et, par suite, nous avons, en posant

$$P_n(x) = A\,\frac{d^n\,(x-a)^n(x-b)^n}{dx^n},$$

où A est une constante,

$$\int_a^b f(x)\,P_n(x)\,dx = 0.$$

$P_n(x)$ est un polynôme de degré n et $f(x)$, je le répète, représente un polynôme arbitraire de degré $n-1$. La relation précédente exprime une propriété remarquable du polynôme $P_n(x)$ de degré n; nous allons montrer qu'elle le définit complètement à un facteur près. Supposons, en effet, qu'il y ait un second polynôme Y_n de degré n, tel que

$$\int_a^b f(x)\,Y_n\,dx = 0,$$

on aurait, C étant une constante arbitraire,

$$\int_a^b (P_n - CY_n)\,f(x)\,dx = 0.$$

Or on peut choisir C de manière que $P_n - CY_n$ soit de degré $n-1$. Nous pouvons alors prendre, le polynôme $f(x)$ étant arbitraire,

$$f(x) = P_n - CY_n,$$

et nous aurions

$$\int_a^b (P_n - CY_n)^2\,dx = 0,$$

ce qui entraîne nécessairement $P_n - CY_n = 0$ pour toute valeur de x; donc Y_n *ne diffère de P_n que par un facteur constant.*

On aura en particulier

$$\int_a^b P_m P_n \, dx = 0 \qquad \text{si} \quad m \neq n.$$

De cette seule égalité on peut conclure une relation remarquable entre trois polynômes P_n consécutifs. Pour définir complètement ces polynômes, supposons que le premier coefficient dans chaque polynôme soit l'unité. On aura évidemment

$$x P_n = P_{n+1} + C_0 P_n + \ldots + C_n P_0,$$

les C étant des constantes déterminées par cette identité même. Je dis que

$$C_2 = C_3 = \ldots = C_n = 0.$$

Multiplions en effet par $P_{n-2} \, dx$ les deux membres de l'identité et intégrons entre a et b : nous aurons

$$C_2 \int_a^b P_{n-2}^2 \, dx = 0.$$

Le multiplicateur de C_2 étant une somme de quantités de même signe, n'est pas nul ; il faut donc que $C_2 = 0$. Pareillement, on verra que $C_3, \ldots, C_n$ sont nuls, en multipliant par $P_{n-3}, \ldots, P_0$ l'identité écrite plus haut. Il reste donc

$$x P_n = P_{n+1} + C_0 P_n + C_1 P_{n-1},$$

c'est la relation entre trois polynômes consécutifs P_{n-1}, P_n, P_{n+1} que nous voulions obtenir, et qui est fondamentale dans la théorie de ces polynômes.

11. On pourra souvent faire avec profit, dans une intégrale définie, un changement de variable. Imaginons donc que dans l'intégrale

$$I = \int_a^b f(x) \, dx$$

on considère x comme une fonction $\varphi(t)$ d'une variable t ; nous allons supposer d'abord que, lorsque t varie d'une manière continue *et dans le même sens* de t_0 à T, x varie aussi d'une ma-

P. — I.

nière continue *et dans le même sens* de a à b. Si l'on substitue la variable t à la variable x dans la sommation, par quelle nouvelle sommation représenterons-nous la valeur de l'intégrale?

Pour le voir, partageons l'intervalle de t_0 à T en n intervalles correspondant aux valeurs $t_1, t_2, \ldots, t_{n-1}$; soient $x_1, x_2, \ldots, x_{n-1}$ les valeurs correspondantes de x. On aura, d'après le théorème des accroissements finis,

$$x_1 - a = (t_1 - t_0)\,\varphi'(\theta_1),$$
$$x_2 - x_1 = (t_2 - t_1)\,\varphi'(\theta_2),$$
$$\cdots\cdots\cdots\cdots\cdots\cdots\cdots\cdots\cdots$$
$$b - x_{n-1} = (T - t_{n-1})\,\varphi'(\theta_n),$$

θ_i d'une manière générale étant compris entre t_{i-1} et t_i. Nous désignerons par ξ_i la valeur de x correspondant à $t = \theta_i$; ξ_i sera compris entre x_{i-1} et x_i. Je forme alors la somme

$$(x_1 - a)f(\xi_1) + (x_2 - x_1)f(\xi_2) + \ldots + (b - x_{n-1})f(\xi_n),$$

qui deviendra l'intégrale I à la limite. On peut l'écrire

$$(t_1 - t_0)\,\varphi'(\theta_1)\,f[\varphi(\theta_1)] + \ldots + (T - t_{n-1})\,\varphi'(\theta_n)\,f[\varphi(\theta_n)],$$

et, quand tous les intervalles tendent vers zéro, cette somme devient

$$\int_{t_0}^{T} f[\varphi(t)]\,\varphi'(t)\,dt.$$

Ainsi donc, pour effectuer le changement de variables dans une intégrale définie, on remplace simplement x par $\varphi(t)$ et dx par $\varphi'(t)\,dt$ et l'on prend comme nouvelles limites les valeurs de t correspondant aux limites primitives.

Nous avons supposé, dans ce qui précède, que, t variant dans le même sens de t_0 à T, x variait lui aussi dans le même sens de a à b. Cette restriction est inutile, pourvu que la fonction $f(x)$ soit continue pour l'ensemble des valeurs que prend $x = \varphi(t)$ quand t varie de t_0 à T. Admettons en effet que, t variant d'une manière continue et dans le même sens dans cet intervalle, la fonction $x = \varphi(t)$ varie d'abord dans le même sens de t_0 à t_1, et soit $x_1 = \varphi(t_1)$; puis supposons que, t variant ensuite de t_1 à t_2, x varie dans un sens toujours le même, mais différent du précédent, depuis x_1 jusqu'à $x_2 = \varphi(t_2)$, et qu'enfin, t variant de t_2 à T, x varie de x_2 à b dans les mêmes conditions. Les valeurs x_1 et x_2 pourront d'ailleurs ne pas être comprises entre a et b. On aura, d'après ce qui vient d'être démontré,

$$\int_{x_1}^{x_2} f(x)\,dx = \int_{t_1}^{t_2} f(\varphi)\,\varphi'(t)\,dt,$$

$$\int_{x_2}^{x_1} f(x)\,dx = \int_{t_2}^{T} f(\varphi)\,\varphi'(t)\,dt,$$

$$\int_{x_2}^{b} f(x)\,dx = \int_{t_2}^{T} f(\varphi)\,\varphi'(t)\,dt;$$

et, par suite, en faisant la somme,

$$\int_{a}^{b} f(x)\,dx = \int_{t_0}^{T} f(\varphi)\,\varphi'(t)\,dt.$$

Cette formule est donc générale.

Or, ne doit pas oublier que, dans ce qui précède, la fonction $x = \varphi(t)$, servant à effectuer le changement de variable, est une fonction de t ayant pour chaque valeur de t entre t_0 et T une valeur unique parfaitement déterminée. L'application brutale de la formule précédente, sans se rappeler les conditions pour lesquelles elle a été établie, peut conduire à des résultats absurdes. Que l'on prenne par exemple

$$\int_{-1}^{+1} dx$$

et qu'on fasse sans précaution le changement de variable $x^2 = t$. Comme pour $x = -1$ on a $t = 1$, et que $dx = \dfrac{dt}{2\sqrt{t}}$, on sera conduit à l'intégrale

$$\int_{+1}^{+1} \frac{dt}{2\sqrt{t}}$$

c'est-à-dire à zéro, ce qui est absurde. Il est manifeste que nous ne sommes pas ici dans les conditions précédemment supposées.

IV. — Extension de la notion d'intégrale définie. — Cas où la fonction et où les limites deviennent infinies.

12. Dans l'étude que nous avons faite des intégrales définies, nous avons supposé que la fonction sous le signe d'intégration restait finie entre les limites et pour les limites elles-mêmes. Nous allons étendre la notion d'intégrale définie en supposant que la fonction devienne infinie, soit pour l'une des limites, soit entre ces limites.

Considérons donc l'intégrale

$$(5) \qquad \int_a^b f(x)\,dx,$$

$f(x)$ étant une fonction réelle de la variable réelle x, et supposons que cette fonction, finie pour toute valeur de x comprise entre a et b, devienne infinie pour $x = b$. Dans quel cas devra-t-on attribuer un sens au symbole précédent? Pour répondre à cette question, envisageons l'intégrale

$$\int_a^x f(x)\,dx,$$

la limite supérieure x étant comprise entre a et b : elle a un sens parfaitement déterminé. Si, x tendant vers b, cette fonction de x a une limite, celle-ci sera *par définition* la valeur de l'intégrale (5). Un exemple simple montre qu'une pareille limite peut exister.

Soit en effet

$$f(x) = \frac{1}{(b-x)^k}$$

k étant positif; on aura

$$\int_a^x \frac{dx}{(b-x)^k} = \frac{(b-a)^{1-k}}{1-k} - \frac{(b-x)^{1-k}}{1-k}.$$

Si $k < 1$, le second membre tend vers une limite, et l'on pourra intégrer $f(x)$ entre les limites a et b. Si au contraire $k > 1$, l'intégrale n'aura pas de limite pour $x = b$. Pour fixer les idées, nous supposerons dans la suite $a < b$.

13. Il n'existe pas de règle générale permettant de reconnaître dans quels cas l'intégrale aura une limite. On peut trouver des règles d'une application de plus en plus étendue, mais on ne saurait indiquer une règle générale, de même qu'on ne peut indiquer un théorème applicable à toutes les séries, pour décider de leur convergence. Ici encore, comme dans la théorie des séries, on comparera l'intégrale à étudier à une autre que l'on sait avoir une limite.

Nous avons donné tout à l'heure un exemple simple; considérons maintenant un cas plus compliqué en supposant que la fonction $f(x)$ puisse de a à b être mise sous la forme

$$f(x) = \frac{\varphi(x)}{(b-x)^k},$$

$\varphi(x)$ restant finie dans le voisinage de b et pour $x = b$ (sans avoir d'ailleurs nécessairement une valeur déterminée pour $x = b$). Je dis que, *si k est inférieur à l'unité, l'intégrale* (5) *aura un sens déterminé.*

Prenons une valeur z entre a et b; nous aurons, si x est compris entre z et b,

$$(6) \qquad \int_a^x f(x)\,dx = \int_a^z f(x)\,dx + \int_z^x f(x)\,dx;$$

la seconde intégrale pourra s'écrire

$$\int_z^x f(x)\,dx = \int_z^x \frac{\varphi(x)\,dx}{(b-x)^k}$$

$$= \varphi(\xi) \int_z^x \frac{dx}{(b-x)^k} = \varphi(\xi)\left[\frac{(b-z)^{1-k}}{1-k} - \frac{(b-x)^{1-k}}{1-k}\right];$$

ξ est compris entre z et x (§ 3). Par hypothèse $\varphi(\xi)$ est inférieure en valeur absolue à une quantité fixe M. Le second terme du second membre, dans (6), est donc inférieur en valeur absolue à $\frac{M(b-z)^{1-k}}{1-k}$. Or, étant donné un nombre positif ε aussi petit qu'on voudra, on peut prendre z suffisamment voisin de b pour satisfaire à l'inégalité

$$\frac{M(b-z)^{1-k}}{1-k} < \varepsilon;$$

α étant ainsi choisi, l'intégrale

$$\mathrm{I} = \int_{\alpha}^{x} f(x)\,dx,$$

quand x varie entre α et b, sera comprise entre $\mathrm{A} + \varepsilon$ et $\mathrm{A} - \varepsilon$, si nous posons

$$\mathrm{A} = \int_{a}^{\alpha} f(x)\,dx.$$

Nous donnant alors un nombre ε' inférieur à ε, nous choisissons α' entre α et b, de telle sorte que

$$\frac{\mathrm{M}(b - \alpha')^{1-k}}{1-k} < \varepsilon'.$$

Quand x variera entre α' et b, l'intégrale I restera comprise, nécessairement, d'une part dans l'intervalle $(\mathrm{A} + \varepsilon, \mathrm{A} - \varepsilon)$ considéré plus haut, et aussi dans l'intervalle $(\mathrm{A}' + \varepsilon', \mathrm{A}' - \varepsilon')$, en posant

$$\mathrm{A}' = \int_{a}^{\alpha'} f(x)\,dx.$$

Ces deux intervalles ont nécessairement une partie commune plus petite que le premier d'entre eux, puisque A' est compris dans l'intervalle $(\mathrm{A} - \varepsilon, \mathrm{A} + \varepsilon)$ et que $\varepsilon' < \varepsilon$. Choisissant alors une succession de nombres ε décroissant et tendant vers zéro, nous aurons, en considérant successivement ces parties communes, une suite d'intervalles tous compris les uns dans les autres et tendant vers zéro. Leurs extrémités tendent donc vers un point limite, et par suite les intégrales $\mathrm{A}, \mathrm{A}', \ldots$ ont une valeur limite : ce sera la valeur de l'intégrale I pour $x = b$. *Le théorème est donc démontré.*

A ce théorème joignons une proposition en quelque sorte inverse et qui fait connaître un cas où l'intégrale n'aura pas de limite.

Si l'on peut mettre $f(x)$ sous la forme

$$f(x) = \frac{\varphi(x)}{(b - x)^k},$$

k étant supérieur à l'unité, et $\varphi(x)$ restant, dans le voisinage de b, supérieur à une quantité positive M, ou inférieur à une quantité négative — M, M étant différent de zéro, *l'intégrale prise de a à b n'aura pas de sens.*

La démonstration est immédiate, car on aura, en désignant par x une valeur suffisamment voisine de b,

$$\int_x^z f(x)\,dx = \int_z^x \frac{\varphi(x)\,dx}{(b-x)^k} = \varphi(\xi)\left[\frac{(b-z)^{1-k}}{1-k} - \frac{(b-x)^{1-k}}{1-k}\right];$$

la quantité entre crochets augmente indéfiniment quand x tend vers b, puisque k est plus grand que 1; d'autre part, $\varphi(\xi)$ est supérieur à M en valeur absolue. Donc l'intégrale grandira sans limite.

14. Nous avons supposé que la fonction devenait infinie pour une limite de l'intégrale; si elle devient infinie pour une valeur c comprise entre a et b, on partagera l'intégrale définie en deux autres. Chacune des intégrales

$$\int_a^c f(x)\,dx \quad\text{et}\quad \int_c^b f(x)\,dx$$

devra avoir un sens, et l'intégrale prise de a à b sera, *par définition,* la somme des deux intégrales précédentes.

Ajoutons une remarque importante. Si $f(x)$, discontinue pour $x = c$, est la dérivée d'une fonction F(x) continue pour cette valeur et ayant une seule détermination, on aura

$$\int_a^c f(x)\,dx = F(c) - F(a),$$

puisque cette intégrale est la limite F$(c - \varepsilon)$ — F(a) quand la quantité positive ε tend vers zéro. On aura pareillement

$$\int_c^b f(x)\,dx = F(b) - F(c),$$

et enfin

$$\int_a^b f(x)\,dx = F(b) - F(a).$$

15. Considérons maintenant le cas où l'une des limites de l'intégrale, la limite supérieure, par exemple, devient infinie. Soit

toujours l'intégrale

$$I = \int_a^x f(x)\,dx,$$

$f(x)$ étant une fonction continue pour toute valeur finie de x supérieure à a. Si, lorsque x grandit indéfiniment, les valeurs successives de cette intégrale tendent vers une limite, on la représentera par le symbole

$$\int_a^\infty f(x)\,dx.$$

Un exemple simple nous est fourni par $f(x) = \frac{1}{x^n}$. On a (nous supposons $a > 0$)

$$\int_a^x \frac{dx}{x^n} = \frac{x^{-n+1}}{-n+1} - \frac{a^{-n+1}}{-n+1}.$$

Si $n > 1$, le premier terme devient nul pour $x = \infty$, et l'intégrale a une limite. Si au contraire $n < 1$, l'intégrale n'aura pas de limite; il en sera de même pour $n = 1$, car l'intégration donnerait alors un logarithme.

Ici, comme plus haut, la comparaison de $f(x)$ à une fonction pour laquelle on sait comment se comporte l'intégrale quand x grandit indéfiniment conduit à une règle qui pourra quelquefois permettre de décider s'il y a ou non une limite. Nous pouvons être bref après les explications données (§ 13); à l'aide de raisonnements analogues, on démontrera les deux théorèmes suivants:

Si, pour x suffisamment grand, $f(x)$ peut se mettre sous la forme $\frac{\varphi(x)}{x^n}$, $\varphi(x)$ restant en valeur absolue inférieur à une quantité fixe, et n étant supérieur à l'unité, l'intégrale I aura une limite pour $x = \infty$. Au contraire, si $f(x)$ peut se mettre sous la forme précédente, $\varphi(x)$ étant, à partir d'une valeur de x, toujours supérieur à une quantité $= M$ ou inférieur à une quantité $- M$ (M n'étant pas nul) et n étant inférieur ou égal à l'unité, l'intégrale n'aura pas de limite.

16. Nous aurons souvent à appliquer les théorèmes des §§ 13 et 15 : quand la fonction sous le signe d'intégration est algébrique,

ils permettent toujours de décider si l'intégrale considérée a ou
non une limite. Ainsi, étant donnée une fraction rationnelle irréductible $\dfrac{f(x)}{F(x)}$, l'intégrale

$$\int^x \frac{f(x)}{F(x)}\,dx$$

augmentera indéfiniment, quand x tendra vers une racine de $F(x)$.
Soit en effet b une racine de $F(x)$, la fraction rationnelle pourra,
dans le voisinage de b, se mettre sous la forme

$$\frac{\varphi(x)}{(b-x)^n},$$

$\varphi(x)$ étant fini et différant de zéro pour $x = b$, et n représentant un entier positif au moins égal à l'unité.

Prenons au contraire

$$\int^x \frac{P(x)\,dx}{\sqrt{R(x)}},$$

P et R désignant deux polynômes. Quand x tend vers une racine
simple b du polynôme $R(x)$, on peut, dans le voisinage de $x = b$,
écrire

$$\frac{P(x)}{\sqrt{R(x)}} = \frac{\varphi(x)}{(b-x)^{\frac{1}{2}}},$$

$\varphi(x)$ restant fini pour $x = b$. L'exposant k (§ 13) est ici égal à $\frac{1}{2}$;
l'intégrale aura donc un sens.

Voici encore une remarque importante, relative au cas où la limite supérieure augmente indéfiniment. Quand l'intégrale I a une
limite, $f(x)$ a nécessairement zéro pour limite lorsque x croît indéfiniment, *si toutefois elle a une limite*. En effet, si $f(x)$ tendait
vers une limite $M \gtrless o$, cette fonction serait, à partir d'une certaine valeur a, supérieure à un nombre fixe M_1; par suite,

$$\left| \int_a^x f(x)\,dx \right| \gtrless M_1 \int_a^x dx = M_1(x-a),$$

et l'intégrale grandirait indéfiniment avec x.

Il n'est d'ailleurs pas nécessaire que $f(x)$ tende vers une limite,
quand x augmente indéfiniment, pour que l'intégrale ait un sens.

C'est ce que montre l'intégrale suivante, célèbre dans la théorie de
la diffraction de la lumière :

$$\int_0^\infty \sin x^2 \, dx.$$

Cette intégrale a un sens, quoique $\sin x^2$ n'ait aucune limite
pour $x = \infty$. Nous l'établirons en construisant la courbe représentée par l'équation

$$y = \sin x^2,$$

qui est formée d'arcs situés alternativement au-dessus et au-dessous de l'axe Ox. Nous montrerons que l'intégrale proposée a
une limite, en établissant que la somme algébrique des aires des
segments limités par ces arcs et l'axe Ox tend vers une limite.
Ces aires sont alternativement positives et négatives, puisqu'elles
sont alternativement au-dessus et au-dessous de l'axe des x. Nous
avons donc une série alternée : il suffit de faire voir que les aires
vont en décroissant en valeur absolue et tendent vers zéro. Or le
$n^{ième}$ et le $(n+1)^{ième}$ segment sont respectivement représentés
par

$$\int_{\sqrt{n\pi}}^{\sqrt{(n+1)\pi}} \sin x^2 \, dx \qquad \text{et} \qquad \int_{\sqrt{(n+1)\pi}}^{\sqrt{(n+2)\pi}} \sin x^2 \, dx.$$

Cette seconde intégrale est, en valeur absolue, moindre que la
première : car, si l'on pose $x^2 = \pi + x'^2$, elle devient

$$-\int_{\sqrt{n\pi}}^{\sqrt{(n+1)\pi}} \sin x^2 \frac{x}{\sqrt{x^2+\pi}} \, dx.$$

D'ailleurs le segment de rang n tend vers zéro, car il est moindre
que l'expression

$$\sqrt{(n+1)\pi} - \sqrt{n\pi}$$

qui tend vers zéro quand n augmente indéfiniment.

Comme autre exemple d'une intégrale où la considération d'une
série d'aires joue un rôle utile dans la démonstration de l'existence de la limite, citons encore

$$\int_0^\infty \frac{\sin x}{x} \, dx.$$

Des raisonnements analogues à ceux que nous venons d'employer permettent sans peine d'établir que cette intégrale a un sens.

17. Cauchy a donné une règle élégante de convergence de certaines séries, qui se rattache aux intégrales dans lesquelles la limite supérieure devient infinie.

Soit $f(x)$ une fonction, positive à partir d'une certaine valeur de x, continuellement décroissante et tendant vers zéro quand x augmente indéfiniment. La courbe $y = f(x)$ admet l'axe des x pour asymptote, et il pourra arriver que l'intégrale

$$\int_a^\infty f(x)\,dx$$

ait ou non un sens. Si, alors, on considère la série

$$f(1) + f(2) + \ldots + f(n) + \ldots,$$

cette série sera convergente ou divergente, suivant que l'intégrale précédente aura ou non un sens.

Si en effet l'intégrale $\int_a^x f(x)\,dx$ a une limite pour $x = \infty$, comme la somme des rectangles intérieurs construits avec la base un et les hauteurs respectives $f(2)$, $f(3)$, …, $f(n)$ est moindre que l'aire comprise entre la courbe, l'axe des x et la droite $x = 1$, on est assuré que la somme

$$f(2) + f(3) + \ldots + f(n)$$

reste inférieure à un nombre fixe, et la série est par suite convergente. On raisonnera de la même manière dans le second cas, mais en prenant les rectangles extérieurs à la courbe ; la somme

$$f(1) + f(2) + \ldots + f(n)$$

est alors supérieure à une aire qui augmente indéfiniment ; la série sera donc divergente.

Soit, comme exemple,

$$f(x) = \frac{1}{x^p}, \quad p > 0.$$

on devra considérer l'intégrale

$$\int_1^x \frac{dx}{x^p};$$

elle tend vers une limite pour $x = \infty$ quand $p > 1$; la série dont
le terme général est $\frac{1}{n^p}$ est alors convergente. Elle divergera au
contraire si $p \leqq 1$.

Prenons encore la série étudiée par Abel (*Œuvres complètes*,
t. I, p. 399) :

$$\frac{1}{2\log 2} + \cdots + \frac{1}{n\log n} + \cdots;$$

elle est divergente, car l'intégrale

$$\int_2^x \frac{dx}{x\log x} = \log\log x - \log\log 2$$

augmente indéfiniment avec x. Abel cite cette série comme
exemple d'une série divergente à termes positifs,

$$u_0 + u_1 + \cdots + u_n + \cdots,$$

pour laquelle le produit $n u_n$ a zéro pour limite.

En restant dans le même ordre d'idées, on pourra souvent déterminer la limite d'expressions de la forme

$$S_n^p = f(n) + f(n+1) + \cdots + f(n+p),$$

les entiers n et p augmentant indéfiniment, la fonction $f(x)$ satisfaisant d'ailleurs aux mêmes conditions que plus haut. La considération des rectangles intérieurs et extérieurs inscrits dans la
courbe conduit de suite aux inégalités

$$f(n) + \cdots + f(n+p-1) > \int_n^{n+p} f(x)\,dx,$$

$$f(n+1) + \cdots + f(n+p) < \int_n^{n+p} f(x)\,dx;$$

donc

$$\int_n^{n+p} f(x)\,dx + f(n) > S_n^p > \int_n^{n+p} f(x)\,dx + f(n+p).$$

et par suite la recherche de la limite de S_a^p reviendra à celle de

$$\lim \int_a^{n+p} f(x)\,dx.$$

Soit, par exemple, $f(x) = \frac{1}{x}$, on aura

$$S_a^p = \frac{1}{n} + \frac{1}{n+1} + \ldots + \frac{1}{n+p},$$

et comme

$$\int_n^{p+n} \frac{dx}{x} = \log\left(1 + \frac{p}{n}\right),$$

on aura, p et n augmentant indéfiniment de telle sorte que $\lim \frac{p}{n} = x$,

$$\lim S_a^p = \log(1 + x);$$

en particulier, si $p = n$, nous voyons que la limite de

$$\frac{1}{n} + \frac{1}{n+1} + \ldots + \frac{1}{2n}$$

pour $n = \infty$ est égale à $\log 2$.

IV. — Différentiation sous le signe d'intégration

18. On rencontrera souvent, dans les applications, des fonctions $F(z)$ d'une variable z, représentées par des intégrales définies

$$\int_a^b f(x, z)\,dx,$$

a et b étant, soit des constantes, soit des fonctions de z.

Cherchons comment on pourra former la dérivée de cette expression par rapport à z.

Nous supposerons d'abord que a et b ne dépendent pas de z. On a alors

$$F(z + \Delta z) - F(z) = \int_a^b [f(x, z + \Delta z) - f(x, z)]\,dx;$$

et, par suite,

$$\frac{F(\alpha + \Delta\alpha) - F(\alpha)}{\Delta\alpha} = \int_a^b \frac{f(x, \alpha + \Delta\alpha) - f(x, \alpha)}{\Delta\alpha}\, dx.$$

Cela posé, nous supposerons d'abord que la fonction $f(x, \alpha)$ ait une dérivée partielle $f_\alpha(x, \alpha)$ par rapport à α, d'où l'on conclut

$$\frac{F(\alpha + \Delta\alpha) - F(\alpha)}{\Delta\alpha} = \int_a^b f_\alpha(x, \alpha + \theta\Delta\alpha)\, dx, \qquad 0 < \theta < 1.$$

Nous supposerons ensuite la fonction $f_\alpha(x, \alpha)$ telle que, x *étant quelconque entre a et b*, on puisse déterminer une quantité positive η telle que pour

$$|\Delta\alpha| < \eta,$$

on ait

$$|f_\alpha(x, \alpha + \Delta\alpha) - f_\alpha(x, \alpha)| < \varepsilon,$$

ε étant une quantité positive donnée à l'avance aussi petite qu'on voudra. Dans ces conditions, on aura évidemment

$$F'(\alpha) = \int_a^b f_\alpha(x, \alpha)\, dx.$$

Ainsi donc, pour former $F'(\alpha)$, *il suffira de différentier sous le signe somme $f(x, \alpha)$ par rapport à α.*

La condition requise se trouvera vérifiée si la fonction $f(x, \alpha)$ a non seulement une dérivée première, mais aussi une dérivée seconde par rapport à α; la formule de Taylor donne en effet

$$f_\alpha(x, \alpha + \Delta\alpha) - f_\alpha(x, \alpha) = \Delta\alpha\, f_{\alpha^2}(x, \alpha + \theta\Delta\alpha);$$

donc, en supposant que f_{α^2} est finie, on peut satisfaire à l'égalité demandée.

Un second cas à signaler est celui où la fonction $f_\alpha(x, \alpha)$ des deux variables x et α sera une fonction continue de ces deux variables par rapport à x et α, quand x variera entre a et b, et α dans un certain intervalle (a', b'); c'est ce qui sera démontré plus tard. Ce point nous sera en effet utile quand nous établirons la notion d'intégrale double; nous nous contenterons d'énoncer cette propriété d'une fonction continue de deux variables qui sera établie au Chapitre IV (§ 2).

Nous avons, dans ce qui précède, supposé que a et b étaient des constantes; supposons-les maintenant fonctions de z. On ramènera ce cas au précédent au moyen d'un changement de variables qui rendra constantes les limites de l'intégrale. Posons à cet effet

$$x = (b - a)t + a;$$

l'intégrale devient

$$F(z) = \int_0^1 f(x, z)(b - a)\, dt.$$

En appliquant la règle précédente, on a

$$F'(z) = \int_0^1 \frac{df}{dz}(b - a)\, dt + \int_0^1 f(x, z)\left(\frac{db}{dz} - \frac{da}{dz}\right) dt$$
$$- \int_0^1 \frac{df}{dx}\left[\left(\frac{db}{dz} - \frac{da}{dz}\right)t - \frac{da}{dz}\right](b - a)\, dt;$$

revenant à la variable x, nous aurons

$$F'(z) = \int_a^b \frac{df}{dz}\, dx - \int_a^b f(x, z)\left(\frac{db}{dz} - \frac{da}{dz}\right)\frac{dx}{b - a}$$
$$- \int_a^b \frac{df}{dx}\left[\frac{\frac{db}{dz} - \frac{da}{dz}}{b - a}(x - a) - \frac{da}{dz}\right] dx,$$

ou encore

$$F'(z) = \int_a^b \frac{df}{dz}\, dx - \frac{\frac{db}{dz} - \frac{da}{dz}}{b - a} \int_a^b \left[f(x, z) - (x - a)\frac{df}{dx}\right] dx$$
$$+ \frac{da}{dz} \int_a^b \frac{df}{dx}\, dx;$$

les deux dernières intégrations s'effectuent immédiatement, et l'on arrive enfin à la formule

$$F'(z) = \int_a^b \frac{df}{dz}\, dx + f(b, z)\frac{db}{dz} - f(a, z)\frac{da}{dz},$$

qui exprime la règle de différentiation dans le cas général.

19. Les règles précédentes impliquent essentiellement que la

fonction sous le signe d'intégration reste finie entre les limites. Ainsi, considérons l'intégrale définie

$$\int_0^\alpha \frac{dx}{\sqrt{x(x-\alpha)}},$$

qui a une valeur déterminée, mais dont l'élément devient infini pour $x = 0$ et pour $x = \alpha$.

On ne peut appliquer à cette expression la règle de différentiation par rapport à α : en l'appliquant, on obtient une différence, n'ayant aucun sens, de deux termes infinis.

Si l'une des limites de l'intégrale devient infinie, l'application des règles précédentes peut encore conduire à des résultats illusoires. Considérons, par exemple, l'intégrale

$$(7) \qquad\qquad \int_0^\infty \frac{\sin \alpha x}{x}\, dx,$$

où nous supposerons $\alpha > 0$; le changement de variable $\alpha x = y$ ramène cette intégrale à la suivante

$$\int_0^\infty \frac{\sin y}{y}\, dy,$$

qui, nous l'avons dit, a un sens parfaitement déterminé. L'intégrale (7) ne dépend donc pas de α; mais, si nous la différentions par rapport à α, en appliquant la règle, nous trouvons

$$\int_0^\infty \cos \alpha x\, dx,$$

intégrale qui n'a aucun sens.

Ce résultat n'a rien qui doive étonner. Les hypothèses faites, en démontrant la règle de la différentiation sous le signe d'intégration, reviennent à supposer qu'on peut prendre $\Delta \alpha$ assez petit pour que le quotient

$$\frac{f(x, \alpha + \Delta \alpha) - f(x, \alpha)}{\Delta \alpha}$$

diffère de $f'_\alpha(x, \alpha)$ de moins de ε, et cela pour toute valeur de x comprise dans le champ d'intégration. Ici, il faudrait donc pouvoir déterminer Δz de façon à avoir

$$\frac{\sin(z + \Delta z)x - \sin zx}{x \cdot \Delta z} = \cos zx + \gamma, \qquad |\gamma| < 1$$

pour toute valeur positive de x; or, pour x très grand, le premier membre est très petit, tandis que le second est indéterminé.

Ainsi quand la fonction ou les limites deviennent infinies, on ne devra pas appliquer sans précautions la règle de différentiation. Voici, du reste, une remarque générale relative au cas où l'une des limites devient infinie.

Considérons l'intégrale

$$V(z) = \int_a^\infty f(x, z)\,dx,$$

a étant, pour simplifier, une constante. Supposons réalisées les deux conditions suivantes : 1° à partir d'une certaine valeur de x, $f(x, z)$ et la dérivée $f'_z(x, z)$ sont en valeur absolue moindres que $\dfrac{M}{x^n}$, M étant une constante positive, n un exposant supérieur à l'unité; 2° étant donné un nombre ε aussi petit que l'on voudra, on peut, pour toute valeur de x comprise dans l'intervalle (a, l) fini mais quelconque, trouver une quantité h telle que, pour toute valeur h_1, de module moindre que h, on ait

$$|f'_z(x, z + h_1) - f'_z(x, z)| < \varepsilon.$$

Nous allons établir qu'on pourra, dans ces conditions, appliquer à la fonction $V(z)$ la règle de différentiation démontrée plus haut. Je remarque d'abord que les deux intégrales $\int_a^\infty f(x, z)\,dx$ et $\int_a^\infty f'_z(x, z)\,dx$ ont un sens bien déterminé. Or on a

$$\frac{\Delta V}{\Delta z} = \int_a^\infty f'_z(x, z + \theta \Delta z)\,dx$$

ou, en la partageant en deux parties,

$$\frac{\Delta V}{\Delta z} = \int_a^l f'_z(x, z + \theta \Delta z)\,dx + \int_l^\infty f'_z(x, z + \theta \Delta z)\,dx.$$

On peut, en vertu des hypothèses faites, déterminer l de façon que l'intégrale

$$\int_x^{\infty} \frac{M\,dx}{x^m}$$

soit inférieure à ε. On aura donc

$$\frac{\Delta V}{\Delta z} = \int_a^l f_z(x, z - \theta \Delta z)\,dx + \eta, \qquad |\eta| < \varepsilon.$$

On peut en outre écrire, d'après la seconde condition,

$$\int_a^l f_z(x, z - \theta \Delta z)\,dx = \int_a^l f_z(x, z)\,dx + \eta', \qquad |\eta'| < \varepsilon,$$

si Δz est suffisamment petit. Donc

$$\frac{\Delta V}{\Delta z} = \int_a^l f_z(x, z)\,dx + \eta + \eta';$$

or $\int_a^l f_z(x, z)\,dx$ diffère de $\int_a^{\infty} f_z(x, z)\,dx$ de moins de ε. Par suite la différence entre $\frac{\Delta V}{\Delta z}$ et cette dernière intégrale n'atteint pas 3ε, si Δz est suffisamment petit; ce qui nous donne enfin

$$\frac{dV}{dz} = \int_a^{\infty} f_z(x, z)\,dx$$

qui est la règle de différentiation précédemment établie.

20. On vérifiera facilement que les conditions précédentes sont remplies pour l'intégrale

$$V(z) = \int_0^{\infty} \frac{e^{-zx}\sin x}{x}\,dx, \qquad (z > 0).$$

De plus cette intégrale est une fonction continue de z, même pour z tendant vers zéro par valeurs positives. Pour le voir nettement, nous procéderons comme au § 17 : on construit la courbe représentée par l'équation

$$y = \frac{e^{-zx}\sin x}{x}$$

et on considère l'intégrale comme une série alternée. Si l'on prend seulement dans cette série un nombre limité n de termes, le reste est moindre en valeur absolue que le premier terme négligé. Or, pour n suffisamment grand et $\alpha \geq 0$, ce terme est aussi petit qu'on veut ; d'autre part, la suite limitée de termes est une fonction évidemment continue de α, même pour $\alpha = 0$. Par conséquent l'intégrale $V(\alpha)$ est une fonction continue de α $(\alpha > 0)$ même pour $\alpha = 0$.

Ceci posé, pour calculer $V(\alpha)$, nous calculerons d'abord l'intégrale

$$\frac{dV}{d\alpha} = -\int_0^\infty e^{-\alpha x}\sin x\, dx$$

qui s'obtient immédiatement : en intégrant successivement deux fois par parties, il vient

$$\int_0^\infty e^{-\alpha x}\sin x\, dx = \frac{1}{\alpha}\int_0^\infty e^{-\alpha x}\cos x\, dx,$$

puis

$$\int_0^\infty e^{-\alpha x}\cos x\, dx = \frac{1}{\alpha} - \frac{1}{\alpha}\int_0^\infty e^{-\alpha x}\sin x\, dx.$$

Les deux relations précédentes donnent

$$\frac{dV}{d\alpha} = -\frac{1}{1+\alpha^2},$$

donc

$$V = \operatorname{arc\,tang}\frac{1}{\alpha};$$

nous prenons l'arc tang compris entre $-\frac{\pi}{2}$ et $+\frac{\pi}{2}$; la constante d'intégration est nulle, puisque V tend vers zéro quand α grandit indéfiniment.

Cette formule, établie pour $\alpha > 0$, subsiste encore pour $\alpha = 0$, d'après ce que nous avons dit de la continuité de la fonction V. On trouve ainsi l'intégrale importante

$$\int_0^\infty \frac{\sin x}{x}\, dx = \frac{\pi}{2}.$$

VI. — Intégrales d'une fonction complexe d'une variable réelle.

21. Nous n'avons considéré jusqu'ici que des fonctions réelles de variables réelles. Ce n'est que dans le second Volume que nous

nous occuperons du cas où la variable est complexe; mais l'extension de la notion d'intégrale définie au cas d'une fonction complexe d'une variable réelle se fait immédiatement.

On entend par fonction complexe $F(x)$ de la variable réelle x, une expression de la forme

$$F(x) = f(x) + i\varphi(x).$$

On aura, *par définition*,

$$\int_a^b F(x)\,dx = \int_a^b f(x)\,dx + i\int_a^b \varphi(x)\,dx.$$

Il n'y a donc pas de théorie particulière à ces intégrales, qui se ramènent aux intégrales déjà étudiées. M. Darboux (*Journal de Mathématiques*, 1876) a donné une formule intéressante analogue à celle que nous avons rencontrée quand $F(x)$ est une fonction réelle : dans ce dernier cas, si $\varphi(x)$ désigne une fonction positive de a à b, on a

$$\int_a^b F(x)\varphi(x)\,dx = F(\xi)\int_a^b \varphi(x),\qquad a < \xi < b.$$

M. Darboux a montré comment on devait modifier cette formule dans le cas d'une fonction complexe. Le résultat auquel il est parvenu peut s'établir comme il suit. Soit

$$I = \int_a^b F(x)\psi(x)\,dx = \int_a^b f(x)\psi(x)\,dx + i\int_a^b \varphi(x)\psi(x)\,dx,$$

$\psi(x)$ étant positif entre a et b.

On aura

$$\operatorname{mod} I < \int_a^b \sqrt{f^2(x)+\varphi^2(x)}\,\psi(x)\,dx = \sqrt{f^2(\xi)+\varphi^2(\xi)}\int_a^b \psi(x)\,dx,$$
$$a < \xi < b;$$

nous écrivons d'abord que le module d'une somme est plus petit que la somme des modules, et nous appliquons ensuite la formule relative aux fonctions réelles.

On a donc

$$\operatorname{mod} I = \theta\sqrt{f^2(\xi)+\varphi^2(\xi)}\int_a^b \psi(x)\,dx,\qquad 0 < \theta < 1,$$

ou

$$\operatorname{mod} I = \theta \operatorname{mod} F(\xi) \int_a^b \psi(x)\,dx,$$

et par suite, si α désigne l'argument de I,

$$I = \theta e^{i\alpha} \operatorname{mod} F(\xi) \int_a^b \psi(x)\,dx = \theta e^{i(\alpha-\beta)} F(\xi) \int_a^b \psi(x)\,dx,$$

en appelant β l'argument de $F(\xi)$, puisque $\operatorname{mod} F(\xi) = \dfrac{F(\xi)}{e^{i\beta}}$. Si donc nous posons

$$\lambda = \theta e^{i(\alpha-\beta)},$$

il vient finalement

$$I = \lambda F(\xi) \int_a^b \psi(x)\,dx,$$

λ étant une quantité dont le module est au plus égal à l'unité. Le cas où la fonction $F(x)$ est complexe se distingue du cas où elle est réelle par la présence de ce facteur λ.

22. La démonstration donnée pour la formule de Taylor au moyen de l'intégration par parties généralisée, s'applique sans aucune modification au cas d'une fonction complexe $F(x)$, et on a encore

$$F(x_1) = F(x_0) + (x_1 - x_0) F'(x_0) + \ldots$$
$$+ \frac{(x_1 - x_0)^n}{1 \cdot 2 \ldots n} F^{(n)}(x_0) + \frac{1}{1 \cdot 2 \ldots n} \int_{x_0}^{x_1} F^{(n+1)}(x)(x_1 - x)^n\, dx.$$

Le reste pourra, en appliquant la formule de M. Darboux, se mettre sous la forme

$$\lambda F^{(n+1)}(\xi) \frac{(x_1 - x_0)^{n+1}}{1 \cdot 2 \ldots (n+1)},$$

ξ étant compris entre x_0 et x_1, et λ désignant une quantité complexe de module au plus égal à l'unité.

CHAPITRE II.

INTÉGRALES INDÉFINIES.

I. — Intégrales des fractions rationnelles.

1. On donne souvent le nom d'*intégrale indéfinie* à une intégrale définie ayant pour limite supérieure la variable x et une limite inférieure qui est une constante qu'on ne fixe pas. On représente simplement par

$$\int f(x)\,dx$$

cette intégrale indéfinie, sans prendre la peine de marquer les limites. C'est simplement une manière de désigner une fonction ayant pour dérivée $f(x)$.

$f(x)$ étant une fonction d'une nature déterminée, il est d'un grand intérêt de faire, quand cela est possible, la recherche explicite de cette intégrale, ou de réduire les intégrales, correspondant aux fonctions de même nature, au plus petit nombre de types. Telles sont les questions qui vont nous occuper dans ce Chapitre ; nous commencerons par le cas où $f(x)$ désigne une fraction rationnelle irréductible.

2. Considérons donc l'intégrale indéfinie

$$\int \frac{F(x)}{f(x)}\,dx.$$

On sait, d'après la théorie de la décomposition des fractions rationnelles, que toute fraction rationnelle peut se mettre sous la forme d'un polynôme en x, plus une suite de termes de la forme

$$\sum \frac{A_\alpha}{(x-a)^\alpha},$$

les quantités a étant les racines de $f(x)$, et les A_α désignant des constantes. Or l'intégrale d'un polynôme est un polynôme, puisque

$$\int x^m\, dx = \frac{x^{m+1}}{m+1}.$$

D'autre part, on a

$$\int \frac{dx}{(x-a)^\alpha} = \frac{(x-a)^{-\alpha+1}}{-\alpha+1} \qquad \text{si} \quad \alpha \gtrless 1,$$

et

$$\int \frac{dx}{x-a} = \log(x-a).$$

Toute la théorie est contenue dans ces remarques évidentes. Mais approfondissons davantage la question.

Nous allons nous préoccuper de pousser la réduction de l'intégrale le plus loin possible, en ne faisant que les opérations élémentaires de l'Algèbre, c'est-à-dire addition, multiplication et division de polynômes. Rappelons d'abord que si $f(x)$ a été décomposé en un produit $\varphi_1(x) \times \varphi_2(x) \times \ldots \times \varphi_n(x)$ de polynômes premiers entre eux, on aura

$$\frac{F(x)}{f(x)} = \sum \frac{F_i(x)}{\varphi_i(x)}.$$

Supposons, en particulier, qu'ayant appliqué la théorie des racines égales nous ayons trouvé

$$f(x) = X_1 X_2^2 \ldots X_q^q,$$

les X désignant des polynômes dont toutes les racines sont simples : l'équation $X_1 = 0$ fait connaître toutes les racines simples de f, l'équation $X_2 = 0$ les racines doubles et ainsi de suite. On sait qu'on peut trouver les polynômes X par de simples divisions. Nous aurons donc

$$\frac{F(x)}{f(x)} = \frac{F_1(x)}{X_1} + \frac{F_2(x)}{X_2^2} + \ldots + \frac{F_n(x)}{X_q^q}.$$

Nous sommes ainsi, d'une manière générale, ramené à chercher l'intégrale

$$(1) \qquad \int \frac{\varphi(x)\,dx}{X^\alpha},$$

φ étant un polynôme quelconque, et X un polynôme qui n'a que des racines simples.

Supposons que l'entier positif α soit supérieur à l'unité; je dis que nous pouvons ramener la recherche de cette intégrale à une autre de même forme, mais où α *sera remplacé par* $\alpha - 1$.

Montrons en effet qu'on peut déterminer un polynôme $P(x)$ tel que la différence

$$\frac{\varphi(x)}{X^\alpha} - \frac{d}{dx}\left[\frac{P(x)}{X^{\alpha-1}}\right] \qquad \text{soit de la forme} \qquad \frac{\varphi_1(x)}{X^{\alpha-1}}.$$

Il faut et il suffit pour cela que

$$\varphi(x) - (\alpha - 1)P(x)X',$$

X' désignant la dérivée de X, soit divisible par X. Supposons que X soit de degré m, on pourra prendre $P(x)$ de degré $m - 1$, de telle sorte que l'expression précédente s'annule pour les m racines de X, ce qui est possible puisque, pour ces racines, X' est différent de zéro. On aura donc à déterminer un polynôme de degré $m - 1$ qui prend pour m valeurs de la variable des grandeurs données. Mais, en présentant sous cette forme la recherche de $P(x)$, il semble qu'il faille résoudre l'équation $X = 0$; en réalité, l'existence de $P(x)$ étant certaine d'après ce qui précède, il suffira de procéder en faisant la division, ce qui donnera des équations du premier degré pour déterminer les coefficients de $P(x)$.

Ainsi de l'intégrale (1) nous passerons, en retranchant $\frac{P(x)}{X^{\alpha-1}}$, à l'intégrale

$$\int \frac{\varphi_1(x)}{X^{\alpha-1}}\,dx,$$

et ainsi de suite, de proche en proche, jusqu'à

$$\int \frac{\varphi_{\alpha-1}(x)}{X}\,dx,$$

pour laquelle nous ne pouvons plus évidemment continuer la ré-

duction. Arrivé à ce point, il est nécessaire, pour achever l'intégration, de connaître les racines de l'équation $X = 0$.

3. Supposons que les coefficients de la fraction rationnelle soient
réels et que le dénominateur X ait été résolu : portons particulièrement notre attention sur un couple de racines imaginaires conjuguées. On sait que l'on aura, pour ce couple de racines, $a + bi$,
$a - bi$, la somme des termes simples

$$\frac{Ax + B}{[(x - a)^2 + b^2]^n} + \frac{A_1 x + B_1}{[(x - a)^2 + b^2]^{n-1}} + \cdots + \frac{A_{n-1} x + B_{n-1}}{[(x - a)^2 + b^2]}$$

les A et B étant des constantes. D'après ce qui vient d'être dit,
toutes ces intégrales se ramèneront à une intégrale de même forme
que la dernière, et qu'on trouvera immédiatement en l'écrivant
sous la forme

$$\frac{2M(x - a) - 2Nb}{(x - a)^2 + b^2},$$

M et N étant deux nouvelles constantes. Or on aura

$$\int \frac{2M(x - a)}{(x - a)^2 + b^2}\, dx = M \log[(x - a)^2 + b^2],$$

comme on le vérifie par la différentiation ; d'autre part,

$$\int \frac{2Nb}{(x - a)^2 + b^2}\, dx = 2N \operatorname{arc\,tang} \frac{x - a}{b} ;$$

donc finalement

$$\int_{x_0}^{x_1} \frac{2M(x - a) - 2Nb}{(x - a)^2 + b^2} = M \log \frac{(x_1 - a)^2 + b^2}{(x_0 - a)^2 + b^2}$$

$$- 2N \operatorname{arc\,tang} \frac{x_1 - a}{b} + 2N \operatorname{arc\,tang} \frac{x_0 - a}{b},$$

formule qui ne présentera aucune ambiguïté, si on ajoute que les
arcs correspondant aux tangentes indiquées sont compris entre
$-\frac{\pi}{2}$ et $+\frac{\pi}{2}$.

Nous avons écrit plus haut

$$\int \frac{dx}{x - a} = \log(x - a);$$

ce résultat n'a, jusqu'ici, de sens pour nous que si a est réel.

Soit maintenant $a = \alpha + \beta i$; nous aurons

$$\int \frac{dx}{x-a} = \int \frac{(x-\alpha)\,dx}{(x-\alpha)^2+\beta^2} + \int \frac{\beta i\,dx}{(x-\alpha)^2+\beta^2}$$
$$= \frac{1}{2}\log[(x-\alpha)^2+\beta^2] + i\arctan\frac{x-\alpha}{\beta}.$$

II. — Intégrales hyperelliptiques.

4. Les intégrales les plus importantes qui aient donné lieu à une théorie complète sont les intégrales de la forme

$$(2) \qquad \int F(x, y)\,dx,$$

F étant une fonction rationnelle de x et y, et y une fonction algébrique quelconque de x, c'est-à-dire une fonction liée à x par la relation

$$f(x, y) = 0,$$

où f est un polynôme. Les plus simples de ces intégrales, après celles où y est une fonction rationnelle de x, sont celles où y est liée à x par la relation

$$y^2 = R(x),$$

$R(x)$ étant un polynôme que nous pouvons supposer n'avoir que des racines simples. De telles intégrales sont appelées *hyperelliptiques*.

Ce polynôme peut être de degré pair ou impair; les deux cas se ramènent l'un à l'autre. Supposons le polynôme de degré pair $2p$; posons, en désignant par α une racine de $R(x)$,

$$x = \alpha + \frac{1}{z};$$

l'intégrale se trouvera ramenée à une intégrale de même forme, mais où le radical portera seulement sur un polynôme de degré $2p - 1$; on aura en effet

$$R(x) = \frac{R_1(z)}{z^{2p}},$$

$R_1(z)$ étant un polynôme de degré $2p - 1$.

Inversement, si l'on a un polynôme $R(x)$ de degré impair $2p - 1$, il suffira de poser

$$x = \frac{1}{z},$$

pour être ramené au cas d'un polynôme de degré $2p$.

Ceci dit, considérons l'intégrale (2) : la fraction rationnelle $F(x, y)$ peut se mettre sous la forme

$$F(x, y) = \frac{M + Ny}{M_1 + N_1 y},$$

les M et N étant des polynômes en x. On élimine pour cela toutes les puissances de y autres que la première en remplaçant $y^{2\alpha}$ par R^α et $y^{2\alpha+1}$ par $y R^\alpha$.

Si nous multiplions les deux termes de F par $M_1 - N_1 y$, nous aurons

$$F(x, y) = P + Qy,$$

P et Q étant des fractions rationnelles de x; ou encore, en remplaçant y par $\frac{R(x)}{y}$, nous aurons, d'une manière générale,

$$F = A + \frac{B}{\sqrt{R(x)}},$$

A et B étant des fractions rationnelles quelconques de x. En formant l'intégrale (2) nous avons d'abord

$$\int A \, dx,$$

intégrale d'une fraction rationnelle déjà étudiée, et l'intégrale, dont nous devons maintenant nous occuper,

$$\int \frac{B}{\sqrt{R(x)}} \, dx.$$

La fraction rationnelle B peut se décomposer en un polynôme et en une suite de fractions simples dont le dénominateur est une puissance d'un binôme $(x - \alpha)$. Nous avons donc finalement les deux types suivants

$$\int \frac{f(x) \, dx}{\sqrt{R(x)}} \quad \text{et} \quad \int \frac{\varphi(x) \, dx}{(x - \alpha)^z \sqrt{R(x)}},$$

$f(x)$ et $\varphi(x)$ désignant des polynômes, et z un entier positif.

5. Prenons d'abord les intégrales du premier type

$$\int \frac{f(x)\,dx}{\sqrt{R(x)}}.$$

La discussion se fera de la même manière que R soit de degré pair ou impair; il est néanmoins indispensable de faire une hypothèse particulière. Nous supposerons dans la suite que $R(x)$ est de degré $2p + 1$. Sans être essentiel au fond, le choix d'un polynôme de degré impair est préférable pour le développement de la théorie; nous ne nous en rendrons pas encore bien compte en ce moment, mais nous le verrons plus tard dans l'étude plus complète de ces intégrales.

Soit m le degré de $f(x)$, nous allons montrer que *ce degré peut être abaissé au degré $2p - 1$*. Supposons donc m supérieur à ce nombre et posons

$$m = 2p + \lambda \qquad (\lambda \geq 0).$$

Je dis que de l'expression $\dfrac{f(x)}{\sqrt{R(x)}}$ on peut retrancher la dérivée de $C x^{\lambda} \sqrt{R(x)}$, C étant choisi de telle sorte que le numérateur de la différence soit de degré $m - 1$. On a en effet

$$C \frac{d}{dx}\left[x^{\lambda} \sqrt{R(x)} \right] = C \frac{\lambda x^{\lambda-1} R(x) + \frac{1}{2} x^{\lambda} R'(x)}{\sqrt{R(x)}};$$

le degré du numérateur est $2p + \lambda$, nous pouvons donc choisir C de telle sorte que, dans la différence

$$f(x) - C\left[\lambda x^{\lambda-1} R(x) + \frac{1}{2} x^{\lambda} R'(x) \right],$$

le coefficient de x^m soit nul. Par une série de soustractions successives nous ramènerons donc notre intégrale à une partie toute intégrée et à une intégrale

$$\int \frac{f_1(x)\,dx}{\sqrt{R(x)}},$$

mais où cette fois $f_1(x)$ sera un polynôme au plus de degré $2p - 1$, car la réduction pourra se faire pour la dernière fois quand on aura $\lambda = 0$.

Nous obtenons donc $2p$ intégrales de la forme

$$\int \frac{x^{\mu}\,dx}{\sqrt{\mathrm{R}(x)}} \qquad (\mu = 0,\ 1,\ 2,\ \ldots,\ 2p-1).$$

En général, ces intégrales sont des transcendantes nouvelles et distinctes les unes des autres, qui ne sont pas susceptibles de s'exprimer à l'aide des fonctions introduites dans les éléments. On doit étudier sur elles-mêmes leurs propriétés extrêmement intéressantes; mais nous ne pourrons qu'ultérieurement entreprendre cette étude. Montrons seulement qu'on peut les partager en deux espèces : les intégrales de *la première espèce* sont celles qui resteront finies quand x augmentera indéfiniment, les autres seront dites *de seconde espèce*. Nous pouvons ici appliquer le théorème du § 16 (Chap. I) : la fonction $\dfrac{x^{\mu}}{\sqrt{\mathrm{R}(x)}}$ est comparable pour x très grand à $\dfrac{1}{x^{p+\frac{1}{2}-\mu}}$.

Si donc

$$p + \frac{1}{2} - \mu > 1,$$

l'intégrale sera de première espèce, ce qui revient à $\mu < p - \frac{1}{2}$.

On aura donc p intégrales de première espèce, c'est-à-dire restant finies pour $x = \infty$, pour $\mu = 0,\ 1,\ 2,\ \ldots,\ p-1$: les autres intégrales seront de seconde espèce.

Rappelons d'ailleurs que toutes ces intégrales restent finies quand x tend vers une racine de $\mathrm{R}(x) = 0$.

6. Passons maintenant aux intégrales du second type

$$(3) \qquad \int \frac{\varphi(x)\,dx}{(x-a)^{\lambda}\sqrt{\mathrm{R}(x)}}.$$

Deux cas sont à distinguer, suivant que a est ou non racine du polynôme $\mathrm{R}(x)$. Je me place d'abord dans le premier cas. Je vais, en supposant $\lambda > 1$, retrancher de l'intégrale une expression de la forme

$$\frac{\mathrm{C}\sqrt{\mathrm{R}(x)}}{(x-a)^{\lambda-1}}.$$

de telle sorte que la différence soit une intégrale de la forme initiale mais où α *sera remplacé par* $\alpha - 1$. On a, C désignant une constante,

$$C\frac{d}{dx}\left(\frac{\sqrt{R(x)}}{(x-a)^{\alpha-1}}\right) = C\frac{-(\alpha-1)R(x) + \frac{1}{2}(x-a)R'(x)}{(x-a)^{\alpha}\sqrt{R(x)}}.$$

Dans la différence

$$\frac{\varphi(x)}{(x-a)^{\alpha}\sqrt{R(x)}} - C\frac{d}{dx}\left(\frac{\sqrt{R(x)}}{(x-a)^{\alpha-1}}\right),$$

le numérateur sera divisible par $x - a$ si l'on a

$$\varphi(a) - C(\alpha - 1)R(a) = 0,$$

égalité qui détermine C, puisque $R(a)$ n'est pas nul et que α est supposé plus grand que l'unité. Ainsi, par la soustraction précédente, nous sommes conduit à une intégrale de la forme

$$\int\frac{\varphi_1(x)\,dx}{(x-a)^{\alpha-1}\sqrt{R(x)}},$$

φ_1 étant toujours un polynôme. Nous pourrons continuer ainsi cette réduction jusqu'à ce que nous arrivions à une intégrale de la forme (3) où on ait $\alpha = 1$. D'ailleurs, en divisant $\varphi(x)$ par $x - a$, cette dernière intégrale se ramènera aux intégrales du paragraphe précédent et à l'unique intégrale

$$\int\frac{dx}{(x-a)\sqrt{R(x)}}.$$

Dans le cas où $R(a) = 0$, les considérations précédentes ne s'appliquent plus; mais, avec une petite modification dans les raisonnements, nous allons pouvoir effectuer la réduction aux seules intégrales du premier type. Reprenons donc l'intégrale (3) en supposant que a soit racine de $R(x)$. Nous formons la différence

(4) $$\frac{\varphi(x)}{(x-a)^{\alpha}\sqrt{R(x)}} - C\frac{d}{dx}\left(\frac{\sqrt{R(x)}}{(x-a)^{\alpha}}\right);$$

le second terme peut s'écrire

$$C\,\frac{\frac{1}{2}R'(x) - \alpha R_1(x)}{(x-a)^\lambda \sqrt{R(x)}},$$

en posant

$$R_1(x) = \frac{R(x)}{x-a}.$$

Or a est racine simple de $R(x)$, donc $R_1(a) = R'(a) \neq o$, et par suite on peut déterminer C de manière que la différence (4) soit de la forme

$$\frac{\varphi_1(x)}{(x-a)^{\lambda-1} \sqrt{R(x)}}.$$

Il suffit pour cela que

$$\varphi(a) - C\left(\frac{1}{2}-\alpha\right)R'(a) = o.$$

Le coefficient de C est différent de zéro, même pour $\alpha = 1$: on pourra donc effectuer de proche en proche la réduction jusqu'à faire disparaître toute puissance de $x - a$ au dénominateur et finalement il ne restera, dans ce cas, que des intégrales du premier type.

En résumé, le second type se ramène au premier et à des intégrales de la forme

$$\int \frac{dx}{(x-a)\sqrt{R(x)}},$$

la constante a n'étant pas racine de $R(x) = o$.

7. Nous avons fait les réductions précédentes en supposant le polynôme $R(x)$ de degré impair $2p+1$; cette hypothèse n'avait aucun intérêt pour la réduction faite en dernier lieu, qui en est évidemment indépendante. Il n'en est pas de même pour celle qui concerne les intégrales de la forme

$$\int \frac{\varphi(x)\,dx}{\sqrt{R(x)}}.$$

Les raisonnements peuvent néanmoins être faits avec peu de modifications. Il suffira d'énoncer le résultat :

Si le polynôme $R(x)$ est de degré $2p$, toutes ces intégrales se ramèneront aux intégrales

$$\int \frac{x^\alpha\,dx}{\sqrt{R(x)}},$$

où α devra prendre les valeurs $0, 1, 2, \ldots, 2p-2$; il y a donc, dans ce cas, $2p-1$ intégrales du premier type.

8. Donnons quelques exemples simples. Je supposerai d'abord le polynôme $R(x)$ du second degré. D'après ce qui précède (§ 7), toutes les intégrales de la forme

$$\int F\left(x, \sqrt{Ax^2+Bx+C}\right)dx,$$

F désignant une fonction rationnelle de x et de $\sqrt{Ax^2+Bx+C}$, se ramèneront aux deux intégrales

$$\int \frac{dx}{\sqrt{Ax^2+Bx+C}} \qquad \text{et} \qquad \int \frac{dx}{(x-a)\sqrt{Ax^2+Bx+C}},$$

a désignant une constante. Ces deux intégrales se trouvent immédiatement; elles se ramènent d'abord l'une à l'autre, car il suffit de poser dans la seconde $x-a=\dfrac{1}{y}$ pour la ramener à la forme de la première. Quant à celle-ci, deux cas seront à distinguer suivant le signe de A. Selon que A sera positif ou négatif, nous aurons, par un changement linéaire de variable, l'une ou l'autre forme

$$\int \frac{dx}{\sqrt{x^2+a}} \qquad \text{ou} \qquad \int \frac{dx}{\sqrt{a^2-x^2}},$$

qui sont respectivement, comme le montre la différentiation,

$$\log\left(x+\sqrt{x^2+a}\right) \qquad \text{et} \qquad \text{arc} \sin\frac{x}{a}.$$

Passons au cas où $R(x)$ serait un polynôme du troisième degré; les intégrales du premier type sont alors au nombre de *deux* :

$$\int \frac{dx}{\sqrt{R(x)}}, \qquad \int \frac{x\,dx}{\sqrt{R(x)}},$$

l'intégrale est dite alors une *intégrale elliptique*.

Le cas où $R(x)$ est un polynôme du quatrième degré peut se
ramener, d'après ce que nous avons dit d'une manière générale,
au cas où le polynôme est du troisième degré. On a pris longtemps,
comme polynôme normal, le polynôme du quatrième degré ; on
tend maintenant à faire la théorie des intégrales elliptiques et des
fonctions qui s'en déduisent en prenant comme polynôme normal
le polynôme du troisième degré. Indiquons cependant, relativement aux polynômes du quatrième degré, une transformation qui
a joué un rôle très important ; elle consiste en ce qu'on peut supposer seulement des termes de degré pair dans le polynôme.
Employons en effet la transformation

$$y = \frac{1}{p-x},$$

p désignant une constante, ce qui revient à faire la substitution
$x = p - \dfrac{1}{y}$. On a alors

$$R(x) = \frac{R_1(y)}{y^4}.$$

Nous allons déterminer p de façon que la somme de deux racines du polynôme transformé en y soit égale à la somme des
deux autres. Si nous désignons par a, b, c, d les quatre racines
de $R(x)$, les racines de $R_1(y)$ seront

$$\frac{1}{p-a}, \quad \frac{1}{p-b}, \quad \frac{1}{p-c}, \quad \frac{1}{p-d}.$$

Écrivons, par exemple,

$$\frac{1}{p-a} + \frac{1}{p-b} - \frac{1}{p-c} - \frac{1}{p-d} = 0,$$

équation qui est du second degré en p. Si l'on prend pour p une
de ses racines, le polynôme $R_1(y)$ sera de la forme

$$R_1(y) = A(y^2 + \lambda y + \mu)(y^2 - \lambda y + \mu'),$$

le coefficient de y étant le même dans les deux facteurs. Il suffira alors de poser $y + \dfrac{\lambda}{2} = z$ pour avoir le polynôme bicarré

$$A(z^2 - \alpha)(z^2 - \beta).$$

On peut donc supposer que le polynôme $R(x)$ est bicarré, soit

$$R(x) = a_0 x^4 + a_1 x^2 + a_2.$$

Les intégrales de la première catégorie sont alors

$$\int \frac{dx}{\sqrt{a_0 x^4 + a_1 x^2 + a_2}}, \quad \int \frac{x\,dx}{\sqrt{a_0 x^4 + a_1 x^2 + a_2}}, \quad \int \frac{x^2\,dx}{\sqrt{a_0 x^4 + a_1 x^2 + a_2}}.$$

La seconde de ces intégrales se ramène aux fonctions élémentaires : il suffit en effet de poser $x^2 = y$ pour la ramener à l'intégrale

$$\int \frac{dy}{\sqrt{a_0 y^2 + a_1 y + a_2}}.$$

III. — Intégrales de différentielles algébriques.

9. Le cas général d'une intégrale de différentielle algébrique est une intégrale de la forme

$$\int F(x, y)\,dx,$$

F étant une fonction rationnelle de x et y ; y est liée à x par la relation

$$f(x, y) = 0,$$

f étant un polynôme irréductible en x et y, c'est-à-dire que la courbe algébrique représentée par cette équation est indécomposable. Nous allons faire sur l'intégrale précédente quelques réductions d'une nature purement algébrique ; ce ne sera qu'après avoir étudié plus tard les principes de la théorie des fonctions que nous pourrons pénétrer plus avant dans la théorie de ces intégrales, appelées *intégrales abéliennes*, du nom du géomètre norvégien Abel qui a fait connaître à leur sujet un théorème d'une extrême importance.

Je supposerai la courbe $f = 0$ de degré m ; de plus l'ensemble des termes homogènes de degré m dans $f(x, y)$ se compose de m facteurs linéaires distincts et aucun d'eux ne se réduit à x ou à y. En langage géométrique, ceci revient à dire que les m directions asymptotiques de la courbe f sont distinctes et ne sont pas parallèles aux axes. Cette supposition est toujours permise, car on peut commencer par faire sur la courbe une transformation homographique ou une perspective qui la réalisera.

Ceci dit, j'écrirai l'intégrale sous la forme

$$(3) \qquad I = \int \psi(x, y) \frac{dx}{f'_y},$$

ce qui revient à poser

$$\psi(x, y) = f'_y F(x, y);$$

$\psi(x, y)$ sera une fraction rationnelle de x et y, soit

$$\psi(x, y) = \frac{M(x, y)}{N(x, y)},$$

M et N étant des polynômes en x et y. Montrons d'abord qu'on peut remplacer la fraction rationnelle $\frac{M}{N}$ par une autre dont le dénominateur ne renferme que la variable x. Nous nous appuierons pour cela sur le théorème d'Algèbre suivant :

Étant donnés deux polynômes premiers entre eux, $f(x, y)$ et $N(x, y)$, on peut trouver deux polynômes en x et en y, A et B, tels que

$$Af + BN = X,$$

X étant un polynôme en x.

Ce théorème se démontre comme la proposition analogue relative à deux polynômes ne renfermant qu'une seule variable. Soient

$$f = a_0 y^m + a_1 y^{m-1} + \dots + a_m,$$
$$N = b_0 y^n + b_1 y^{n-1} + \dots,$$

les deux polynômes ordonnés par rapport à y : les a et b sont des polynômes en x. Prenons le résultant X de ces deux polynômes en y. On peut le mettre sous la forme d'un déterminant bien connu d'ordre $m + n$

$$X = \begin{vmatrix} a_0 & a_1 & \dots & a_m & 0 & 0 & \dots & 0 \\ 0 & a_0 & \dots & \dots & a_m & 0 & \dots & 0 \\ \dots & \dots & \dots & \dots & \dots & \dots & \dots & \dots \\ 0 & 0 & \dots & \dots & \dots & \dots & \dots & a_m \\ b_0 & b_1 & \dots & \dots & \dots & b_n & \dots & 0 \\ \dots & \dots & \dots & \dots & \dots & \dots & \dots & \dots \\ 0 & 0 & \dots & \dots & \dots & \dots & \dots & b_n \end{vmatrix}$$

Si l'on multiplie les éléments de la première colonne verticale par y^{m+n-1}, ceux de la seconde par y^{m+n-2} et ainsi de suite, et qu'après les avoir ainsi multipliés on les ajoute à la dernière, celle-ci se trouvera remplacée par

$$y^{n-1}f, \quad y^{n-2}f, \quad \ldots f, \quad y^{m-1}N, \quad \ldots N.$$

En développant le déterminant, on a l'identité

$$X = Af + BN,$$

A et B étant des polynômes en x et y; X ne dépend que de x.
On aura donc

$$\psi = \frac{M}{X} = \frac{BM}{BN} = \frac{BM}{X},$$

puisque y est définie par la relation $f(x, y) = 0$. La fraction ψ a alors pour dénominateur X qui ne dépend que de x, et nous pouvons écrire l'intégrale (5) sous la forme

$$\int \frac{P(x, y)\,dx}{X(x)f_y'}.$$

Nous obtenons ainsi, en décomposant la fraction $\frac{1}{X}$ en éléments simples, des intégrales des deux types

$$\int \frac{P(x, y)\,dx}{f_y'}, \qquad \int \frac{Q(x, y)\,dx}{(x-a)^p f_y'},$$

P et Q étant des polynômes en x et y, et ces deux formes rappellent celles que nous avons trouvées pour les intégrales hyperelliptiques.

10. Nous allons montrer que dans les intégrales du premier type

$$(6) \qquad \int \frac{P(x, y)\,dx}{f_y'},$$

on peut ramener le degré du polynôme P, *qui est arbitraire, à être au plus de degré* $2m-4$.
Soit p le degré du polynôme P et supposons

$$p > 2m-3.$$

Retranchons de l'intégrale (6) un polynôme homogène en x et y de degré $p - m + 2$: soit $\lambda(x, y)$. Ce polynôme λ peut évidemment s'écrire, en tenant compte de la relation $f(x, y) = 0$,

$$\lambda(x, y) = \int \frac{\lambda'_x f'_y - \lambda'_y f'_x}{f'_y}\, dx.$$

Pouvons-nous choisir λ de telle sorte que la différence

$$(7) \qquad P(x, y) - (\lambda'_x f'_y - \lambda'_y f'_x)$$

soit un polynôme de degré $p - 1$?

Désignons par $P_1(x, y)$ l'ensemble des termes homogènes de degré p dans $P(x, y)$, et $\varphi(x, y)$ l'ensemble des termes homogènes de degré m dans $f(x, y)$; l'expression (7) se réduira à un polynôme de degré $p - 1$, si

$$(8) \qquad P_1(x, y) - (\lambda'_x \varphi'_y - \lambda'_y \varphi'_x)$$

est divisible par $\varphi(x, y)$: car alors, $\mu(x, y)$ étant le quotient, il suffira de retrancher de (7) le produit $\mu(x, y) f(x, y)$ pour avoir un polynôme de degré $p - 1$. Cette soustraction ne change d'ailleurs rien à l'expression (7), puisque $f(x, y) = 0$. Remplaçons λ'_x par sa valeur

$$\frac{(p - m + 2)\lambda - y\lambda'_y}{x},$$

tirée du théorème d'Euler relatif aux fonctions homogènes : l'expression (8) deviendra

$$\frac{x P_1(x, y) - (p - m + 2)\lambda(x, y)\varphi'_y + m\lambda'_y \varphi}{x}.$$

Elle sera divisible par $\varphi(x, y)$ si le numérateur est divisible par φ qui, par hypothèse, ne contient pas x en facteur. Nous avons donc à choisir λ de telle sorte que

$$x P_1(x, y) - (p - m + 2)\lambda(x, y)\varphi'_y$$

soit divisible par $\varphi(x, y)$, ce qui sera possible si le degré de $\lambda(x, y)$ est supérieur ou égal à $m - 1$, c'est-à-dire si

$$p - m + 2 \geq m - 1 \qquad \text{ou} \qquad p \geq 2m - 3.$$

Le degré de $P(x, y)$ se trouvera donc ainsi abaissé d'une unité, et l'on pourra continuer jusqu'à ce que ce degré atteigne $2m - 4$. Donc, en résumé, *dans les intégrales du premier type*

$$\int \frac{P(x,y)\,dx}{f'_y}$$

le polynôme $P(x,y)$ *peut être abaissé au degré* $2m - 4$.

11. Avant de passer aux intégrales du second type, il nous faut faire quelques remarques préliminaires.

Soit $x = a$ une droite rencontrant la courbe $f(x,y)$ en m points *distincts* dont nous désignerons les coordonnées par y_1, $y_2, \ldots, y_m$, et admettons d'autre part qu'un polynôme $\Phi(x,y)$ en x et y s'annule en ces m points ; je dis que le quotient

$$\frac{\Phi(x,y)}{x - a}$$

en supposant x et y liées par la relation $f(x,y) = 0$, peut se mettre sous la forme d'un polynôme en x et y.

En effet, $\Phi(x,y)$ peut être ordonnée suivant les puissances de $x - a$, et l'ensemble des termes ne dépendant pas de x sera un polynôme en y, $\varphi(y)$; nous devons montrer que

$$(2) \qquad\qquad \frac{\varphi(y)}{x - a}$$

peut se mettre sous la forme d'un polynôme en x et y. Or $\varphi(y)$ s'annule pour $y_1, y_2, \ldots, y_m$. D'autre part, en ordonnant le polynôme $f(x,y)$ suivant les puissances de $x - a$, l'équation $f = 0$ se met sous la forme

$$(y - y_1)\ldots(y - y_m) - (x - a)p_1(y) + (x - a)^2 p_2(y) + \ldots = 0,$$

les p désignant des polynômes en y ; donc

$$\frac{(y - y_1)(y - y_2)\ldots(y - y_m)}{x - a} \qquad \text{et, par suite,} \qquad \frac{\varphi(y)}{x - a}$$

se mettront sous la forme d'un polynôme en x et y.

En second lieu, supposons que la droite $x = a$ soit tangente à la courbe f, en un point simple, deux points de rencontre seulement étant confondus au point de contact, et les $(m - 2)$ autres points de rencontre étant distincts. Je suppose le polynôme $\Phi(x, y)$ tel que la courbe

$$\Phi(x, y) = o$$

soit rencontrée par la droite $x = a$ en deux points confondus au même point que f, et passe par les $(m-2)$ autres points de rencontre.

Je dis encore que

$$\frac{\Phi(x, y)}{x-a},$$

en supposant x et y liées par la relation $f(x, y) = o$, peut se mettre sous la forme d'un polynôme en x et en y. La démonstration sera analogue; l'expression se réduit à la forme (9). Or, en désignant par y_1 l'ordonnée correspondant à la racine double et par $y_2, \ldots, y_{m-1}$ les ordonnées des $(m-2)$ autres points de rencontre, $\varphi(y)$ contiendra en facteur

$$(y-y_1)^2(y-y_2)\ldots(y-y_{m-1});$$

d'autre part, l'équation $f = o$ pourra se mettre sous la forme,

$$(y-y_1)^2(y-y_2)\ldots(y-y_{m-1}) + q_1(y)(x-a) + q_2(y)(x-a)^2 + \ldots = o,$$

les q étant des polynômes, et la démonstration s'achève comme plus haut.

12. Revenons maintenant aux intégrales du second type

$$(10) \qquad \int \frac{Q(x, y)\, dx}{(x-a)^n f_y'}.$$

Nous allons démontrer que :

On peut ramener, de proche en proche, cette intégrale à une intégrale analogue, mais dans laquelle le degré de $x-a$ est égal à l'unité.

En d'autres termes, on peut toujours abaisser d'une unité le degré $n > 1$ de $x-a$.

Je suppose d'abord que la droite $x = a$ rencontre la courbe $f(x, y) = o$ en m points distincts.

Employons le même genre de considérations : nous retrancherons de l'intégrale (10), en tenant compte de l'équation $f(x, y) = 0$, une expression de la forme

$$\frac{\lambda(x, y)}{(x - a)^{z-1}} = \int \frac{d}{dx}\left(\frac{\lambda(x, y)}{(x - a)^{z-1}}\right) dx$$

$$- \int \frac{(\lambda'_x f'_y - \lambda'_y f'_x)(x - a) - (z - 1)\lambda(x, y)f'_y}{(x - a)^2 f'_y} dx.$$

$\lambda(x, y)$ étant un polynôme que nous choisirons de telle sorte que cette différence soit une intégrale analogue à (10), mais z étant remplacé par $z - 1$. Pour cela, il suffit que

$$\frac{Q(x, y) + (z - 1)\lambda(x, y)f'_y}{(x - a)^z}$$

puisse se mettre sous la forme $\dfrac{Q_1(x, y)}{(x - a)^{z-1}}$, c'est-à-dire que

$$\frac{Q(x, y) + (z - 1)\lambda(x, y)f'_y}{(x - a)}$$

se réduise à un polynôme. Or ceci aura lieu si le numérateur s'annule pour les m points de rencontre de $x = a$ avec la courbe ($\S$ 11). On satisfait à cette condition en prenant pour λ un polynôme, en y seul, de degré $m - 1$, qui se trouvera ainsi complètement déterminé, puisque f'_y est différent de zéro.

Le théorème est donc démontré, et, en continuant de proche en proche, on est ramené uniquement à l'intégrale qui correspond à $z = 1$.

13. La réduction est moins immédiate si la droite $x = a$ est tangente à la courbe f, dans les conditions du $\S$ 11. Plaçons-nous dans cette hypothèse. Nous allons retrancher de l'intégrale (10) une expression de la forme

$$\frac{\lambda(x, y)}{(x - a)^z}.$$

Pour effectuer la même réduction que précédemment, $\lambda(x, y)$ devra être tel que l'expression

$$\frac{Q(x, y)(x - a) + z\lambda(x, y)f'_y - (x - a)(\lambda'_x f'_y - \lambda'_y f'_x)}{(x - a)^{z+1}}$$

soit de la forme

$$\frac{Q_1(x, y)}{(x-a)^{\alpha-1}}.$$

Il faudra d'abord que $\frac{\lambda(x, y) f'_y}{x-a}$ puisse se mettre sous la forme d'un polynôme. Il suffit pour cela que $\lambda(x, y)$ s'annule pour

$$(a, y_1), (a, y_2), \ldots, (a, y_{m-1}),$$

puisque déjà f'_y s'annule pour (a, y_1). Le polynôme $\lambda(x, y) f'_y$, pour $x = a$, deviendra alors un polynôme en y ayant la racine double y_1 et les racines simples $y_2, \ldots, y_{m-1}$ et, par suite, d'après le lemme (§ 11),

$$\frac{\lambda(x, y) f'_y}{x-a}$$

pourra se mettre sous la forme d'un polynôme. Nous pourrons prendre pour λ le polynôme en y

$$\lambda = (y-y_1)(y-y_2)(y-y_{m-1})\mu(y),$$

$\mu(y)$ étant un polynôme en y.

Il faut ensuite que

$$\frac{Q(x, y) + \alpha \frac{\lambda f'_y}{x-a} + \lambda'_y f'_x}{x-a}$$

se mette encore sous la forme d'un polynôme. Nous allons une nouvelle fois appliquer le lemme (§ 11). Le numérateur peut s'écrire

$$(11) \quad \left\{ \begin{aligned} & Q(x, y) + \alpha \frac{(y-y_1)(y-y_2)\ldots(y-y_{m-1}) f'_y}{x-a} \mu(y) \\ & \qquad + (y-y_1)\ldots(y-y_{m-1}) \mu'(y) f'_x \\ & \qquad + \mu(y) f'_x \frac{d(y-y_1)\ldots(y-y_{m-1})}{dy}, \end{aligned} \right.$$

Cette expression doit d'abord s'annuler pour $(a, y_1), (a, y_2), \ldots, (a, y_{m-1})$; cette condition nous fait connaître les valeurs de

$$\mu(y_1), \quad \mu(y_2), \quad \ldots, \quad \mu(y_{m-1}).$$

Ces quantités seront parfaitement déterminées. En effet, cherchons le coefficient de $\mu(y_1)$, correspondant au point de contact : ce sera

$$(12)\qquad \alpha\left[\frac{(y-y_1)(y-y_2)\ldots(y-y_{m-1})f'_y}{x-a}\right]_{\substack{x=a\\y=y_1}}+\left[f'_x\,\frac{d(y-y_2)\ldots(y-y_{m-1})}{dy}\right]_{\substack{x=a\\y=y_1}}$$

Or, dans le cas actuel, on a (§ 11)

$$f(x,y)=(y-y_1)^2(y-y_2)\ldots(y-y_{m-1})+(x-a)q_1(y)+\ldots=0.$$

Cette relation permet de calculer immédiatement l'expression (12) : elle se réduit à

$$(13)\qquad (-2\alpha+1)q_1(y_1)(y_1-y_2)\ldots(y_1-y_{m-1});$$

or $q_1(y_1)$ n'est pas nul *si le point (a, y_1) est, comme nous le supposons, un point simple de la courbe f*. Donc le coefficient de $\mu(y_1)$ est différent de zéro.

Les autres coefficients se calculent d'une manière analogue ; celui de $\mu(y_2)$ par exemple est

$$(-\alpha+1)q_1(y_2)(y_2-y_1)(y_2-y_3)\ldots(y_2-y_{m-1}),$$

et dans cette expression $q_1(y_2)$ n'est pas nul si *au point (a, y_2) la tangente à la courbe f n'est pas parallèle à l'axe des x*, comme nous pouvons le supposer ; nous avons d'ailleurs $\alpha > 1$.

Il nous faut encore écrire que, dans l'expression (11) mise sous forme de polynôme et ordonnée suivant les puissances croissantes de $x-a$ et $y-y_1$, il n'y a pas de terme du premier degré en $y-y_1$. Cette condition détermine, sans impossibilité aucune, la valeur de $\mu'(y_1)$. On trouve en effet que la partie du coefficient de $y-y_1$ qui dépend de $\mu'(y_1)$ se réduit à

$$\alpha(1-\alpha)\mu'(y_1)q_1(y_1)(y_1-y_2)\ldots(y_1-y_{m-1});$$

$\mu'(y_1)$ sera donc déterminée par la condition indiquée.

Ainsi $\mu(y)$ doit être un polynôme tel que

$$\mu(y_1),\quad \mu(y_2),\quad \ldots,\quad \mu(y_{m-1}),\qquad \text{et en outre}\qquad \mu'(y_1)$$

aient des valeurs données. Il existe une infinité de tels polynômes. Soit, par exemple, $\varphi(y)$ un polynôme d'un degré au moins égal à $m-2$ ayant pour $y=(y_1,\ldots,y_{m-1})$ les valeurs données, il en sera de même du polynôme

$$\mu(y) = \varphi(y) - C(y-y_1)\ldots(y-y_{m-1}),$$

dans lequel on déterminera la constante C par la condition que

$$\mu'(y_1) = \varphi'(y_1) - C(y_1-y_2)\ldots(y_1-y_{m-1})$$

ait une valeur donnée.

Le théorème énoncé (§ 12) est donc encore démontré dans le cas où la droite $x = a$ est tangente à la courbe f en un point simple.

14. D'autres circonstances pourront se présenter. La courbe peut avoir des points singuliers. Supposons qu'elle ait seulement des points doubles à tangentes distinctes, et que la parallèle à l'axe des y menée par un point double ne soit tangente en ce point à aucune des deux branches de courbes qui y passent. Dans ce cas les réductions faites plus haut ne peuvent plus être employées.

Montrons bien nettement le point où les raisonnements cesseront d'être applicables. D'abord la conclusion du § 11 est toujours correcte, c'est-à-dire que le quotient

$$\frac{\Phi(x, y)}{x - a}$$

peut toujours se mettre sous la forme d'un polynôme en x et y, même quand la droite $x = a$ passe par un point double de la courbe $f(x, y) = 0$, pourvu que la courbe

$$\Phi(x, y) = 0$$

soit rencontrée par la droite $x = a$ en deux points confondus au point double et qu'elle passe par les $(m - 2)$ autres points de rencontre de cette droite et de la courbe f.

Il en va autrement pour les conclusions du § 13 ; pour le voir, il suffit de se reporter à l'expression (13). Nous avons dit que la quantité désignée par $q_1(y_1)$ n'était pas nulle ; elle sera nulle au contraire si le point (a, y_1) représente le point double : nous poserons dans ce cas

$$q_1(y_1) = (y-y_1)r(y_1).$$

Démontrons maintenant un nouveau lemme dont nous allons avoir à faire usage :

Si la droite $x = a$ passe par un point double à tangentes distinctes (a, y_1) de la courbe $f(x, y) = o$, dans les conditions énoncées précédemment, je dis que le quotient

$$\frac{\Phi(x, y)}{(x - a)^2}$$

en supposant toujours x et y liés par la relation $f(x, y) = o$, pourra se mettre sous la forme d'un polynôme en x et y, si, en chacun des points de rencontre de la droite $x = a$ avec la courbe, *ce quotient garde une valeur finie*, et si de plus *les deux valeurs correspondant aux deux branches de courbe passant par le point double (a, y_1) sont égales.*

Dans le cas actuel $f(x, y)$ peut être mis sous la forme

$$f(x, y) = (y - y_1)^2 (y - y_2) \ldots (y - y_{m-1})$$
$$- (x - a)(y - y_1) r(y) + (x - a)^2 q_2(y) - \ldots$$

Développons $\Phi(x, y)$ suivant les puissances de $x - a$,

$$\Phi(x, y) = \varphi(y) + (x - a)\varphi_1(y) + (x - a)^2 \varphi_2(y) + \ldots$$

On aura

$$\left[\frac{\Phi(x, y)}{(x - a)^2} \right]_{\substack{x=a \\ y=y_k}} = \left[\frac{\varphi(y) + (x - a)\varphi_1(y)}{(x - a)^2} \right]_{\substack{x=a \\ y=y_k}} + \varphi_2(y_k)$$

Pour que cette expression garde une valeur finie en chacun des points de rencontre, il faut que

$$\varphi(y_k) = o \qquad (k = 1, 2, \ldots, m-1)$$

et que

$$\varphi'(y_k)\left(\frac{dy}{dx}\right)_{\substack{x=a \\ y=y_k}} + \varphi_1(y_k) = o \qquad (k = 1, 2, \ldots m-1)$$

mais pour $k = 1$, $\left(\frac{dy}{dx}\right)_{\substack{x=a \\ y=y_1}}$ a deux valeurs distinctes, donc

$$\varphi'(y_1) = o \qquad \text{et} \qquad \varphi_1(y_1) = o.$$

Par suite, $\varphi(y)$ et $\varphi_1(y)$ seront des expressions de la forme

$$\varphi(y) = P(y)(y - y_1)^2(y - y_2)\ldots(y - y_{m-1}),$$
$$\varphi_1(y) = (y - y_1)R(y).$$

En d'autres termes, la courbe $\Phi(x, y) = 0$ aura pour point double le point (a, y_1) et elle sera tangente à la courbe $f(x, y) = 0$ aux points $(a, y_2)\ldots(a, y_{m-1})$. Cette dernière condition donne lieu aux relations

$$(14) \qquad \begin{cases} R(y_2) = P(y_2)r(y_2), \\ R(y_3) = P(y_3)r(y_3), \\ \cdots\cdots\cdots\cdots\cdots\cdots \\ R(y_{m-1}) = P(y_{m-1})r(y_{m-1}). \end{cases}$$

Écrivons d'autre part que le quotient $\dfrac{\Phi(x, y)}{(x - a)}$ n'a qu'une valeur au point double (a, y_1). Désignons par μ et μ' les deux valeurs supposées différentes du rapport $\left(\dfrac{dy}{dx}\right)_{\substack{x=a \\ y=y_1}}$, ou de $\dfrac{y - y_1}{x - a}$, sur la courbe $f = 0$ au point (a, y_1); on devra avoir

$$P(y_1)\mu^2(y_1 - y_2)\ldots(y_1 - y_{m-1}) + \mu R(y_1)$$
$$= P(y_1)\mu'^2(y_1 - y_2)\ldots(y_1 - y_{m-1}) + \mu' R(y_1),$$

d'où l'on conclut

$$P(y_1)(y_1 - y_2)\ldots(y_1 - y_{m-1})(\mu + \mu') + R(y_1) = 0;$$

on aura, d'ailleurs

$$\mu - \mu' = \frac{r(y_1)}{(y_1 - y_2)\ldots(y_1 - y_{m-1})},$$

et la condition trouvée se réduira à

$$(15) \qquad P(y_1)r(y_1) - R(y_1) = 0.$$

Ceci posé, revenons au quotient $\dfrac{\Phi(x, y)}{(x - a)^2}$, qui, à un polynôme près, est égal à

$$\frac{P(y)(y - y_1)^2(y - y_2)\ldots(y - y_{m-1}) + (x - a)(y - y_1)R(y)}{(x - a)^2},$$

ou, en tenant compte de l'équation de la courbe, à

$$-\frac{P(y)(y-y_1)r(y)+(y-y_1)R(y)}{x-a}.$$

D'après les équations (14) et (15), ce quotient se réduira à un polynôme, puisque le numérateur admet la racine double y_1, et les racines simples $y_2, \ldots, y_{m-1}$. Notre lemme est donc démontré.

15. Reprenons l'intégrale

$$\int \frac{Q(x,y)\,dx}{(x-a)^2 f_y'}.$$

en supposant que la droite $x=a$ passe, comme au paragraphe précédent, par un point double de la courbe. Nous allons ici faire la réduction en retranchant de cette intégrale une expression de la forme

$$\frac{\lambda(x,y)}{(x-a)^{2\alpha+1}}.$$

On va montrer qu'on peut choisir le polynôme $\lambda(x,y)$ de telle sorte que la différence soit une intégrale de même forme que l'intégrale initiale, mais où α sera remplacé par $\alpha-1$. Il faudra pour cela que le quotient

$$\frac{(x-a)^2 Q(x,y)+(x-a)\lambda(x,y)f_x' - (\lambda'_x f_y' - \lambda'_y f_x')(x-a)}{(x-a)^2}$$

puisse se mettre sous la forme d'un polynôme en x et y.

Tout d'abord le quotient $\dfrac{\lambda(x,y)f_y'}{x-a}$ devra se réduire à un polynôme. Cette condition sera remplie si nous prenons

$$\lambda(x,y)=(y-y_1)\varphi(y)\mu(y)+(x-a)\nu(y)+(x-a)^2\pi(y),$$

en désignant par $\varphi(y)$ le produit $(y-y_2)\ldots(y-y_{m-1})$, les polynômes $\mu(y)$, $\nu(y)$ et $\pi(y)$ étant, pour le moment, arbitraires.

Calculons le quotient $\dfrac{\lambda(x,y)f_y'}{x-a}$; ce sera

$$\frac{(y-y_1)\varphi(y)\mu(y)f_y'}{x-a}+\nu(y)f_y'+(x-a)\pi(y)f_y'.$$

Écrivons de nouveau la valeur de $f(x, y)$

$$f(x,y) = (y-y_1)^2 \varphi(y) + (x-a)(y-y_1) r(y) \\ + (x-a)^2 q(y) + (x-a)^3 s(y) + \ldots.$$

On trouve, en ordonnant suivant les puissances de $x - a$ et en ne gardant que les termes qui seront au plus du second degré en $(y - y_1)$ et $(x - a)$,

$$\begin{aligned}\frac{\lambda(x,y) f_y}{x-a} = {} & (y-y_1)\varphi(y)[2\nu(y) - \mu(y) r(y)] \\ & + (y-y_1)^2[\varphi'(y)\nu(y) - r(y)\varphi'(y)\mu(y) \\ & \qquad + r'(y)\varphi(y)\mu(y)] \\ & + (x-a)\{-2\varphi(y)\mu(y)q(y) + \nu(y)r(y) \\ & \qquad + (y-y_1)[2\varphi(y)\pi(y) - \varphi'(y)\mu(y)q(y) \\ & \qquad - \nu(y)r'(y) + q'(y)\varphi(y)\mu(y)] \\ & \qquad + (y-y_1)^2\varphi'(y)\pi(y)\} \\ & + (x-a)^2[-3s(y)\varphi(y)\mu(y) - \pi(y)r(y) + \nu(y)q'(y)].\end{aligned}$$

On aura d'autre part, dans les mêmes conditions,

$$\begin{aligned}\lambda'_x f_y - \lambda'_y f_x = {} & \{2(y-y_1)\varphi(y) + (y-y_1)^2\varphi'(y) \\ & \quad + (x-a)[r(y) + (y-y_1)r'(y)] + (x-a)^2 q'(y)\} \\ & \times [\nu(y) + 2(x-a)\pi(y)] \\ & - [(y-y_1)r(y) + 2(x-a)q(y) + 3(x-a)^2 s(y)] \\ & \times [(y-y_1)\varphi'(y)\mu(y) + \varphi(y)\mu(y) \\ & \quad + (y-y_1)\varphi(y)\mu'(y) + (x-a)\nu'(y)].\end{aligned}$$

Les calculs étant ainsi préparés, nous devons chercher à choisir les trois polynômes $\mu(y)$, $\nu(y)$ et $\pi(y)$ de telle sorte que

$$(16) \qquad \frac{(x-a)Q(x,y) + (2+i)\dfrac{\lambda(x,y) f_y}{x-a} - (\lambda'_x f_y - \lambda'_y f_x)}{(x-a)^2}$$

soit un polynôme en x et y.

Appliquons le lemme du paragraphe précédent. Tout d'abord, en développant le numérateur suivant les puissances de $x - a$ et $y - y_1$, nous ne devons pas avoir de terme du premier degré, ce qui donne immédiatement

$$\varphi(y_1)r(y_1)\mu(y_1) - 2\varphi(y_1)\nu(y_1) = 0,$$
$$-2\alpha q(y_1)\varphi(y_1)\mu(y_1) + \alpha r(y_1)\nu(y_1) + Q(a, y_1) = 0,$$

équations qui déterminent les valeurs de $\mu(y_1)$ et $\nu(y_1)$; pour que les équations fussent incompatibles, il faudrait que

$$4\varphi(y_1)q(y_1) - r^2(y_1) = 0,$$

condition qui n'est pas remplie, car elle exprime que les tangentes au point double sont confondues.

Nous devons ensuite former le polynôme homogène du second degré en $x - a$ et $y - y_1$, qui donne au numérateur l'ensemble des termes de moindre degré. En l'égalant à zéro, on forme ainsi une équation en $\frac{y-y_1}{x-a}$, dans laquelle la somme des racines aura une valeur donnée. Or, dans cette équation, le seul terme dépendant de $\pi(y)$ se réduit à

$$2(\alpha-1)\varphi(y_1)\pi(y_1),$$

qui se trouve dans le coefficient du produit $(x-a)(y-y_1)$. La valeur de $\pi(y_1)$ sera donc elle aussi déterminée si nous nous donnons, arbitrairement d'ailleurs, $\mu'(y_1)$ et $\nu'(y_1)$.

Nous avons maintenant à écrire les équations relatives aux autres points de rencontre de $x = a$ avec $f = 0$; il suffira de considérer l'un d'eux : soit (a, y_2). Nous devons écrire que la courbe obtenue en égalant à zéro le numérateur de (16) passe en (a, y_2) et est tangente en ce point à la courbe f. On devra donc avoir d'abord

$$\nu(y_2) - r(y_2)\mu(y_2) = 0;$$

et, en écrivant ensuite la condition de contact, on voit que le seul terme contenant le polynôme $\pi(y)$ figure dans le coefficient de $(x-a)$ et se réduit à

$$(\alpha-1)\pi(y_2)(y_2-y_1)^2\varphi'(y_2).$$

On se donnera donc pour $\nu(y_2)$ et $\mu(y_2)$ deux valeurs satisfaisant à la condition écrite plus haut, et on se donnera tout à fait arbitrairement $\nu'(y_2)$ et $\mu'(y_2)$ qui figureront dans l'expression du coefficient angulaire. La valeur de $\pi(y_2)$ sera alors complètement déterminée.

En résumé, on voit que les polynômes $\varphi(y)$ et $\psi(y)$ se trouvent déterminés par leurs valeurs et celle de leurs dérivées pour $y = y_1$, $y_2, \ldots, y_{m-1}$, et le polynôme $\pi(y)$ est déterminé par ses valeurs pour ces mêmes quantités. La réduction cherchée peut évidemment être effectuée d'une infinité de manières.

16. La réduction est donc faite dans tous les cas pour les intégrales du second type

$$\int \frac{Q(x,y)\,dx}{(x-a)^p f_y'} \qquad (2,1).$$

en supposant toutefois que la courbe ait seulement des points doubles à tangentes distinctes. Une telle intégrale peut toujours, par la soustraction d'une fraction rationnelle convenable en x et y, être ramenée à l'intégrale

$$\int \frac{R(x,y)\,dx}{(x-a)f_y'}.$$

R désignant encore un polynôme.

On peut d'ailleurs supposer que le polynôme $R(x,y)$ ne renferme y qu'au degré $m-1$ au plus, si l'on se sert de l'équation $f(x,y) = 0$ pour faire disparaître les puissances de y supérieures à $m-1$. Ordonnant alors $R(x,y)$ ainsi réduit par rapport aux puissances de $x-a$, on voit que cette intégrale se ramène en définitive à une intégrale du premier type et à la suivante

$$\int \frac{R(y)\,dx}{(x-a)f_y'}.$$

où $R(y)$ est un polynôme en y seul, de degré $m-1$ au plus.

IV. — Intégrales des fonctions rationnelles de $\sin x$ et $\cos x$.

17. Nous n'avons considéré jusqu'ici que des intégrales de différentielles algébriques; on rencontrera souvent, dans les applications, des intégrales de la forme

$$\int f(\sin x, \cos x)\,dx.$$

f étant une fonction rationnelle de $\sin x$ et $\cos x$. Ces intégrales se ramènent immédiatement à des intégrales de fonctions rationnelles ; si l'on pose en effet

$$\tang \frac{x}{2} = y,$$

on a, comme on sait,

$$\sin x = \frac{2y}{1+y^2}, \qquad \cos x = \frac{1-y^2}{1+y^2};$$

d'autre part, de la relation entre x et y, qui peut s'écrire

$$x = 2 \operatorname{arc\,tang} y,$$

on tire

$$dx = \frac{2\,dy}{1+y^2}.$$

Après ces substitutions, notre intégrale prendra donc la forme

$$\int F(y)\,dy,$$

F étant une fraction rationnelle de y.

On peut ramener d'une autre manière l'intégration à celle d'une fraction rationnelle ; en posant

$$e^{xi} = z,$$

on a, d'après les formules d'Euler,

$$\sin x = \frac{z^2-1}{2zi}, \qquad \cos x = \frac{z^2+1}{2z};$$

on aura de plus

$$dx = \frac{dz}{zi};$$

nous aurons donc encore, après les substitutions, à intégrer une fraction rationnelle.

Comme exemple de la première méthode d'intégration, calculons l'arc de la parabole. Soit $y^2 = 2px$ l'équation de la courbe rapportée à son axe et à la tangente au sommet. Exprimons les coordonnées x et y d'un point arbitraire de la courbe à l'aide de l'angle α que fait la tangente en ce point de la courbe avec l'axe des x. On a

$$x = \frac{p}{2\tang^2\alpha}, \qquad y = \frac{p}{\tang\alpha},$$

et l'on trouve de suite

$$ds^2 = dx^2 + dy^2 = \frac{p^2\,d\alpha^2}{\sin^4\alpha},$$

Nous allons compter l'arc à partir du sommet : ds et $d\alpha$ seront de signe contraire. Nous aurons donc

$$s = -p\int_{\frac{\pi}{2}}^{\alpha} \frac{d\alpha}{\sin^2\alpha}.$$

Pour calculer cette intégrale, posons

$$\tan\frac{\alpha}{2} = y;$$

il vient alors

$$s = -p\int_{1}^{y} \frac{(1+y^2)^2\,dy}{4y^2},$$

dont l'intégration est immédiate

$$s = -p\int_1^y \left(\frac{1}{4y^2} + \frac{1}{2y} + \frac{y}{4}\right)dy = p\left(\frac{1}{8}\frac{1}{y^2} - \frac{1}{4}\log y - \frac{1}{8}y^2\right),$$

et, en remplaçant y par $\tan\frac{\alpha}{2}$,

$$s = \frac{p}{2}\left(\frac{\cos\alpha}{\sin^2\alpha} - \log\tan\frac{\alpha}{2}\right).$$

18. On peut modifier la seconde méthode d'intégration de façon à présenter cette théorie sous la forme la plus élégante. C'est ce que fait M. Hermite dans son *Cours d'Analyse*, et ce que nous allons indiquer rapidement d'après lui.

Reprenons l'intégrale

$$\int f(\sin x, \cos x)\,dx.$$

En remplaçant $\sin x$ et $\cos x$ par leur valeur en fonction de $z = e^{xi}$, on a

$$f(\sin x, \cos x) = P(z),$$

P étant une fonction rationnelle de z. Nous allons chercher à mettre P(z), considérée comme fonction de x, sous la forme la plus favorable pour l'intégration. En décomposant $P(z)$ en fractions simples, nous avons

$$P(z) = \pi(z) + \sum \frac{B_i}{z^i} + \sum \frac{A_i}{(z-a)^i},$$

$\pi(z)$ étant un polynôme; on voit que le second terme provient de la racine $z = 0$ qui pourrait se trouver au dénominateur de $P(z)$, et que nous mettons ainsi en évidence. Les autres racines a sont différentes de zéro. Posant alors

$$a = e^{i\chi},$$

nous avons d'abord

$$\frac{1}{z-a} = \frac{1}{e^{zi} - e^{\chi i}} = \frac{e^{-\chi i}}{2}\left(-1 - i\cot\frac{\chi - z}{2}\right),$$

conséquence immédiate de la relation qui donne $\cot z$ en fonction de e^{zi}. Les termes

$$\sum \frac{A_i}{(z-a)^i}$$

se présentent maintenant sous la forme d'un polynôme en $\cot\frac{\chi - z}{2}$. Cette forme est peu favorable à l'intégration; mais nous pouvons exprimer les différentes puissances de $\cot\frac{\chi - z}{2}$ en fonctions *linéaires* de $\cot\frac{\chi - z}{2}$ et de ses dérivées. On a en effet, pour la seconde puissance,

$$\cot^2 x = -1 - \frac{d\cot x}{dx}.$$

Supposons d'une manière générale que l'on ait jusqu'au rang n

$$\cot^n x = \sum_{k=0}^{k=n-1} C_k \frac{d^k \cot x}{dx^k},$$

les C étant des constantes; il en sera de même pour $\cot^{n+1} x$. Dérivons en effet les deux membres de l'identité précédente : on aura

$$n\cot^{n-1}x(-1 - \cot^2 x) = \sum_{k=0}^{k=n-1} C_k \frac{d^{k+1}\cot x}{dx^{k+1}};$$

or, $\cot^{n-1} x$ s'exprimant comme il a été dit, la même propriété subsistera, d'après cette relation, pour $\cot^{n+1} x$.

Nous avons donc, après ces réductions,

$$\frac{A_1}{z-a} + \frac{A_2}{(z-a)^2} + \ldots + \frac{A_n}{(z-a)^n} = C + \sum_{k=0}^{k=n-1} B_k \frac{d^k \cot\left(\frac{x-\gamma}{2}\right)}{dx^k},$$

Si l'on multiplie cette expression par dx, et qu'on veuille intégrer, l'intégration sera immédiate, car la seule quadrature à effectuer sera

$$\int \cot \frac{x-\gamma}{2}\, dx,$$

qui est égale à $2 \log \sin \frac{x-\gamma}{2}$.

Pour toutes les racines a différentes de zéro, on fera un calcul analogue. Il reste donc seulement à considérer les termes

$$\pi(z) = \sum \frac{B_n}{z^n};$$

mais, en remplaçant z par $\cos x + i \sin x$, cette expression prend la forme

$$\sum (\alpha_n \cos nx + \beta_n \sin nx),$$

dont l'intégration est immédiate.

Ces généralités nous suffiront ; je renverrai, pour les applications, au *Cours d'Analyse* de M. Hermite, où le lecteur trouvera les développements les plus intéressants sur cette méthode de réduction.

CHAPITRE III.

INTÉGRALES CURVILIGNES.

I. — Définition des intégrales curvilignes.

1. C'est la notion de la somme simple d'éléments de la forme $f(x)\,dx$, qui a joué jusqu'ici le rôle essentiel; nous allons chercher à la généraliser. Commençons par une extension qui, tout en n'impliquant aucune idée nouvelle, nous sera très utile dans la suite.

Considérons une fonction $P(x, y)$ des deux variables x et y et prenons dans le plan (Ox, Oy) deux points α et β de coordonnées (a, A) et (b, B) : on les joint par une courbe C (*fig.* 2).

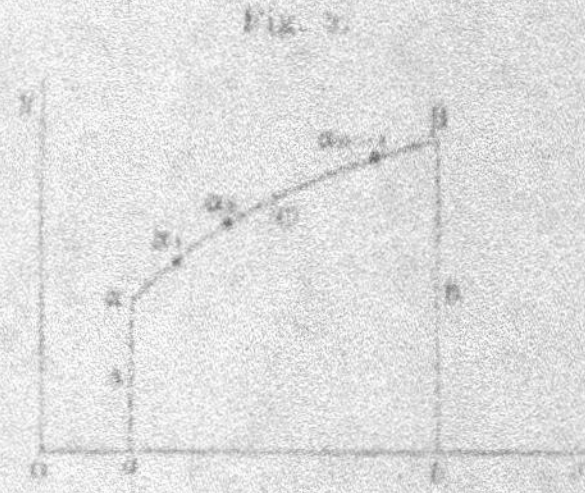

Fig. 2.

Divisons l'arc $\alpha\beta$ en un certain nombre d'intervalles par les points de subdivision $x_1, x_2, \ldots, x_{n-1}$ dont les coordonnées seront $(x_1, y_1)(x_2, y_2)\ldots(x_{n-1}, y_{n-1})$; nous formons la somme

$$P(a, A)(x_1 - a) + P(x_1, y_1)(x_2 - x_1) + \ldots + P(x_{n-1}, y_{n-1})(b - x_{n-1}),$$

tout à fait analogue, comme on voit, à celle qui nous a conduit à l'intégrale définie, avec la seule différence que la fonction P ne dépend pas seulement de x, mais aussi de y.

Quand tous les intervalles (x_i, x_{i+1}) tendent vers zéro, leur nombre augmente indéfiniment, cette *somme* tend vers une limite. Pour s'en rendre compte, on pourrait répéter les raisonnements faits au début; il est plus rapide de ramener cette *somme* aux *sommes* jusqu'ici considérées. Prenons le cas le plus simple où la courbe $\alpha\beta$ est telle qu'à chaque valeur de x correspond une seule valeur de y. Soit $y = \varphi(x)$ l'équation de cette courbe $\overset{\frown}{\alpha, \beta}$; nous supposons la fonction $\varphi(x)$ continue de a à b. En posant $P[x, \varphi(x)] = F(x)$, la somme précédente n'est autre chose que

$$F(a)(x_1 - a) + F(x_1)(x_2 - x_1) + \ldots + F(x_{n-1})(b - x_{n-1})$$

elle a, par conséquent, pour limite l'intégrale définie

$$\int_a^b P[x, \varphi(x)] \, dx.$$

Cette intégrale se représente par le symbole

$$\int_C P(x, y) \, dx$$

on dit que c'est *une intégrale curviligne* prise le long de la courbe C depuis α jusqu'à β. Pour que cette intégrale ait un sens, il ne suffit pas de donner les points extrêmes α et β, il faut en outre indiquer le chemin suivi pour aller de α à β.

Il peut arriver que la courbe joignant α à β soit rencontrée en

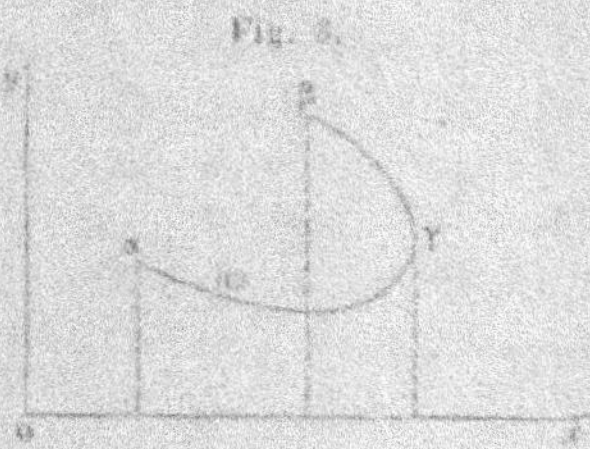
Fig. 3.

plus d'un point par une parallèle à l'axe des y. Nous partagerons alors l'arc de courbe en un certain nombre de parties

pour lesquelles à chaque valeur de x ne correspondra qu'une valeur de y. Les extrémités de ces arcs seront les points où la tangente à la courbe est parallèle à Oy. Prenons, par exemple, la
fig. 3. Il y aura sur l'arc $(\alpha\beta)$ un point γ où la tangente est parallèle à Oy. L'intégrale de α à γ se calculera comme plus haut et
pareillement celle de γ à β; mais, dans le second cas, la fonction
$y = \varphi(x)$ à substituer dans P ne sera pas la même que dans le
premier.

2. On définira de même l'intégrale curviligne

$$\int_C Q(x, y)\, dy,$$

prise le long d'un arc C et dans laquelle la variable de sommation
est y. Elle est la limite de la somme des éléments

$$Q(a, A)(y_1 - A) + Q(x_1, y_1)(y_2 - y_1) + \cdots + Q(x_{n-1}, y_{n-1})(B - y_{n-1})$$

et les mêmes considérations serviront à la ramener à une intégrale
définie.

On peut indiquer pour l'intégrale curviligne une méthode de
calcul plus générale dont nous ferons fréquemment usage.

Soient

$$x = f(t), \qquad y = \varphi(t),$$

les coordonnées d'un point quelconque de la courbe exprimées en
fonction d'un paramètre t. Ces deux fonctions seront supposées
des fonctions continues de t; quand t variera de t_0 à t_1 le point
(x, y) décrira l'arc de courbe C. Admettons en outre que les fonctions $f(t)$ et $\varphi(t)$ aient des dérivées $f'(t)$ et $\varphi'(t)$ et que ces
dérivées soient des fonctions continues de t, sauf peut-être en un
nombre limité de valeurs de t, pour lesquelles $f'(t)$ et $\varphi'(t)$ pourront passer brusquement d'une valeur finie à une autre valeur
finie. Dans ces conditions, si l'on se reporte à ce que nous avons
vu relativement au changement de variable dans les intégrales
définies (§ 11, Chap. I), et aux discontinuités possibles (§ 7,
Chap. I) dans les fonctions que l'on intègre, il est clair que l'intégrale curviligne

$$\int_C P\, dx.$$

prise le long de la courbe C, s'exprimera, en prenant t comme variable de sommation, par l'intégrale définie ordinaire

$$\int_{t_0}^{t_1} P(f, \varphi) f'(t)\, dt.$$

En admettant comme possibles les discontinuités indiquées de $f'(t)$ et $\varphi'(t)$, nous pouvons avoir des courbes présentant des points anguleux où la tangente change brusquement de direction; c'est pour avoir plus de généralité dans les courbes employées que nous avons fait cette hypothèse.

Les intégrales curvilignes les plus importantes et dont nous aurons le plus souvent à nous occuper se présentent sous la forme de la somme des deux intégrales précédentes

$$\int_C P(x, y)\, dx + Q(x, y)\, dy.$$

Si l'on emploie comme précédemment le paramètre t, cette intégrale pourra s'écrire

$$\int_{t_0}^{t_1} [P(f, \varphi) f' + Q(f, \varphi) \varphi']\, dt.$$

II. — Condition pour que l'intégrale curviligne $\int P\, dx + Q\, dy$ ne dépende que de ses limites.

3. Nous allons nous proposer une question d'une grande importance pour l'Analyse et pour la Physique mathématique. Je suppose que nous ayons dans le plan une région *limitée par un seul contour*, et que, dans cette région, les fonctions $P(x, y)$ et $Q(x, y)$ soient continues ainsi que leurs dérivées partielles du premier ordre. Il est entendu que le point (x, y) ainsi que les courbes que nous aurons à tracer ne sortiront pas de la région envisagée. Posons-nous le problème suivant :

Quelle condition devront remplir les fonctions P *et* Q *pour que l'intégrale* $\int_A^{A'} P\, dx + Q\, dy$ *prise le long d'une courbe quelconque tracée entre deux points arbitraires* A *et* A' *ne dé-*

*pend*e pas du chemin suivi, *mais seulement des coordonnées de
ces deux points.*

Pour trouver cette condition, nous allons avoir recours à une
méthode *d'une extrême généralité* en Mathématiques et qu'on a
appelée *la méthode des variations*. Ce ne serait pas le lieu de
l'exposer ici en détail. Bornons-nous aux remarques suivantes
dont nous aurons à faire usage.

Soit $y = f(x)$ l'équation d'un arc de courbe joignant le point
A de coordonnées (a, b) au point A' de coordonnées (a', b'). On
peut considérer la courbe précédente comme faisant partie d'une
famille de courbes dépendant d'un paramètre arbitraire z et passant toutes par les points A et A', la courbe donnée correspondant
à la valeur z_0 de ce paramètre. Telle est, par exemple, la famille de
courbes

$$(1) \qquad y = f(x) + (z - z_0)(x - a)(x - a')\varphi(x, z),$$

$\varphi(x, z)$ étant une fonction continue quelconque de x et de z. Ceci
posé, formons l'intégrale curviligne de A en A' sur une quelconque
de ces courbes; cette intégrale sera, en général, une fonction de
z, puisqu'elle variera avec la courbe. Si nous supposons, comme
dans le problème proposé, que l'intégrale ne dépende pas du chemin, cette fonction de z devra se réduire à une constante.

Nous allons avoir, dans la suite, à prendre des différentielles par
rapport à x et par rapport à z; les premières seront représentées
par la lettre d, et les secondes par δ. La différentielle par rapport
à z d'une fonction $S(x, z)$ est souvent appelée la *variation* de cette
fonction. Il est clair que l'on aura $d\,\delta S = \delta\,dS$, puisque l'on peut
intervertir l'ordre de la différentiation, les deux variables x et z
étant indépendantes; l'égalité précédente exprime simplement
l'identité $\dfrac{d^2 S}{dx\,dz} = \dfrac{d^2 S}{dz\,dx}$.

Revenons à l'intégrale

$$I = \int_a^{a'} P\,dx + Q\,dy,$$

prise en faisant varier x de a en a', y étant définie par l'équation (1), et calculons sa différentielle par rapport à z, c'est-à-dire sa
variation δI. Sous le signe d'intégration P, Q et dy sont des fonc-

tions de α, puisque y est fonction de x et α. Appliquons la règle de la différentiation sous le signe somme : ce qui nous donne

$$\delta I = \int_a^{a'} \delta P\, dx + \delta Q\, dy + Q\, \delta\, dy.$$

Or

$$\delta P = \frac{\partial P}{\partial y}\,\delta y, \qquad \delta Q = \frac{\partial Q}{\partial y}\,\delta y$$

et, comme nous l'avons dit,

$$\delta\, dy = d\,\delta y.$$

nous pouvons donc écrire

$$\delta I = \int_a^{a'}\left(\frac{\partial P}{\partial y}\, dx + \frac{\partial Q}{\partial y}\, dy\right)\delta y + \int_a^{a'} Q\, d\,\delta y.$$

Intégrons par parties cette dernière intégrale ; nous aurons

$$\int_a^{a'} Q\, d\,\delta y = (Q\,\delta y)_a^{a'} - \int_a^{a'}\left(\frac{\partial Q}{\partial x}\, dx + \frac{\partial Q}{\partial y}\, dy\right)\delta y.$$

Or δy est nul pour $x = a$ et pour $x = a'$, puisque toutes les courbes de la famille (1) passent en A et en A'. Il reste donc pour δI, en remarquant que les termes en $\frac{\partial Q}{\partial y}$ disparaissent d'eux-mêmes,

$$\delta I = \int_a^{a'}\left(\frac{\partial P}{\partial y} - \frac{\partial Q}{\partial x}\right)\delta y\, dx,$$

et cette quantité doit être nulle puisque I ne doit pas dépendre de α.

Supposons que, dans l'équation (1), z ne dépende que de x. On aura

$$\delta y = (x - a)(x - a')\,\varphi(x)\,\delta\alpha.$$

Donc la variation de δI est, dans ce cas, donnée par la formule

$$\delta I = \delta\alpha \int_a^{a'}\left(\frac{\partial P}{\partial y} - \frac{\partial Q}{\partial x}\right)\varphi(x)\, dx.$$

On intègre le long d'une courbe C de la famille (1) ; sur cette courbe $\frac{\partial P}{\partial y} - \frac{\partial Q}{\partial x}$ doit être nul identiquement ; car, s'il en était autrement, cette différence aurait sur la courbe tantôt un signe, tantôt un autre. Or $\varphi(x)$ est une fonction continue arbitraire qui pourrait être prise de telle sorte que le produit

$$\left(\frac{\partial P}{\partial y} - \frac{\partial Q}{\partial x}\right)\varphi(x)$$

fût d'un signe invariable, et par conséquent δI ne serait pas nulle. *Nous aurons donc identiquement*

$$\frac{\partial P}{\partial y} = \frac{\partial Q}{\partial x},$$

sur toute courbe joignant A à A', et par suite pour toute valeur de (x, y).

4. Nous avons supposé, dans le calcul qui précède, que la courbe était donnée par une équation de la forme $y = \varphi(x)$. Il est utile de calculer la variation de l'intégrale en supposant que x et y soient des fonctions de t, $f(t)$ et $\varphi(t)$, définissant une courbe passant en A et en A', de telle sorte que, pour $t = t_0$, on ait $x = a$, $y = b$ et que, pour $t = t_1$, on ait $x = a'$, $y = b'$.

Prenons, en suivant la même idée que plus haut, une famille de courbes

$$x = f(t) + (\alpha - \alpha_0)(t - t_1)(t - t_0)\psi(t, \alpha),$$
$$y = \varphi(t) + (\alpha - \alpha_0)(t - t_1)(t - t_0)\chi(t, \alpha).$$

L'intégrale

$$I = \int_{t_0}^{t_1} P\,dx + Q\,dy$$

aura pour variation

$$\delta I = \int_{t_0}^{t_1} \delta P\,dx + \delta Q\,dy + P\,\delta\,dx + Q\,\delta\,dy;$$

or ici

$$\delta P = \frac{\partial P}{\partial x}\delta x + \frac{\partial P}{\partial y}\delta y, \qquad \delta Q = \frac{\partial Q}{\partial x}\delta x + \frac{\partial Q}{\partial y}\delta y.$$

On intègre par parties, comme précédemment, les deux derniers termes, ce qui donne

$$\int_{t_0}^{t_1} P\,\delta\,dx = \int_{t_0}^{t_1} P\,d\,\delta x = -\int_{t_0}^{t_1} dP\,\delta x,$$

et une intégrale de même forme pour le dernier terme. Il vient donc finalement, en remplaçant dP par

$$\frac{\partial P}{\partial x}\,dx - \frac{\partial P}{\partial y}\,dy,$$

$$\delta I = \int_{t_0}^{t_1}\left(\frac{\partial P}{\partial x} - \frac{\partial Q}{\partial y}\right)(\delta y\, dx - \delta x\, dy).$$

On retrouve ainsi la condition nécessaire, $\dfrac{\partial P}{\partial x} = \dfrac{\partial Q}{\partial y}$, pour que cette intégrale ne dépende pas de z.

5. Nous allons établir maintenant que cette condition est suffisante. Supposons que nous ayons deux courbes passant en A et en A', et soit la première donnée par

$$x = f(t), \qquad y = \varphi(t),$$

et la seconde par

$$x = f_1(t), \qquad y = \varphi_1(t),$$

les points extrêmes correspondant, pour l'une et l'autre, à $t = t_0$, $t = t_1$.

J'envisage la famille de courbes, avec un paramètre z, définie par les équations

$$(2)\qquad\begin{cases} x = f(t)\dfrac{z - z_2}{z_1 - z_2} - f_1(t)\dfrac{z - z_1}{z_2 - z_1}, \\[2ex] y = \varphi(t)\dfrac{z - z_2}{z_1 - z_2} - \varphi_1(t)\dfrac{z - z_1}{z_2 - z_1}; \end{cases}$$

z_1 et z_2 sont deux constantes : pour $z = z_1$ on aura la première courbe, et $z = z_2$ donnera la seconde. Or, en se reportant à l'expression de δI, on voit que cette variation est nulle puisque $\dfrac{\partial P}{\partial x} = \dfrac{\partial Q}{\partial y}$. Donc I *ne dépendant pas de z aura la même valeur pour la première et la seconde courbe*; c'est ce que nous voulions établir.

Une remarque est nécessaire. Les courbes représentées par l'équation (2), quand on fera varier z de z_1 à z_2, se déformeront d'une manière continue en passant de la courbe (f, φ) à la courbe (f_1, φ_1); elles balayeront donc tout l'espace compris entre ces deux courbes. Il faut donc que dans cet espace les deux fonctions $P(x, y)$ et $Q(x, y)$ soient continues ainsi que leurs dérivées du premier ordre;

c'est bien ce qui arrivera d'après nos hypothèses, car, l'aire considérée étant limitée par un seul contour, deux courbes, comprises
dans cette aire et ayant les mêmes extrémités, pourront se ramener
l'une à l'autre sans sortir de cette aire.

6. Nous pouvons donner une autre forme aux résultats précédents; mais auparavant donnons une nouvelle définition. On entend
par *intégrale le long d'un contour fermé* une intégrale curviligne où le point d'arrivée coïncide avec le point de départ. Si la
fonction à intégrer n'est susceptible que d'une seule valeur en tous
les points du contour d'intégration considéré, cette intégrale aura
évidemment la même valeur quel que soit le point origine. De plus
cette intégration peut être effectuée dans un sens ou dans l'autre;
nous le préciserons de la manière suivante en nous plaçant au
point de vue plus général d'une aire A limitée par une ou plusieurs courbes fermées C, C', C". Ce sera, dans le cas de la *fig.* 4,
l'aire intérieure à C et extérieure aux courbes C' et C". Traçons

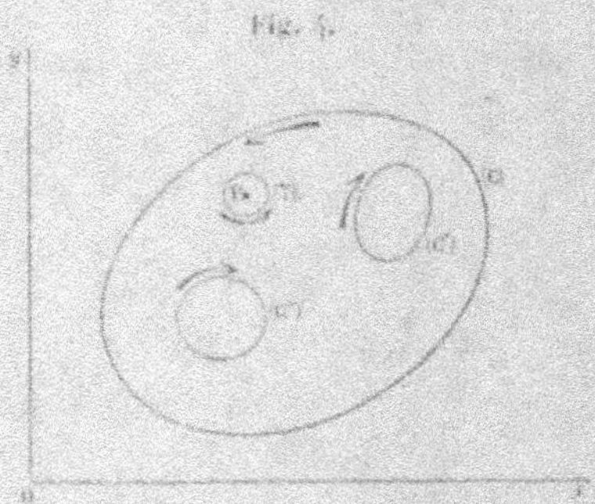

Fig. 4.

autour d'un point P de cette aire un élément de surface limité par
le contour γ. *Le sens positif* sur ce contour sera tel qu'un mobile
en le décrivant se meuve dans le sens de Ox vers Oy par rapport
au point P. Supposons maintenant que le point P soit voisin d'une
portion quelconque du contour C, C', C" et qu'une partie du périmètre γ appartienne à ce contour, un sens déterminé se trouvera
alors fixé sur celui-ci, et nous le désignerons encore sous le nom
de *sens positif*.

Cela posé, on peut énoncer le théorème suivant :

L'intégrale $\int P\,dx + Q\,dy$, *effectuée le long de tout contour fermé limitant une aire en chaque point de laquelle les fonctions* P *et* Q *sont continues et satisfont à la relation* $\frac{\partial P}{\partial y} = \frac{\partial Q}{\partial x}$, *est nulle.*

La démonstration de ce théorème est immédiate : il suffit de prendre deux points A et B sur le contour (*fig.* 5) ; l'intégrale le long de l'arc $\widehat{ACB}$ sera égale à l'intégrale prise le long de l'arc $\widehat{AC'B}$

$$\int_{ACB} P\,dx + Q\,dy = \int_{AC'B} P\,dx + Q\,dy.$$

Donc on aura

$$\int P\,dx + Q\,dy = o,$$

en prenant l'intégrale le long de ACBC'A, puisque une intégrale

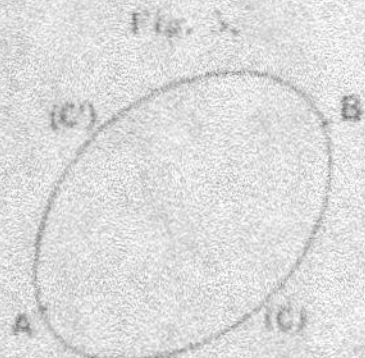

Fig. 5.

curviligne change de signe quand on parcourt en sens inverse l'arc d'intégration.

7. Il a été supposé, dans ce qui précède, que l'aire où restait le point (x, y) et où les fonctions P et Q étaient continues, ainsi que leurs dérivées du premier ordre, était limitée par un seul contour. D'intéressantes conséquences résultent encore du théorème établi, dans le cas où l'aire est limitée par un nombre quelconque de contours. D'abord il est manifeste que l'intégrale prise le long d'un contour fermé sera certainement nulle quand ce contour pourra être ramené à un point par une déformation continue sans traverser le contour de l'aire. Si maintenant nous considérons une courbe fermée quelconque tracée dans le contour (*fig.* 6),

par exemple la courbe Γ dans l'aire A limitée par les courbes C,
C' et C", en général l'intégrale prise le long de Γ ne sera pas nulle;
mais envisageons une seconde courbe Γ' qui puisse se ramener à
Γ par une déformation continue sans traverser aucune des courbes

Fig. 6.

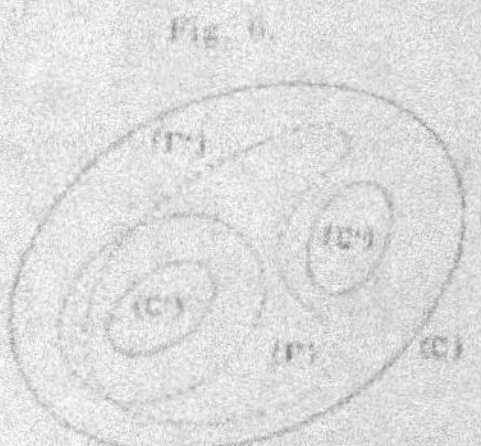

C; *les intégrales prises le long de Γ et de Γ' dans le même sens,
le sens positif par exemple, seront égales*, si on a dans l'aire A,
comme nous le supposons, la relation

$$(3) \qquad \frac{\partial P}{\partial y} = \frac{\partial Q}{\partial x}$$

et si les fonctions P et Q, ainsi que leurs dérivées du premier ordre,
sont continues. Cela résulte de ce que la variation de l'intégrale est
nulle quand on passe de Γ' à Γ par une déformation continue.

Dans certains cas la déformation pourra être faite de telle sorte
que le nouveau contour se compose de deux ou plusieurs parties
distinctes. Ainsi (*fig.* 7) l'intégrale prise le long d'un contour Γ

Fig. 7.

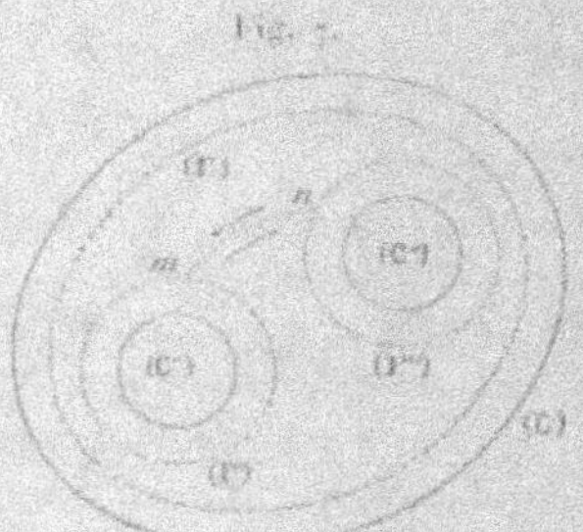

enveloppant les deux courbes limites C' et C" sera égale à la somme
des intégrales curvilignes prises le long des contours Γ' et Γ'' qui
enveloppent respectivement C' et C".

On peut en effet déformer Γ de manière à le réduire au contour $\Gamma' mn \Gamma'' nm$; il faut ici considérer mn comme une ligne ayant deux bords. Les intégrales prises le long de mn et de nm se détruisent évidemment.

III. — De l'intégrale curviligne considérée comme fonction de sa limite supérieure.

8. Pour fixer les idées, prenons un contour simple à l'intérieur duquel les fonctions P et Q et leurs dérivées partielles sont continues et satisfont à la condition (3).

L'intégrale

$$\int_{(a,\,b)}^{(x,\,y)} P\,dx + Q\,dy,$$

prise d'un point (a, b) à un point variable (x, y), ne dépendant pas du chemin suivi, peut être regardée comme une fonction u de x et y. Cherchons ses dérivées par rapport à x et y. Laissant d'abord y constant, nous faisons varier x de Δx, et nous aurons ainsi

$$u(x + \Delta x, y) - u(x, y) = \int_{(x,\,y)}^{(x+\Delta x,\,y)} P\,dx + Q\,dy;$$

car on peut supposer qu'on va du point (a, b) au point $(x + \Delta x, y)$ en suivant d'abord le même chemin que pour aller en (x, y); Puis, pour aller du point (x, y) au point $(x + \Delta x, y)$, on peut suivre le chemin rectiligne : alors l'intégrale se réduit à

$$\int_{x}^{x+\Delta x} P(x, y)\,dx = \Delta x . P(x + \theta \Delta x, y). \qquad (0 < \theta < 1).$$

Nous aurons donc

$$\frac{u(x + \Delta x, y) - u(x, y)}{\Delta x} = P(x + \theta \Delta x, y),$$

d'où se conclut

$$\frac{du}{dx} = P(x, y),$$

et par un raisonnement analogue

$$\frac{du}{dy} = Q(x, y).$$

Ainsi la fonction $u(x, y)$ a pour dérivées partielles P et Q.

Il est d'ailleurs évident que si l'on a une fonction $u(x, y)$ ayant des dérivées partielles P et Q, on aura

$$\frac{\partial P}{\partial y} = \frac{\partial Q}{\partial x},$$

ce qui résulte des identités

$$\frac{\partial^2 u}{\partial x\, \partial y} = \frac{\partial Q}{\partial x}, \qquad \frac{\partial^2 u}{\partial y\, \partial x} = \frac{\partial P}{\partial y}.$$

9. Étant données deux fonctions $P(x, y)$ et $Q(x, y)$ satisfaisant à la relation précédente, on peut, d'une manière plus élémentaire, rechercher la fonction $u(x, y)$ ayant ces deux fonctions pour dérivées partielles du premier ordre. De la relation

$$\frac{\partial u}{\partial x} = P(x, y),$$

on déduit, en intégrant par rapport à x et considérant y comme un paramètre arbitraire,

$$u = \int_{x_0}^{x} P(x, y)\, dx + \varphi(y),$$

$\varphi(y)$ étant une fonction arbitraire de y.

Peut-on choisir $\varphi(y)$ de manière que $\dfrac{\partial u}{\partial y} = Q$? On doit avoir

$$Q(x, y) = \int_{x_0}^{x} \frac{\partial P}{\partial y}\, dx + \varphi'(y),$$

ou, en remplaçant $\dfrac{\partial P}{\partial y}$ par $\dfrac{\partial Q}{\partial x}$ et intégrant,

$$Q(x, y) = Q(x, y) - Q(x_0, y) + \varphi'(y);$$

donc

$$\varphi(y) = \int_{y_0}^{y} Q(x_0, y)\, dy,$$

et il vient finalement

$$u = \int_{x_0}^{x} P(x, y)\, dx + \int_{y_0}^{y} Q(x_0, y)\, dy.$$

Remarquons que l'intégrale curviligne

$$\int_{x_0, y_0}^{x, y} \mathrm{P}\, dx + \mathrm{Q}\, dy$$

pouvait nous conduire à la même forme de u. Prenons en effet, pour contour d'intégration, les deux portions de droite obtenues en menant respectivement par (x_0, y_0) et par (x, y) des parallèles à Oy et Ox : l'intégrale sur la parallèle à Oy se réduira à

$$\int_{y_0}^{y} \mathrm{Q}(x_0, y)\, dy,$$

et l'intégrale sur la parallèle à Ox à

$$\int_{x_0}^{x} \mathrm{P}(x, y)\, dx.$$

La somme de ces deux intégrales fournit bien la valeur trouvée plus haut pour u.

**IV. — Exemples d'intégrales effectuées le long d'un contour fermé.
Racines communes à deux équations.**

10. Nous avons dit que l'intégrale effectuée le long d'un contour fermé n'était pas nécessairement nulle ; prenons par exemple l'intégrale

$$\frac{1}{2\pi} \int \frac{x\, dy - y\, dx}{x^2 + y^2}.$$

La condition d'intégrabilité est satisfaite. Cherchons la valeur de l'intégrale prise le long d'un cercle ayant l'origine pour centre, et dans le sens positif par exemple.

Nous aurons, R désignant le rayon du cercle et θ l'angle polaire,

$$x = R\cos\theta, \qquad y = R\sin\theta;$$

et par suite

$$x\, dy - y\, dx = R^2\, d\theta.$$

L'intégrale se réduira donc à

$$\frac{1}{2\pi} \int_0^{2\pi} d\theta = 1.$$

L'intégrale prise le long de ce cercle, et plus généralement le long de toute courbe fermée tournant une fois autour de l'origine, sera égale à $n\pi$.

11. L'intégrale précédente pouvait s'écrire

$$\frac{1}{2\pi}\int d\,\text{arc tang}\,\frac{y}{x};$$

prenons maintenant l'intégrale

$$I = \frac{1}{2\pi}\int d\left(\text{arc tang}\,\frac{F_2}{F_1}\right),$$

F_2 et F_1 étant des polynômes en x et y, ou même plus généralement des fonctions de x et y développables, dans le voisinage de toute valeur (x_0, y_0) de x et y, en série ordonnée suivant les puissances croissantes de $x - x_0$ et $y - y_0$. Cette intégrale peut s'écrire

$$I = \frac{1}{2\pi}\int \frac{F_1\,dF_2 - F_2\,dF_1}{F_1^2 + F_2^2},$$

ou encore

$$(4) \qquad I = \frac{1}{2\pi}\int P\,dx + Q\,dy,$$

en désignant par P et Q les expressions

$$P = \frac{F_1\dfrac{\partial F_2}{\partial x} - F_2\dfrac{\partial F_1}{\partial x}}{F_1^2 + F_2^2}, \qquad Q = \frac{F_1\dfrac{\partial F_2}{\partial y} - F_2\dfrac{\partial F_1}{\partial y}}{F_1^2 + F_2^2},$$

qui satisfont évidemment à $\dfrac{\partial P}{\partial y} = \dfrac{\partial Q}{\partial x}$.

Considérons maintenant un contour fermé quelconque C, pour aucun point duquel les deux fonctions F_1 et F_2 ne s'annulent simultanément. L'intégrale (4), prise le long de ce contour dans le sens positif, a une signification remarquable que nous nous proposons d'obtenir. Tout d'abord s'il n'y a, à l'intérieur du contour, aucune racine commune aux deux équations

$$F_1(x, y) = 0,$$
$$F_2(x, y) = 0,$$

l'intégrale sera nulle d'après le théorème fondamental (§ 6). Mais supposons qu'il y ait une ou plusieurs racines communes à ces deux équations : autour de chacune de ces racines nous pouvons décrire un contour et l'intégrale prise le long du contour initial sera égale à la somme des intégrales prises le long de chacun de ces contours.

Cherchons la valeur de l'une quelconque d'entre elles, qu'un déplacement d'axes permet de placer à l'origine.

Nous aurons dans le voisinage de $x = o$, $y = o$

$$F_1(x, y) = a_1 x + b_1 y + \ldots$$
$$F_2(x, y) = a_2 x + b_2 y + \ldots$$

les termes non écrits étant de degré supérieur au premier ; nous nous bornons essentiellement au cas où $a_1 b_2 - a_2 b_1$ n'est pas nul, c'est-à-dire à celui où le point $(x = o, y = o)$ est un point *simple* de rencontre pour les courbes $F_1 = o$, $F_2 = o$.

Je dis que l'intégrale ne changera pas de valeur si nous réduisons F_1 et F_2 à ses termes du premier degré. En effet concevons qu'on intègre le long d'un cercle de rayon ρ ayant l'origine pour centre, nous aurons dans l'intégrale I un terme indépendant de ρ, et une partie devenant infiniment petite avec ρ. Le terme indépendant de ρ n'est autre que l'intégrale I, où F_1 et F_2 sont remplacées par

$$a_1 x + b_1 y \quad \text{et} \quad a_2 x + b_2 y ;$$

la seconde partie doit disparaître, puisque l'intégrale ne dépend pas de ρ, et nous avons

$$I = \frac{D}{2\pi} \int \frac{x\, dy - y\, dx}{(a_1 x + b_1 y)^2 + (a_2 x + b_2 y)^2},$$

en posant

$$D = a_1 b_2 - a_2 b_1.$$

Pour effectuer rapidement le calcul de cette intégrale, prenons comme nouveau contour d'intégration l'ellipse représentée par l'équation

$$(a_1 x + b_1 y)^2 + (a_2 x + b_2 y)^2 = 1,$$

supposée parcourue dans le sens positif.

L'intégrale se réduit alors à

$$I = \frac{D}{2\pi} \int x\,dy - y\,dx.$$

Mais si nous nous servons des coordonnées polaires ρ et θ, de telle sorte que

$$x = \rho \cos\theta, \qquad y = \rho \sin\theta,$$

on aura

$$x\,dy - y\,dx = \rho^2\,d\theta;$$

donc

$$I = \frac{D}{2\pi} \int_0^{2\pi} \rho^2\,d\theta.$$

La signification géométrique de l'intégrale essentiellement positive, qui figure dans le second membre, est facile à trouver ; c'est le double de l'aire de notre ellipse. Or celle-ci a pour aire, comme on le trouve aisément,

$$\frac{\pi}{|D|},$$

en désignant par $|D|$ la valeur absolue de D. Nous avons donc

$$I = \frac{D}{|D|}.$$

et par suite $I = \pm 1$, suivant que D est positif ou négatif.

Quant à D ce n'est autre chose que la valeur du déterminant fonctionnel

$$\begin{vmatrix} \dfrac{\partial F_1}{\partial x} & \dfrac{\partial F_1}{\partial y} \\[2ex] \dfrac{\partial F_2}{\partial x} & \dfrac{\partial F_2}{\partial y} \end{vmatrix},$$

quand on substitue à x et y les coordonnées du point racine considéré. Chaque racine pour laquelle ce déterminant est positif donne donc $+1$ dans l'intégrale et -1 si ce déterminant est négatif. Nous pouvons donc énoncer le théorème suivant :

L'intégrale

$$I = \frac{1}{2\pi} \int \frac{F_1\,dF_2 - F_2\,dF_1}{F_1^2 + F_2^2},$$

prise le long d'un contour fermé dans le sens positif, est égale à l'excès du nombre des racines du système d'équations

$$F_1(x, y) = 0, \qquad F_2(x, y) = 0,$$

pour lesquelles le déterminant fonctionnel $\dfrac{\partial F_1}{\partial x} \dfrac{\partial F_2}{\partial y} - \dfrac{\partial F_1}{\partial y} \dfrac{\partial F_2}{\partial x}$ *est positif, sur le nombre des racines pour lesquelles ce déterminant est négatif.*

On voit l'importance du signe du déterminant fonctionnel : on ne connaît pas, du moins en général, de formule donnant pour les deux équations précédentes le nombre des racines contenues dans un contour; mais si, quels que soient x et y, le déterminant fonctionnel a un signe invariable, l'énoncé précédent permettra de trouver le nombre des racines. Prenons, en particulier, un polynôme $f(z)$ à coefficients quelconques; si on pose $z = x + iy$, on aura

$$f(z) = F_1(x, y) + iF_2(x, y),$$

F_1 et F_2 étant deux polynômes en x et y. Or en différentiant, par rapport à x et à y, l'identité précédente, on trouve

$$f'(x + iy) = \frac{\partial F_1}{\partial x} + i\frac{\partial F_2}{\partial x},$$

$$if'(x + iy) = \frac{\partial F_1}{\partial y} + i\frac{\partial F_2}{\partial y},$$

et par suite

$$\frac{\partial F_1}{\partial x} = \frac{\partial F_2}{\partial y}, \qquad \frac{\partial F_1}{\partial y} = -\frac{\partial F_2}{\partial x},$$

Le déterminant fonctionnel de F_1 et F_2 se réduit à

$$\left(\frac{\partial F_2}{\partial x}\right)^2 + \left(\frac{\partial F_1}{\partial y}\right)^2,$$

et est positif; par suite l'intégrale I donnera le nombre des racines contenues dans un contour fermé. Nous retombons ainsi sur un important théorème dû à Cauchy, que nous aurons à étudier d'une manière plus complète dans la théorie des fonctions.

CHAPITRE IV.

DES INTÉGRALES DOUBLES.

I. — Définition des intégrales doubles.

1. Nous allons donner à la notion d'intégrale une nouvelle extension qui, en partant toujours de la même idée fondamentale, nous conduira à la notion de *l'intégrale double*. Soit $f(x, y)$ une fonction de deux variables x et y; faisons varier x entre x_0 et X, et y entre y_0 et Y. On supposera que $f(x, y)$ reste continue pour toutes ces valeurs de x et y. Pour passer d'une sommation simple à une sommation double, il est naturel de partager les intervalles (x_0, X) et (y_0, Y) comme nous l'avons déjà fait; on aura ainsi les suites

$$x_0, \ x_1, \ x_2, \ \ldots, \ x_{n-1}, X,$$
$$y_0, \ y_1, \ y_2, \ \ldots, \ y_{p-1}, Y,$$

et on considérera la somme double

$$(1) \qquad S = \sum_{i=0}^{i=n-1} \sum_{k=0}^{k=p-1} f(x_i, y_k)(x_{i+1} - x_i)(y_{k+1} - y_k),$$

en l'étendant à toutes les valeurs de i et de k respectivement de o à $n - 1$ et de o à $p - 1$. Nous allons démontrer que, x_0 et X ainsi que y_0 et Y restant fixes, *si tous les intervalles $x_{i+1} - x_i$ et $y_{k+1} - y_k$ tendent vers zéro suivant une loi quelconque à mesure que leur nombre augmente indéfiniment, l'expression précédente a une limite déterminée.*

Une représentation géométrique facilitera le langage (*fig.* 8) : prenant deux axes de coordonnées rectangulaires, nous menons les

droites $x = x_0$, $x = X$ et $y = y_0$, $y = Y$ qui forment un rectangle
MNPQ (on suppose $x_0 < X$ et $y_0 < Y$). Ce rectangle sera divisé
par les droites correspondant aux subdivisions $x_1, x_2, \ldots, x_{n-1}$,

Fig. 8.

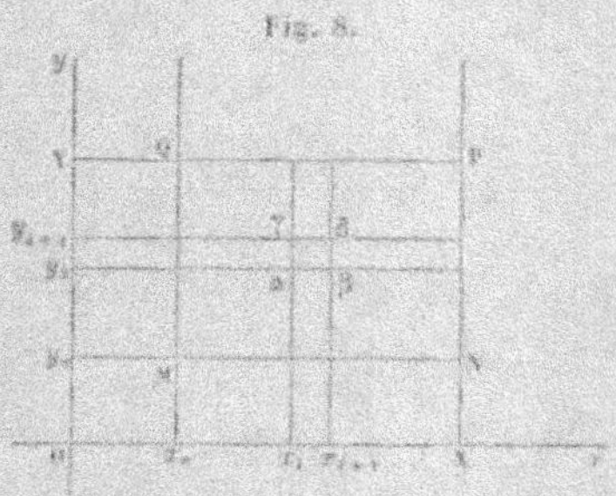

et $y_1, y_2, \ldots, y_{p-1}$ en un réseau de rectangles plus petits. Soit
le point z de coordonnées (x_i, y_k); j'appellerai rectangle correspondant à ce point, le rectangle ayant ce sommet et ayant pour
côtés $x_{i+1} - x_i$ et $y_{k+1} - y_k$. Pour former la somme S, on envisage donc tous les points (x_i, y_k), on prend la valeur de la fonction
en ce point, on la multiplie par l'aire du rectangle correspondant,
et on fait la sommation.

2. Pour démontrer le théorème annoncé, nous devons établir
un lemme analogue à celui qui nous a servi dans la théorie de l'intégrale simple. Rappelons d'abord la définition de la continuité
d'une fonction $f(x, y)$ de deux variables. Une telle fonction est
continue dans le voisinage d'un point (a, b), si, étant donné un
nombre positif ε aussi petit qu'on veut, on peut déterminer une
quantité positive δ, telle qu'on ait

$$|f(x', y') - f(x, y)| < \varepsilon$$

pour tout point (x', y') dont les coordonnées satisfont aux inégalités

$$|x' - x| < \delta, \quad |y' - y| < \delta.$$

Ceci posé, dans l'hypothèse où la fonction $f(x, y)$ est continue
dans le rectangle indiqué, on pourra énoncer le lemme suivant :
Étant donné un nombre ε aussi petit qu'on voudra, on peut

trouver une quantité η telle qu'à l'intérieur de tout rectangle, de côtés parallèles aux axes, compris dans le rectangle MNPQ et ayant ses côtés moindres que η, l'oscillation de la fonction $f(x, y)$ soit moindre que ε.

Nous entendons encore par oscillation de la fonction dans une aire la différence entre le maximum et le minimum de la fonction dans cette aire. Ce lemme est une conséquence immédiate de la continuité de la fonction $f(x, y)$ à l'intérieur du rectangle; on le démontrera en raisonnant comme au § 2, Chap. I. Partageons MN et MQ en un certain nombre de parties égales, puis de la même manière chacune de ces parties et ainsi de suite. On décomposera ainsi le rectangle MNPQ en un réseau de rectangles égaux de plus en plus petits; il arrivera un moment où l'oscillation de la fonction dans chacun de ces rectangles sera inférieure à $\frac{\varepsilon}{2}$. Si, en effet, il en était autrement, on aurait nécessairement un premier rectangle dans lequel l'oscillation serait supérieure à $\frac{\varepsilon}{2}$, puis dans celui-ci un second, et ainsi de suite. Ces rectangles sont compris les uns dans les autres et leurs dimensions tendent vers zéro; ils ont donc nécessairement un point pour limite. A l'intérieur d'un rectangle de dimensions aussi petites qu'on voudra autour de ce point limite, l'oscillation de la fonction serait supérieure à $\frac{\varepsilon}{2}$, ce qui est en contradiction avec l'hypothèse de la continuité de la fonction. Raisonnant alors comme dans le cas d'une fonction d'une variable, on voit qu'il suffit de prendre pour η la plus petite des dimensions des rectangles, quand l'oscillation dans tous ces rectangles est devenue inférieure à $\frac{\varepsilon}{2}$.

3. Nous pouvons aborder la démonstration de l'existence de la limite. Prenons d'abord une loi particulière de subdivision, pour laquelle on passera d'un mode de subdivision au suivant en conservant toujours les lignes de subdivision précédentes. Dans ces conditions, désignons par $M_{i,k}$ le maximum de la fonction f dans le rectangle correspondant au point (x_i, y_k), et formons la somme

$$(1) \qquad \sum\sum M_{i,k}(x_{i+1}-x_i)(y_{k+1}-y_k).$$

Cette somme aura certainement une limite quand les rectangles tendront vers zéro en suivant la loi indiquée. En effet, elle ne peut que diminuer quand on passe d'un mode de subdivision au suivant, et, d'autre part, elle reste supérieure à

$$m(X - x_0)(Y - y_0),$$

en désignant par m le minimum de $f(x, y)$ dans le rectangle MNPQ. Soit donc μ la limite de l'expression (2). Revenons à la somme S ; elle aura dans les mêmes conditions la même limite. En effet, on peut prendre un mode de subdivision assez loin dans la suite, pour que, dans tout rectangle (i, k), on ait

$$|M_{i,k} - f(x_i, y_k)| < \varepsilon.$$

Il suffit que les côtés de tous les rectangles soient inférieurs à δ (d'après le lemme). Les sommes (1) et (2) différeront alors de moins de

$$\varepsilon \sum\sum (x_{i+1} - x_i)(y_{k+1} - y_k) \quad \text{ou} \quad \varepsilon(X - x_0)(Y - y_0),$$

et, comme ε est aussi petit que l'on veut, il en résulte que S a μ pour limite.

4. Il nous faut maintenant démontrer qu'il y aura toujours une limite égale à μ, quelle que soit la loi de subdivision adoptée. Nous allons comparer, à cet effet, la somme S correspondant à un mode de subdivision (x, y) pris dans la loi précédemment étudiée, avec la somme S' correspondant à un mode quelconque de subdivision que nous désignerons par (z, t). Nous donnant à l'avance un nombre ε aussi petit qu'on voudra, prenons un mode de subdivision (x, y) assez loin dans la série pour que chacun des intervalles $x_{i+1} - x_i$ et $y_{k+1} - y_k$ soit moindre que δ ; supposons d'autre part les intervalles (z, t) assez petits pour qu'entre deux x et entre deux y consécutifs il y ait au moins un z et un t. Au rectangle (i, k) correspond dans la somme S le terme

$$f(x_i, y_k)(x_{i+1} - x_i)(y_{k+1} - y_k).$$

Écrivons, d'autre part, la somme S' en décomposant chaque rectangle (z, t) empiétant sur plusieurs rectangles (x, y), en une somme de rectangles contenus chacun tout entier dans un seul de ces rectangles. Nous pouvons alors comparer la part de la somme S' provenant du rectangle (i, k), à la part de la somme S provenant du même rectangle. Comme la valeur de la fonction f à associer à chacun des rectangles partiels formant le rectangle (i, k) est la valeur de cette fonction pour un point situé dans un rectangle (x, y) limitrophe du point (i, k), il s'ensuit que cette valeur différera de $f(x_i, y_k)$ de moins de ε; par suite, la différence des deux parts considérées de S et S' sera moindre que ε multipliée par la somme des aires des rectangles partiels, c'est-à-dire

$$\varepsilon (x_{i+1} - x_i)(y_{k+1} - y_k).$$

Nous en concluons que

$$| S' - S | < \varepsilon (X - x_0)(Y - y_0).$$

Or S a μ pour limite; il résulte de l'inégalité précédente que S' aura la même limite, comme nous voulions l'établir. On représente cette limite par le symbole

$$\iint f(x, y)\, dx\, dy;$$

il rappelle que cette limite est la somme des éléments $f(x, y)\, dx\, dy$, où les deux accroissements dx et dy sont positifs, et on dit que cette intégrale double est étendue à l'aire du rectangle MNPQ.

5. Le calcul de cette intégrale peut être fait en effectuant successivement la recherche de deux intégrales définies. En effet, écrivons la somme

$$\sum\sum f(x_i, y_k)(x_{i+1} - x_i)(y_{k+1} - y_k)$$

sous la forme

$$\sum_k \left[(y_{k+1} - y_k) \sum_i f(x_i, y_k)(x_{i+1} - x_i) \right],$$

et faisons tendre tous les intervalles $(x_{i+1} - x_i)$ vers zéro en laissant d'abord les y constants. La somme dans la parenthèse deviendra

$$\int_{x_0}^{X} f(x, y_k)\, dx.$$

et, en substituant et faisant tendre les intervalles $(y_{k+1} - y_k)$ vers
zéro, nous aurons enfin

$$\int_{y_0}^{Y} dy \int_{x_0}^{X} f(x, y)\, dx.$$

En effectuant la première intégration $\int_{x_0}^{X} f(x, y)\, dx$, on regarde
y comme un simple paramètre ; le résultat est une fonction de y,
qui, multipliée par dy, est intégrée entre y_0 et Y. On aurait pu faire
les intégrations dans l'ordre inverse, et le résultat eût été

$$\int_{x_0}^{X} dx \int_{y_0}^{Y} f(x, y)\, dy,$$

qui doit avoir la même valeur, puisque la loi suivant laquelle les
intervalles tendent vers zéro est indifférente. On n'oubliera pas que
les quatre lettres x_0, X, y_0, Y représentent ici des constantes.

6. Telle est la première généralisation de l'intégrale définie qui
s'offrait immédiatement ; la forme géométrique que l'on donne à
cette notion, en parlant d'intégrale double étendue à l'aire d'un

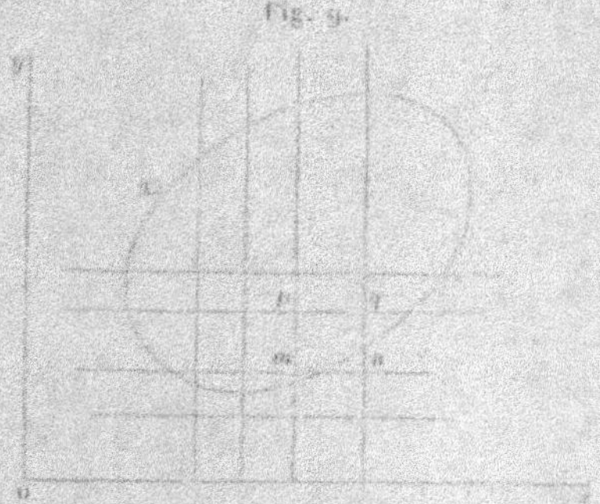

Fig. 9.

rectangle, inspire une généralisation plus étendue. Prenons en
effet, au lieu de l'aire d'un rectangle, une aire plane quelconque
limitée par une courbe C (*fig.* 9), et traçons dans le plan une succession de parallèles à Ox et à Oy. Nous rangeons encore, par
ordre croissant de grandeurs, la succession des abscisses des pa-

rallèles à Oy, et des ordonnées des parallèles à Ox. Nous aurons ainsi un réseau de rectangles : le rectangle (i, k) sera, comme plus haut, celui qui correspond au point (x_i, y_k) et qui aura pour côtés $x_{i+1} - x_i$ et $y_{k+1} - y_k$. Formons la somme

$$(3) \qquad \sum\sum f(x_i, y_k)(x_{i+1} - x_i)(y_{k+1} - y_k)$$

en l'étendant à tous les points (x_i, y_k) contenus à l'intérieur ou sur le périmètre de l'aire. Certains de ces rectangles, tels que $mnpq$, pourront sortir en partie de l'aire limitée par C; ces rectangles *irréguliers* figureront néanmoins dans notre somme. Nous allons montrer que la somme précédente tend vers une limite quand tous les rectangles tendent vers zéro suivant une loi quelconque.

Prenons encore, pour commencer, une loi particulière de subdivision, pour laquelle on passera d'un mode de subdivision au suivant en conservant toujours les lignes de subdivision précédentes. Nous désignons par $M_{i,k}$ le maximum de la fonction f dans le rectangle (i, k), et nous envisageons la somme

$$(4) \qquad \sum\sum M_{i,k}(x_{i+1} - x_i)(y_{k+1} - y_k)$$

On voit immédiatement, comme plus haut, que cette somme a une limite quand les rectangles tendent vers zéro suivant la loi indiquée. Elle ne peut en effet que diminuer quand on passe d'un mode de subdivision au suivant, et même pour les rectangles irréguliers la diminution de la somme pourra provenir de ce que l'aire à envisager se trouve réduite. D'autre part toutes ces sommes sont supérieures à

$$m \sum\sum (x_{i+1} - x_i)(y_{k+1} - y_k),$$

en désignant par m le minimum de $f(x, y)$ dans l'intérieur d'une courbe fixe extérieure à C et s'en rapprochant d'ailleurs autant qu'on veut. Or, si m est positif, la somme (4) sera positive. D'autre part, si m est négatif, cette somme sera supérieure à mR, en désignant par R l'aire d'un rectangle quelconque comprenant à son intérieur la surface entière limitée par C. Dans l'un et l'autre cas, la somme (4) décroissant toujours et supérieure à une quantité fixe aura bien une limite μ. Il en sera de même de la somme (3), comme le montre le raisonnement fait à la fin du § 3.

7. Nous achèverons cette étude en montrant qu'il y aura toujours une limite égale à σ, quelle que soit la loi de subdivision adoptée. Une petite difficulté se présente seulement pour les rectangles irréguliers que nous n'avions pas à considérer au § 4. Raisonnant de la même manière et employant les mêmes notations, nous voulons trouver une limite supérieure de $|S'-S|$. Or, les rectangles réguliers donnent pour cette différence une part égale au plus à

$$\varepsilon \sum\sum (x_{i+1} - x_i)(y_{k+1} - y_k).$$

la sommation ne comprenant ici que les rectangles réguliers. Cette expression est moindre évidemment que εR (§ 6). Désignons par M le maximum de f : les rectangles irréguliers donnent dans S et dans S' une part inférieure au produit de M par la somme des aires des rectangles irréguliers : désignons cette dernière par s, nous aurons

$$|S' - S| < \varepsilon R + 2Ms.$$

Si donc nous démontrons que la somme s des aires des rectangles irréguliers tend vers zéro quand tous les rectangles tendent vers zéro, notre démonstration sera achevée, puisque l'inégalité précédente nous montre que $S'-S$ aura zéro pour limite.

Pour établir que s tend vers zéro, considérons deux parallèles

Fig. 10.

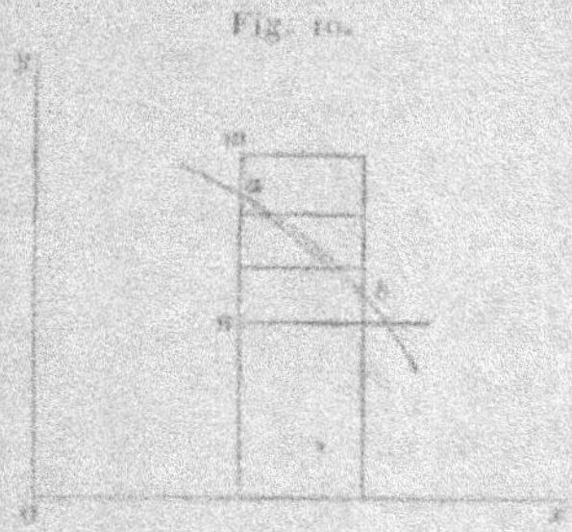

consécutives à l'axe des y, et soit ab un des arcs qu'elles découpent sur la courbe C (*fig.* 10). Plusieurs rectangles irréguliers pourront être traversés par l'arc ab : il y en aura *trois* dans le cas de la figure. La somme des aires de ces rectangles sera égale à leur hauteur commune h, distance des deux parallèles, multipliée par la somme ma de leurs bases. Nous supposons d'ailleurs les côtés de tous les rectangles moindres que δ; donc ma sera moindre que 2δ augmenté de la projection de la corde $\overline{ab}$ sur Oy, et cela quel que soit le nombre des rectangles. Nous pouvons alors dire que la somme des rectangles envisagés est moindre que

$$h(2\delta + \overline{ab});$$

et, par suite,

$$s < 2\delta \sum h + \sum h\,\overline{ab}$$

ou, puisque $h < \delta$,

$$s < 2\delta \sum h + \delta \sum \overline{ab}.$$

Or $\sum h$ est finie; car, en désignant par λ le nombre de fois maximum qu'une parallèle à l'axe Oy rencontre la courbe C, et par l la distance des parallèles extrêmes à Oy rencontrant la même courbe, on a

$$\sum h < l\lambda.$$

D'autre part, la somme des cordes $\overline{ab}$ est finie; en effet, la somme de leurs projections sur Ox est moindre que $l\lambda$, et la somme de leurs projections sur Oy est moindre que $l'\lambda'$, en désignant par λ' le nombre de fois maximum qu'une parallèle à Ox rencontre la courbe C, et par l' la distance des parallèles extrêmes à Ox rencontrant cette courbe. Il en résulte

$$\sum \overline{ab} < l\lambda + l'\lambda'.$$

s, étant le produit de δ par un facteur qui reste fini, tend donc vers zéro quand tous les rectangles tendent vers zéro.

On pourra établir d'une manière plus rapide que s tend vers zéro si l'on suppose que l'on puisse construire deux lignes polygonales fermées, l'une intérieure, l'autre extérieure à la courbe, et telles que l'aire comprise entre ces deux lignes soit inférieure à un nombre ε donné à l'avance aussi petit que l'on voudra. Tous les rectangles formant s, si les subdivisions sont poussées suffisamment loin, étant compris dans cette aire, la somme s tendra vers zéro. Comme on s'en rend compte aisément, on pourra obtenir des lignes polygonales remplissant les conditions énoncées plus haut dans le cas où le contour est rencontré par toute droite en un nombre limité de points; cette dernière condition n'est d'ailleurs pas nécessaire.

L'existence de la somme (3) est donc complètement démontrée.

J'ajoute qu'au lieu de la somme (3) on peut considérer d'une manière plus générale la somme

$$\sum\sum f(x_i', y_k')(x_{i+1}-x_i)(y_{k+1}-y_k),$$

où x_i' et y_k' sont les coordonnées d'un point quelconque situé dans le rectangle (i, k); la limite est la même. En effet, $f(x_i', y_k')$ diffère de $f(x_i, y_k)$ de moins ε, si les dimensions des rectangles sont moindres que δ; les deux sommes différant de moins de

$$\varepsilon\sum\sum (x_{i+1}-x_i)(y_{k+1}-y_k)$$

auront la même limite.

Le calcul de cette intégrale pourra s'effectuer comme il suit. Supposons, ce que l'on peut toujours faire par un partage d'une

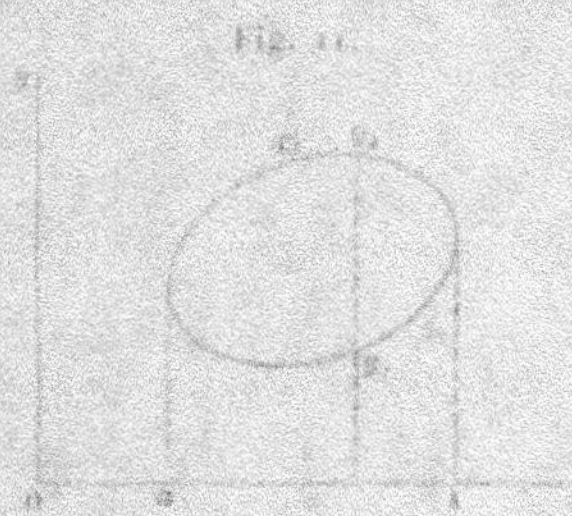

Fig. 11.

aire en plusieurs autres, que la courbe C soit seulement rencontrée en deux points par une parallèle à Oy ($fig.$ 11). Effectuant d'abord la sommation en laissant x constant, nous avons, pour chaque accroissement dx,

$$dx \int_{y_0}^{y_1} f(x, y)\,dy.$$

en désignant par y_1 et y_2 $(y_1 > y_2)$ les ordonnées des points de
rencontre avec C d'une parallèle à Oy d'abscisse x. Sommant ensuite par rapport à x, nous aurons

$$\int_a^A dx \int_{y_2}^{y_1} f(x, y)\, dy,$$

a et A étant deux constantes qui représentent les abscisses des parallèles extrêmes à Oy, rencontrant la courbe. On remarquera
que les limites y_1 et y_2 de la première intégrale sont au contraire,
en général, des fonctions de x. On aurait pu effectuer ces somma-
tions dans un autre ordre, mais les limites eussent été tout autres,
ce qui eût donné pour expression de l'intégrale

$$\int_b^B dy \int_{x_1}^{x_2} f(x, y)\, dx,$$

x_1 et x_2 désignant les abscisses des points de rencontre avec C
d'une parallèle à Ox $(x_1 < x_2)$, b et B désignant les ordonnées extrêmes.

Arrêtons-nous sur le cas simple où $f(x, y) = 1$; on a alors l'intégrale double

$$\int\int dx\, dy,$$

sa valeur sera donnée par

$$\int_a^A dx \int_{y_2}^{y_1} dy = \int_a^A (y_2 - y_1)\, dx.$$

On reconnaît là l'expression de l'aire, donnée par une intégrale
simple. L'aire limitée par une courbe C peut donc être considérée
comme la limite de la somme des aires des rectangles élémentaires $dx\, dy$.

II. — Changement de variables dans les intégrales doubles.

8. Soit à effectuer sur x et y le changement de variables

$$x = f(\alpha, \beta),$$
$$y = \varphi(\alpha, \beta)$$

Nous supposons que cette transformation établisse une correspondance uniforme entre les points d'une aire A située dans le plan (x, y), et une aire A' située dans le plan (α, β); on entend par là qu'à un point de A correspond un seul point de A', et inversement. Il est nécessaire pour cela que le déterminant fonctionnel

$$D = \frac{\partial f}{\partial \alpha} \frac{\partial \varphi}{\partial \beta} - \frac{\partial f}{\partial \beta} \frac{\partial \varphi}{\partial \alpha}$$

ne s'annule pas à l'intérieur de A'. Nous supposerons donc que D garde un signe invariable sans s'annuler.

Soit maintenant l'intégrale

$$\int\int F(x, y)\, dx\, dy,$$

étendue à l'aire A. Une question importante se présente : *Par quelle intégrale étendue à l'aire A' pouvons-nous remplacer cette intégrale?*

Sans nous préoccuper des limites, l'intégrale double revient, comme nous l'avons dit, à la superposition de deux intégrales simples

$$\int dy \int F(x, y)\, dx.$$

Au lieu de x et y, prenons α et y comme variables. La première intégration

$$\int F(x, y)\, dx$$

suppose y constant. Si l'on prend α pour nouvelle variable au lieu de x, on sait que, pour avoir le nouvel élément de l'intégrale, il suffit de remplacer dx par la différentielle de x en fonction de la nouvelle variable α. Or on a

$$x = f(\alpha, \beta),$$

et β est lié par α par la relation

$$y = \varphi(\alpha, \beta),$$

où y est à considérer comme une constante. Nous aurons donc

$$dx = \frac{\partial f}{\partial \alpha}\, d\alpha + \frac{\partial f}{\partial \beta}\, d\beta.$$

avec

$$0 = \frac{\partial \varphi}{\partial \alpha} d\alpha + \frac{\partial \varphi}{\partial \beta} d\beta,$$

ce qui donne

$$dx = \mathrm{D} \frac{d\alpha}{\frac{\partial \varphi}{\partial \beta}}.$$

L'intégrale double devient alors

$$\int\int \frac{\mathrm{F}(x,y)\mathrm{D}}{\frac{\partial \varphi}{\partial \beta}} dy\, d\alpha = \int d\alpha \int \frac{\mathrm{F}(x,y)\mathrm{D}}{\frac{\partial \varphi}{\partial \beta}} dy.$$

Laissons maintenant α constant et prenons β comme variable indépendante au lieu de y ; nous aurons

$$dy = \frac{\partial \varphi}{\partial \beta} d\beta,$$

et par suite notre intégrale se réduit à

$$\int\int \mathrm{F}(f,\varphi)\, \mathrm{D}\, d\alpha\, d\beta.$$

Signalons tout d'abord une difficulté qui résulte du dénominateur $\frac{\partial \varphi}{\partial \beta}$ introduit dans les calculs. Or ce dénominateur disparaît dans le résultat final ; il y a donc lieu de penser que la difficulté n'est qu'apparente. Il en est bien ainsi, car, $\frac{\partial \varphi}{\partial \alpha}$ et $\frac{\partial \varphi}{\partial \beta}$ ne pouvant s'annuler à la fois, nous pouvons décomposer notre aire en aires partielles où l'une au moins de ces dérivées sera différente de zéro. Si $\frac{\partial \varphi}{\partial \beta}$ s'annule dans une de ces aires, on dirigera le calcul en introduisant d'abord β au lieu de α, ce qui amènera le dénominateur $\frac{\partial \varphi}{\partial \alpha}$, et la difficulté disparaît.

Les calculs précédents ont été faits sans se préoccuper des signes des différentielles. Or, dans une intégrale double telle que

$$(5) \qquad \int\int \mathrm{F}(x,y)\, dx\, dy,$$

étendue à une certaine aire, dx et dy sont essentiellement positifs. Pour voir nettement comment on devra prendre l'intégrale transformée, supposons $F = 1$; nous avons d'une part

$$\int\int dx\, dy,$$

et de l'autre

$$\int\int D\, d\alpha\, d\beta.$$

On a donc remplacé l'élément $dx\, dy$ par $D\, d\alpha\, d\beta$. Si l'on veut que $d\alpha$ et $d\beta$ soient aussi à considérer comme positifs, il faudra mettre devant $D\, d\alpha\, d\beta$ le signe de D.

Posons $\varepsilon = \pm 1$, suivant que D, qui a un signe constant, est positif ou négatif; on substituera à $dx\, dy$ l'élément $\varepsilon D\, d\alpha\, d\beta$, et dans ces conditions *l'intégrale* (5) *étendue à l'aire* A *sera remplacée par l'intégrale*

$$\int\int F(f, \varphi)\, \varepsilon D\, d\alpha\, d\beta.$$

étendue à l'aire A' *dans le plan* (α, β).

9. Le théorème précédent nous permet d'élargir notre notion de l'intégrale double; jusqu'ici, pour l'obtenir, nous avons partagé le plan en deux réseaux de droites perpendiculaires, et nous avons considéré les rectangles formés par deux droites du premier réseau et deux droites du second. Prenons d'une manière plus générale deux réseaux de courbes α et β (*fig*. 12), tels que, par chaque

Fig. 12.

point à l'intérieur d'une courbe C, passent une courbe et une seule du premier réseau ainsi qu'une courbe et une seule du second. Désignons par ω l'aire d'un quelconque des quadrilatères curvilignes, tels que $mnpq$, obtenus en traçant un certain nombre de courbes de l'un et l'autre réseau. Soit (x, y) un point à l'intérieur du quadrilatère $mnpq$, et formons la somme

$$S = \sum \sum F(x, y)\omega.$$

Cette somme double aura encore une limite quand tous les quadrilatères curvilignes tendront vers zéro, leur nombre augmentant indéfiniment, et cette limite sera toujours la même intégrale double. Pour le montrer, évaluons l'aire

$$(6) \qquad \int \int dx\, dy,$$

comprise entre deux courbes α et deux courbes β. Désignons par

$$x = f(\alpha, \beta),$$
$$y = \varphi(\alpha, \beta)$$

les équations définissant les deux familles de courbes. Quand, α restant constant, on fait varier β, on a ce que nous avons appelé une courbe α, et de même les courbes β correspondent à une valeur fixe de α. Si nous substituons les variables α et β aux variables x et y, l'intégrale (6) deviendra

$$\int \int \pm D\, d\alpha\, d\beta;$$

donc l'élément de surface ω compris entre les courbes α, $\alpha + d\alpha$ et les courbes β, $\beta + d\beta$ est égal à $\pm D\, d\alpha\, d\beta$, et la limite de la somme S n'est autre chose que

$$\int \int F(x, y) \pm D\, d\alpha\, d\beta,$$

c'est-à-dire

$$\int \int F(x, y)\, dx\, dy,$$

cette dernière intégrale étant étendue à l'aire limitée par C.

10. Comme exemple de changement de variables, substituons aux coordonnées rectangulaires des coordonnées polaires. Les for-

mules de substitution sont

$$x = \rho \cos\theta, \qquad y = \rho \sin\theta.$$

Les courbes $\rho =$ const. sont des cercles et les courbes $\theta =$ const. des droites issues de l'origine. Calculons le nouvel élément $\varepsilon D\, d\rho\, d\theta$ qui devra remplacer $dx\, dy$. On aura ici $D = \rho$, $\varepsilon = 1$, et par suite

$$\int\int dx\, dy = \int\int \rho\, d\rho\, d\theta.$$

Supposons qu'étant donnée une courbe C on ait à calculer l'aire d'un secteur compris entre le rayon fixe OA_0, le rayon variable OA et la courbe. On étendra l'intégrale $\int\int \rho\, d\rho\, d\theta$ à l'aire de ce secteur; l'aire cherchée sera donc

$$\int\int \rho\, d\rho\, d\theta = \int_{\theta_0}^{\theta} d\theta \int_0^{\rho} \rho\, d\rho = \int_{\theta_0}^{\theta} \frac{\rho^2}{2}\, d\theta.$$

Appliquons, avec Poisson, la même transformation à l'intégrale double

$$\int\int e^{-x^2-y^2}\, dx\, dy = \int\int e^{-\rho^2} \rho\, d\rho\, d\theta.$$

Étendons d'abord cette intégrale au carré de centre O dont les côtés sont parallèles à Ox et Oy et égaux à $2a$. Nous aurons ainsi l'intégrale

$$\left(\int_{-a}^{+a} e^{-x^2}\, dx\right)^2.$$

Si l'on étend cette intégrale au cercle de rayon R ayant pour centre l'origine, elle sera égale, en se servant des coordonnées polaires, à

$$\int_0^{R} d\rho \int_0^{2\pi} e^{-\rho^2} \rho\, d\theta = \pi(1 - e^{-R^2}).$$

Or l'aire du carré considéré est comprise entre l'aire du cercle de rayon a et celui de rayon $a\sqrt{2}$; par suite,

$$\pi(1 - e^{-a^2}) < \left(\int_{-a}^{+a} e^{-x^2}\, dx\right)^2 < \pi(1 - e^{-2a^2}).$$

Si donc nous faisons croître a indéfiniment, il viendra

$$\int_{-\infty}^{+\infty} e^{-x^2}\,dx = \sqrt{\pi}.$$

III. — Applications. — Volumes et surfaces.

11. Comme exemple de transformation d'intégrale double, et
pour trouver en même temps une formule importante, j'envisage
l'intégrale

$$\int\int \left(\frac{\partial P}{\partial y} - \frac{\partial Q}{\partial x}\right) dx\,dy,$$

étendue à l'aire limitée par une courbe fermée C. Prenons d'abord
la première intégrale

$$\int\int \frac{\partial P}{\partial y}\,dx\,dy;$$

nous pouvons effectuer une première intégration et l'écrire

$$\int_a dx[P(y_2, x) - P(y_1, x)]$$

si nous supposons, uniquement pour simplifier, qu'une parallèle
à l'axe des y, répondant à l'abscisse x, rencontre la courbe seulement en deux points de coordonnées y_1 et y_2 ($y_1 < y_2$), et si a
et A ($a < $ A) désignent les abscisses extrêmes des ordonnées
rencontrant la courbe. Or, si nous considérons l'intégrale curviligne

$$\int_C P\,dx,$$

prise dans le sens positif, on aura

$$\int_C P\,dx = \int_a^A [P(y_1, x) - P(y_2, x)]\,dx.$$

Nous avons donc

$$\int\int \frac{\partial P}{\partial y}\,dx\,dy = -\int_C P\,dx.$$

Un calcul analogue montre que

$$\int\int \frac{\partial Q}{\partial x}\,dx\,dy = \int_C Q\,dy.$$

d'où la *formule fondamentale* que nous voulions obtenir

$$\iint \left(\frac{\partial P}{\partial y} - \frac{\partial Q}{\partial x} \right) dx\,dy = - \int_C P\,dx - Q\,dy,$$

l'intégrale curviligne étant prise dans le sens positif ($\S$ 6, Ch. III).

On peut tirer de cette formule la condition pour que *l'intégrale curviligne*, qui figure au second membre, *soit nulle le long de tout contour fermé*; l'intégrale double du premier membre doit, dans ce cas, être nulle, quand on l'étend à une aire quelconque, ce qui entraîne

$$\frac{\partial P}{\partial y} = \frac{\partial Q}{\partial x},$$

condition que nous avons obtenue précédemment.

Faisons une application très particulière de la formule fondamentale, en faisant d'abord $P = y$, $Q = o$, puis $P = o$, $Q = x$; nous obtenons ainsi

$$\iint dx\,dy = - \int_C y\,dx, \qquad \iint dx\,dy = \int_C x\,dy;$$

et par suite

$$\iint dx\,dy = \frac{1}{2} \int_C x\,dy - y\,dx,$$

ce qui nous donne l'aire limitée par la courbe C, au moyen d'une intégrale curviligne étendue à cette courbe, et prise dans le sens positif. Ainsi, par exemple, si la courbe C se réduit au périmètre d'un triangle, dont les sommets a_1, a_2, a_3 aient pour coordonnées (x_1, y_1), (x_2, y_2), (x_3, y_3), l'aire A du triangle sera donnée par la formule

$$A = \frac{1}{2} \begin{vmatrix} x_1 & y_1 & 1 \\ x_2 & y_2 & 1 \\ x_3 & y_3 & 1 \end{vmatrix}.$$

ce déterminant représente en effet l'intégrale curviligne prise positivement le long du périmètre du triangle, si, en le parcourant dans ce sens, on rencontre les sommets dans l'ordre a_1, a_2, a_3.

12. Passons maintenant à la définition des volumes limités par des surfaces.

Étant donnés trois axes de coordonnées rectangulaires, Ox, Oy, Oz, on considère une surface représentée par l'équation $z = f(x, y)$, et dans le plan xOy une aire A limitée par une courbe C. Construisons un cylindre parallèle à Oz et ayant pour directrice C; ce cylindre coupe la surface suivant une certaine courbe fermée. Le volume à définir est le volume limité par le cylindre, la surface et le plan xOy. Découpons, comme précédemment, l'aire A en quadrilatères curvilignes au moyen de deux familles de courbes α et β, et soit ω l'aire de l'un quelconque de ces quadrilatères; prenons dans ce quadrilatère un point (ξ, η); à ce point correspond sur la surface un point par lequel je mène un plan parallèle au plan des xy. Le volume cylindrique limité par ce plan, celui des xy et la surface du cylindre parallèle à Oz ayant pour directrice le périmètre du quadrilatère curviligne ω, sera $\omega f(\xi, \eta)$. La somme de tous ces éléments

$$\sum \sum \omega f(\xi, \eta)$$

a une limite qui sera le volume cherché. Si l'on emploie x et y comme variables sommatoires, ce sera l'intégrale double

$$\int \int f(x, y)\, dx\, dy,$$

étendue à l'aire A.

On passe de là à la définition d'un volume fermé limité par une surface quelconque : il suffit de le considérer comme une somme algébrique de volumes analogues au précédent.

Soit comme exemple l'équation $z = \dfrac{xy}{c}$, qui représente un paraboloïde hyperbolique tangent au plan xOy à l'origine. Si l'on prend les plans $x = a$, $x = A$ et $y = b$, $y = B$, le volume limité par la surface, le plan des xy et ces quatre plans sera

$$\int_a^A \int_b^B \frac{xy}{c}\, dx\, dy = \frac{(A^2 - a^2)(B^2 - b^2)}{4c}.$$

13. Comme autre application de la notion d'intégrale double, nous définirons l'*aire d'une surface courbe*.

Soit encore $z = f(x, y)$ l'équation d'une surface. Sur cette

surface nous considérons une courbe fermée C qui en limite une
partie. Que doit-on entendre par l'aire de cette portion de surface?

Projetons la courbe C sur le plan xOy suivant une certaine
courbe c, et traçons dans ce plan les deux familles de courbes
dont nous avons déjà fait bien souvent usage ; soit ω l'aire d'un
des quadrilatères curvilignes élémentaires. Concevons le cylindre
parallèle à Oz et ayant pour directrice le périmètre de ω ; il découpe sur la surface une petite courbe fermée Ω ; à l'intérieur de
l'aire limitée par Ω, je prends sur la surface un point arbitraire
(ξ, η, ζ), et je mène en ce point le plan tangent à la surface.

Ce plan coupe le cylindre suivant une courbe enveloppant une
aire π. Faisons maintenant la somme $\sum \pi$ de toutes ces aires
planes élémentaires : il est aisé de voir qu'elle tend vers une limite. Désignons, en effet, par $F(x, y)$ le cosinus supposé positif,
en prenant un sens convenable, de l'angle de la normale à la surface au point (x, y, z) avec Oz. On aura

$$\omega = \pi\, F(\xi, \eta),$$

puisque π et ω sont des aires planes. Nous devons donc sommer

$$\sum\sum \frac{\omega}{F(\xi, \eta)}$$

qui aura une limite si, comme nous l'admettons, il n'y a pas, dans
la portion considérée de la surface, des points où le plan tangent soit parallèle à l'axe des z. On pourra représenter cette limite par l'intégrale

$$\iint \frac{dx\, dy}{F(x, y)},$$

étendue à l'aire c, dans le plan des xy.

En introduisant les dérivées partielles

$$\frac{dz}{dx} = p, \qquad \frac{dz}{dy} = q,$$

on aura

$$F(x, y) = \frac{1}{\sqrt{1 + p^2 + q^2}}.$$

et par suite l'aire sera représentée par l'intégrale double

$$\iint \sqrt{1-p^2-q^2}\, dx\, dy.$$

Soit, par exemple, à calculer dans une sphère ayant pour centre l'origine et pour rayon R l'aire de la zone limitée par un cercle de rayon r, parallèle au plan des xy et inférieure à la demi-sphère. Nous nous servirons des coordonnées polaires ρ et θ dans le plan; on aura alors

$$\omega = \rho\, d\rho\, d\theta\,;$$

et le cosinus de la normale, c'est-à-dire du rayon, avec Oz sera $\dfrac{\sqrt{R^2-\rho^2}}{R}$. Nous devons calculer

$$\iint \frac{R\rho\, d\rho\, d\theta}{\sqrt{R^2-\rho^2}}$$

θ devant varier de 0 à 2π, et ρ de 0 à r: on aura donc

$$2\pi R \int_0^r \frac{\rho\, d\rho}{\sqrt{R^2-\rho^2}} = 2\pi R\,(R - \sqrt{R^2-r^2}) = 2\pi R h,$$

en désignant par h la hauteur de la zone.

14. Nous désignerons souvent, dans la suite, sous le nom d'*élément de la surface*, l'aire plane élémentaire π. On a

$$\omega = \pi \cos\gamma,$$

en désignant par γ l'angle de la normale à la surface avec l'axe des z. Les lettres ω et π ont représenté essentiellement jusqu'ici des aires positives; la formule précédente suppose donc que γ désigne un angle aigu. Si dans le plan des xy on emploie les variables x et y, ω est égale à $dx\, dy$; quant à π, nous le représenterons souvent par $d\sigma$ pour marquer qu'il représente un élément de surface : nous pouvons alors écrire

$$dx\, dy = \cos\gamma\, d\sigma,$$

les éléments $d\sigma$ et $dx\, dy$ étant, je le répète, des quantités positives. Nous maintiendrons sans exception cette règle pour $d\sigma$: il n'en sera pas de même pour $dx\, dy$, comme nous allons le voir dans un moment en étendant encore le point de vue sous lequel nous envisageons les intégrales doubles.

Mais, auparavant, cherchons l'expression de $d\sigma$ dans le cas où la surface est représentée par les trois équations

$$x = f(u,v), \qquad y = \varphi(u,v), \qquad z = \psi(u,v),$$

u et v désignant deux paramètres arbitraires.

Pour bien préciser, nous supposerons que, quand le point (u, v) décrit dans son plan une certaine aire Σ, le point (x, y, z) décrive la surface S, de telle sorte que les aires S et Σ se correspondent uniformément. L'aire est représentée par

$$(7) \qquad \iint \frac{dx\, dy}{\cos\gamma},$$

en prenant $dx\, dy$ positivement et $\cos\gamma$ positivement. Or, d'après la théorie du changement de variable, nous avons

$$dx\, dy = \varepsilon \left(\frac{\partial x}{\partial u}\frac{\partial y}{\partial v} - \frac{\partial x}{\partial v}\frac{\partial y}{\partial u} \right) du\, dv = \varepsilon \frac{D(x, y)}{D(u, v)} du\, dv,$$

en employant une notation souvent adoptée pour le déterminant fonctionnel et en prenant pour ε les valeurs ± 1, de telle sorte que le second membre soit positif. D'autre part, les cosinus directeurs de la normale à la surface sont proportionnels à

$$\frac{D(y, z)}{D(u, v)}, \quad \frac{D(z, x)}{D(u, v)}, \quad \frac{D(x, y)}{D(u, v)}.$$

La valeur de $\cos\gamma$, prise positivement, sera donc

$$\frac{\dfrac{D(x, y)}{D(u, v)}}{\sqrt{\left[\dfrac{D(y, z)}{D(u, v)}\right]^2 + \left[\dfrac{D(z, x)}{D(u, v)}\right]^2 + \left[\dfrac{D(x, y)}{D(u, v)}\right]^2}},$$

le radical étant pris positivement. Nous aurons, par suite, en substituant,

$$d\sigma = \sqrt{\left[\dfrac{D(y, z)}{D(u, v)}\right]^2 + \left[\dfrac{D(z, x)}{D(u, v)}\right]^2 + \left[\dfrac{D(x, y)}{D(u, v)}\right]^2} \; du\, dv,$$

et la surface sera alors représentée par l'intégrale double

$$(8) \qquad \int\int \sqrt{\left[\frac{D(y, z)}{D(u, v)}\right]^2 + \left[\frac{D(z, x)}{D(u, v)}\right]^2 + \left[\frac{D(x, y)}{D(u, v)}\right]^2}\, du\, dv$$

étendue, dans le plan (u, v), à l'aire Σ.

Cette formule a une généralité que n'avait pas la formule (7). Elle est applicable, même dans le cas où, en certains points de la surface envisagée, le plan tangent serait parallèle à Oz. Elle définit par conséquent, dans tous les cas possibles, l'aire limitée sur une surface par une courbe fermée : on peut, en effet, toujours découper cette aire en portions assez petites pour établir une correspondance uniforme entre chacune d'elles et une aire Σ dans le plan (u, v).

Ajoutons encore une remarque. Il est important de vérifier que l'expression trouvée pour l'aire d'une surface est indépendante du système d'axes de coordonnées employées. La vérification sera immédiate sur la formule (8). Soient

$$x = aX + a'Y + a''Z,$$
$$y = bX + b'Y + b''Z,$$
$$z = cX + c'Y + c''Z$$

les formules de transformation de coordonnées; on pourra regarder X, Y, Z comme des fonctions de u et v : les déterminants fonctionnels

$$\frac{D(y, z)}{D(u, v)}, \quad \frac{D(z, x)}{D(u, v)}, \quad \frac{D(x, y)}{D(u, v)}$$

s'expriment à l'aide de

$$\frac{D(Y, Z)}{D(u, v)}, \quad \frac{D(Z, X)}{D(u, v)}, \quad \frac{D(X, Y)}{D(u, v)}$$

comme x, y, z à l'aide de X, Y, Z. On voit donc que la somme des carrés de ces trois déterminants fonctionnels reste invariable.

IV. — Définition des intégrales de surface.

15. Nous avons généralisé précédemment la notion des intégrales simples définies, en étudiant les intégrales curvilignes.

Nous allons pareillement définir les intégrales doubles étendues à une surface.

Quelques remarques sur les surfaces nous sont indispensables. Soit une portion de surface S limitée par une ou plusieurs courbes; on la suppose telle qu'on puisse distinguer sur elle deux côtés différents : l'un de ces côtés, par exemple, peut être peint en rouge, l'autre en bleu, et l'on ne peut passer d'un point de l'un à un point de l'autre d'une manière continue sans traverser les courbes limites [*]. En un point P de l'un on fixe sur la normale une direction déterminée, et la direction opposée au point correspondant P' (qui coïncide géométriquement avec P) de l'autre. La direction de la normale en chacun des points de l'un et l'autre côté se trouve alors déterminée sans ambiguïté si le point P ou le point P' se déplacent, sur les côtés correspondants, entraînant avec eux la direction choisie de la normale, qui varie d'une manière continue.

Considérons, par exemple, le cas simple d'une portion de surface que rencontre seulement en un point toute parallèle à l'axe Oz. On pourra sur cette surface distinguer deux côtés : si l'on associe à un point P de l'un la direction de la normale qui fait un angle aigu avec Oz, et au point correspondant P' de l'autre la direction opposée qui fait un angle obtus, ces deux angles varieront respectivement d'une manière continue en restant l'un aigu, l'autre obtus, quand les points P et P' se déplaceront sur leurs côtés respectifs; ils suffiront par conséquent à les distinguer.

Soient maintenant $C(x, y, z)$ une fonction de x, y, z et une surface S, $z = \varphi(x, y)$, limitée par une courbe L, que je supposerai d'abord n'être rencontrée qu'en un point par une parallèle à Oz; L se projette sur xOy suivant une courbe l. Formons

---

[*] Il existe cependant des surfaces sur lesquelles on ne peut distinguer deux côtés. On en réalisera facilement une de la manière suivante. Que l'on prenne un rectangle de papier *abcd*, dans lequel je suppose que *ab* et *cd* désignent deux côtés parallèles, de telle sorte que *a* et *d*, ainsi que *b* et *c*, désignent des sommets opposés. On contourne la feuille de papier de telle sorte que *ab* vienne coïncider avec *dc*, en faisant coïncider par conséquent les sommets opposés. On réalise ainsi une surface limitée par un seul contour et *qui n'a qu'un côté*. De telles surfaces sont exclues des considérations qui vont suivre.

l'intégrale double

$$(9) \qquad \iint C(x, y, z)\, dx\, dy.$$

étendue à l'aire t, en supposant que z soit remplacé par sa valeur en fonction de x et y. Cette intégrale a un sens précis quand le contour L et la surface $z = z(x, y)$ passant par ce contour sont donnés. Introduisons les éléments $d\sigma$ de la surface; pour cela, remplaçons $dx\, dy$ par $\cos\gamma\, d\sigma$. L'intégrale (9) devient alors

$$(10) \qquad \iint C(x, y, z)\cos\gamma\, d\sigma.$$

Cette dernière forme a une généralité que n'avait pas la première. Pour l'obtenir, nous avons supposé qu'à une valeur de x et y ne correspondait qu'un point de la surface; dans cette hypothèse, $\cos\gamma$ gardait sur l'aire envisagée un signe invariable, et c'est en supposant $\cos\gamma$ positif que nous avons pu remplacer $dx\, dy$ par $\cos\gamma\, d\sigma$. L'intégrale (9) ainsi comprise, en restant dans l'ordre d'idées où nous nous sommes jusqu'ici placé, sera dite *prise sur la surface* S, du côté de la surface où la normale, considérée comme demi-droite, fait avec l'axe des z un angle aigu. Mais, comme nous l'avons dit, sur notre surface S nous pouvons envisager le second côté pour lequel ici la normale, considérée comme demi-droite, fait un angle obtus avec Oz : l'intégrale (10) a toujours un sens précis ; nous dirons alors qu'elle représente l'intégrale (9) prise sur le second côté de S.

La définition s'étend d'elle-même. Quels que soient la surface que l'on envisage et le côté que l'on considère sur elle, l'intégrale (10) aura pour lui un sens parfaitement déterminé en mettant pour $\cos\gamma$ le cosinus de l'angle fait par Oz et la direction de la normale correspondant à ce côté. On dira que cette intégrale (10) ainsi prise représente l'intégrale (9) étendue au côté considéré de la surface. Il y a là, comme on voit, une extension de la notion d'intégrale double, car, dans l'intégrale (9) ainsi généralisée, l'élément $dx\, dy$ n'est plus nécessairement positif.

Dans l'intégrale (9), l'élément d'intégration était $dx\, dy$; on peut de même considérer des intégrales telles que

$$\iint A(x, y, z)\, dy\, dz \qquad \text{et} \qquad \iint B(x, y, z)\, dz\, dx$$

étendues à un côté déterminé d'une surface et dans lesquelles l'élément d'intégration est $dy\,dz$ ou $dz\,dx$. Elles seront représentées respectivement par

$$\iint A(x, y, z)\cos\alpha\,d\sigma \qquad \text{et} \qquad \iint B(x, y, z)\cos\beta\,d\sigma,$$

où α et β désignent les angles faits par la direction de la normale correspondant au côté choisi avec les axes des x et des y.

En faisant la somme des trois intégrales précédentes, on a encore *une intégrale de surface*

$$(14) \qquad \iint A\,dy\,dz + B\,dz\,dx + C\,dx\,dy$$

qui est souvent employée. On peut l'écrire sous la forme

$$\iint (A\cos\alpha + B\cos\beta + C\cos\gamma)\,d\sigma.$$

16. Il est important d'avoir l'expression de l'intégrale (14) quand on exprime x, y, z en fonction de deux paramètres u et v, comme nous l'avons fait au paragraphe (13). En se reportant à l'expression trouvée pour $d\sigma$, et en se rappelant que $\cos\alpha$, $\cos\beta$, $\cos\gamma$ sont proportionnels aux déterminants fonctionnels

$$\frac{D(y, z)}{D(u, v)}, \quad \frac{D(z, x)}{D(u, v)}, \quad \frac{D(x, y)}{D(u, v)},$$

ces cosinus sont déterminés, au signe près : on prendra un signe ou l'autre, suivant le côté envisagé de la surface. L'expression (14) est donc égale à

$$(15) \qquad \iint\left[A\,\frac{D(y, z)}{D(u, v)} + B\,\frac{D(z, x)}{D(u, v)} + C\,\frac{D(x, y)}{D(u, v)} \right] du\,dv,$$

ou à cette intégrale changée de signe, suivant qu'on prend un côté ou l'autre sur la surface. Cette intégrale double est une intégrale définie *ordinaire*, étendue à l'aire Σ, dans le plan (u, v) (voir § 13) qui correspond uniformément à S.

V. — Condition pour que l'intégrale de surface

$$\int\int \mathrm{A}\, dy\, dz + \mathrm{B}\, dz\, dx + \mathrm{C}\, dx\, dy$$

ne dépende que du contour.

17. Nous pouvons nous proposer, sur les intégrales de surface, une question analogue à celle que nous avons résolue (Chap. III, § 3) pour les intégrales curvilignes. A quelle condition l'intégrale de surface

$$\mathrm{I} = \int\int \mathrm{A}\, dy\, dz + \mathrm{B}\, dz\, dx + \mathrm{C}\, dx\, dy$$

dépendra-t-elle seulement du contour limitant la surface à laquelle elle est étendue?

Nous supposons que, pour une surface S, les coordonnées x, y, z soient exprimées, comme il a été dit, en fonction de deux paramètres u et v. Nous avons alors pour l'intégrale l'expression (12).

Or, considérons une famille de surfaces ayant la même limite et dépendant d'un paramètre arbitraire α; pour ces surfaces, nous concevons que x, y, z soient exprimées par des fonctions de u, v et du paramètre α. Chaque valeur de α détermine une portion de surface qui correspond à l'aire Σ dans le plan (u, v), et on peut choisir évidemment ces fonctions de manière que la courbe correspondant au périmètre de Σ ne dépende pas de α, et soit, par suite, la même pour toutes les surfaces. De plus, nous admettons que les limites entre lesquelles on fait varier α sont telles que dans tout l'espace, balayé par les surfaces correspondantes, les fonctions A, B, C et leurs dérivées partielles du premier ordre restent continues.

Calculons la variation de I, en réservant comme précédemment la lettre δ aux variations, c'est-à-dire aux différentielles prises par rapport à α.

La variation de

$$\int\int \mathrm{A}\, dy\, dz \qquad \text{ou} \qquad \int\int \mathrm{A}\, \frac{\mathrm{D}(y, z)}{\mathrm{D}(u, v)}\, du\, dv$$

sera égale à

$$\int\int \left[\delta \mathrm{A}\, \frac{\mathrm{D}(y, z)}{\mathrm{D}(u, v)} + \mathrm{A}\, \delta\, \frac{\mathrm{D}(y, z)}{\mathrm{D}(u, v)} \right] du\, dv.$$

ou, en développant, à

$$(13)\quad \left\{\begin{aligned} &\iint\left[\frac{\partial A}{\partial x}\delta x+\frac{\partial A}{\partial y}\delta y+\frac{\partial A}{\partial z}\delta z\right]\frac{D(y,z)}{D(u,v)}\,du\,dv\\ &+\iint A\left[\frac{\partial\delta y}{\partial u}\frac{\partial z}{\partial v}+\frac{\partial y}{\partial u}\frac{\partial\delta z}{\partial v}-\frac{\partial\delta y}{\partial v}\frac{\partial z}{\partial u}-\frac{\partial y}{\partial v}\frac{\partial\delta z}{\partial u}\right]du\,dv.\end{aligned}\right.$$

La seconde intégrale peut être transformée au moyen d'intégrations par parties ; ainsi l'on a

$$\iint A\frac{\partial z}{\partial v}\frac{\partial\delta y}{\partial u}\,du\,dv=-\iint\frac{\partial}{\partial u}\left(A\frac{\partial z}{\partial v}\right)\delta y\,du\,dv,$$

en se rappelant que la variation de δy est nulle sur le bord ; et chacune des intégrales qui composent le second terme de (13) peut être transformée de la même manière. Remplaçons ensuite, en développant les calculs,

$$\frac{\partial A}{\partial u}\quad\text{par}\quad\frac{\partial A}{\partial x}\frac{\partial x}{\partial u}+\frac{\partial A}{\partial y}\frac{\partial y}{\partial u}+\frac{\partial A}{\partial z}\frac{\partial z}{\partial u},$$

et pareillement pour $\frac{\partial A}{\partial v}$: l'expression (13), après des réductions qui se font d'elles-mêmes, se réduit à

$$\iint\frac{\partial A}{\partial x}\left[\frac{D(y,z)}{D(u,v)}\delta x+\frac{D(z,x)}{D(u,v)}\delta y+\frac{D(x,y)}{D(u,v)}\delta z\right]du\,dv.$$

Finalement, après des calculs analogues pour les deux autres intégrales qui forment I, nous obtenons

$$\delta I=\iint\left(\frac{\partial A}{\partial x}+\frac{\partial B}{\partial y}+\frac{\partial C}{\partial z}\right)\left[\frac{D(y,z)}{D(u,v)}\delta x+\frac{D(z,x)}{D(u,v)}\delta y+\frac{D(x,y)}{D(u,v)}\delta z\right]du\,dv.$$

Or, δI doit être nulle, et, comme les signes des variations δx, δy, δz sont arbitraires, il en résulte que l'on doit avoir identiquement

$$(14)\qquad \frac{\partial A}{\partial x}+\frac{\partial B}{\partial y}+\frac{\partial C}{\partial z}=0.$$

Cette condition nécessaire est en même temps suffisante. Nous formerions en effet, étant données deux surfaces ayant même contour, une famille de surfaces avec ce même contour et dépendant d'un paramètre α, et dont feraient partie ces deux surfaces ;

et le mode de raisonnement employé au § 5 (Chap. III) est encore applicable.

Sans qu'il soit nécessaire d'insister et en se reportant toujours aux intégrales curvilignes, on voit que nous pouvons énoncer le théorème suivant :

La relation (14) *exprime la condition nécessaire et suffisante pour que l'intégrale* I, *étendue à une surface fermée, à l'intérieur de laquelle* A, B, C *et leurs dérivées partielles du premier ordre sont continues, soit égale à zéro.*

18. Il suffira aussi d'énoncer les conséquences de ce théorème. Si une surface fermée S contient à son intérieur des points où les fonctions A, B, C cessent d'être continues, l'intégrale étendue à cette surface ne sera pas nulle en général, mais elle gardera une valeur constante quand on déformera la surface sans lui faire traverser aucun de ces points singuliers.

Je prends, comme exemple, l'intégrale

$$I = \frac{1}{4\pi} \iint \frac{x\,dy\,dz + y\,dz\,dx + z\,dx\,dy}{(x^2 + y^2 + z^2)^{\frac{3}{2}}},$$

La condition (14) sera vérifiée. L'intégrale étendue à une surface fermée est nulle, quand cette surface ne comprend pas l'origine à son intérieur. Cherchons sa valeur quand on intègre suivant une surface fermée (sans ligne double), comprenant l'origine à son intérieur. Nous supposerons que le *côté* considéré sur la surface soit le côté extérieur à l'origine. Il suffira d'intégrer sur une sphère de rayon R ayant son centre en ce point ; nous avons donc à calculer

$$\frac{1}{4\pi} \iint \frac{x\cos\alpha + y\cos\beta + z\cos\gamma}{R^3}\,d\sigma,$$

en désignant par α, β, γ les angles faits par la normale extérieure à la surface avec les axes de coordonnées ; on a, dans le cas actuel,

$$\cos\alpha\,\frac{x}{R} + \cos\beta\,\frac{y}{R} + \cos\gamma\,\frac{z}{R} = 1,$$

et par suite

$$I = \frac{1}{4\pi R^2} \iint d\sigma = 1.$$

VI. — Formule de Stokes.

19. Nous venons de voir que l'intégrale de surface

$$\iint A\, dy\, dz + B\, dz\, dx + C\, dx\, dy,$$

étendue à une surface limitée par un contour L, ne dépendait que de ce contour, quand la condition

$$(15) \qquad \frac{\partial A}{\partial x} + \frac{\partial B}{\partial y} + \frac{\partial C}{\partial z} = 0$$

était satisfaite. On peut dans ce cas mettre l'intégrale double sous la forme d'une intégrale curviligne prise le long du contour L.

Montrons d'abord que, étant données trois fonctions satisfaisant à l'identité précédente, on pourra trouver trois fonctions α, β, γ de x, y, z telles que

$$(16) \qquad \frac{\partial \beta}{\partial z} - \frac{\partial \gamma}{\partial y} = A, \qquad \frac{\partial \gamma}{\partial x} - \frac{\partial \alpha}{\partial z} = B, \qquad \frac{\partial \alpha}{\partial y} - \frac{\partial \beta}{\partial x} = C.$$

Prenons, par exemple, $\gamma = 0$; nous satisferons aux deux premières équations en posant

$$\alpha = - \int_{z_0}^{z} B(x, y, z)\, dz, \qquad \beta = \int_{z_0}^{z} A(x, y, z)\, dz + \varphi(x, y),$$

z_0 désignant une constante numérique et φ étant une fonction arbitraire de x et y. En portant ces valeurs dans la troisième équation, il vient, en se servant de l'identité (15),

$$\frac{\partial \varphi}{\partial x} + C(x, y, z_0) = 0,$$

et on pourra, par une quadrature, déterminer une fonction $\varphi(x, y)$ satisfaisant à cette équation. Il est clair d'ailleurs que, si α_1, β_0, γ_1 désignent une solution particulière des équations (16), la solution la plus générale sera donnée par

$$\alpha = \alpha_1 + \frac{\partial F}{\partial x}, \qquad \beta = \beta_1 + \frac{\partial F}{\partial y}, \qquad \gamma = \gamma_1 + \frac{\partial F}{\partial z},$$

F étant une fonction arbitraire de x, y, z.

Nous avons alors à considérer des intégrales de surface de la forme

$$(17)\qquad \iint \left(\frac{\partial\beta}{\partial z} - \frac{\partial\gamma}{\partial y}\right) dy\,dz + \left(\frac{\partial\gamma}{\partial x} - \frac{\partial\alpha}{\partial z}\right) dz\,dx + \left(\frac{\partial\alpha}{\partial y} - \frac{\partial\beta}{\partial x}\right) dx\,dy.$$

De telles intégrales se rencontrent dans plusieurs théories importantes de Physique mathématique. *On peut exprimer cette intégrale au moyen de l'intégrale curviligne*

$$(18)\qquad \int_L \alpha\,dx + \beta\,dy + \gamma\,dz,$$

prise le long du contour L.

Il importe de bien définir le sens dans lequel sera prise cette intégrale curviligne. L'intégrale (17) est étendue à un côté déterminé de la surface S. A chaque point de S correspond une direction de la normale; traçons autour de P un élément de surface limité par le contour π. Le sens direct sur le contour π sera le sens de gauche à droite pour un observateur placé sur la normale, ayant les pieds en P et la tête dans la direction de cette normale. Supposons maintenant que le point P soit voisin du contour C et qu'une partie du périmètre π appartienne à ce contour. Un sens déterminé se trouvera alors fixé sur celui-ci, et ce sens sera évidemment toujours le même, de quelque partie du contour que se rapproche le point P. Nous allons montrer que, le sens sur L se trouvant ainsi fixé, les intégrales (17) et (18) sont égales et de signe contraire, si le sens de rotation du trièdre $(Oxyz)$ est direct (¹).

20. Démontrons d'abord le théorème dans le cas où le contour C est plan; on passera ensuite immédiatement à un contour quelconque. Nous allons simplement faire un changement de coordonnées, en prenant un nouveau système d'axes (ΩXYZ) de

---

(¹) Le trièdre $(Oxyz)$ ou l'ordre de permutation circulaire des arêtes est donné a son sens de rotation direct, quand un observateur placé sur une quelconque des arêtes, les pieds en O, voit l'arête suivante coïncider avec la troisième au moyen d'une rotation d'un angle droit en tournant dans le sens direct de la Cinématique, c'est-à-dire dans le sens des aiguilles d'une montre, ou encore, de gauche à droite.

même sens de rotation que le premier et tel que le plan $Z = 0$ soit le plan de la courbe plane C. Supposons qu'on intègre sur le côté du plan correspondant à la direction de l'axe ΩZ; le sens direct sur la courbe C sera alors le sens de OX vers OY, c'est-à-dire le sens positif tel que nous l'avons défini (Ch. III, § 6). Si a'', b'', c'' désignent les cosinus directeurs de ΩZ, l'intégrale double (17) peut s'écrire

$$\iint\left[\left(\frac{\partial\beta}{\partial z}-\frac{\partial\gamma}{\partial y}\right)a''+\left(\frac{\partial\gamma}{\partial x}-\frac{\partial\alpha}{\partial z}\right)b''+\left(\frac{\partial\alpha}{\partial y}-\frac{\partial\beta}{\partial x}\right)c''\right]d\sigma;$$

d'autre part, les formules de transformation de coordonnées donnent

$$\begin{aligned} x &= aX + a'Y + a''Z + p,\\ y &= bX + b'Y + b''Z + q,\\ z &= cX + c'Y + c''Z + r, \end{aligned}$$

et l'on sait que

$$c'' = ab' - ba', \qquad a'' = bc' - cb', \qquad b'' = ca' - ac'.$$

Comme $dZ = 0$, l'intégrale curviligne se réduit à

$$\int_C (a\alpha + b\beta + c\gamma)\,dX + (a'\alpha + b'\beta + c'\gamma)\,dY,$$

qui, d'après une formule démontrée plus haut (§ 11) est égale à

$$-\iint\left[\left(a\frac{\partial\alpha}{\partial Y}+b\frac{\partial\beta}{\partial Y}+c\frac{\partial\gamma}{\partial Y}\right)-\left(a'\frac{\partial\alpha}{\partial X}+b'\frac{\partial\beta}{\partial X}+c'\frac{\partial\gamma}{\partial X}\right)\right]d\sigma,$$

cette intégrale étant étendue à l'aire L. Il faut calculer les dérivées partielles par rapport à X et à Y de α, β, γ, qui sont des fonctions de x, y et z. On aura

$$\frac{\partial\alpha}{\partial X}=\frac{\partial\alpha}{\partial x}a+\frac{\partial\alpha}{\partial y}b+\frac{\partial\alpha}{\partial z}c, \qquad \frac{\partial\alpha}{\partial Y}=\frac{\partial\alpha}{\partial x}a'+\frac{\partial\alpha}{\partial y}b'+\frac{\partial\alpha}{\partial z}c',$$

et des formules analogues pour β et γ. Par suite

$$\begin{aligned} &\left(a\frac{\partial\alpha}{\partial Y}+b\frac{\partial\beta}{\partial Y}+c\frac{\partial\gamma}{\partial Y}\right)-\left(a'\frac{\partial\alpha}{\partial X}+b'\frac{\partial\beta}{\partial X}+c'\frac{\partial\gamma}{\partial X}\right)\\ &\qquad=-\left(\frac{\partial\beta}{\partial z}-\frac{\partial\gamma}{\partial y}\right)a''-\left(\frac{\partial\gamma}{\partial x}-\frac{\partial\alpha}{\partial z}\right)b''-\left(\frac{\partial\alpha}{\partial y}-\frac{\partial\beta}{\partial x}\right)c'';\end{aligned}$$

et la formule

$$\iint \left(\frac{\partial \beta}{\partial z} - \frac{\partial \gamma}{\partial y} \right) dy\,dz - \left(\frac{\partial \gamma}{\partial x} - \frac{\partial \alpha}{\partial z} \right) dz\,dx$$
$$- \left(\frac{\partial \alpha}{\partial y} - \frac{\partial \beta}{\partial x} \right) dx\,dy = - \int_\Gamma \alpha\,dx + \beta\,dy + \gamma\,dz$$

est établie, dans le cas où la courbe est plane.

21. Il est aisé maintenant de passer au cas où le contour est quelconque. Tout d'abord on peut réduire ce contour à être un contour polygonal, puisqu'il suffirait d'augmenter indéfiniment le nombre des côtés du polygone pour avoir une courbe quelconque. On peut ensuite par ce contour polygonal faire passer une surface polyédrale dont les faces soient des triangles. En appliquant la formule démontrée pour le cas des aires planes à chacun de ces triangles et, ajoutant les résultats obtenus, on aura évidemment la formule cherchée, qui est alors démontrée dans toute sa généralité, et que les géomètres anglais désignent sous le nom de formule de Stokes [1].

Une application immédiate de cette formule est la recherche des conditions pour que l'intégrale curviligne

$$\int \alpha\,dx + \beta\,dy + \gamma\,dz,$$

prise le long d'une courbe fermée quelconque, soit nulle, problème tout à fait analogue à celui que nous avons traité dans le cas du plan. Les conditions nécessaires et suffisantes sont

$$\frac{\partial \alpha}{\partial y} = \frac{\partial \beta}{\partial x}, \qquad \frac{\partial \beta}{\partial z} = \frac{\partial \gamma}{\partial y}, \qquad \frac{\partial \gamma}{\partial x} = \frac{\partial \alpha}{\partial z}.$$

Si elles sont remplies, l'intégrale curviligne

$$\int_{x_0,y_0,z_0}^{x,y,z} \alpha\,dx + \beta\,dy + \gamma\,dz$$

---

[1] La formule précédente, au moins dans un cas particulier, était connue d'Ampère, qui s'en est servi sous une autre forme, en électromagnétisme.

sera une fonction u de x, y et z, et l'on aura

$$\frac{du}{dx} = \alpha, \qquad \frac{du}{dy} = \beta, \qquad \frac{du}{dz} = \gamma.$$

22. Pour faire une seconde application de la formule de Stokes, considérons une courbe fermée L et un point M quelconque de coordonnées a, b, c dans l'espace. Soit une surface quelconque S limitée par L, et sur laquelle nous considérons deux côtés. Un élément $d\sigma$ de cette surface est vu sous un angle égal à

$$\frac{\cos(r, n)}{r^2}\, d\sigma,$$

en appelant r la distance du point M à un point P(x, y, z) de l'élément, et en appelant (r, n) l'angle fait par la direction PM avec la direction de la normale en P à la surface. Ainsi compté, cet angle solide est positif ou négatif suivant que l'angle (r, n) est aigu ou obtus. Or, en désignant par $\cos\alpha$, $\cos\beta$, $\cos\gamma$ les cosinus des angles de la normale avec les axes, nous aurons

$$\cos(r, n) = \frac{a-x}{r}\cos\alpha + \frac{b-y}{r}\cos\beta + \frac{c-z}{r}\cos\gamma.$$

La somme des angles solides pour tous les éléments $d\sigma$ de S sera donc

$$(19)\qquad \mathrm{I} = \iint \left(\frac{a-x}{r^3}\cos\alpha + \frac{b-y}{r^3}\cos\beta + \frac{c-z}{r^3}\cos\gamma \right) d\sigma.$$

Ce sera donc une intégrale de surface étendue à S, et elle sera indépendante de S, car on a

$$\frac{d}{dx}\left(\frac{a-x}{r^3}\right) + \frac{d}{dy}\left(\frac{b-y}{r^3}\right) + \frac{d}{dz}\left(\frac{c-z}{r^3}\right) = 0,$$

$$[r^2 = (x-a)^2 + (y-b)^2 + (z-c)^2].$$

On peut dire qu'elle représente l'angle solide (compté avec un signe) sous lequel du point M on voit le contour C.

Cherchons d'abord, avant d'appliquer la formule de Stokes, quelle sera la valeur de l'intégrale (19) étendue à une surface fermée. Si le point (a, b, c) est extérieur à la surface, cette intégrale sera nulle d'après le théorème fondamental (§ 17). Supposons

(a, b, c) à l'intérieur de la surface, et intégrons sur le côté interne de celle-ci. L'intégrale est indépendante de la surface; prenons donc une sphère de rayon R ayant (a, b, c) pour centre; l'intégrale devient

$$\iint \frac{d\sigma}{R^2} = 4\pi.$$

On a donc

$$\iint \frac{\cos(r, n) \, d\sigma}{r^2} = 4\pi,$$

résultat bien simple, mais dont Gauss a tiré d'importantes conséquences, et dont la démonstration géométrique est immédiate.

Revenons maintenant à l'intégrale I étendue à une surface S limitée par un contour C. D'après la formule de Stokes, on peut la remplacer par une intégrale curviligne prise le long de C. Cette transformation serait compliquée et présenterait peu d'intérêt. Ce qui est au contraire d'une grande utilité dans diverses théories, et en particulier dans l'électromagnétisme, c'est d'exprimer les dérivées partielles de I, considéré comme fonction de a, b et c, par des intégrales curvilignes. Nous allons y parvenir immédiatement au moyen de la formule de Stokes.

Prenons, par exemple, la dérivée partielle de I par rapport à a, nous aurons

$$\frac{dI}{da} = \iint \left[\frac{d}{da}\left(\frac{a-x}{r^3}\right) \cos\alpha + \frac{d}{da}\left(\frac{b-y}{r^3}\right) \cos\beta + \frac{d}{da}\left(\frac{c-z}{r^3}\right) \cos\gamma \right] d\sigma.$$

Nous devons chercher des fonctions α, β, γ de x, y, z telles que

$$\frac{d\beta}{dz} - \frac{d\gamma}{dy} = \frac{d}{da}\left(\frac{a-x}{r^3}\right),$$

$$\frac{d\gamma}{dx} - \frac{d\alpha}{dz} = \frac{d}{da}\left(\frac{b-y}{r^3}\right),$$

$$\frac{d\alpha}{dy} - \frac{d\beta}{dx} = \frac{d}{da}\left(\frac{c-z}{r^3}\right).$$

Or, prenons $\alpha = 0$; nous devons choisir, s'il est possible, β et γ de manière à satisfaire aux équations

$$\frac{d\gamma}{dx} = -\frac{3(b-y)(a-x)}{r^5}, \qquad \frac{d\beta}{dx} = -\frac{3(c-z)(a-x)}{r^5}$$

et

$$\frac{\partial \beta}{\partial z} - \frac{\partial \gamma}{\partial y} = \frac{1}{r^3} - \frac{3(a-x)^2}{r^5}.$$

Ces équations seront vérifiées si l'on prend

$$\gamma = +\frac{y-b}{r^3}, \qquad \beta = -\frac{z-c}{r^3},$$

et, par suite, l'intégrale curviligne

$$-\int_C \alpha\, dx + \beta\, dy + \gamma\, dz$$

se réduira ici à

$$\int_C \frac{(z-c)\,dy - (y-b)\,dz}{r^3}.$$

On trouverait de la même manière

$$\frac{\partial I}{\partial b} = \int_C \frac{(x-a)\,dz - (z-c)\,dx}{r^3},$$

$$\frac{\partial I}{\partial c} = \int_C \frac{(y-b)\,dx - (x-a)\,dy}{r^3},$$

formules d'un grand intérêt dans la théorie du magnétisme [1].

VII. — Racines communes à trois équations.

23. Nous ferons encore une application de la théorie des intégrales de surface, en cherchant une intégrale qui soit à rapprocher de l'intégrale curviligne étudiée au § II (Chap. III). Prenons, à cet effet, trois fonctions continues $F_1(x, y, z)$, $F_2(x, y, z)$, $F_3(x, y, z)$ des variables x, y, z, développables, dans le voisinage de toute valeur x_0, y_0, z_0 que nous aurons à considérer, en série ordonnée suivant les puissances croissantes de $x - x_0$, $y - y_0$ et $z - z_0$. Je forme l'intégrale de surface

$$I = \frac{1}{4\pi} \int\int A\, dy\, dz + B\, dz\, dx + C\, dx\, dy$$

---

[1] On trouvera d'intéressantes applications géométriques de la formule de Stokes dans un Mémoire de M. Kœnigs (*Journal de Jordan*, 1889).

où

$$A = \frac{\begin{vmatrix} F_1 & \dfrac{\partial F_1}{\partial y} & \dfrac{\partial F_1}{\partial z} \\[1.2ex] F_2 & \dfrac{\partial F_2}{\partial y} & \dfrac{\partial F_2}{\partial z} \\[1.2ex] F_3 & \dfrac{\partial F_3}{\partial y} & \dfrac{\partial F_3}{\partial z} \end{vmatrix}}{(F_1^2 + F_2^2 + F_3^2)^{\frac{3}{2}}},$$

$$B = \frac{\begin{vmatrix} F_1 & \dfrac{\partial F_1}{\partial z} & \dfrac{\partial F_1}{\partial x} \\[1.2ex] F_2 & \dfrac{\partial F_2}{\partial z} & \dfrac{\partial F_2}{\partial x} \\[1.2ex] F_3 & \dfrac{\partial F_3}{\partial z} & \dfrac{\partial F_3}{\partial x} \end{vmatrix}}{(F_1^2 + F_2^2 + F_3^2)^{\frac{3}{2}}},$$

$$C = \frac{\begin{vmatrix} F_1 & \dfrac{\partial F_1}{\partial x} & \dfrac{\partial F_1}{\partial y} \\[1.2ex] F_2 & \dfrac{\partial F_2}{\partial x} & \dfrac{\partial F_2}{\partial y} \\[1.2ex] F_3 & \dfrac{\partial F_3}{\partial x} & \dfrac{\partial F_3}{\partial y} \end{vmatrix}}{(F_1^2 + F_2^2 + F_3^2)^{\frac{3}{2}}}.$$

Quelles que soient les fonctions F_1, F_2, F_3, on aura l'identité

$$\frac{\partial A}{\partial x} + \frac{\partial B}{\partial y} + \frac{\partial C}{\partial z} = 0,$$

comme le montre un calcul un peu long, mais ne présentant aucune difficulté.

L'intégrale I étendue à une surface fermée ne change donc pas de valeur quand on déforme la surface S d'intégration sans rencontrer de points où A, B, C cessent d'être continus. Il en résulte que l'intégrale I sera nulle, s'il n'y a pas de racines communes aux trois équations

$$F_1(x, y, z) = 0,$$
$$F_2(x, y, z) = 0,$$
$$F_3(x, y, z) = 0,$$

à l'intérieur de S.

Supposons maintenant qu'il y ait à l'intérieur de S un point P correspondant à une racine commune aux trois équations. Au lieu de calculer I en intégrant le long de S, nous pouvons intégrer le long d'une surface quelconque entourant le point P. Or prenons ce point pour origine et développons F_1, F_2, F_3 d'après la formule de Taylor,

$$F_1(x, y, z) = a_1 x + b_1 y + c_1 z + \dots$$
$$F_2(x, y, z) = a_2 x + b_2 y + c_2 z + \dots$$
$$F_3(x, y, z) = a_3 x + b_3 y + c_3 z + \dots$$

On montre, comme dans le cas de deux équations, que l'intégrale ne change pas de valeur, quand on réduit F_1, F_2, F_3 aux termes du premier degré. L'intégrale I devient alors

$$I = \frac{D}{4\pi} \int\int \frac{x\,dy\,dz + y\,dz\,dx + z\,dx\,dy}{[(a_1 x + b_1 y + c_1 z)^2 + (a_2 x + b_2 y + c_2 z)^2 + (a_3 x + b_3 y + c_3 z)^2]^{\frac{3}{2}}},$$

en posant

$$D = \begin{vmatrix} a_1 & b_1 & c_1 \\ a_2 & b_2 & c_2 \\ a_3 & b_3 & c_3 \end{vmatrix},$$

qui est supposé différent de zéro et représente la valeur du déterminant fonctionnel

$$\begin{vmatrix} \dfrac{\partial F_1}{\partial x} & \dfrac{\partial F_1}{\partial y} & \dfrac{\partial F_1}{\partial z} \\[2mm] \dfrac{\partial F_2}{\partial x} & \dfrac{\partial F_2}{\partial y} & \dfrac{\partial F_2}{\partial z} \\[2mm] \dfrac{\partial F_3}{\partial x} & \dfrac{\partial F_3}{\partial y} & \dfrac{\partial F_3}{\partial z} \end{vmatrix}$$

au point P.

Pour calculer I, prenons comme surface d'intégration l'ellipsoïde

$$(a_1 x + b_1 y + c_1 z)^2 + (a_2 x + b_2 y + c_2 z)^2 + (a_3 x + b_3 y + c_3 z)^2 = 1.$$

En désignant par α, β, γ les angles faits par la normale extérieure à cette surface avec les axes, nous avons

$$I = \frac{D}{4\pi} \int\int (x\cos\alpha + y\cos\beta + z\cos\gamma)\,d\sigma.$$

ou, en appelant r le rayon vecteur allant du centre de l'ellipsoïde à l'élément $d\sigma$, et φ l'angle aigu fait par le rayon vecteur avec la normale,

$$I = \frac{D}{4\pi} \int\int r \cos\varphi \, d\sigma.$$

Mais l'intégrale double, qui figure dans le second membre, est égale à trois fois la somme des pyramides élémentaires de sommet P et de base $d\sigma$, et par conséquent égale à trois fois le volume de l'ellipsoïde. Or celui-ci, comme on le reconnaît aisément, est égal à

$$\frac{\frac{4}{3}\pi}{|D|},$$

$|D|$ désignant la valeur absolue de D. Nous aurons donc

$$I = \frac{D}{|D|}.$$

D'où le résultat suivant, entièrement semblable à celui que nous avons obtenu dans le cas des deux équations :

L'intégrale I *est égale à la différence entre le nombre des racines contenues dans* S, *pour lesquelles le déterminant fonctionnel*

$$\begin{vmatrix} \dfrac{\partial F_1}{\partial x} & \dfrac{\partial F_1}{\partial y} & \dfrac{\partial F_1}{\partial z} \\[2mm] \dfrac{\partial F_2}{\partial x} & \dfrac{\partial F_2}{\partial y} & \dfrac{\partial F_2}{\partial z} \\[2mm] \dfrac{\partial F_3}{\partial x} & \dfrac{\partial F_3}{\partial y} & \dfrac{\partial F_3}{\partial z} \end{vmatrix}$$

est positif, et le nombre des racines pour lesquelles ce déterminant est négatif.

Le théorème précédent a été donné par M. Kronecker, sous une forme différente, dans ses études sur les systèmes de fonctions de plusieurs variables (*Monatsberichte der Academie der Wissenschaften zu Berlin*, 1869); il peut être étendu à un nombre quelconque d'équations.

On voit le rôle essentiel joué dans cette question par le signe du déterminant fonctionnel. Remarquons aussi que l'intégrale I prend une forme toute différente si, au lieu des trois équations primitives, on forme avec elles une combinaison linéaire. Par suite, l'intégrale qui, au signe près, ne devrait pas changer, ne se présente pas sous une forme invariante. Il semble donc que le résultat précédent, si intéressant qu'il soit, appelle encore de nouvelles recherches.

CHAPITRE V.

DES INTÉGRALES MULTIPLES.

I. — Définition et propriétés fondamentales des intégrales multiples.

1. D'une sommation double, on passe tout naturellement à une sommation d'un ordre n de multiplicité étendue à n variables. Prenons d'abord le cas de trois variables x, y, z et considérons x, y, z comme les coordonnées rectangulaires d'un point dans l'espace. Nous menons trois systèmes de plans respectivement parallèles aux plans de coordonnées. Ce réseau de plans découpe l'espace en parallélépipèdes rectangles. A chaque point (x_i, y_k, z_l), nous associons le parallélépipède ayant pour côtés les expressions positives $(x_{i+1} - x_i)$, $(y_{k+1} - y_k)$, $(z_{l+1} - z_l)$. Soient maintenant un volume V et $f(x, y, z)$ une fonction continue de x, y, z; je forme la somme triple

$$\sum\sum\sum f(x_i, y_k, z_l)(x_{i+1} - x_i)(y_{k+1} - y_k)(z_{l+1} - z_l),$$

étendue à tous les points (x_i, y_k, z_l) situés à l'intérieur du volume. On démontrera, comme dans le cas de deux dimensions (Chap. IV), que cette somme a une limite toujours la même, quelle que soit la loi suivant laquelle les parallélépipèdes tendent vers zéro. Rien n'est à changer au mode de raisonnement. Nous aurons certains parallélépipèdes *irréguliers*, c'est-à-dire sortant partiellement du volume V, comme nous avions précédemment des rectangles irréguliers. La somme des volumes de ces parallélépipèdes irréguliers tend vers zéro; pour le voir, on pourrait étendre au cas actuel la première démonstration employée (Chap. IV, § 6).

mais la discussion serait minutieuse. La seconde, au contraire, s'étendra d'elle-même; nous supposerons la surface S comprise dans le volume limité par deux surfaces polyédrales variables, l'une extérieure, l'autre intérieure à S, ces surfaces étant telles que le volume compris puisse toujours être rendu moindre qu'une quantité ε donnée à l'avance. Dans ces conditions, les parallélépipèdes irréguliers, à partir d'un certain moment, sont tous compris entre ces deux surfaces polyédrales et, par suite, la somme des volumes de ces parallélépipèdes tend vers zéro. La limite obtenue se représentera par

$$(1) \qquad \iiint f(x, y, z)\, dx\, dy\, dz,$$

et on dira que cette intégrale triple est étendue au volume V.

Quand on passe à un nombre n de dimensions, l'image géométrique fait défaut, mais l'extension n'en est pas moins possible. Dans une *multiplicité* à n dimensions, nous considérons l'ensemble continu des valeurs des n grandeurs $x_1, x_2, \ldots, x_n$ satisfaisant à une ou plusieurs inégalités de la forme

$$(2) \qquad \varphi(x_1, x_2, \ldots, x_n) > 0,$$

et nous supposons que les valeurs des x, satisfaisant à ces inégalités, restent inférieures, en valeur absolue, à un nombre fixe. Telle serait, par exemple, la multiplicité définie par l'unique inégalité

$$x_1^2 + x_2^2 + \ldots + x_n^2 < R^2.$$

Soit maintenant une succession de valeurs croissantes de x_1, puis de $x_2, \ldots,$ et de x_n. Nous formons la somme multiple

$$\sum\sum \ldots \sum f(x_1, x_2, \ldots, x_n)\, \Delta x_1\, \Delta x_2 \ldots \Delta x_n,$$

Δx_1 désignant l'accroissement positif de x_1 quand on passe de la valeur désignée d'une manière générale par x_1 à la suivante, et pareillement pour $\Delta x_2, \ldots, \Delta x_n$. Cette somme est étendue aux valeurs considérées de $x_1, x_2, \ldots, x_n$ satisfaisant aux inégalités (2). Elle a une limite que l'on représente par

$$\iint \ldots \int f(x_1, x_2, \ldots, x_n)\, dx_1\, dx_2 \ldots dx_n.$$

c'est une intégrale multiple d'ordre n, étendue au *continuum* défini par les inégalités (2).

2. Revenons, pour plus de simplicité, aux intégrales triples. Le calcul de l'intégrale (1) se ramènera à un calcul d'intégrales simples. Effectuant d'abord la sommation en laissant x et y constants, et faisant tendre seulement les dz vers zéro, nous écrirons l'intégrale sous la forme

$$\iint dx\,dy \int f(x, y, z)\,dz.$$

Une parallèle à l'axe des z correspondant à un système de valeurs (x, y) rencontrera la surface en un nombre pair de points, qui pourra être variable ; supposons qu'il y ait quatre points, et soient z_1, z_2, z_3, z_4 les valeurs correspondantes de z $(z_1 < z_2 < z_3 < z_4)$ qui sont, en général, des fonctions de x et y.

On aura à prendre l'intégrale

$$\int f(x, y, z)\,dz,$$

entre z_1 et z_2, puis entre z_3 et z_4 ; c'est en effet pour ces valeurs de z que l'on sera à l'intérieur du volume. Posons

$$\int_{z_1}^{z_2} f(x, y, z)\,dz + \int_{z_3}^{z_4} f(x, y, z)\,dz = \Phi(x, y).$$

Il nous reste à faire la sommation double

$$\iint \Phi(x, y)\,dx\,dy,$$

étendue, dans le plan des (x, y), à l'aire limitée par le contour apparent de la surface sur ce plan.

3. Le changement des variables de sommation se fera dans une intégrale triple, en suivant les mêmes principes que pour les intégrales doubles. On suppose que les trois équations

$$x = f(u, v, w),$$
$$y = \varphi(u, v, w),$$
$$z = \psi(u, v, w)$$

établissent une correspondance uniforme entre un volume V rapporté aux axes (x, y, z) et un volume U rapporté à des axes (u, v, w). Dans ces conditions, le déterminant fonctionnel

$$D = \begin{vmatrix} \dfrac{\partial f}{\partial u} & \dfrac{\partial f}{\partial v} & \dfrac{\partial f}{\partial w} \\[2mm] \dfrac{\partial \varphi}{\partial u} & \dfrac{\partial \varphi}{\partial v} & \dfrac{\partial \varphi}{\partial w} \\[2mm] \dfrac{\partial \psi}{\partial u} & \dfrac{\partial \psi}{\partial v} & \dfrac{\partial \psi}{\partial w} \end{vmatrix}$$

est différent de zéro pour tous les points du volume U.

Pour effectuer le changement de variable, on écrira l'intégrale sous la forme

$$\int dz \int \int F(x, y, z)\, dx\, dy,$$

et, laissant z constant, on remplacera les variables x et y par u et v.

Pour cela, nous calculerons le déterminant fonctionnel de x et y par rapport à u et v, en considérant w comme une fonction de ces variables satisfaisant à la relation

$$z = \psi(u, v, w),$$

où z est, pour le moment, une constante. Remplaçant alors l'élément $dx\, dy$ par l'élément $\dfrac{D}{\frac{\partial \psi}{\partial w}}\, du\, dv$, nous avons l'intégrale

$$\int \int \int F(x, y, z)\, \frac{D}{\frac{\partial \psi}{\partial w}}\, dz\, du\, dv.$$

Laissant ensuite u et v constant, on remplace dz par $\dfrac{\partial \psi}{\partial w}\, dw$, et nous obtenons l'intégrale

$$\int \int \int F(x, y, z)\, D\, du\, dv\, dw.$$

Nous n'avons pas tenu compte des signes ; le produit $dx\, dy\, dz$ dans l'intégrale proposée étant positif, si nous considérons aussi $du\, dv\, dw$ comme positif, il faut remplacer

$$dx\, dy\, dz \quad \text{par} \quad \pm D\, du\, dv\, dw,$$

z étant ± 1, suivant que D est positif ou négatif. Finalement on a

$$\int\int\int F(x, y, z)\,dx\,dy\,dz = \int\int\int F(f, \varphi, \psi) \pm D\,du\,dv\,dw,$$

la seconde intégrale étant étendue au volume U.

4. Arrêtons-nous sur le cas où F $= 1$. L'intégrale

(3) $$\int\int\int dx\,dy\,dz$$

étendue à V sera, par définition, le volume contenu dans la surface qui limite V. On peut la ramener à l'intégrale double

$$\int\int (z_2 - z_1)\,dx\,dy,$$

en nous bornant au cas où une parallèle à l'axe des z rencontre la surface limite en deux points dont les z sont z_1 et $z_2 (z_1 < z_2)$.

L'intégrale (3) est indépendante du système d'axes de coordonnées rectangulaires, auquel est rapportée la surface. Si l'on fait en effet un changement d'axes, les nouvelles coordonnées x', y', z' sont des fonctions linéaires des anciennes, et le déterminant fonctionnel est égal à ± 1; on a donc, d'après la règle relative au changement de variables,

$$\int\int\int dx\,dy\,dz = \int\int\int dx'\,dy'\,dz'.$$

On aura souvent à remplacer les coordonnées rectangulaires par les coordonnées polaires ρ, θ, ψ. Les formules sont

$$x = \rho\sin\theta\cos\psi, \quad y = \rho\sin\theta\sin\psi, \quad z = \rho\cos\theta,$$

et, par suite,

$$dx\,dy\,dz = \rho^2\sin\theta\,d\rho\,d\theta\,d\psi.$$

Soit, par exemple, à calculer le volume V d'une sphère de rayon R; on aura

$$V = \int_0^R \int_0^\pi \int_0^{2\pi} \rho^2\sin\theta\,d\rho\,d\theta\,d\psi = \frac{4}{3}\pi R^3.$$

II. — Cas où la fonction devient infinie ou indéterminée.

5. Il a toujours été essentiellement supposé, dans tout ce qui précède, tant pour les intégrales doubles que pour les intégrales multiples, que la fonction qui figure sous le signe d'intégration restait finie et déterminée dans toute l'étendue du champ d'intégration. En prenant d'abord une intégrale double, supposons que la fonction $f(x, y)$ devienne infinie ou indéterminée en un point (a, b) à l'intérieur du champ d'intégration D ; dans quels cas y aura-t-il lieu d'attribuer un sens à l'intégrale

$$\int\int f(x, y)\, dx\, dy\,?$$

Traçons autour du point (a, b) une petite courbe fermée γ, et étendons l'intégrale précédente à la portion du domaine D extérieure à cette courbe. Si cette intégrale tend vers une limite toujours la même quand la courbe γ tend vers zéro, en se rapprochant indéfiniment du point (a, b) *suivant une loi quelconque*, on dira que l'intégrale a un sens et représente précisément cette limite. Le point (a, b) peut d'ailleurs être sur le périmètre de D ; on considérera un arc γ autour de ce point et à l'intérieur de ce domaine.

Soit, par exemple, à calculer l'intégrale double

$$\int_{y}^{a}\int_{x}^{a'} \frac{\partial^2 V}{\partial x\, \partial y}\, dx\, dy \qquad (a > o, \quad a' > o),$$

$V(x, y)$ étant une fonction que je supposerai d'abord continue dans le rectangle d'intégration et sur son périmètre. L'intégrale se calcule immédiatement et l'on obtient

$$V(a, a') - V(a, o) - V(o, a') - V(o, o).$$

Supposons maintenant que $V(x, y)$ soit infinie ou indéterminée pour $x = o$, $y = o$. Nous détacherons du rectangle (a, a') un petit rectangle dont les côtés, suivant les axes, soient respectivement ε et ε'.

L'intégrale

$$\int\int \frac{\partial^2 V}{\partial x\, \partial y}\, dx\, dy,$$

étendue au rectangle primitif diminué de ce petit rectangle sera, comme le donne un calcul immédiat,

$$V(a, a') - V(a, o) - V(o, a') + V(\varepsilon, o) + V(o, \varepsilon') - V(\varepsilon, \varepsilon').$$

Or, quand ε et ε' tendent vers zéro, l'expression

$$V(\varepsilon, o) + V(o, \varepsilon') - V(\varepsilon, \varepsilon')$$

peut être ou infinie, ou avoir une limite variable avec la limite du rapport $\frac{\varepsilon'}{\varepsilon}$.

C'est ce que va nous montrer un exemple très simple. Soit

$$V = \arctan \frac{y}{x};$$

nous aurons l'intégrale double

$$(1) \qquad \iint \frac{(y^2 - x^2)}{(x^2 + y^2)^2} \, dx \, dy;$$

sa valeur étendue au rectangle (a, a') diminué du rectangle $(\varepsilon, \varepsilon')$ sera, en prenant des arc tang compris entre o et $\frac{\pi}{2}$,

$$\arctan \frac{a'}{a} - \arctan \frac{\varepsilon'}{\varepsilon},$$

qui dépend de la limite de $\frac{\varepsilon'}{\varepsilon}$. On doit donc considérer que l'intégrale (1) étendue au rectangle (a, a') n'a aucun sens.

6. Les considérations qui précèdent sont à rapprocher de la remarque faite dans le calcul des intégrales doubles, d'après laquelle on peut faire les intégrations dans un ordre arbitraire. Ce résultat suppose essentiellement que la fonction sous le signe d'intégration reste finie et bien déterminée. Prenons, par exemple, *sans précaution*, l'intégrale

$$\int_0^a \int_0^a \frac{(y^2 - x^2) \, dx \, dy}{(x^2 + y^2)^2}.$$

On peut la calculer en sommant d'abord par rapport à y puis par rapport à x. Ceci revient, dans notre calcul précédent, à poser

$z = a'$, puis à faire tendre z vers zéro. L'intégrale, ainsi calculée, sera donc égale à

$$\text{arc tang} \frac{a'}{a} = \frac{\pi}{2}.$$

Au contraire, faisons d'abord la sommation par rapport à x, puis par rapport à y. Ceci revient à faire $z = a$ et à faire tendre z vers zéro; ce qui nous donne

$$\text{arc tang} \frac{a'}{a}.$$

Les deux valeurs ainsi trouvées sont inégales.

7. Pour les intégrales triples, on peut évidemment développer des considérations analogues.

Si, par exemple, la fonction devient infinie en un point, il faudra isoler ce point par un petit volume le comprenant, et étudier ensuite la limite de l'intégrale quand ce volume tend vers zéro. Soit, par exemple, l'intégrale

$$\iiint \frac{dx\,dy\,dz}{\sqrt{x^2 + y^2 + z^2}},$$

étendue à un volume V comprenant l'origine à son intérieur. Doit-on attribuer un sens à cette intégrale? L'emploi des coordonnées polaires nous permet de répondre immédiatement : l'intégrale devient

$$\iiint \rho \sin\theta \, d\rho \, d\theta \, d\psi,$$

et toute difficulté a disparu; l'intégrale aura un sens.

Des circonstances un peu différentes peuvent encore se présenter; la fonction sous le signe d'intégration pourrait devenir infinie ou indéterminée, non seulement en des points isolés, mais le long de certaines lignes ou de certaines surfaces. On isolera toujours les singularités, soit par une sorte de tube entourant la ligne singulière, soit par deux surfaces infiniment rapprochées de la surface singulière.

III. — Quelques formules relatives aux intégrales triples.

8. Soient A, B, C trois fonctions de x, y, z continues, ainsi que leurs dérivées partielles; j'envisage l'intégrale triple, étendue à un volume V limité par la surface S,

$$\iiint \left(\frac{\partial A}{\partial x} + \frac{\partial B}{\partial y} + \frac{\partial C}{\partial z}\right) dx\, dy\, dz;$$

nous nous proposons de montrer qu'on peut la remplacer par une intégrale de surface.

Prenons en effet le premier terme

$$\iiint \frac{\partial A}{\partial x} dx\, dy\, dz = \iint dy\, dz \int \frac{\partial A}{\partial x} dx.$$

Pour simplifier, supposons la surface seulement rencontrée en deux points par une parallèle à l'axe des x; soient x_1 et x_2 ($x_1 < x_2$) les abscisses de ces points pour une valeur donnée de y et z; nous les appellerons le point *un* et le point *deux*. L'intégrale triple sera égale à l'intégrale double

$$(5) \qquad \iint [A(x_2, y, z) - A(x_1, y, z)] dy\, dz,$$

cette intégrale double étant étendue au contour apparent de la surface sur le plan des yz. Considérons, d'autre part, l'intégrale de surface

$$\iint A(x, y, z) dy\, dz,$$

prise sur le côté extérieur de la surface S. Cette intégrale de surface n'est autre chose que l'intégrale (5), car pour le point *un* la normale extérieure à la surface fait un angle obtus avec l'axe des x, tandis qu'elle fait un angle aigu pour le point *deux*. Nous aurons de la même manière

$$\iiint \frac{\partial B}{\partial y} dx\, dy\, dz = \iint B\, dz\, dx.$$

$$\iiint \frac{\partial C}{\partial z} dx\, dy\, dz = \iint C\, dy\, dx,$$

les intégrales dans les seconds membres étant encore des intégrales de surface étendues au côté extérieur de la surface S. *De là résulte la formule importante et absolument générale que nous voulions obtenir*

$$(6) \quad \begin{cases} \displaystyle\int\int\int \left(\frac{\partial A}{\partial x} - \frac{\partial B}{\partial y} + \frac{\partial C}{\partial z} \right) dx\, dy\, dz \\ \displaystyle = \int\int (A\, dy\, dz + B\, dz\, dx + C\, dx\, dy). \end{cases}$$

9. La formule précédente permet de résoudre très simplement le problème suivant déjà traité : *Quelle est la condition pour qu'une intégrale de surface ne dépende que du contour limitant la surface sur laquelle on intègre?* Nous avons vu que cette question revient à déterminer la condition pour que l'intégrale

$$\int\int A\, dy\, dz + B\, dz\, dx + C\, dx\, dy,$$

prise le long de toute surface fermée, soit nulle. On a, par suite, en se reportant à la formule (6),

$$\int\int\int \left(\frac{\partial A}{\partial x} + \frac{\partial B}{\partial y} + \frac{\partial C}{\partial z} \right) dx\, dy\, dz = 0,$$

cette intégrale étant étendue à un volume quelconque, ce qui exige

$$\frac{\partial A}{\partial x} + \frac{\partial B}{\partial y} + \frac{\partial C}{\partial z} = 0.$$

Une autre application de la formule (6) s'obtient en faisant

$$A = x, \quad B = y, \quad C = z,$$

ce qui donne

$$\int\int\int dx\, dy\, dz = \frac{1}{3} \int\int x\, dy\, dz + y\, dz\, dx + z\, dx\, dy$$

On peut, par conséquent, exprimer le volume limité par une surface fermée sous forme d'intégrale double étendue à cette surface, et ce résultat est à rapprocher de l'expression d'une aire plane à l'aide d'une intégrale curviligne.

10. La formule (6) va nous conduire à une relation célèbre,

connue sous le nom de théorème de Green. Envisageons l'intégrale

$$\mathrm{I} = \int\!\!\int\!\!\int \left(\frac{\partial \mathrm{U}}{\partial x}\frac{\partial \mathrm{V}}{\partial x} + \frac{\partial \mathrm{U}}{\partial y}\frac{\partial \mathrm{V}}{\partial y} + \frac{\partial \mathrm{U}}{\partial z}\frac{\partial \mathrm{V}}{\partial z} \right) dx\, dy\, dz,$$

U et V étant deux fonctions continues dans un volume limité par
une surface fermée S. De l'identité

$$\frac{\partial \mathrm{U}}{\partial x}\frac{\partial \mathrm{V}}{\partial x} = \frac{\partial}{\partial x}\left(\mathrm{U}\frac{\partial \mathrm{V}}{\partial x} \right) - \mathrm{U}\frac{\partial^2 \mathrm{V}}{\partial x^2},$$

et des identités analogues obtenues en remplaçant successivement
x par y et z, on déduit, en posant $\Delta \mathrm{V} = \dfrac{\partial^2 \mathrm{V}}{\partial x^2} + \dfrac{\partial^2 \mathrm{V}}{\partial y^2} + \dfrac{\partial^2 \mathrm{V}}{\partial z^2}$,

$$\mathrm{I} = \int\!\!\int\!\!\int \left[\frac{\partial}{\partial x}\left(\mathrm{U}\frac{\partial \mathrm{V}}{\partial x} \right) + \frac{\partial}{\partial y}\left(\mathrm{U}\frac{\partial \mathrm{V}}{\partial y} \right) + \frac{\partial}{\partial z}\left(\mathrm{U}\frac{\partial \mathrm{V}}{\partial z} \right) \right] dx\, dy\, dz$$
$$- \int\!\!\int\!\!\int \mathrm{U}\,\Delta \mathrm{V}\, dx\, dy\, dz.$$

La formule (6) permet de remplacer la première de ces intégrales
par l'intégrale de surface

$$\int\!\!\int \mathrm{U}\left(\frac{\partial \mathrm{V}}{\partial x}\cos\alpha + \frac{\partial \mathrm{V}}{\partial y}\cos\beta + \frac{\partial \mathrm{V}}{\partial z}\cos\gamma \right) d\sigma,$$

en introduisant les angles α, β, γ faits par la direction de la normale extérieure à la surface avec les axes de coordonnées. Nous
aurons donc

$$\mathrm{I} = \int\!\!\int \mathrm{U}\left(\frac{\partial \mathrm{V}}{\partial x}\cos\alpha + \frac{\partial \mathrm{V}}{\partial y}\cos\beta + \frac{\partial \mathrm{V}}{\partial z}\cos\gamma \right) d\sigma - \int\!\!\int\!\!\int \mathrm{U}\,\Delta \mathrm{V}\, dx\, dy\, dz,$$

La quantité entre crochets dans l'intégrale double peut être
écrite sous une forme plus condensée, en introduisant la dérivée
dans le sens de la normale. Nous appellerons, d'une manière générale, dérivée d'une fonction V en un point $A(x, y, z)$,
dans la direction An menée par le point A, la limite du rapport
de l'accroissement de la fonction, quand on passe du point A à un
point infiniment voisin A' sur la direction An, à la distance posi-
tive $AA' = dn$: on désigne cette dérivée par $\dfrac{d\mathrm{V}}{dn}$. Soient α, β, γ les
cosinus directeurs de la demi-droite An; on a évidemment

$$\frac{d\mathrm{V}}{dn} = \frac{\partial \mathrm{V}}{\partial x}\frac{dx}{dn} + \frac{\partial \mathrm{V}}{\partial y}\frac{dy}{dn} + \frac{\partial \mathrm{V}}{\partial z}\frac{dz}{dn} = \frac{\partial \mathrm{V}}{\partial x}\cos\alpha + \frac{\partial \mathrm{V}}{\partial y}\cos\beta + \frac{\partial \mathrm{V}}{\partial z}\cos\gamma.$$

En chaque point de la surface S, introduisons la dérivée de V
par rapport à la normale extérieure au volume que limite S, la valeur de I devient

$$I = \int\!\int U \frac{dV}{dn}\, d\tau - \int\!\int\!\int U \Delta V\, dx\, dy\, dz,$$

formule intéressante en elle-même, mais surtout en ce qu'elle
nous donne de suite, en permutant U et V et retranchant, la relation

$$\int\!\int \left(U \frac{dV}{dn} - V \frac{dU}{dn} \right) d\tau - \int\!\int\!\int (U \Delta V - V \Delta U)\, dx\, dy\, dz = 0.$$

Si nous voulons introduire les dérivées dans la direction de la
normale *intérieure* à la surface, il suffira de changer le signe du
premier terme, et on aura la formule définitive, dite *formule de
Green*,

$$\int\!\int \left(U \frac{dV}{dn} - V \frac{dU}{dn} \right) d\tau - \int\!\int\!\int (U \Delta V - V \Delta U)\, dx\, dy\, dz = 0.$$

Cette formule est générale; elle a lieu quel que soit le nombre
des surfaces qui limitent le volume. Il importe seulement, dans
son application, de prendre toujours les dérivées $\frac{dU}{dn}, \frac{dV}{dn}$ dans le
sens de la normale *intérieure au volume que l'on étudie*. Si,
par exemple, nous considérons l'espace compris entre deux sphères
concentriques, l'intégrale double qui figure dans la formule de
Green se composera d'une somme de deux intégrales. Pour la
sphère extérieure les dérivées devront être prises dans le sens de
la normale intérieure à la sphère qui est en même temps la normale intérieure au volume étudié; pour la sphère intérieure, au
contraire, les dérivées devront être prises dans le sens de la normale extérieure à cette sphère, qui est le sens de la normale intérieure au volume compris entre les deux sphères.

DEUXIÈME PARTIE.

L'ÉQUATION DE LAPLACE ET SES APPLICATIONS.
DÉVELOPPEMENTS EN SÉRIES.

CHAPITRE VI.
DE L'ÉQUATION DE LAPLACE.

I. — Formule fondamentale. Énoncé du principe de Dirichlet.

1. L'équation suivante

$$\frac{\partial^2 U}{\partial x^2} + \frac{\partial^2 U}{\partial y^2} + \frac{\partial^2 U}{\partial z^2} = 0,$$

qu'on peut appeler *l'équation de Laplace*, joue dans plusieurs théories un rôle très important, et nous aurons, dans ce Livre même, l'occasion de la rencontrer en étudiant la théorie de l'attraction. Nous allons, comme application des transformations générales faites sur les intégrales multiples, étudier les principales propriétés des fonctions satisfaisant à cette équation.

Une première relation nous sera de suite fournie par l'application du théorème de Green.

Désignons par U et V deux fonctions continues, ainsi que leurs dérivées partielles des deux premiers ordres, dans un volume limité par une ou plusieurs surfaces. La formule de Green nous donne immédiatement, si U et V satisfont à l'équation de Laplace,

$$(1) \qquad \int \int \left(U \frac{dV}{dn} - V \frac{dU}{dn} \right) dz = 0.$$

et cette intégrale pourra être une somme d'intégrales prises comme il a été dit plus haut, si le volume envisagé est limité par plusieurs surfaces.

Avant de déduire une conséquence fondamentale de cette formule, faisons quelques remarques :

D'abord, si l'on fait dans la formule précédente $U = 1$, on aura

$$(2) \qquad \int \int \frac{dV}{dn} \, dz = 0.$$

Ainsi, si une fonction continue V satisfait à l'équation $\Delta V = 0$, l'intégrale (2), prise pour toute surface fermée, est nulle.

En second lieu, une solution particulière de l'équation de Laplace nous est donnée par

$$U = \frac{1}{r} \qquad r = \sqrt{(x-a)^2 + (y-b)^2 + (z-c)^2},$$

a, b, c désignant trois constantes arbitraires ; c'est ce qui se vérifie immédiatement.

Enfin, en désignant d'une manière générale par P le point de coordonnées x, y, z, par A le point (a, b, c), et par Pn une droite menée par le point P, cherchons quelle sera la dérivée de $\frac{1}{r}$ dans cette direction. On aura

$$\frac{d\left(\frac{1}{r}\right)}{dn} = -\frac{1}{r^2} \frac{dr}{dn},$$

or

$$r^2 = (x-a)^2 + (y-b)^2 + (z-c)^2,$$

par suite,

$$r \frac{dr}{dn} = (x-a) \frac{dx}{dn} + (y-b) \frac{dy}{dn} + (z-c) \frac{dz}{dn},$$

d'où se conclut

$$\frac{dr}{dn} = -\cos(r, n).$$

en désignant par (r, n) l'angle fait par la direction $\overline{PA}$ avec la direction $\overline{Pn}$. On a donc

$$\frac{d\left(\frac{1}{r}\right)}{dn} = \frac{\cos(r, n)}{r^2}.$$

2. Ces remarques faites, soit V une solution quelconque de l'équation $\Delta V = 0$, continue dans un volume limité par une ou plusieurs surfaces S; considérons la fonction

$$U = \frac{1}{r},$$

le point $A(a, b, c)$ étant à l'intérieur du volume.

La formule (1) n'est pas applicable aux deux fonctions $\frac{1}{r}$ et V, puisque la première n'est pas continue dans le volume que nous étudions; mais décrivons autour de A une sphère et envisageons le volume compris dans le volume initial et extérieur à cette sphère Σ. Nous pourrons alors appliquer la formule (1) qui s'écrira

$$\int\int_S\left(\frac{1}{r}\frac{dV}{dn} - V\frac{d\frac{1}{r}}{dn}\right)d\tau - \int\int_\Sigma\left(\frac{1}{r}\frac{dV}{dn} - V\frac{d\frac{1}{r}}{dn}\right)d\tau = 0.$$

La première intégrale est étendue aux surfaces S limitant le volume, et la seconde à la sphère Σ. Les dérivées qui figurent dans cette dernière sont prises dans la direction de la normale extérieure à la sphère; si nous les supposons prises sur la normale intérieure à la sphère, nous devrons changer le signe de l'intégrale et écrire

$$(3) \quad \int\int_\Sigma\left(\frac{1}{r}\frac{dV}{dn} - V\frac{d\frac{1}{r}}{dn}\right)d\tau = \int\int_S\left(\frac{1}{r}\frac{dV}{dn} - V\frac{d\frac{1}{r}}{dn}\right)d\tau.$$

La première intégrale ne doit pas dépendre du rayon de la sphère Σ; elle a une valeur très simple que nous allons calculer. Tout d'abord, r étant constant sur Σ, le premier terme de cette intégrale est égal à

$$\frac{1}{r}\int\int_\Sigma\frac{dV}{dn}\,d\tau,$$

et par suite est nul, d'après ce que nous avons dit (§ 1).

Le premier membre de (3) se réduit donc à

$$(4) \qquad -\int\!\!\int_{\Sigma} V \frac{d\frac{1}{r}}{dn}\, d\tau = -\frac{1}{r^2}\int\!\!\int_{\Sigma} V \cos(r, n)\, d\tau = -\frac{1}{r^2}\int\!\!\int_{\Sigma} V\, d\tau,$$

puisque, sur la sphère, $\cos(r, n) = 1$.

Soient, d'autre part, sur la sphère Σ de rayon r, M et m le maximum et le minimum de la fonction, l'intégrale double

$$\int\!\!\int V\, d\tau$$

sera comprise entre $M \cdot 4\pi r^2$ et $m \cdot 4\pi r^2$. L'intégrale (4) sera donc comprise entre

$$-4\pi M \quad \text{et} \quad -4\pi m.$$

Mais le rayon r est arbitraire et peut tendre vers zéro; M et m diffèrent donc aussi peu qu'on veut de $V(a, b, c)$, et l'expression (4), d'ailleurs indépendante du rayon de la sphère Σ, a pour valeur

$$-4\pi V(a, b, c),$$

ce qui nous conduit à la formule fondamentale

$$(5) \qquad V(a, b, c) = \frac{1}{4\pi}\int\!\!\int_{S}\left(V \frac{d\frac{1}{r}}{dn} - \frac{1}{r}\frac{dV}{dn}\right) d\tau,$$

qui fait connaître la valeur de V en un point quelconque (a, b, c) de l'intérieur du volume, en fonction des valeurs de V et de $\frac{dV}{dn}$ à la surface.

On peut donner une formule analogue pour le cas où la fonction V satisferait à l'équation de Laplace en dehors de la surface S; mais, ici, il est nécessaire de faire une hypothèse sur la manière dont V et ses dérivées du premier ordre se comportent à l'infini. Nous supposerons que, pour (x, y, z) très grand, on ait

$$|V| < \frac{M}{R}, \qquad \left|\frac{dV}{dx}\right|, \quad \left|\frac{dV}{dy}\right| \quad \text{et} \quad \left|\frac{dV}{dz}\right| < \frac{M}{R^2} \qquad (x^2 + y^2 + z^2 = R^2),$$

M désignant un nombre fixe.

Ceci posé, décrivons, de l'origine comme centre, une sphère Σ' de rayon très grand R ; le point A sera compris entre la surface S et cette sphère ; nous considérons toujours la sphère Σ de rayon r, ayant pour centre A. Appliquons la formule de Green à l'espace limité par les surfaces S, Σ et Σ'. Faisant de suite tendre r vers zéro, nous aurons, en raisonnant comme plus haut,

$$V_A = \frac{1}{4\pi}\int\int_S\left(V\frac{d\frac{1}{r}}{dn} - \frac{1}{r}\frac{dV}{dn}\right)d\tau + \frac{1}{4\pi}\int\int_\Sigma\left(V\frac{d\frac{1}{r}}{dn} - \frac{1}{r}\frac{dV}{dn}\right)d\tau.$$

La seconde intégrale est égale à zéro. En effet, elle peut s'écrire, en employant sur la sphère Σ' les coordonnées polaires θ et φ,

$$\int_0^\pi\int_0^{2\pi}\left[V\frac{\cos(r,R)}{r^2} - \frac{1}{r}\frac{dV}{dn}\right]R^2\sin\theta\,d\theta\,d\varphi.$$

Or $\frac{R}{r}$ est très voisin de l'unité, V tend vers zéro et $\frac{dV}{dn}$ a une valeur absolue moindre que $\frac{3M}{R^2}$. Cette intégrale est donc moindre en valeur absolue qu'une quantité donnée quelconque, quand le rayon R augmente indéfiniment. Or elle a une valeur indépendante de R ; elle est rigoureusement nulle. Nous avons donc la formule

$$V_A = \frac{1}{4\pi}\int\int_S\left(V\frac{d\frac{1}{r}}{dn} - \frac{1}{r}\frac{dV}{dn}\right)d\tau,$$

les dérivées étant ici prises sur la normale *extérieure* à la surface.

3. Appliquons la formule (5) au cas très particulier où la surface S se réduit à une sphère Σ, de centre (a, b, c) et de rayon R ; elle se réduira, d'après le calcul fait plus haut, à

$$V(a, b, c) = \frac{1}{4\pi R^2}\int\int_\Sigma V\,d\tau.$$

Nous allons en tirer avec Gauss un théorème de la plus haute importance :

Une fonction $V(x, y, z)$ *continue dans le voisinage d'un* *point (a, b, c) et satisfaisant à l'équation*

$$\Delta V = 0$$

ne peut avoir au point (a, b, c) ni maximum ni minimum.

Supposons en effet que la fonction V possède en ce point un maximum ; en prenant R assez petit, on aura, pour tout point de la sphère Σ,

$$V(x, y, z) < V(a, b, c),$$

cette inégalité excluant l'égalité, d'où nous concluons, en multipliant par $\dfrac{d\sigma}{4\pi R^2}$ et intégrant,

$$\frac{1}{4\pi R^2} \int \int V \, d\sigma < V(a, b, c),$$

inégalité absurde, puisque les deux membres sont précisément égaux.

On démontrerait de la même manière que la fonction $V(x, y, z)$ ne peut avoir de minimum.

4. Une conséquence immédiate de l'impossibilité d'un maximum ou d'un minimum est le théorème suivant :

Il ne peut exister deux fonctions V, satisfaisant à l'équation de Laplace, continues ainsi que leurs dérivées partielles des deux premiers ordres à l'intérieur d'une surface, et prenant sur cette surface les mêmes valeurs.

Supposons en effet qu'il existe deux telles fonctions, leur différence W satisfera à l'équation

$$\Delta W = 0$$

et s'annulera sur la surface. Elle devrait donc avoir à l'intérieur soit un maximum, soit un minimum, ce qui est en contradiction avec le théorème que nous venons d'établir. W doit donc être identiquement nulle, c'est-à-dire que les deux fonctions considérées sont identiques.

On peut démontrer, de la même manière, qu'il ne peut exister deux fonctions V continues à l'*extérieur* d'une surface fermée S, tendant vers zéro quand le point (x, y, z) s'éloigne à l'infini d'une manière quelconque, et prenant la même succession de valeurs sur la surface S. En effet, leur différence, s'annulant sur la surface et à l'infini, devrait avoir quelque part un maximum ou un minimum.

On voit le problème que suggère le théorème précédent :

Si l'on se donne, sur une surface fermée S, une succession continue de valeurs associées chacune à un point de la surface, il ne peut exister qu'une seule fonction continue à l'intérieur de S, satisfaisant à l'équation de Laplace, et prenant sur la surface S les valeurs données. *Cette solution existe-t-elle toujours, et comment peut-on la déterminer ?*

C'est là un problème célèbre, désigné souvent sous le nom de *problème* ou *principe de Dirichlet*, et dont nous allons maintenant nous occuper. La formule fondamentale (5) n'en donne pas la solution, puisque sous le signe d'intégration se trouve, non seulement V, mais aussi la dérivée $\frac{dV}{dn}$; nous sommes assuré que les valeurs de ces deux expressions sur la surface sont liées les unes aux autres, mais nous ne pouvons que concevoir cette dépendance. Il y a un cas cependant où un artifice permet d'éliminer la dérivée $\frac{dV}{dn}$; nous allons l'approfondir.

II. — Problème de Dirichlet dans le cas d'une sphère.

5. C'est dans le cas où la surface S se réduit à une sphère que nous allons pouvoir éliminer de la formule (5) la dérivée $\frac{dV}{dn}$. Rappelons à cet effet une propriété élémentaire de la sphère. Soit A un point intérieur à une sphère S de rayon R et de centre O, le point conjugué A_1 sera sur le diamètre OA, et l'on aura

$$\overline{OA}.\overline{OA_1} = R^2.$$

Le rapport des distances d'un point quelconque M de la sphère aux deux points A et A_1 est constant, et l'on a

$$\frac{MA}{MA_1} = \frac{OA}{R}.$$

Si (a, b, c) et (a_1, b_1, c_1) désignent les coordonnées de A et A_1, je poserai

$$r^2 = (x-a)^2 + (y-b)^2 + (z-c)^2,$$
$$r_1^2 = (x-a_1)^2 + (y-b_1)^2 + (z-c_1)^2.$$

La formule (3) nous donne d'abord

$$V(a,b,c) = \frac{1}{4\pi} \int\int_S \left(V \frac{d\frac{1}{r}}{dn} - \frac{1}{r}\frac{dV}{dn} \right) d\sigma.$$

D'autre part, en appliquant la formule de Green aux fonctions V et $\frac{1}{r_1}$ continues toutes deux dans S, puisque le point A_1 est extérieur à la sphère, on a

$$0 = \frac{1}{4\pi} \int\int_S \left(V \frac{d\frac{1}{r_1}}{dn} - \frac{1}{r_1}\frac{dV}{dn} \right) d\sigma.$$

Posons $\overline{OA} = l$ et $\overline{OA_1} = l_1$; nous multiplions la dernière égalité par $\frac{R}{l}$ et nous la retranchons de la précédente. Il vient ainsi, puisque $\frac{1}{r} = \frac{R}{l}\frac{1}{r_1}$ sur la sphère,

$$V(a,b,c) = \frac{1}{4\pi} \int\int_S V\left(\frac{d\frac{1}{r}}{dn} - \frac{R}{l}\frac{d\frac{1}{r_1}}{dn} \right) d\sigma.$$

L'artifice précédent nous a donc permis d'éliminer $\frac{dV}{dn}$ et d'exprimer V en un point quelconque de l'intérieur de la sphère à l'aide de ses valeurs sur la surface.

Faisons explicitement le calcul de l'expression précédente. La quantité entre crochets sous le signe d'intégration peut s'écrire

$$\frac{1}{r^2}\cos(r,n) - \frac{R}{l}\frac{1}{r_1^2}\cos(r_1,n).$$

Soit

$$\varphi = (r,n) = \widehat{OMA}, \qquad \varphi_1 = (r_1,n) = \widehat{OMA_1}.$$

Or, dans les deux triangles OMA et OMA_1,

$$l^2 = R^2 + r^2 - 2Rr\cos\varphi,$$
$$l_1^2 = R^2 + r_1^2 - 2Rr_1\cos\varphi_1.$$

On formera de suite la combinaison

$$\frac{\cos\varphi}{r_0^2} - \frac{R}{l}\frac{\cos\varphi_1}{r_1^2} = \frac{R^2-l^2}{R\,r^3},$$

en se rappelant que $ll_1 = R^2$ et $\dfrac{r}{r_1} = \dfrac{l}{R}$.

La formule trouvée devient donc

$$(6)\qquad V(a,b,c) = \frac{1}{4\pi R}\iint \frac{(R^2-l^2)\,V\,d\sigma}{r^3},$$

qui pourra encore s'écrire, en mettant en évidence l'angle γ formé par $\overline{OA}$ et $\overline{OM}$,

$$(7)\qquad V(a,b,c) = \frac{1}{4\pi R}\iint \frac{(R^2-l^2)\,V\,d\sigma}{(R^2-2lR\cos\gamma+l^2)^{\frac{3}{2}}}.$$

Si l'on introduit les coordonnées polaires (l,θ_0,ψ_0) du point A, et (R,θ,ψ) du point (x,y,z), on aura

$$\cos\gamma = \cos\theta\cos\theta_0 + \sin\theta\sin\theta_0\cos(\psi - \psi_0)$$

et, si l'on veut prendre pour variables de sommation sur la sphère θ et ψ, on posera

$$d\sigma = R^2\sin\theta\,d\theta\,d\psi,$$

θ variant de 0 à π et ψ de 0 à 2π.

6. Il nous faut traiter maintenant la question inverse.

En supposant que la fonction V sous le signe somme soit une fonction continue $V(\theta,\psi)$ des angles θ et ψ qui fixent la position d'un point sur la sphère, les formules (6) ou (7) représentent une fonction des coordonnées a, b, c du point A. Représentent-elles une fonction de a, b, c satisfaisant à l'équation

$$\frac{\partial^2 V}{\partial a^2} + \frac{\partial^2 V}{\partial b^2} + \frac{\partial^2 V}{\partial c^2} = 0,$$

et prenant la valeur $V(\theta,\psi)$, quand le point A se rapproche du point de la sphère correspondant aux coordonnées polaires θ et ψ?

Il en est bien ainsi, comme nous allons l'établir.

Tout d'abord, la fonction $V(a,b,c)$ définie par la formule (6)

satisfait à l'équation de Laplace. Cela résulte immédiatement de
ce que

$$\frac{R^2 - r^2}{r^3}$$

considérée comme fonction de a, b, c, vérifie cette équation. Le
calcul ne présente aucune difficulté, si l'on ne perd pas de vue
les trois relations

$$r^2 = a^2 + b^2 + c^2, \qquad r'^2 = (a - x)^2 + (b - y)^2 + (c - z)^2,$$
$$R^2 = x^2 + y^2 + z^2.$$

La dérivée seconde de l'expression précédente par rapport à a est
égale à

$$-\frac{3(R^2 - r^2)}{r^5} + \frac{15(R^2 - r^2)(a - x)^2}{r^7} - \frac{2}{r^3} + \frac{12a(a - x)}{r^5},$$

et l'on a des expressions analogues pour les deux autres dérivées
partielles; la somme de ces trois dérivées est identiquement nulle,
car

$$r'^2 - r^2 - R^2 = 2[a(a - x) + b(b - y) + c(c - z)].$$

La démonstration du second point est plus délicate. Nous allons
suivre une marche analogue à celle que suit M. Schwarz dans le
cas de l'équation de Laplace avec deux variables [1].

7. Commençons par une remarque préliminaire. Si la fonction
donnée $V(\theta, \psi)$ se réduit à une constante, l'unité, par exemple, il
y aura certainement une fonction V satisfaisant à l'équation de
Laplace et devenant égale à un en tous les points de la sphère : ce
sera la fonction $V(a, b, c) = 1$. D'autre part, cette fonction doit
être donnée par la formule (7); on en conclut que

$$\frac{1}{4\pi R} \int \int \frac{(R^2 - r^2)\, d\sigma}{(R^2 - 2rR\cos\gamma + r^2)^{\frac{3}{2}}} = 1,$$

quel que soit le point (a, b, c) à l'intérieur de la sphère.

Ceci posé, soit A' le point où le rayon $\overline{OA}$ rencontre la sphère;

---

[1] Schwarz, *Journal de Crelle*, t. 74.

du point A' comme pôle, je décris un petit cercle correspondant à
l'arc trigonométrique δ. Ce petit cercle divise la sphère en deux
calottes c et C, dont l'une, c, comprend le point A'. Partageons
l'intégrale (7) en deux parties : l'une relative à la calotte c, l'autre
à la calotte C. Puisque la fonction $V(\theta, \psi)$ est continue, on pourra,
étant donné à l'avance un nombre ε, aussi petit qu'on voudra,
choisir δ assez petit pour que la différence des valeurs de $V(\theta, \psi)$
correspondant à deux points quelconques situés sur la calotte c
soit inférieure en valeur absolue à ε.

Prenons maintenant sur la sphère un point fixe P, tel que l'arc PA'
soit moindre que δ. J'écris l'intégrale (7), en désignant par V_P la
valeur de $V(\theta, \psi)$ au point P, sous la forme

$$\frac{V_P}{4\pi R}\iint \frac{(R^2-P^2)\,d\sigma}{(R^2-2PR\cos\gamma+P^2)^{\frac{3}{2}}} + \frac{1}{4\pi R}\iint \frac{(R^2-P^2)(V-V_P)\,d\sigma}{(R^2-2PR\cos\gamma+P^2)^{\frac{3}{2}}}$$

le premier terme se réduira à V_P d'après la remarque faite précédemment ; nous allons chercher une limite supérieure de la valeur
absolue du second.

Partageons ce second terme en deux parties, le champ d'intégration étant, pour l'une, la calotte c, pour l'autre, la calotte C.
Puisque sur la calotte c on a $|V-V_P| < \varepsilon$, la première partie a
une valeur absolue inférieure à l'intégrale

$$\frac{\varepsilon}{4\pi R}\iint \frac{(R^2-P^2)\,d\sigma}{(R^2-2PR\cos\gamma+P^2)^{\frac{3}{2}}}$$

étendue à c, et, à plus forte raison, inférieure à cette intégrale
étendue à la sphère entière ; elle est donc moindre que ε en valeur
absolue.

Passons à la seconde partie ; on aura, quand M est sur la calotte C,

$$R^2-2PR\cos\gamma+P^2 > 2PR(1-\cos\delta),$$

puisque $\cos\gamma < \cos\delta$. Si nous désignons par g le maximum de la
valeur absolue de $V(\theta, \psi)$, notre seconde partie aura donc une valeur absolue moindre que

$$\frac{2g}{4\pi R}\cdot\frac{R^2-P^2}{[2PR(1-\cos\delta)]^{\frac{3}{2}}}\iint d\sigma.$$

moindre, par conséquent, que

$$\frac{2g\,\mathrm{R}(\mathrm{R}^2 - l^2)}{[2l\,\mathrm{R}(1-\cos\delta)]^{\frac{3}{2}}}.$$

Or, on peut prendre l suffisamment voisin de R pour que ce terme soit aussi voisin de zéro qu'on voudra ; il en résulte que, quand le point A, à l'intérieur de la sphère, tend d'une manière quelconque vers le point P, la fonction $\mathrm{V}(a, b, c)$ tend vers V_P. On a, en effet, d'après ce qui précède,

$$|\mathrm{V}(a, b, c) - \mathrm{V}_\mathrm{P}| < \varepsilon + \frac{2g\,\mathrm{R}(\mathrm{R}^2 - l^2)}{[2l\,\mathrm{R}(1-\cos\delta)]^{\frac{3}{2}}};$$

ε est donné à l'avance aussi petit qu'on veut et l est très voisin de R.

Le problème de Dirichlet est donc complètement résolu pour le cas de la sphère ; on peut se donner arbitrairement la fonction V sur la surface, en la supposant seulement fonction continue des paramètres θ et ψ. La formule (7) donne l'intégrale de l'équation de Laplace, continue à l'intérieur, et prenant les valeurs indiquées sur la surface.

8. Avant de passer à un cas plus général, démontrons un théorème d'une application fréquente et qui se déduit immédiatement de la formule (6) :

Si une fonction $\mathrm{V}(x, y, z)$ *satisfaisant à l'équation de Laplace est continue pour toute valeur finie de x, y et z, et si sa valeur absolue est, quelles que soient les valeurs de ces variables, inférieure à un nombre fixe M, cette fonction doit se réduire à une constante.*

De l'origine comme centre, avec un rayon R, décrivons une sphère et appliquons la formule (6) pour l'origine O et le point intérieur A, nous avons V_0 et V_A désignant les valeurs de V en O et A,

$$\mathrm{V}_0 = \frac{1}{4\pi\mathrm{R}} \iint \frac{\mathrm{V}\,d\tau}{\mathrm{R}},$$

$$\mathrm{V}_\mathrm{A} = \frac{1}{4\pi\mathrm{R}} \iint \frac{\mathrm{R}^2 - l^2}{l^3} \mathrm{V}\,d\tau,$$

et, par suite,

$$V_0 - V_A = \frac{1}{4\pi R} \int\int \left(\frac{1}{R} - \frac{R^2 - l^2}{r^3} \right) V \, d\tau$$

$$= \frac{1}{4\pi} \int_0^\pi \int_0^{2\pi} \left[1 - \frac{R(R^2 - l^2)}{r^3} \right] V \sin\theta \, d\theta \, d\psi.$$

Or, supposons que le rayon de R soit très grand, on a toujours, par hypothèse, $|V| < M$; mais $\frac{R}{r}$ sera évidemment très voisin de l'unité pour tous les points de la sphère, puisque le point A reste fixe. La fraction

$$\frac{R(R^2 - l^2)}{r^3}$$

sera donc aussi très voisine de l'unité. Il en résulte que la différence $V_0 - V_A$ a une valeur absolue moindre que toute quantité donnée : or, c'est une quantité fixe : elle est donc rigoureusement nulle. On a ainsi

$$V_A = V_0.$$

La fonction V en un point arbitraire A a la même valeur qu'à l'origine; elle est constante, comme nous voulions l'établir.

III. — Sur une généralisation de l'intégrale de Gauss.

9. Dans un Chapitre précédent (Chap. IV, § 22), nous avons considéré l'intégrale de Gauss

$$(8) \qquad \int\int \frac{\cos(r, n)}{r^3} \, d\tau$$

étendue à une surface fermée, r désignant la distance d'un point fixe A à un point M de l'élément variable $d\tau$ de la surface, et l'angle (r, n), que nous désignerons maintenant par φ, représentant l'angle de la direction $\overline{MA}$ avec la normale intérieure à la surface au point M. Nous avons démontré que cette intégrale était égale à 4π quand le point A était intérieur à la surface, et égale à zéro quand il est extérieur. Dans tout ce qui va suivre, nous supposerons que la surface donnée S est une surface convexe, ayant en chaque point un plan tangent déterminé : c'est le cas pour lequel nous traiterons, dans la Section suivante, le problème général de Dirichlet.

$\cos \psi$ est alors toujours positif quand le point est à l'intérieur ou sur la surface.

Dans ces conditions, nous voyons de suite quelle sera la valeur de l'intégrale (8) en tout point de la surface. Elle est égale à 2π, puisqu'elle représente la somme des ouvertures, évaluées sur la sphère de rayon un, des angles solides sous lesquels, du point A, on voit les éléments $d\sigma$ sur la surface. Cette somme correspondra donc à une demi-sphère, quand le point est sur la surface, c'est-à-dire à 2π. L'intégrale de Gauss, considérée comme fonction des coordonnées (a, b, c) du point A, est donc une fonction discontinue de (a, b, c), quand A traverse la surface. Elle est égale à 4π, quand le point est à l'intérieur, égale à 2π, quand il est sur la surface, et à zéro, quand il est à l'extérieur.

Envisageons maintenant, d'une manière plus générale, l'intégrale

$$V(a, b, c) = \iint \frac{\mu \cos \psi}{r^2} \, d\sigma,$$

où μ désigne une fonction continue des paramètres qui fixent la position d'un point sur la surface S. Cette intégrale V, considérée comme fonction de (a, b, c) est une fonction continue, ainsi que ses dérivées partielles, quand le point A est à l'intérieur ou à l'extérieur de la surface; elle éprouvera une discontinuité pour le passage par la surface. Pour étudier cette discontinuité, je prends un point fixe s sur la surface S, et, désignant par μ_0 la valeur de μ en ce point, je forme la différence

$$W(a, b, c) = \iint \frac{\mu \cos \psi}{r^2} \, d\sigma - \mu_0 \iint \frac{\cos \psi}{r^2} \, d\sigma,$$

qui peut encore s'écrire

$$\iint \frac{(\mu - \mu_0) \cos \psi}{r^2} \, d\sigma.$$

Montrons que *la fonction* W *est une fonction continue de* (a, b, c) *dans l'espace avoisinant le point s.*

Décrivons, à cet effet, de s comme centre, une sphère de rayon ρ, qui découpe sur la surface une courbe γ; on peut prendre ρ assez petit pour que la différence $\mu - \mu_0$ soit, en valeur absolue, moindre que ε, quand le point de la surface, pour lequel on prend la valeur

de μ, est intérieur à γ. Partageons alors l'intégrale en deux parties,
l'une relative à l'aire intérieure à γ, l'autre à l'aire extérieure. La
première intégrale sera, en valeur absolue, moindre que $4\pi\epsilon$, quelle
que soit la position de A dans l'espace. Quant à la seconde intégrale, elle est une fonction continue de (a, b, c), pourvu que ce
point, quand il est dans le voisinage de la surface, reste à une distance de s inférieure à ρ. On peut donc trouver un rayon $\rho' < \rho$ tel
que, à l'intérieur d'une sphère ayant s pour centre et ρ' pour rayon,
la différence des valeurs que prend W en deux points quelconques
soit moindre que ϵ; ce qui démontre la continuité de la fonction
dans le voisinage de S.

Ce point établi, nous avons à distinguer : 1° la valeur de V au
point s, nous la désignerons par V_s; 2° la limite de $V(a, b, c)$ quand
A tend vers s en étant à l'intérieur de la surface, nous l'appellerons V_{is}; 3° la limite de $V(a, b, c)$ quand A tend vers s en étant
à l'extérieur de la surface, nous la représenterons par V_{es}. Le théorème précédent nous fournit immédiatement deux relations entre
V_s, V_{is}, V_{es}. La fonction W étant continue, nous avons l'égalité

$$V_{is} - 4\pi\rho_s = V_s - 2\pi\rho_s,$$

qui exprime que la limite des valeurs de $W(a, b, c)$, quand A tend
vers s en étant à l'intérieur de la surface, est égale à sa valeur au
point s. Pareillement, nous aurons

$$V_{es} = V_s - 2\pi\rho_s.$$

Ainsi, *on a les deux formules très importantes*

$$V_{is} = V_s + 2\pi\rho_s, \qquad V_{es} = V_s - 2\pi\rho_s.$$

10. Voici maintenant une remarque qui nous sera très utile dans
un moment.

Partageons la surface S en deux parties α et β, et soient s et s'
deux points quelconques de la surface; nous désignerons d'une
manière générale par I_γ l'intégrale

$$I_\gamma = \iint_\gamma \frac{\cos\vartheta}{r^2} d\tau,$$

relative au point s, et étendue à une portion γ de la surface S.

Montrons que

$$(9) \qquad \frac{1}{4\pi}\left(I^\alpha + I^\beta\right)$$

est comprise entre l'unité et λ, λ désignant un nombre positif fixe inférieur à *un*. Supposons d'abord que s et s' aient des positions déterminées sur la surface.

En premier lieu, la somme (9) est inférieure ou au plus égale à l'unité, car

$$I^\alpha \leqq 2\pi, \qquad I^\beta \leqq 2\pi.$$

En second lieu, pour montrer que cette somme est supérieure à une certaine limite positive *différente* de zéro, décrivons de s et s' comme centres, avec un petit rayon ρ, des sphères découpant sur la surface deux aires Σ et Σ' autour de s et s'. Dans toute la portion de l'aire α extérieure à Σ, la quantité toujours positive $\cos\varphi$, dans l'intégrale I^α, restera supérieure à un nombre m et la distance r sera inférieure à la longueur D.

On aura donc

$$I^\alpha > \frac{m(\alpha - \Sigma)}{D^2},$$

α désignant l'aire de la partie α, et Σ l'aire de la portion Σ. De la même manière

$$I^\beta > \frac{m(\beta - \Sigma')}{D^2},$$

en désignant par m et D les minima et maxima correspondant à s' et β; nous pouvons, bien entendu, prendre les mêmes valeurs pour m et D dans l'une et l'autre inégalité. Par suite,

$$I^\alpha + I^\beta > \frac{m(S - \Sigma - \Sigma')}{D^2} \qquad (\alpha + \beta = S),$$

S désignant l'aire totale de la surface. La somme (9), qui est inférieure ou au plus égale à l'unité, ne descend donc pas au-dessous d'une certaine limite.

Quand s et s' se déplacent sur la surface, cette limite inférieure a certainement un minimum; nous le désignons par λ, et il est manifestement compris entre *zéro* et *un*. Il existe donc un nombre

$\lambda (\lambda < 1)$, tel que l'on ait

$$0 < \lambda < \frac{1}{4\pi}\left(I_s^\alpha + I_{s'}^\beta\right) \leq 1,$$

quelles que soient les positions de s et s' sur la surface.

11. La remarque précédente va nous permettre d'approfondir l'étude de l'intégrale

$$V_s = \frac{1}{2\pi}\int\int_s \frac{\mu \cos\varphi}{r^2}\,d\sigma,$$

prise pour un point s de la surface S.

Désignons par M et m le maximum et le minimum de μ, et partageons la surface en deux régions α et β, telles que, dans la première, la valeur de la fonction μ reste comprise entre M et $\frac{M+m}{2}$, et soit comprise, dans la seconde, entre m et $\frac{M+m}{2}$; ces régions pourront se composer de portions séparées. On aura évidemment

$$2\pi V_s \leq M I_s^\alpha + \frac{M+m}{2} I_s^\beta,$$

$$2\pi V_s \geq \frac{M+m}{2} I_s^\alpha + m I_s^\beta,$$

inégalités qui pourront encore s'écrire, puisque $I_s^\alpha + I_s^\beta = 2\pi$,

$$(10) \qquad \begin{cases} V_s \leq M - \dfrac{M-m}{4\pi} I_s^\beta, \\ V_s \geq m + \dfrac{M-m}{4\pi} I_s^\alpha. \end{cases}$$

Prenons maintenant un autre point s_1 sur la surface S; on aura pareillement

$$(11) \qquad \begin{cases} V_{s_1} \leq M - \dfrac{M-m}{4\pi} I_{s_1}^\beta, \\ V_{s_1} \geq m + \dfrac{M-m}{4\pi} I_{s_1}^\alpha. \end{cases}$$

Donc, en retranchant membre à membre la seconde des inégalités (11) de la première des inégalités (10),

$$V_s - V_{s_1} \leq (M-m)\left(1 - \frac{I_s^\beta + I_{s_1}^\alpha}{4\pi}\right).$$

et, par suite, en introduisant la quantité λ du paragraphe précédent,

$$V_s - V_{s_1} \lessgtr (M - m)(1 - \lambda),$$

ou enfin, en posant $1 - \lambda = \rho$, on a, *quelles que soient les positions des points s et s_1 sur la surface,*

$$(12) \qquad V_s - V_{s_1} \lessgtr (M - m)\rho,$$

ρ désignant un nombre positif fixe plus petit que l'unité.

Cet important théorème est dû à M. Neumann ([1]) qui en a fait la base de sa méthode de la moyenne arithmétique pour la solution du principe de Dirichlet. Nous nous sommes borné au cas où la surface convexe a, en chaque point, un plan tangent; l'éminent géomètre se place dans des circonstances un peu plus générales, qu'il serait trop long d'examiner ici ([2]).

Voici une conséquence immédiate de l'inégalité (12) : si M_1 et m_1 désignent le maximum et le minimum de V_1 sur S, on aura

$$M_1 - m_1 \lessgtr (M - m)\rho.$$

IV. — Principe de Dirichlet pour une surface convexe.

12. On doit à M. Neumann une méthode remarquable pour résoudre le problème de Dirichlet, dans le cas très étendu où la surface est rencontrée seulement en deux points par une droite et où, suivant l'expression de l'auteur, la surface n'est pas *bietoilée*, c'est-à-dire, où tous les plans tangents ne vont pas passer par deux points fixes (tel serait le cas d'un cube).

Nous nous bornerons ici aux surfaces convexes, considérées dans la Section précédente, pour lesquelles il existe en chaque point un plan tangent déterminé. Nous suivrons une méthode indiquée par Kirchhoff et publiée par les soins de Mme Kowalewsky dans les *Acta mathematica* (t. XIV, p. 179). Au fond, l'analyse

---

([1]) K. NEUMANN, *Untersuchungen über das logarithmische und Newtonsche potential.* Leipzig, 1877.

([2]) On pourra encore consulter sur ce sujet l'excellente thèse de M. Riquier sur l'extension à l'hyperespace de la méthode de M. Neumann (Paris, Hermann, 1886).

de Kirchhoff n'est pas différente de celle de M. Neumann ; nous l'exposerons, en la rattachant à l'inégalité fondamentale de ce savant auteur.

Soit une fonction continue U définie sur la surface convexe S ; en désignant toujours par U_s la valeur d'une fonction U au point s, je forme l'intégrale

$$U^1(a, b, c) = -\frac{1}{4\pi} \iint \frac{\cos\varphi}{r^2}(U - U_s)\,d\sigma.$$

Cette intégrale représente, comme nous l'avons vu (§ 9), une fonction continue de a, b, c à l'extérieur et à l'intérieur de s, dans l'espace avoisinant le point s. Lorsque le point (a, b, c) est au point s, elle a une valeur déterminée U^1_s. L'ensemble de ces valeurs, quand le point s se déplace sur la surface S, définit une fonction U^1 sur cette surface.

Formons de même l'intégrale

$$U^2(a, b, c) = -\frac{1}{4\pi} \iint \frac{\cos\varphi}{r^2}(U^1 - U^1_s)\,d\sigma,$$

qui permettra de définir une nouvelle fonction U^2 sur S, au moyen des valeurs telles que U^2_s ; et ainsi de suite, ayant, d'une manière générale,

$$U^n(a, b, c) = -\frac{1}{4\pi} \iint \frac{\cos\varphi}{r^2}(U^{n-1} - U^{n-1}_s)\,d\sigma,$$

intégrale au moyen de laquelle on formera U^n_s, et on définira U^n sur la surface S.

Soient M et m le maximum et le minimum de U, M_n et m_n les maxima et minima des U^n ; on aura (§ 11), puisque $U - U_s$ est compris entre $2M$ et $2m$,

$$M_1 - m_1 < (M - m)\rho,$$

et, par suite, de proche en proche

$$M_n - m_n < (M - m)\rho^n.$$

13. Ce point établi, cherchons une limite pour les fonctions U elles-mêmes. Nous avons vu précédemment (§ 9), que U^n_s est la limite vers laquelle tend l'intégrale

$$-\frac{1}{4\pi} \iint \frac{\cos\varphi}{r^2} U^{n-1}\,d\sigma.$$

quand le point (a, b, c), supposé extérieur à la surface S, se rapproche indéfiniment du point s.

Or, si nous envisageons cette intégrale pour un point extérieur E, il est facile de trouver pour sa valeur absolue une limite supérieure. En effet, considérons le cône circonscrit à la surface ayant pour sommet E; la courbe de contact partage la surface en deux parties. Pour l'une, $\cos\varphi$ est positif, et, pour l'autre, il est négatif. D'ailleurs les intégrales

$$\iint \frac{\cos\varphi}{r^2}\,d\sigma,$$

étendues à l'une et l'autre, sont égales, au signe près. Leur valeur absolue représente l'angle solide Ω sous lequel, du point E, on voit la surface. Si donc nous appelons toujours M_{n-1} et m_{n-1} le maximum et le minimum de U^{n-1}, l'intégrale

$$-\frac{1}{4\pi}\iint \frac{\cos\varphi}{r^3}\,U^{n-1}\,d\sigma,$$

prise pour le point extérieur E, aura une valeur absolue moindre que

$$\frac{\Omega(M_{n-1}-m_{n-1})}{4\pi};$$

car, pour trouver ces valeurs extrêmes, nous prenons le maximum de U^{n-1} dans la région où $\cos\varphi$ est négatif, et son minimum dans la région où il est positif. Quand E tend vers s, Ω tend vers 2π. Nous avons donc

$$|U^p| < \frac{M_{n-1}-m_{n-1}}{2},$$

et, par conséquent, d'après l'inégalité du § 12,

$$|U^p| < \frac{M-m}{2}\rho^{n-1} \qquad (p<0).$$

De là se tire la conséquence suivante : *la série*

$$U + U^1 + U^2 + \cdots + U^n + \cdots$$

est convergente sur la surface S.

Ses termes sont moindres, en effet, en valeur absolue que ceux d'une progression géométrique décroissante.

14. Nous sommes maintenant en mesure de résoudre le problème de Dirichlet, pour une surface convexe S. Soit U la fonction faisant connaître la succession des valeurs que doit prendre, sur S, l'intégrale V de l'équation de Laplace. Nous formons, comme plus haut, la série

$$U + U^1 + U^2 + \ldots + U^n + \ldots.$$

Nous allons établir que l'intégrale

$$V(a, b, c) = -\frac{1}{4\pi} \int\!\int \frac{\cos \varphi}{r^2} (U + U^1 + \ldots + U^n + \ldots) \, d\tau$$

résout le problème de Dirichlet, c'est-à-dire qu'elle satisfait à l'équation de Laplace et que $V(a, b, c)$ *tend vers* U_s, *quand le point* (a, b, c) *intérieur à S tend vers le point s de cette surface.*

Le premier point est évident. Pour démontrer le second, formons la différence

$$V_{is} - V_{ss'}$$

en adoptant les notations du § 9 : on aura

$$V_{is} - V_{ss'} = -U_s^1 + U_s^1 + U_s^2 + \ldots + U_s^n + \ldots.$$

Or, nous voulons établir que $V_{is} = U_s$; il faut donc montrer que

$$-V_{ss'} = U_s^1 + U_s^2 + \ldots + U_s^n + \ldots.$$

Nous avons vu que l'on peut écrire

$$U_s^n = -\frac{1}{4\pi} \int\!\int \frac{\cos \varphi}{r^2} U^{n-1} \, d\tau,$$

l'intégrale étant prise pour un point infiniment voisin de s en dehors de la surface : il en résulte que

$$U_s^1 + U_s^2 + \ldots + U_s^n + \ldots = -\frac{1}{4\pi} \int\!\int \frac{\cos \varphi}{r^2} (U + U^1 + \ldots + U^{n-1} + \ldots) \, d\tau,$$

l'intégrale étant prise dans les mêmes conditions, égalité qui revient à

$$U_s^1 + U_s^2 + U_s^3 + \ldots + U_s^n + \ldots = -V_{ss'}.$$

comme il fallait le démontrer. *Nous avons donc*

$$V_s = U_s;$$

la fonction $V(a, b, c)$ *tend vers* U_s *quand le point* (a, b, c) *tend vers* s, *en restant à l'intérieur de la surface.*

15. Le problème de Dirichlet est ainsi complétement résolu pour le cas d'une surface convexe. Diverses méthodes permettent, dans des cas étendus, de passer d'un contour convexe à un contour plus compliqué; nous aurons l'occasion de les étudier dans la théorie des équations aux dérivées partielles.

Dans ces derniers temps, M. Poincaré a donné une remarquable méthode pour traiter le problème de Dirichlet. Cette méthode très générale suppose seulement que le plan tangent à la surface en chaque point soit déterminé, sauf en un nombre limité de points coniques ordinaires (*American Journal of Mathematics*, t. XII).

CHAPITRE VII.

ATTRACTION ET POTENTIEL.

I. — Définitions et premières propriétés du potentiel.

1. Nous ferons une dernière application des notions relatives aux intégrales multiples, en étudiant les propositions les plus simples de la théorie de l'attraction. Nous n'avons pas à expliquer ici comment, dans un corps attirant, on suppose la matière répartie d'une manière continue, de telle sorte que la densité ρ soit une fonction continue des coordonnées (a, b, c) d'un point variable de la masse attirante. Les trois composantes X, Y, Z de l'attraction exercée sur un point de coordonnées (x, y, z) sont alors

$$X = \iiint \frac{(a-x)\rho\, d\varepsilon}{r^3},$$

$$Y = \iiint \frac{(b-y)\rho\, d\varepsilon}{r^3},$$

$$Z = \iiint \frac{(c-z)\rho\, d\varepsilon}{r^3},$$

où $r^2 = (x-a)^2 + (y-b)^2 + (z-c)^2$ et $d\varepsilon = da\, db\, dc$, ces intégrales triples étant étendues à la masse attirante. X, Y, Z sont à regarder comme des fonctions de x, y, z. Nous allons démontrer qu'elles sont les dérivées partielles par rapport à x, y, z d'une même fonction représentée par l'intégrale

$$(1) \qquad V(x, y, z) = \iiint \frac{\rho\, d\varepsilon}{r}$$

étendue à la masse attirante et à laquelle on donne le nom de *potentiel*.

2. Supposons d'abord que le point soit à l'extérieur des masses attirantes. X, Y, Z sont alors des fonctions continues de x, y, z, et les relations

$$(2) \qquad X = \frac{\partial V}{\partial x}, \qquad Y = \frac{\partial V}{\partial y}, \qquad Z = \frac{\partial V}{\partial z}$$

sont une conséquence immédiate de l'identité

$$\frac{\partial\left(\frac{1}{r}\right)}{\partial x} = \frac{a - x}{r^3}$$

et des identités analogues relatives à y et z.

Remarquons de suite que $V(x, y, z)$ et ses dérivées partielles $\frac{\partial V}{\partial x}$, $\frac{\partial V}{\partial y}$, $\frac{\partial V}{\partial z}$ tendent vers zéro quand le point (x, y, z) s'éloigne à l'infini d'une manière quelconque. Écrivons V sous la forme

$$V = \frac{1}{R} \int\!\!\int\!\!\int \frac{R}{r} \rho \, da \, db \, dc \qquad (R^2 = x^2 + y^2 + z^2).$$

Quand (x, y, z) s'éloigne à l'infini, $\frac{R}{r}$ a l'unité pour limite ; on a donc

$$\lim VR = \int\!\!\int\!\!\int \rho \, da \, db \, dc = M,$$

M désignant la masse attirante. La fonction V devient donc nulle comme $\frac{M}{R}$. De la même manière on écrira

$$\frac{\partial V}{\partial x} = \int\!\!\int\!\!\int \frac{(a - x)\rho \, da \, db \, dc}{r^3} = \frac{1}{R^2} \int\!\!\int\!\!\int \frac{a - x}{r} \left(\frac{R}{r}\right)^2 \rho \, da \, db \, dc.$$

Or $\frac{R}{r}$ tend vers l'unité, $\frac{a - x}{r}$ reste inférieur à l'unité en valeur absolue ; par suite on aura, en supposant que le point (x, y, z) s'éloigne à l'infini dans une direction faisant avec les axes des angles (α, β, γ),

$$\lim \left(R^2 \frac{\partial V}{\partial x}\right) = - M \cos\alpha,$$

et deux formules analogues pour $\frac{\partial V}{\partial y}$ et $\frac{\partial V}{\partial z}$.

On dit quelquefois qu'une fonction V et ses dérivées du premier ordre s'annulent à l'infini comme un potentiel si elles sont respectivement, pour R très grand, de l'ordre de $\frac{1}{R}$ et de $\frac{1}{R^2}$.

Passons aux dérivées secondes ; on a

$$\frac{\partial^2 V}{\partial x^2} + \frac{\partial^2 V}{\partial y^2} + \frac{\partial^2 V}{\partial z^2} = 0;$$

en effet,

$$\frac{\partial^2 V}{\partial x^2} = \frac{\partial X}{\partial x} = \int\int\int \left[-\frac{1}{r^3} + \frac{3(a-x)^2}{r^5} \right] \rho \, dv,$$

et en faisant la somme ΔV on obtient zéro identiquement.

On n'oubliera pas que, dans ces calculs, le point (x, y, z) est supposé extérieur aux masses attirantes. Les opérations que nous avons faites ne seraient plus légitimes, à cause des éléments devenant infinis, si le point était intérieur.

3. C'est ce cas que nous allons maintenant examiner. Le point $A(x, y, z)$ est donc à l'intérieur de la masse attirante. On s'assure d'abord immédiatement que V, X, Y, Z n'en ont pas moins un sens parfaitement déterminé. Il suffit, en effet, de faire usage des coordonnées polaires (r, θ, ψ) en posant

$$a = x + r\sin\theta\cos\psi, \qquad b = y + r\sin\theta\sin\psi, \qquad c = z + r\cos\theta;$$

alors

$$dv = r^2 \sin\theta \, dr \, d\theta \, d\psi,$$

et les éléments restent finis dans V, X, Y, Z pour $r = 0$; de plus, ces fonctions sont des fonctions continues dans tout l'espace.

Nous allons montrer que les relations (2) subsistent. Concevons autour de A un petit volume. Les masses attirantes sont alors partagées en deux parties, l'une *un* intérieure à ce petit volume, l'autre *deux* extérieure et dont nous désignerons respectivement les potentiels par V_1 et V_2. On aura

$$V = V_1 + V_2 \qquad \text{et aussi} \qquad X = X_1 + X_2,$$

en décomposant la composante X en deux parties, l'une X_1 relative à la masse *un* et l'autre X_2 relative à la masse *deux*.

On prend, dans le volume *un*, un second point A' de coordonnées $(x + \Delta x, y, z)$; soient V', V'_1, V'_2 les valeurs du potentiel relatif à A' pour le volume total et les volumes *un* et *deux*. Nous avons

$$\frac{V' - V}{\Delta x} = \frac{V'_1 - V_1}{\Delta x} + \frac{V'_2 - V_2}{\Delta x}.$$

Or $\lim \dfrac{V'_2 - V_2}{\Delta x} = X_2$, quand Δx tend vers zéro. Étudions le quotient

$$\frac{V'_1 - V_1}{\Delta x}.$$

En désignant par r et r' les distances d'un point variable du volume *un* à A et A', on a

$$\frac{V'_1 - V_1}{\Delta x} = \iiint \frac{\rho\, dv}{\Delta x} \left(\frac{1}{r'} - \frac{1}{r} \right);$$

et comme

$$\left| \frac{1}{\Delta x} \left(\frac{1}{r'} - \frac{1}{r} \right) \right| < \frac{1}{r r'} < \frac{1}{2} \left(\frac{1}{r^2} + \frac{1}{r'^2} \right), \quad \text{car} \quad |r' - r| < |\Delta x|,$$

il s'ensuit que

$$\left| \frac{V'_1 - V_1}{\Delta x} \right| < \frac{1}{2} \iiint \frac{\rho\, dv}{r^2} + \frac{1}{2} \iiint \frac{\rho\, dv}{r'^2}.$$

Or

$$\iiint \frac{\rho\, dv}{r^2} = \iiint \rho \sin\theta\, dr\, d\theta\, d\varphi < 4\pi \rho_1 d,$$

ρ_1 désignant une limite supérieure de la densité autour de A, et d la distance maxima de A à la surface limitant le volume *un*. Si donc D désigne la plus grande corde de cette surface, on aura

$$\left| \frac{V'_1 - V_1}{\Delta x} \right| < 4\pi \rho_1 D,$$

et l'on peut prendre le volume *un* assez petit pour que D soit inférieur à toute quantité donnée. D'autre part, si ce volume est assez petit, X_2 diffère de X d'aussi peu qu'on veut. Donc

$$\frac{V' - V}{\Delta x}$$

a une limite, et cette limite est X. *Les relations*

$$\frac{\partial V}{\partial x} = X, \qquad \frac{\partial V}{\partial y} = Y, \qquad \frac{\partial V}{\partial z} = Z$$

subsistent donc pour le point intérieur ([1]).

4. Nous avons vu que la fonction V et ses dérivées partielles du premier ordre sont continues pour toute valeur de x, y et z; il n'en est pas de même pour les dérivées du second ordre. Pour approfondir la nature de ces dérivées partielles, nous allons effectuer sur les dérivées du premier ordre la transformation employée par Riemann (*Schwere, Electricität und Magnetismus*, Hannover, 1880).

Les dérivées du second ordre sont évidemment continues pour l'espace extérieur aux masses attirantes. Montrons qu'il en est de même à l'intérieur; c'est pour la surface de séparation seulement qu'il y aura une différence, au point de vue de la continuité, entre les dérivées du premier et du second ordre.

D'après ce que nous avons établi au paragraphe précédent,

$$\frac{\partial V}{\partial x} = \iiint \frac{(a-x)}{r^3} \rho\, da\, db\, dc = \iiint \rho \frac{\partial\left(-\frac{1}{r}\right)}{\partial a}\, da\, db\, dc.$$

Décomposons le volume des masses attirantes en deux parties : l'un comprenant à son intérieur le point (x, y, z) et n'ayant aucun point commun avec la surface de séparation, l'autre formée du reste du volume.

Soient V_1 le potentiel dû à la première partie et V_2 celui qui est dû à la seconde partie.

V_2 et toutes ses dérivées partielles seront des fonctions continues de x, y, z; nous n'avons donc à nous occuper que de V_1. Nous supposerons que ρ ait des dérivées partielles du premier ordre par rapport à a, b, c, à l'intérieur du volume des masses attirantes. Nous ne faisons aucune hypothèse à cet égard pour la surface même; c'est pourquoi nous avons fait la décomposition des volumes *un* et *deux*. En intégrant par parties, on pourra

---

[1] Cette démonstration est due à M. Bouquet.

écrire

$$\frac{\partial V_1}{\partial x} = \iint \frac{\rho}{r} \cos \alpha \, d\sigma - \iiint \frac{1}{r} \frac{\partial \rho}{\partial a} \, da \, db \, dc,$$

α désignant l'angle de la normale intérieure avec l'axe des x.

L'intégrale double est étendue à la surface Σ limitant le volume ϖ, et l'intégrale triple à ce volume lui-même. Sous cette forme, on voit que $\frac{\partial V_1}{\partial x}$ aura des dérivées partielles du premier ordre, puisque l'intégrale triple, qui figure dans son expression, est un potentiel, la distribution de la matière correspondant seulement à la densité $\frac{\partial \rho}{\partial a}$ au lieu de correspondre à la densité ρ. Il en résulte que *les dérivées secondes de la fonction* $V(x, y, z)$ *sont continues à l'intérieur des masses attirantes*. Nous allons voir dans un moment qu'elles sont discontinues pour le passage à la surface de séparation.

II. — Formule de Poisson. — Propriétés caractéristiques du potentiel. — Attraction d'un ellipsoïde.

5. Nous avons vu que, pour un point extérieur aux masses attirantes, on a

$$\Delta V = o.$$

Si le point est intérieur, on a, ρ étant la densité au point (x, y, z) pour lequel on prend le potentiel,

$$\Delta V = - 4\pi\rho,$$

formule célèbre due à Poisson, et que nous nous proposons maintenant d'établir.

Reprenons le potentiel V_1 du § 4; on a

$$\Delta V = \Delta V_1,$$

puisque $\Delta V_2 = o$, le point (x, y, z) étant extérieur au volume auquel se rapporte le potentiel V_2. Or

$$\frac{\partial V_1}{\partial x} = \iint \frac{\rho}{r} \cos \alpha \, d\sigma - \iiint \frac{1}{r} \frac{\partial \rho}{\partial a} \, da \, db \, dc.$$

par suite,

$$\frac{\partial^2 V_1}{\partial x^2} = \int\int \rho \frac{\partial \frac{1}{r}}{\partial x} \cos\alpha \, d\sigma + \int\int\int \frac{\partial \frac{1}{r}}{\partial x} \frac{\partial \rho}{\partial a} \, da \, db \, dc,$$

la seconde intégrale ayant un sens parfaitement déterminé.

On peut encore écrire, en remarquant que $\frac{\partial \frac{1}{r}}{\partial x} = -\frac{\partial \frac{1}{r}}{\partial a}$,

$$\frac{\partial^2 V_1}{\partial x^2} = -\int\int \rho \frac{\partial \frac{1}{r}}{\partial a} \cos\alpha \, d\sigma - \int\int\int \frac{\partial \frac{1}{r}}{\partial a} \frac{\partial \rho}{\partial a} \, da \, db \, dc,$$

et, par suite,

$$\Delta V_1 = -\int\int \rho \frac{d \frac{1}{r}}{dn} d\sigma - \int\int\int \left(\frac{\partial \rho}{\partial a} \frac{\partial \frac{1}{r}}{\partial a} + \frac{\partial \rho}{\partial b} \frac{\partial \frac{1}{r}}{\partial b} + \frac{\partial \rho}{\partial c} \frac{\partial \frac{1}{r}}{\partial c} \right) da \, db \, dc.$$

Or, appliquons la formule préliminaire de Green (§ 10, Chap. V) au volume limité par la surface Σ du volume un, qui ne contient aucun point de la surface de séparation, et par une petite sphère σ ayant pour centre le point (x, y, z); il viendra

$$\begin{aligned} &\int\int\int \left(\frac{\partial \rho}{\partial a} \frac{\partial \frac{1}{r}}{\partial a} + \frac{\partial \rho}{\partial b} \frac{\partial \frac{1}{r}}{\partial b} + \frac{\partial \rho}{\partial c} \frac{\partial \frac{1}{r}}{\partial c} \right) da \, db \, dc \\ &\qquad = -\int\int_{\Sigma} \rho \frac{d \frac{1}{r}}{dn} d\sigma - \int\int_{\sigma} \rho \frac{d \frac{1}{r}}{dn} d\sigma, \end{aligned}$$

puisque $\frac{1}{r}$ satisfait à l'équation de Laplace.

La première intégrale double est étendue à la surface Σ et la seconde à la sphère σ; dans cette dernière, la direction de la normale correspond à l'extérieur de la sphère. Mais nous avons déjà calculé cette dernière intégrale ; on a

$$\lim \int\int_{\sigma} \rho \frac{d \frac{1}{r}}{dn} d\sigma = -4\pi \rho(x, y, z)$$

quand le rayon de la sphère σ tend vers zéro.

Revenant donc à l'expression de ΔV_1, nous voyons que

$$\Delta V_1 = -4\pi\rho$$

et, par suite,

$$\Delta V = -4\pi\rho,$$

ρ étant la densité au point (x, y, z) pour lequel on prend le potentiel.

6. Du théorème précédent, *on peut conclure la valeur trouvée par Gauss de l'intégrale*

$$\int\int \frac{dV}{dn}\, d\sigma,$$

étendue à une surface fermée quelconque Σ, la dérivée $\dfrac{dV}{dn}$ étant prise vers l'extérieur de la surface.

Supposons d'abord que le volume limité par cette surface fermée soit tout entier à l'intérieur des masses attirantes. Les dérivées secondes étant continues, on peut appliquer la formule de Green, qui donne

$$\int\int \frac{dV}{dn}\, d\sigma = \int\int \Delta V\, dx\, dy\, dz$$

et, par suite,

$$\int\int \frac{dV}{dn}\, d\sigma = -4\pi M,$$

M étant la portion des masses contenues à l'intérieur de Σ.

Cette formule est générale à cause de la continuité des dérivées du premier ordre et de ce fait que l'intégrale

$$\int\int \frac{dV}{dn}\, d\sigma$$

ne change pas de valeur quand la surface Σ d'intégration se déforme sans rencontrer de masses attirantes.

Pour le montrer bien nettement, supposons d'abord que la surface Σ, limitant toujours un volume intérieur aux masses attirantes, ait une ou plusieurs parties communes avec la surface de séparation. La formule subsiste, car, à cause de la continuité, on peut remplacer ces parties communes par une surface intérieure infiniment voisine.

Dans le cas général, que la surface soit extérieure aux masses attirantes ou les coupe, on peut, sans changer la valeur de l'intégrale, remplacer les portions de Σ extérieures par les portions de surfaces qu'elles découpent sur la surface de séparation, et l'on est ramené alors au cas précédent.

7. La formule de Poisson montre que, en général, les dérivées secondes seront discontinues pour le passage par la surface de séparation, puisque ΔV passe brusquement de la valeur *zéro* à la valeur $- 4\pi\rho$. Nous allons vérifier ce résultat dans le cas particulier d'une sphère homogène. Soit une sphère homogène de centre O et de rayon R. Calculons le potentiel dû à son attraction sur un point A placé à une distance a du centre. Désignons par M un point quelconque de la sphère à la distance r du centre ; soient $\widehat{MOA} = \theta$, $u = \overline{AM}$, et ψ l'angle fait par l'azimut MOA avec un plan fixe quelconque passant par OA. Un élément de surface $r\,dr\,d\psi$ dans le plan MOA, en tournant autour de OA, engendre un anneau dont le potentiel sur A est

$$\rho \cdot \frac{2\pi r^2\,dr\,\sin\theta\,d\theta}{u}.$$

Nous devons donc calculer l'intégrale double

$$2\pi\rho \int_0^R r^2\,dr \int_u \frac{\sin\theta\,d\theta}{u}.$$

Or,

$$u^2 = a^2 + r^2 - 2ar\cos\theta ;$$

par suite, quand r reste constant,

$$\frac{\sin\theta\,d\theta}{u} = \frac{du}{ar}.$$

Nous aurons donc l'intégrale

$$V = \frac{2\pi\rho}{a} \int_0^R r\,dr \int du.$$

Je n'ai pas écrit les limites pour u. Nous avons, en effet, pour les fixer, besoin de distinguer le cas où le point est intérieur de celui où il est extérieur.

Soit d'abord le point extérieur. Pour une valeur de r, u variera entre $a - r$ et $a + r$; donc

$$\int d\alpha = 2r,$$

et le potentiel sera alors égal à $\dfrac{4\pi\rho R^3}{3a}$.

Il est donc le même que si la masse attirante était concentrée au centre de la sphère.

Si le point est intérieur, nous séparerons la masse attirante en deux parties : l'une intérieure, l'autre extérieure à la sphère de rayon OA. Pour la partie intérieure, le calcul est le même que plus haut, et l'on a $\frac{4}{3}\pi\rho a^2$ pour valeur correspondante du potentiel. Pour la partie extérieure, a varie entre $r - \alpha$ et $r + \alpha$, ce qui donne le potentiel $2\pi\rho(R^2 - a^2)$. Donc, additionnant,

$$V = 2\pi\rho\left(R^2 - \frac{a^2}{3}\right).$$

Nous avons ainsi pour le potentiel deux expressions analytiques différentes. On a, en désignant par x, y, z les coordonnées de A, le centre de la sphère étant l'origine,

$$V(x, y, z) = 2\pi\rho\left(R^2 - \frac{x^2 + y^2 + z^2}{3}\right),$$

quand le point (x, y, z) est à l'intérieur, et

$$V(x, y, z) = \frac{\frac{4}{3}\pi\rho R^3}{\sqrt{x^2 + y^2 + z^2}}$$

quand il est à l'extérieur. Les expressions et leurs dérivées partielles du premier ordre prennent respectivement les mêmes valeurs sur la sphère de rayon R; il n'en est pas de même pour les dérivées partielles du second ordre.

8. Résumons les propriétés générales du potentiel $V(x, y, z)$, établies jusqu'ici. C'est une fonction continue dans tout l'espace, ainsi que ses dérivées partielles du premier ordre. Les dérivées secondes sont continues à l'intérieur et à l'extérieur des masses attirantes; la surface de séparation du milieu extérieur et des

masses attirantes sera pour elles une surface de discontinuités. Nous avons en outre

$$\Delta V = 0$$

à l'extérieur, et

$$\Delta V = -4\pi\rho$$

à l'intérieur des masses attirantes. De plus, $V(x, y, z)$ tend vers zéro quand le point (x, y, z) s'éloigne à l'infini d'une manière quelconque.

Nous allons établir maintenant que ces propriétés sont caractéristiques du potentiel. On suppose donc donnés un ou plusieurs volumes v et une fonction $V(x, y, z)$ satisfaisant à toutes les conditions précédentes ; ρ est une fonction également donnée de (x, y, z) à l'intérieur de chaque volume. Montrons que :

V représentera nécessairement le potentiel en (x, y, z) dû à l'attraction d'une matière répartie dans chacun des volumes, la loi de la densité étant représentée en chaque point par la fonction ρ.

Les masses qui viennent d'être définies auront un potentiel V_1 et l'on aura

$$\Delta V_1 = 0, \qquad \text{ou} \qquad \Delta V_1 = -4\pi\rho,$$

suivant que (x, y, z) sera à l'extérieur ou à l'intérieur. Par suite

$$\Delta(V - V_1) = 0,$$

que le point soit à l'intérieur ou à l'extérieur des volumes v. Nous avons donc une fonction

$$U = V - V_1,$$

continue dans tout l'espace, ainsi que ses dérivées partielles du premier ordre. Nous savons qu'elle a des dérivées secondes continues et qu'elle satisfait à l'équation de Laplace en tous les points de l'espace, en exceptant seulement les surfaces E limitant les volumes v. De plus U s'annule à l'infini.

Il est facile d'établir que *les surfaces fermées* E *ne peuvent être pour les dérivées secondes des surfaces de discontinuité* et que l'équation $\Delta U = 0$ sera encore vérifiée pour les points de ces surfaces. Considérons, à cet effet, une surface quelconque S comprenant à son intérieur une de ces surfaces E, et deux autres surfaces

E' et E'' très voisines de E, l'une extérieure et l'autre intérieure
à E. Soit M un point de l'espace compris entre S et E'; nous
avons

$$U_M = \frac{1}{4\pi}\iint_S\left(U\frac{d\frac{1}{r}}{dn} - \frac{1}{r}\frac{dU}{dn}\right)d\sigma - \frac{1}{4\pi}\iint_{E'}\left(U\frac{d\frac{1}{r}}{dn} - \frac{1}{r}\frac{dU}{dn}\right)d\sigma,$$

les dérivées étant prises dans les deux cas dans le sens des normales intérieures aux surfaces géométriques S et E'. D'ailleurs
(Ch. VI, § 1)

$$o = \iint_{E''}\left(U\frac{d\frac{1}{r}}{dn} - \frac{1}{r}\frac{dU}{dn}\right)d\sigma;$$

par suite, on peut écrire

$$U_M = \frac{1}{4\pi}\iint_S\left(U\frac{d\frac{1}{r}}{dn} - \frac{1}{r}\frac{dU}{dn}\right)d\sigma - \frac{1}{4\pi}\iint_{E'}\left(U\frac{d\frac{1}{r}}{dn} - \frac{1}{r}\frac{dU}{dn}\right)d\sigma$$

$$+ \frac{1}{4\pi}\iint_{E''}\left(U\frac{d\frac{1}{r}}{dn} - \frac{1}{r}\frac{dU}{dn}\right)d\sigma;$$

mais, puisque E' et E'' sont très voisines l'une de l'autre, les deux
dernières intégrales, où ne figurent que U et ses dérivées premières
supposées continues même pour les points de la surface E, seront
très peu différentes l'une de l'autre. Comme d'ailleurs leur différence est constante, elle doit être rigoureusement nulle. Donc

$$U_M = \frac{1}{4\pi}\iint_S\left(U\frac{d\frac{1}{r}}{dn} - \frac{1}{r}\frac{dU}{dn}\right)d\sigma.$$

Si le point M est à l'intérieur de E, des calculs analogues établissent que U_M est donnée par la même formule. Mais la fonction U
du point M, donnée par cette formule, est continue, ainsi que ses
dérivées du premier et du second ordre, pour tous les points à l'intérieur de S. La surface E n'est donc pas une surface de singularités, et l'on a, même pour les points de E, $\Delta U = o$. C'est ce que
nous voulions démontrer.

Revenant alors à la fonction U, nous voyons que U et ses dérivées du premier et du second ordre sont continues dans tout l'espace, et de plus on a toujours

$$\Delta U = 0.$$

Donc d'après le théorème du § 8 (Ch. VI), U se réduit à une constante qui ne pourra être que zéro puisque la fonction devient nulle à l'infini. Nous avons alors

$$V = V_1,$$

et la fonction V coïncide avec le potentiel V_1.

8. D'après le théorème précédent, on connaîtra le potentiel dû à l'attraction d'un corps, si l'on a pu déterminer une fonction V satisfaisant à toutes les conditions précédentes. C'est ce qu'a fait Dirichlet dans un de ses Mémoires pour le cas de l'ellipsoïde [1]. Soit l'ellipsoïde représenté par l'équation

$$(E) \qquad \frac{x^2}{a^2} + \frac{y^2}{b^2} + \frac{z^2}{c^2} = 1.$$

Supposons-le rempli d'une matière homogène de densité ρ. Nous allons former *a priori* une fonction $V(x, y, z)$, qui jouira des propriétés indiquées et devra, par suite, représenter le potentiel dû à l'attraction de cet ellipsoïde.

On sait que, si l'on considère l'équation en u,

$$(3) \qquad \frac{x^2}{a^2 + u} + \frac{y^2}{b^2 + u} + \frac{z^2}{c^2 + u} = 1 \qquad (a > b > c),$$

elle a trois racines réelles comprises entre $-a^2$ et $-b^2$, $-b^2$ et $-c^2$, $-c^2$ et $+\infty$.

Si le point (x, y, z) est à l'extérieur de l'ellipsoïde, la racine supérieure à $-c^2$ est positive. Nous allons désigner par u une fonction de x, y, z, qui sera nulle quand ce point sera à l'intérieur de l'ellipsoïde et sera égale à la racine positive de l'équation (3) quand il sera à l'extérieur.

----

[1] *Journal de Crelle*, t. 32.

Dans ces conditions formons l'intégrale

$$V = \pi a b c \rho \int_u^\infty \frac{1 - \dfrac{x^2}{a^2 + \lambda} - \dfrac{y^2}{b^2 + \lambda} - \dfrac{z^2}{c^2 + \lambda}}{\sqrt{(a^2 + \lambda)(b^2 + \lambda)(c^2 + \lambda)}}\, d\lambda.$$

V est une fonction de x, y et z : elle représente, nous allons l'établir, le potentiel dû à l'attraction de l'ellipsoïde.

Cette fonction est d'abord évidemment continue dans tout l'espace et s'annule à l'infini. La règle de différentiation sous le signe d'intégration donne de suite, si le point est extérieur,

$$\frac{\partial V}{\partial x} = \pi a b c \rho \int_u^\infty \frac{\dfrac{-2x}{a^2 + \lambda}\, d\lambda}{\sqrt{(a^2 + \lambda)(b^2 + \lambda)(c^2 + \lambda)}}$$

$$- \pi a b c \rho \frac{\left(1 - \dfrac{x^2}{a^2 + u} - \dfrac{y^2}{b^2 + u} - \dfrac{z^2}{c^2 + u}\right)\dfrac{\partial u}{\partial x}}{\sqrt{(a^2 + u)(b^2 + u)(c^2 + u)}}$$

ou

$$\frac{\partial V}{\partial x} = -2\pi a b c \rho x \int_u^\infty \frac{d\lambda}{(a^2 + \lambda)\sqrt{(a^2 + \lambda)(b^2 + \lambda)(c^2 + \lambda)}}.$$

La même formule convient pour le cas où le point est à l'intérieur, en prenant alors, comme nous l'avons dit, $u = o$. Cette dérivée est continue dans tout l'espace.

Passons aux dérivées secondes; on a, en supposant le point extérieur,

$$\frac{\partial^2 V}{\partial x^2} = 2\pi a b c \rho \left(- \int_u^\infty \frac{d\lambda}{(a^2 + \lambda)\sqrt{(a^2 + \lambda)(b^2 + \lambda)(c^2 + \lambda)}} \right.$$

$$\left. + \frac{\dfrac{x}{a^2 + u}\dfrac{\partial u}{\partial x}}{\sqrt{(a^2 + u)(b^2 + u)(c^2 + u)}} \right),$$

et des expressions analogues pour $\dfrac{\partial^2 V}{\partial y^2}$ et $\dfrac{\partial^2 V}{\partial z^2}$.

En faisant la somme ΔV, on rencontre l'intégrale

$$\int_u^\infty \left(\frac{1}{a^2 + \lambda} + \frac{1}{b^2 + \lambda} + \frac{1}{c^2 + \lambda} \right) \frac{d\lambda}{\sqrt{(a^2 + \lambda)(b^2 + \lambda)(c^2 + \lambda)}}.$$

dont la valeur est trouvée de suite égale à $\dfrac{2}{\sqrt{(a^2+u)(b^2+u)(c^2+u)}}$,
si l'on remarque que la quadrature indéfinie

$$\int \left(\frac{1}{a^2+\lambda} + \frac{1}{b^2+\lambda} + \frac{1}{c^2+\lambda} \right) \frac{d\lambda}{\sqrt{(a^2+\lambda)(b^2+\lambda)(c^2+\lambda)}}$$
$$= \frac{2}{\sqrt{(a^2+\lambda)(b^2+\lambda)(c^2+\lambda)}}.$$

De plus,

$$\frac{x}{a^2+u}\frac{\partial u}{\partial x} + \frac{y}{b^2+u}\frac{\partial u}{\partial y} + \frac{z}{c^2+u}\frac{\partial u}{\partial z} = +2,$$

comme on le vérifie en dérivant successivement l'équation (5) par
rapport à x, y, z, et en ajoutant après avoir multiplié respective-
ment ces équations dérivées par $\dfrac{x}{a^2+u}$, $\dfrac{y}{b^2+u}$, $\dfrac{z}{c^2+u}$. Nous aurons
donc

$$\Delta V = 2\pi abc\rho \left(-\frac{2}{\sqrt{(a^2+u)(b^2+u)(c^2+u)}} + \frac{2}{\sqrt{(a^2+u)(b^2+u)(c^2+u)}} \right) = 0.$$

Le point a été supposé extérieur. Si le point est intérieur, il
faut supposer $\dfrac{\partial u}{\partial x} = \dfrac{\partial u}{\partial y} = \dfrac{\partial u}{\partial z} = 0$ et faire $u = 0$. On a alors de
suite

$$\Delta V = -4\pi\rho.$$

La fonction V *représente donc le potentiel de l'attraction
due à l'ellipsoïde* E.

III. — Attraction d'une couche superficielle. Théorème de M. Bertrand.

10. Nous terminons cette étude sur l'attraction par l'examen d'un
cas qui se rencontre fréquemment dans les applications. Considérons une surface fermée S, et une surface S' infiniment rapprochée
de la première. Soit $d\tau$ un élément de S; menons la normale à
cette surface en un point de l'élément $d\tau$, et désignons par ε la
longueur de cette normale comprise entre S et S'. Le cylindre
ayant pour base $d\tau$ et pour hauteur ε a pour volume $\varepsilon\,d\tau$; si δ

désigne la densité de la matière formant cet élément de volume, la masse de celui-ci sera

$$\zeta \delta\, d\tau.$$

Nous poserons $\zeta\delta = \rho$, et, faisant tendre S' vers S, nous allons supposer que le produit $\zeta\delta$ tende pour chaque point de la surface vers une limite déterminée. Nous concentrons ainsi la masse de l'élément de volume sur l'élément de surface $d\tau$; c'est une fiction analogue à celle par laquelle on concentre une masse déterminée en un point matériel. La masse attirante va donc être supposée concentrée sur la surface S, avec la *densité superficielle* ρ. Il pourra être utile, dans certains cas, de revenir à l'origine même de cette notion.

Le potentiel dû à l'attraction d'une couche superficielle sera l'intégrale

$$V = \iint \frac{\rho\, d\tau}{r},$$

étendue à la surface S, r désignant toujours la distance du point attiré A de coordonnées x, y, z à l'élément $d\tau$. Quand le point A ne fait pas partie de la surface S, V est évidemment continue ainsi que ses dérivées partielles, et l'on a

$$\frac{\partial V}{\partial x} = X, \qquad \frac{\partial V}{\partial y} = Y, \qquad \frac{\partial V}{\partial z} = Z,$$

X, Y, Z désignant les composantes de l'attraction de la couche sur A. Le potentiel V est encore parfaitement déterminé quand le point est sur la surface et ne cesse pas d'être une fonction continue quand A traverse la surface. Pour le montrer, traçons sur la surface une petite courbe fermée γ, et supposons que le pied M de la normale menée du point A à la surface tombe à l'intérieur de cette courbe. Prenons comme axe des z la droite MA, le point M étant l'origine, et deux axes rectangulaires quelconques dans le plan tangent à la surface en M. Le potentiel sera représenté par

$$\iint \frac{\rho\, dx\, dy \sqrt{1+p^2+q^2}}{\sqrt{x^2+y^2+(z-h)^2}},$$

en posant

$$MA = h, \qquad \frac{\partial z}{\partial x} = p, \qquad \frac{\partial z}{\partial y} = q.$$

Nous n'avons à nous préoccuper que du potentiel dû à l'attraction de l'aire limitée par γ. L'intégrale précédente doit donc être étendue à la projection de cette aire sur le plan des xy; mais cette intégrale est moindre que

$$\iint \frac{\rho \, dx \, dy \sqrt{1 + p^2 + q^2}}{\sqrt{x^2 + y^2}},$$

et, par suite, en prenant les coordonnées polaires R et θ dans le plan (xy), moindre que

$$\iint \rho \, dR \, d\theta \sqrt{1 + p^2 + q^2},$$

intégrale qui sera très petite si l'aire limitée par γ est très petite. Donc, quand le point A traverse la surface, le potentiel V ne cesse pas d'être une fonction continue.

Il n'en est pas de même pour les dérivées partielles, qui cessent d'avoir un sens quand le point est sur la surface. Sans m'arrêter sur cette question, je veux seulement faire connaître à ce sujet une formule essentielle qui va être très utile dans la démonstration de deux théorèmes qui termineront ce Chapitre.

11. Considérons une surface fermée S et une couche étendue sur sa surface; on la suppose telle que l'attraction, sur tout point intérieur, soit nulle. Dans ces conditions, le potentiel dû à l'attraction de cette couche sera constant à l'intérieur et, par conséquent, sur la surface S qui est dite alors une surface de *niveau*, c'est-à-dire une surface où le potentiel est constant. Soit C la valeur constante du potentiel sur S; à l'extérieur, le potentiel est une fonction variable avec la position du point (x, y, z) et qui varie depuis la valeur C jusqu'à zéro, quand le point s'éloigne indéfiniment. Envisageons une surface de niveau S' infiniment voisine de S et un élément $d\sigma$ sur celle-ci. Par les points du contour de cet élément, menons des courbes orthogonales aux surfaces de niveau; ces courbes formeront une sorte de surface cylindrique, et je considère le volume limité par ce petit cylindre et les deux surfaces S et S'. Appliquons à ce volume la relation générale de Gauss ($\S$ 6)

$$\iint \frac{dV}{dn} \, d\sigma = -4\pi M.$$

Les termes de l'intégrale relatifs à la surface latérale et à l'élément $d\tau$ sont nuls, puisque le cylindre a ses génératrices normales aux surfaces de niveau et que, d'autre part, V reste constant quand on pénètre dans la surface. L'intégrale se réduit donc à l'élément $\frac{dV}{dn} d\tau'$ relatif à l'élément $d\tau'$ découpé sur la surface S' par le cylindre. D'ailleurs, on a (§ 10)

$$M = \rho\, \delta\, d\sigma = \rho\, d\tau,$$

et, par suite, l'égalité précédente se réduit ici à

$$\frac{dV}{dn} d\tau' = -\, 4\pi\rho\, d\sigma.$$

Or, faisons tendre S' vers S, le rapport $\frac{d\tau'}{d\tau}$ tend vers l'unité, et il nous reste

$$\rho = -\, \frac{1}{4\pi}\, \frac{dV}{dn},$$

formule capitale où il faut bien entendre que $\frac{dV}{dn}$ représente la limite de la dérivée relative à la normale extérieure pour la surface de niveau S', quand celle-ci se rapproche indéfiniment de S.

Voici une conséquence intéressante de cette formule. Supposons que l'on ait, sur la surface S, deux couches différentes n'exerçant aucune action à l'intérieur. Soient, en chaque point, ρ et ρ_1 les densités superficielles pour ces deux couches, V et V_1 les potentiels qui leur correspondent. V et V_1 auront chacun une valeur constante sur la surface, soit m le rapport de ces deux constantes. Les deux potentiels

$$V, \quad mV_1$$

auront la même valeur sur S ; ils devront donc coïncider à l'extérieur (§ 7). Donc, pour chaque élément, nous avons

$$\frac{dV}{dn} = m\, \frac{dV_1}{dn},$$

et, par suite,

$$\rho = m\rho_1.$$

Les deux densités sont dans le même rapport en tous les points de la surface.

12. Je considère maintenant une famille de surfaces

$$V(x, y, z) = \text{const.},$$

la fonction V satisfaisant à l'équation $\Delta V = 0$, à l'extérieur d'un certain volume P, et s'annulant à l'infini ainsi que ses dérivées partielles comme un potentiel. On suppose, de plus, que, C variant depuis une certaine valeur γ jusqu'à zéro, les surfaces

$$(4) \qquad\qquad V(x, y, z) = C$$

soient des surfaces fermées, enveloppant entièrement le volume P. Prenons une de ces surfaces et étalons sur elle une couche dont la densité en chaque point soit inversement proportionnelle à la distance à la surface infiniment voisine. Nous allons établir que :

L'action de cette couche, pour tout point qui lui est intérieur, est nulle, et que, pour les points extérieurs, les surfaces de niveau sont les surfaces de la famille considérée.

Tout d'abord, nous pouvons prendre comme expression de la densité

$$\rho = -\frac{1}{4\pi}\frac{dV}{dn},$$

expression inversement proportionnelle à dn, puisque, quand on passe d'une surface à la surface voisine, dV est constant. Soit A un point intérieur à la surface S définie par l'équation (4). la formule de Green, appliquée pour le volume indéfini extérieur à cette surface, nous donne

$$\iint\left(\frac{1}{r}\frac{dV}{dn} - V\frac{d\frac{1}{r}}{dn}\right) d\sigma = 0.$$

Or, sur la surface, V a la valeur constante C; donc

$$C = -\frac{1}{4\pi}\iint\frac{1}{r}\frac{dV}{dn}\, d\sigma = \iint\frac{\rho\, d\sigma}{r}.$$

Ainsi, quel que soit le point A intérieur à S, le potentiel dû à l'attraction de la couche étendue sur S est égale à la constante C. L'attraction de cette couche est donc nulle sur tout point intérieur.

Appliquons encore la formule de Green, mais en supposant le point A extérieur à S. Nous aurons

$$V_A = - \frac{1}{4\pi} \int\int \left(\frac{1}{r}\frac{dV}{dn} - V \frac{d\frac{1}{r}}{dn} \right) d\alpha = - \frac{1}{4\pi} \int\int \frac{1}{r}\frac{dV}{dn}\, d\alpha = \int\int \frac{\rho}{r}\, d\alpha,$$

ce qui montre que le potentiel dû à l'attraction de la couche est égal, au point A, à la valeur V_A de la fonction $V(x, y, z)$ en ce point. La famille des surfaces, dont nous sommes parti, donne donc les surfaces de niveau.

Le théorème précédent est un cas particulier d'une proposition plus générale donnée par Green dans le Mémoire que nous avons déjà cité. Elle a été retrouvée postérieurement par Chasles.

13. On doit à M. Bertrand un théorème qui est, en quelque sorte, l'inverse de la question précédente et que des considérations géométriques avaient conduit l'éminent géomètre à énoncer comme très vraisemblable. On peut l'établir comme il suit [1] :

On a, je le suppose, une famille de surfaces fermées telles que, si l'on couvre une quelconque d'entre elles d'une couche dont la densité soit en chaque point inversement proportionnelle à la distance à la surface infiniment voisine, l'attraction de cette couche sur tout point intérieur soit nulle. Nous allons établir que, dans ces conditions, *les surfaces extérieures à la couche seront pour elles des surfaces de niveau.*

Désignons par

$$f(x, y, z) = \lambda$$

l'une quelconque des surfaces. Si A désigne un point intérieur à S et r sa distance à l'élément variable $d\tau$ de cette surface, l'intégrale

$$\int\int \frac{1}{r}\left(\frac{\partial f}{\partial x}\cos\alpha + \frac{\partial f}{\partial y}\cos\beta + \frac{\partial f}{\partial z}\cos\gamma \right) d\tau$$

ou encore

$$(5) \qquad \int\int \frac{1}{r}\left(\frac{\partial f}{\partial x}\, dy\, dz + \frac{\partial f}{\partial y}\, dz\, dx + \frac{\partial f}{\partial z}\, dx\, dy \right),$$

---

[1] *Comptes rendus*, t. CVII, p. 984.

étendue à S, ne dépend pas de la position de A: le multiplicateur de $\frac{dz}{r}$ est, en effet, dans la première intégrale $\frac{df}{dn}$ et est bien, par suite, inversement proportionnel à dn. Or prenons deux surfaces S et S' (S' étant extérieur à S et correspondant à la valeur λ' du paramètre); nous pouvons dire que l'intégrale (5), étendue à la surface intérieure de S et à la surface extérieure de S', est indépendante de la position de A. Or cette intégrale, comme nous le savons, peut se remplacer par l'intégrale triple

$$\iiint \left[\frac{\partial}{\partial x}\left(\frac{1}{r}\frac{\partial f}{\partial x}\right) + \frac{\partial}{\partial y}\left(\frac{1}{r}\frac{\partial f}{\partial y}\right) + \frac{\partial}{\partial z}\left(\frac{1}{r}\frac{\partial f}{\partial z}\right) \right] dx\, dy\, dz,$$

étendue au volume compris entre S et S', laquelle est la somme de l'intégrale

$$(6) \qquad \iiint \frac{1}{r}\left(\frac{\partial^2 f}{\partial x^2} + \frac{\partial^2 f}{\partial y^2} + \frac{\partial^2 f}{\partial z^2} \right) dx\, dy\, dz$$

et de l'intégrale

$$\iiint \left[\frac{\partial\left(\frac{1}{r}\right)}{\partial x}\frac{\partial f}{\partial x} + \frac{\partial\left(\frac{1}{r}\right)}{\partial y}\frac{\partial f}{\partial y} + \frac{\partial\left(\frac{1}{r}\right)}{\partial z}\frac{\partial f}{\partial z} \right] dx\, dy\, dz,$$

qui, d'après la formule préliminaire de Green, se réduit à

$$-\iint f \frac{d\frac{1}{r}}{dn}\, dz$$

et est par suite égale à $\frac{1}{4}\pi(\lambda' - \lambda)$; car, f étant constant sur les deux surfaces d'intégration, nous sommes ramené à l'intégrale de Gauss.

De là résulte que l'intégrale (6) ne dépend pas de la position de A. Or supposons maintenant $\lambda' = \lambda + d\lambda$, l'élément de volume $dx\, dy\, dz$ se réduit à

$$dz\, dn = \frac{dz\, d\lambda}{\sqrt{\left(\frac{\partial f}{\partial x}\right)^2 + \left(\frac{\partial f}{\partial y}\right)^2 + \left(\frac{\partial f}{\partial z}\right)^2}},$$

car

$$\frac{df}{dn} = \sqrt{\left(\frac{\partial f}{\partial x}\right)^2 + \left(\frac{\partial f}{\partial y}\right)^2 + \left(\frac{\partial f}{\partial z}\right)^2}.$$

L'intégrale (6), en supprimant le facteur $d\tau$, se réduit alors à

$$(7)\qquad \int\int \frac{\dfrac{\partial^2 f}{\partial x^2}+\dfrac{\partial^2 f}{\partial y^2}+\dfrac{\partial^2 f}{\partial z^2}}{\sqrt{\left(\dfrac{\partial f}{\partial x}\right)^2+\left(\dfrac{\partial f}{\partial y}\right)^2+\left(\dfrac{\partial f}{\partial z}\right)^2}}\,\frac{d\tau}{r}.$$

D'autre part, l'intégrale (5) peut aussi s'écrire

$$(8)\qquad \int\int \sqrt{\left(\frac{\partial f}{\partial x}\right)^2+\left(\frac{\partial f}{\partial y}\right)^2+\left(\frac{\partial f}{\partial z}\right)^2}\,\frac{d\tau}{r}.$$

Les intégrales (7) et (8) ne dépendent donc pas de la position de A
à l'intérieur de S; il en résulte que (§ 11) le quotient

$$\frac{\dfrac{\partial^2 f}{\partial x^2}+\dfrac{\partial^2 f}{\partial y^2}+\dfrac{\partial^2 f}{\partial z^2}}{\left(\dfrac{\partial f}{\partial x}\right)^2+\left(\dfrac{\partial f}{\partial y}\right)^2+\left(\dfrac{\partial f}{\partial z}\right)^2}$$

reste constant sur chaque surface; il est donc une fonction de
$f(x, y, z)$.

La démonstration va maintenant s'achever facilement : de la
relation

$$(9)\qquad \frac{\Delta f}{\left(\dfrac{\partial f}{\partial x}\right)^2+\left(\dfrac{\partial f}{\partial y}\right)^2+\left(\dfrac{\partial f}{\partial z}\right)^2}=\mathrm{F}(f),$$

on déduit immédiatement qu'il existe une fonction V de f satisfaisant à l'équation de Laplace. Soit, en effet,

$$\mathrm{V}=\psi(f),$$

le calcul de $\Delta\mathrm{V}$ donne de suite

$$\Delta\mathrm{V}=\frac{d^2\psi}{df^2}\left[\left(\frac{\partial f}{\partial x}\right)^2+\left(\frac{\partial f}{\partial y}\right)^2+\left(\frac{\partial f}{\partial z}\right)^2\right]+\frac{d\psi}{df}\,\Delta f.$$

L'équation $\Delta\mathrm{V}=0$ revient donc à

$$\frac{\Delta f}{\left(\dfrac{\partial f}{\partial x}\right)^2+\left(\dfrac{\partial f}{\partial y}\right)^2+\left(\dfrac{\partial f}{\partial z}\right)^2}=-\frac{\dfrac{d^2\psi}{df^2}}{\dfrac{d\psi}{df}},$$

et la condition nécessaire et suffisante pour qu'on puisse trouver une fonction $\psi(f)$ vérifiant cette relation est que l'on ait l'identité (9).

L'équation de la famille de surfaces

$$f(x, y, z) = \lambda$$

peut donc se mettre sous la forme

$$V(x, y, z) = C,$$

et, par suite, nous nous trouvons ramené au théorème précédent. Toutefois une objection se présente; dans le cas actuel, nous ne savons rien sur la façon dont se comporte la fonction $V(x, y, z)$ à l'infini. Mais cela importe peu, si l'on a soin de modifier de la manière suivante le raisonnement fait au paragraphe précédent. Considérons deux surfaces fermées S et S'

$$V(x, y, z) = C, \qquad V(x, y, z) = C';$$

on suppose S intérieur à S'.

Soit A un point compris entre ces deux surfaces. On aura, d'après la formule classique,

$$V_A = \frac{1}{4\pi} \int\!\!\int_S \left(V \frac{d\frac{1}{r}}{dn} - \frac{1}{r} \frac{dV}{dn} \right) d\sigma - \frac{1}{4\pi} \int\!\!\int_{S'} \left(V \frac{d\frac{1}{r}}{dn} - \frac{1}{r} \frac{dV}{dn} \right) d\sigma;$$

pour la première intégrale, la dérivée est prise vers l'extérieur de la surface; elle est prise vers l'intérieur dans la seconde. Mais V étant constant sur les surfaces d'intégration, la formule précédente se réduit à

$$V_A = - \frac{1}{4\pi} \int\!\!\int_S \frac{1}{r} \frac{dV}{dn} d\sigma + C' - \frac{1}{4\pi} \int\!\!\int_{S'} \frac{1}{r} \frac{dV}{dn} d\sigma.$$

Or la seconde intégrale, celle qui est relative à la surface S', est indépendante par hypothèse de la position de A. Donc V_A qui, à une constante près, se réduit à

$$- \frac{1}{4\pi} \int\!\!\int \frac{1}{r} \frac{dV}{dn} d\sigma,$$

représente le potentiel au point A de l'action exercée par la couche de densité $-\dfrac{1}{4\pi}\dfrac{dV}{dn}$ étalée sur S. Les surfaces

$$V(x, y, z) = \text{const},$$

extérieures à la surface S sont donc les surfaces de niveau pour cette couche. C'est ce que nous voulions établir.

14. Faisons une application au cas où la famille considérée de surfaces est une famille d'ellipsoïdes homofocaux,

$$\frac{x^2}{a^2+\lambda} + \frac{y^2}{b^2+\lambda} + \frac{z^2}{c^2+\lambda} = 1.$$

En désignant, pour des valeurs données de x, y, z, la plus grande racine de cette équation par λ, nous devons calculer

$$\sqrt{\left(\frac{\partial\lambda}{\partial x}\right)^2 + \left(\frac{\partial\lambda}{\partial y}\right)^2 + \left(\frac{\partial\lambda}{\partial z}\right)^2}.$$

Or, en différentiant successivement par rapport à x, y, z, on trouve immédiatement $\dfrac{\partial\lambda}{\partial x}$, $\dfrac{\partial\lambda}{\partial y}$, $\dfrac{\partial\lambda}{\partial z}$ et finalement, pour l'expression précédente,

$$\frac{2}{\sqrt{\dfrac{x^2}{(a^2+\lambda)^2} + \dfrac{y^2}{(b^2+\lambda)^2} + \dfrac{z^2}{(c^2+\lambda)^2}}}.$$

En particulier, pour l'ellipsoïde correspondant à $\lambda = 0$, la loi de la densité, en supposant celle-ci inversement proportionnelle à la distance à la surface infiniment voisine, pourra être représentée par

$$\frac{1}{\sqrt{\dfrac{x^2}{a^4} + \dfrac{y^2}{b^4} + \dfrac{z^2}{c^4}}}.$$

Je dis que pour une telle couche l'action sur un point intérieur est nulle. Pour l'établir, nous aurons recours à l'artifice suivant : Imaginons un second ellipsoïde homothétique, concentrique au premier et extérieur, et supposons que l'espace compris entre ces deux surfaces soit rempli d'une matière de densité constante δ. Cette masse n'exercera aucune action sur un point intérieur A. Pour le voir, il suffit de considérer un cône d'ouverture infiniment petite $d\Sigma$, ayant pour sommet le point A. On sait que deux ellipsoïdes homothétiques détachent sur une même sécante des portions égales, c'est-à-dire qu'en désignant par r_1 et r'_1, r_2 et r'_2 les distances respectives du point A aux points de rencontre d'une sécante, passant par ce point, avec les deux ellipsoïdes, on aura $r_1 - r_2 = r'_1 - r'_2$. De cette propriété résulte immédiatement que les deux masses, découpées par le cône élémentaire dans le volume attirant, exerceront sur le point A une même attraction, qui aura pour expression

$$\delta\, d\Sigma \int dr = \delta\, d\Sigma\, (r_1 - r_2) = \delta\, d\Sigma\, (r'_1 - r'_2).$$

Soit maintenant $1 + \alpha$ le rapport de similitude des deux ellipsoïdes, α étant très petit. Appelons p la perpendiculaire abaissée du centre sur le plan tangent à l'élément $d\sigma$ du premier ellipsoïde; le cône ayant A pour sommet et pour base $d\sigma$ découpera dans le volume attirant un volume élémentaire égal à

$$p\alpha\, d\sigma,$$

car $p\alpha$ représentera la distance de deux plans tangents correspondants dans les deux ellipsoïdes homothétiques. La masse de cet élément sera donc

$$p\alpha\delta\, d\sigma,$$

et la densité superficielle sur l'ellipsoïde, comme il a été expliqué (§ 10), sera proportionnelle à p. Or on a

$$p = \frac{1}{\sqrt{\dfrac{x^2}{a^4} + \dfrac{y^2}{b^4} + \dfrac{z^2}{c^4}}}.$$

Nous retombons donc sur la couche que nous avons obtenue plus haut. Pour une telle couche, dont l'action sur un point intérieur est nulle, les surfaces de niveau à l'extérieur seront, d'après le théorème de M. Bertrand, des ellipsoïdes homofocaux à l'ellipsoïde sur lequel est étalée la couche considérée. Cette remarquable proposition est due à Poisson.

IV. — Méthode de M. Robin pour la recherche d'une couche sans action sur un point intérieur.

15. Nous terminerons ce Chapitre en faisant la recherche de la couche étalée sur une surface convexe et sans action sur un point intérieur. D'après ce que nous avons dit plus haut (§11), cette couche est unique si l'on fait abstraction d'un facteur constant par lequel on peut multiplier la densité en chaque point de la surface. Ce problème est du plus grand intérêt, car il revient au problème de la distribution de l'électricité. Parmi les diverses méthodes proposées pour le résoudre, une des plus élégantes est celle de M. Robin (*Comptes rendus des séances de l'Académie des Sciences*, t. CIV, p. 1834). Nous allons l'exposer, en démontrant d'abord une formule préliminaire, obtenue par cet auteur dans sa remarquable Thèse sur le problème de la distribution de l'électricité ([1]).

16. Nous considérons donc une couche étalée sur une surface fermée convexe et n'exerçant aucune action sur un point intérieur. En un point fixe m sur la surface, je mène la normale n et je prends sur cette droite, à l'*intérieur* de la surface, un point m_1 infiniment voisin de m. L'action exercée par la couche sur le point m_1 est nulle. Évaluons la composante suivant mm_1 de l'action exercée par la couche sur le point m; elle sera représentée par l'intégrale

$$(10) \qquad \iint \frac{\rho \cos \varphi}{r^2}\, d\sigma,$$

où φ désigne l'angle fait avec la normale mm_1 par la droite joignant le point m à l'élément $d\sigma$. (On aura soin de ne pas confondre cet angle avec celui qui a été désigné par la même lettre dans un Chapitre précédent.) L'intégrale précédente a un sens parfaitement déterminé; on s'en assure en prenant le point m pour origine et introduisant les coordonnées polaires avec lesquelles l'élément ne devient plus infini. En désignant de même par φ_1 l'angle que fait avec $m_1 m$ la droite joignant le point m_1 à l'élément $d\sigma$, l'inté-

---

([1]) G. ROBIN, *Annales de l'École Normale*, 1886 (supplément).

grale

$$(11) \qquad \iint \frac{\rho \cos \varphi}{r_1^2} \, d\tau$$

représentera la projection sur $m_1 m$ de l'action de la couche en m_1; cette intégrale sera donc nulle par hypothèse. Formons la somme des intégrales (10) et (11); il est facile de l'évaluer. Partageons, en effet, la surface en deux parties, dont l'une est l'aire Σ infiniment petite, découpée autour de m par une sphère de rayon infiniment petit r', ce rayon étant toutefois infiniment grand par rapport à la distance mm_1. La somme des intégrales (10) et (11), relatives à la portion de la surface extérieure à l'aire Σ, est infiniment petite; car, le rayon r une fois fixé, l'action exercée sur m_1 par cette portion de surface varie d'une manière continue quand m_1 se rapproche indéfiniment de m. Il reste à évaluer la somme pour l'aire Σ. L'intégrale (10) a évidemment une valeur infiniment petite; l'intégrale (11) représente, à un infiniment petit près, le produit par ρ_m de l'angle solide sous lequel on voit du point m_1 l'aire Σ : c'est ce qu'on voit nettement en introduisant l'angle ψ fait par la normale à l'élément $d\tau$ et la droite joignant cet élément au point m_1. L'intégrale peut s'écrire

$$\iint \rho \frac{\cos \varphi_1}{\cos \psi} \frac{\cos \psi}{r_1^2} \, d\tau$$

et, si l'on appelle ρ_m la valeur de ρ au point m, cette expression différera très peu de

$$\rho_m \iint \frac{\cos \varphi_1}{\cos \psi} \frac{\cos \psi}{r_1^2} \, d\tau.$$

Or $\frac{\cos \varphi_1}{\cos \psi}$ est très voisin de l'unité; nous sommes donc ramené à

$$\rho_m \iint \frac{\cos \psi \, d\tau}{r_1^2}.$$

Nous avons cette fois l'intégrale de Gauss. Le multiplicateur de ρ_m est l'angle solide sous lequel du point m_1 on voit l'aire Σ; il est donc très voisin de 2π, et nous arrivons enfin à la formule

$$(12) \qquad \rho_m = \frac{1}{2\pi} \iint \frac{\rho \cos \varphi}{r^2} \, d\tau,$$

puisque, comme il a été dit, l'intégrale (11) est nulle. C'est une équation fonctionnelle à laquelle satisfait la densité ρ, considérée comme fonction de point sur la surface, quand cette densité correspond à une couche sans action sur un point intérieur.

Cette équation fonctionnelle définit complètement, à un facteur constant près, la densité ρ. Pour le voir, reprenons le raisonnement précédent, sans nous appuyer, bien entendu, sur ce que l'intégrale (11) est nulle. De l'existence supposée de l'équation (12), on tire précisément la conclusion que l'intégrale (11) est nulle ou, pour parler plus rigoureusement, qu'elle est infiniment petite si le point m_1 est infiniment voisin de la surface. Ceci suffit à établir que ρ représente la densité d'une couche sans action sur un point intérieur. En effet, considérons la surface S′, parallèle à la surface convexe donnée S, obtenue en portant sur la normale intérieure une longueur constante infiniment petite. En chaque point de S′, la dérivée $\dfrac{dV}{dn}$ du potentiel dû à la couche étalée sur S, est infiniment petite; or on a, d'après la formule préliminaire de Green, où l'on fait U = V,

$$\int\int\int\left[\left(\frac{dV}{dx}\right)^2+\left(\frac{dV}{dy}\right)^2+\left(\frac{dV}{dz}\right)^2\right]dx\,dy\,dz=-\int\int V\frac{dV}{dn}\,d\sigma,$$

l'intégrale triple étant étendue au volume limité par S′ et l'intégrale double étant étendue à cette surface. Or $\dfrac{dV}{dn}$ est infiniment petit; il en sera, par suite, de même des dérivées partielles $\dfrac{dV}{dx}$, $\dfrac{dV}{dy}$, $\dfrac{dV}{dz}$ en tous les points de l'intérieur. Ces expressions, indépendantes de la surface S′, étant aussi petites que l'on veut, sont rigoureusement nulles, et, par suite, V est constant à l'intérieur. La couche de densité ρ étendue sur S est donc sans action sur un point intérieur; c'est ce que nous voulions démontrer.

Faisons encore la remarque importante que la densité ρ d'une couche sans action sur un point intérieur *ne peut s'annuler en aucun point de la surface convexe* S. C'est ce que montre l'équation fonctionnelle de M. Robin. En effet, $\cos\varphi$ étant toujours positif, les éléments de l'intégrale (12) sont tous positifs et l'on ne peut avoir, par suite, $\rho_m = 0$. Il y aura certainement un certain nombre positif, au-dessous duquel ne descendra pas la densité ρ.

17. Nous sommes maintenant en mesure de résoudre le problème
proposé. Donnons-nous une fonction *quelconque f*, bien déterminée, finie et continue en tout point de S; pour fixer les idées,
nous supposerons cette fonction positive en tous les points de la
surface. Je forme la suite d'intégrales

$$f_1 = \frac{1}{2\pi} \int\int \frac{f \cos \varphi}{r^2} d\sigma,$$

$$f_2 = \frac{1}{2\pi} \int\int \frac{f_1 \cos \varphi}{r^2} d\sigma,$$

- -

$$f_n = \frac{1}{2\pi} \int\int \frac{f_{n-1} \cos \varphi}{r^2} d\sigma.$$

La première équation donne une fonction f_1 du point arbitraire m sur la surface; avec cette fonction, ou forme la seconde
intégrale, et ainsi de suite. L'angle φ a la même signification qu'au
paragraphe précédent, c'est l'angle formé par la droite r qui va de
m à l'élément $d\sigma$ avec la normale intérieure en m. On va démontrer
que f_n *tend vers la densité ρ d'une couche sans action sur un
point intérieur.*

On peut écrire

$$f_1 = \frac{1}{2\pi} \int\int \frac{f}{\rho} \frac{\rho \cos \varphi}{r^2} d\sigma.$$

Soient A le maximum, B le minimum du rapport $\frac{f}{\rho}$. En suivant
la même idée que plus haut avec M. C. Neumann, partageons la
surface S en deux parties : l'une, α, pour laquelle la valeur de $\frac{f}{\rho}$
est supérieure à $\frac{A+B}{2}$; l'autre, β, pour laquelle cette valeur sera
inférieure ou égale à $\frac{A+B}{2}$. On aura

$$2\pi f_1 \leq A \int\int_\alpha \frac{\rho \cos \varphi}{r^2} d\sigma + \frac{A+B}{2} \int\int_\beta \frac{\rho \cos \varphi}{r^2} d\sigma,$$

$$2\pi f_1 \geq \frac{A+B}{2} \int\int_\alpha \frac{\rho \cos \varphi}{r^2} d\sigma + B \int\int_\beta \frac{\rho \cos \varphi}{r^2} d\sigma.$$

ce qui peut encore s'écrire

$$2\pi f_1 \leq A \iint\limits_S \frac{\rho \cos\varphi}{r^2}\, d\sigma - \frac{A-B}{2} \iint\limits_\beta \frac{\rho\cos\varphi}{r^2}\, d\sigma,$$

$$2\pi f_1 \geq B \iint\limits_S \frac{\rho \cos\varphi}{r^2}\, d\sigma + \frac{A-B}{2} \iint\limits_\alpha \frac{\rho\cos\varphi}{r^2}\, d\sigma.$$

Or nous avons vu que $\iint\limits_S \frac{\rho\cos\varphi}{r^2}\, d\sigma = 2\pi\rho$.

Posons

$$\iint\limits_\alpha \frac{\rho\cos\varphi}{r^2}\, d\sigma = \theta_\alpha, \qquad \iint\limits_\beta \frac{\rho\cos\varphi}{r^2}\, d\sigma = \theta_\beta.$$

On aura donc

$$\frac{f_1}{\rho} \leq A - \frac{A-B}{2}\,\frac{\theta_\beta}{2\pi\rho},$$

$$\frac{f_1}{\rho} \geq B + \frac{A-B}{2}\,\frac{\theta_\alpha}{2\pi\rho}.$$

Nous avons deux limites entre lesquelles est comprise $\frac{f_1}{\rho}$ pour un point m de la surface. Pour un autre point m', nous aurions des inégalités analogues

$$\frac{f'_1}{\rho'} \leq A - \frac{A-B}{2}\,\frac{\theta'_\beta}{2\pi\rho'},$$

$$\frac{f'_1}{\rho'} \geq B + \frac{A-B}{2}\,\frac{\theta'_\alpha}{2\pi\rho'},$$

les accents indiquant que les fonctions et les intégrales θ sont prises pour le point m'.

Nous tirons des inégalités qui précèdent

$$\frac{f_1}{\rho} - \frac{f'_1}{\rho'} \leq A - B - \frac{A-B}{2}\left(\frac{\theta_\beta}{2\pi\rho} + \frac{\theta'_\alpha}{2\pi\rho'}\right),$$

$$\frac{f_1}{\rho} - \frac{f'_1}{\rho'} \geq B - A + \frac{A-B}{2}\left(\frac{\theta_\alpha}{2\pi\rho} + \frac{\theta'_\beta}{2\pi\rho'}\right).$$

Or il est évident que

$$\frac{\theta_\beta}{4\pi\rho} + \frac{\theta'_\alpha}{4\pi\rho'} < 1 \qquad (\alpha + \beta = S),$$

car chacun des termes est moindre que $\frac{1}{2}$; de plus, cette somme restera supérieure à un nombre positif plus petit que l'unité. Il en est de même de

$$\frac{\theta_2}{4\pi\rho} - \frac{\theta_3}{4\pi\rho'}.$$

Nous en concluons, enfin,

$$\left| \frac{f_1}{\rho} - \frac{f_0}{\rho} \right| < \mu(A - B) \qquad (0 < \mu < 1).$$

Si donc on désigne par A_1 et B_1 le maximum et le minimum de $\frac{f_1}{\rho}$, on aura

$$A_1 - B_1 < \mu(A - B),$$

et, en général, A_n, B_n désignant le maximum et le minimum de $\frac{f_n}{\rho}$, on a

$$A_n - B_n < \mu^n(A - B).$$

Si donc f_n tend vers une limite pour chaque point m de la surface, il est manifeste que le quotient

$$\frac{f_n}{\rho}$$

tend vers une constante, puisque la différence entre son maximum et son minimum tend vers zéro quand n augmente infiniment.

Or l'inégalité précédente elle-même *montre que f_n tend vers une limite*; on peut, en effet, écrire

$$f_n = \frac{1}{2\pi} \int\int \frac{f_{n-1}}{\rho'} \frac{\rho' \cos\chi}{r^2} d\tau,$$

en mettant explicitement en évidence, sous le signe d'intégration, au moyen des accents, que les fonctions se rapportent à l'élément $d\tau$. Par suite,

$$f_n - f_{n-1} = \frac{1}{2\pi} \int\int \left[\frac{f_{n-1}}{\rho'} - \frac{f_{n-2}}{\rho} \right] \frac{\rho' \cos\chi}{r^2} d\tau,$$

puisque

$$\rho = \frac{1}{2\pi} \int\int \frac{\rho' \cos\chi}{r^2} d\tau;$$

mais

$$\left| \frac{f_{n-1}}{\rho'} - \frac{f_{n-2}}{\rho} \right| < \mu^{n-1}(A - B).$$

nous avons donc

$$|f_n - f_{n-1}| < \mu^{n-1}\rho(A - B) < \mu^{n-1}\rho_0(A - B),$$

en désignant par ρ_0 le maximum de ρ.

Si l'on écrit alors

$$f_n = f_0 + (f_1 - f_0) + \ldots + (f_n - f_{n-1}),$$

on voit que la limite de f_n existe bien et peut être regardée comme la somme d'une série, dont les termes décroissent à la façon d'une progression géométrique décroissante.

Il est donc démontré que

$$\lim f_n = C\rho \qquad (\text{pour } n = \infty),$$

C étant une constante. Cette constante C ne peut d'ailleurs être nulle, quelle que soit la fonction initiale f, puisque, en particulier, si l'on prenait $f = \rho$, on aurait C $= 1$. La méthode précédente permet donc d'obtenir la densité de la couche sans action sur un point intérieur.

CHAPITRE VIII.

INTÉGRATION DES SÉRIES. — SÉRIES ENTIÈRES.

I. — Des séries uniformément convergentes.

1. Les fonctions se présentant souvent en Analyse sous forme de séries, il serait extrêmement utile d'avoir des règles qui permissent d'effectuer l'intégration ou la différentiation d'une fonction ainsi représentée. On sait malheureusement peu de chose de général sur ce sujet. Toutefois l'étude de ces questions a conduit à bien préciser la nature particulière de convergence de certaines séries dépendant d'un paramètre arbitraire. Soit

$$u_0(x) + u_1(x) + \ldots + u_n(x) + \ldots$$

une série dont les termes sont des fonctions continues d'une variable x ; la série est supposée convergente quand

$$a \leq x \leq b.$$

On la dira *uniformément convergente dans cet intervalle*, quand, étant donné à l'avance un nombre ε, on peut prendre n assez grand pour que le reste de la série

$$R_n(x) = u_{n+1}(x) + \ldots$$

correspondant au nombre n, soit inférieur en valeur absolue à ε, *quelle que soit la valeur de x dans l'intervalle (a, b).* En d'autres termes, l'approximation ne doit pas dépendre de la valeur particulière de x que l'on considère.

Il est facile d'indiquer des séries, convergentes dans un intervalle, mais non uniformément convergentes ; soit, par exemple, la série

$$x^2 + \frac{x^2}{1+x^2} + \frac{x^2}{(1+x^2)^2} + \ldots + \frac{x^2}{(1+x^2)^n} + \ldots,$$

elle est convergente pour toute valeur de x, mais elle n'est pas uniformément convergente dans un intervalle comprenant la valeur $x = 0$. On a, en effet,

$$R_n(x) = \frac{1}{(1+x^2)^{n-1}},$$

et on ne peut pas fixer n de telle sorte que $R_n(x)$ soit inférieur à ε, x étant aussi voisin de zéro qu'on voudra.

2. La notion de convergence uniforme étant établie, on peut faire, sur la fonction représentée par la série, quelques remarques aussi simples qu'importantes.

Tout d'abord *la fonction $f(x)$ représentée par la série, uniformément convergente dans l'intervalle (a, b),*

$$f(x) = u_0(x) + u_1(x) + \ldots + u_n(x) + \ldots,$$

où les termes sont des fonctions continues de x, sera elle-même une fonction continue dans cet intervalle.

Écrivons

$$f(x) = u_0 + u_1 + \ldots + u_n + R_n.$$

Nous pouvons, par hypothèse, prendre n assez grand pour que $|R_n| < \varepsilon$, x étant quelconque dans l'intervalle (a, b), et ε désignant une quantité donnée à l'avance aussi petite que l'on voudra. On aura donc

$$f(x') - f(x) = u'_0 + u'_1 + \ldots + u'_n - (u_0 + u_1 + \ldots + u_n) + R'_n - R_n,$$

quels que soient x et x', avec

$$|R'_n - R_n| < 2\varepsilon.$$

D'autre part, la fonction $u_0 + u_1 + \ldots + u_n$, formée d'un nombre limité de termes, est continue ; par suite, on peut prendre x' suffisamment voisin de x pour que la différence

$$(u'_0 + u'_1 + \ldots + u'_n) - (u_0 + u_1 + \ldots + u_n)$$

soit inférieure en valeur absolue à ε, et, par conséquent,

$$|f(x') - f(x)| < 3\varepsilon,$$

si x' est suffisamment voisin de x ; la fonction est donc continue.

3. Montrons, en second lieu, que *la fonction pourra être intégrée en faisant la somme des intégrales de chaque terme de la série*.

On a d'abord

$$\int_\alpha^\beta f(x)\,dx = \int_\alpha^\beta u_0\,dx + \ldots + \int_\alpha^\beta u_n\,dx + \int_\alpha^\beta R_n(x)\,dx,$$

α et β étant compris dans l'intervalle (a, b). Mais, n étant toujours fixé de la même manière,

$$\left| \int_\alpha^\beta R_n(x)\,dx \right| < \varepsilon\,|\beta - \alpha|,$$

ε étant aussi petit que l'on veut ; il en résulte que la série

$$\int_\alpha^\beta u_0\,dx + \ldots + \int_\alpha^\beta u_n\,dx + \ldots$$

est convergente et a pour limite $\int_\alpha^\beta f(x)\,dx$. On pourra donc faire l'intégration en intégrant chaque terme de la série et en faisant la somme de ces intégrales.

Relativement à *la dérivation de $f(x)$*, la règle n'est plus aussi simple. Supposons que les fonctions u aient des dérivées elles-même continues ; la série

$$\frac{du_0}{dx} + \frac{du_1}{dx} + \ldots + \frac{du_n}{dx} + \ldots$$

ne sera pas nécessairement convergente ; telle est, par exemple, la série correspondante à $u_n = \dfrac{\sin(n^3 x)}{n^3}$; mais, *si elle est uniformément convergente dans l'intervalle (a, b), on peut affirmer qu'elle représente, dans cet intervalle, la dérivée de la fonction $f(x)$*.

Soit, en effet,

$$\varphi(x) = \frac{du_0}{dx} + \frac{du_1}{dx} + \ldots + \frac{du_n}{dx} + \ldots,$$

on aura, d'après le théorème qui vient d'être établi,

$$\int_\alpha^x \varphi(x)\,dx = (u_0 - u_0^0) + (u_1 - u_1^0) + \ldots + (u_n - u_n^0) + \ldots,$$

u_n^0 désignant la valeur de $u_n(x)$ pour $x = \alpha$; or la série dans le second membre représente la différence des séries

$$u_0 + u_1 + \ldots + u_n + \ldots$$

et

$$u_0^0 + u_1^0 + \ldots + u_n^0 + \ldots.$$

On a, par suite,

$$f(x) - \int_\alpha^x \varphi(x)\,dx = u_0^0 + u_1^0 + \ldots + u_n^0 + \ldots,$$

ce qui montre bien que $f(x)$ a pour dérivée $\varphi(x)$.

La notion de la convergence uniforme s'applique aux fonctions d'un nombre quelconque de variables. Soit, par exemple,

$$u(x,y) = u_0(x,y) + u_1(x,y) + \ldots + u_n(x,y) + \ldots$$

une série dont les termes sont des fonctions continues des deux variables x et y quand le point (x,y) est à l'intérieur d'un contour A. La série sera uniformément convergente dans ce contour, si l'on peut prendre n assez grand pour que le reste de la série, relatif au nombre n, soit moindre qu'une quantité donnée à l'avance ε, quel que soit le point (x,y) dans le contour A. Le théorème relatif à l'intégration s'étend de lui-même; si Σ désigne une aire contenue dans A, on aura

$$\iint u(x,y)\,dx\,dy = \iint u_0(x,y)\,dx\,dy + \ldots + \iint u_n(x,y)\,dx\,dy + \ldots,$$

les intégrales doubles étant étendues à l'aire Σ.

Nous nous bornerons à ces généralités; nous allons les appliquer à une classe de séries qui jouent, dans la théorie des fonctions, un rôle capital, je veux parler des séries ordonnées suivant les puissances entières et positives de la variable.

II. — Des séries ordonnées suivant les puissances entières et croissantes de la variable.

5. La formule de Mac-Laurin conduit à considérer des séries ordonnées suivant les puissances positives et entières de la variable. Prenons, *a priori*, une telle série

$$(1) \qquad a_0 + a_1 x + a_2 x^2 + \ldots + a_n x^n + \ldots,$$

où les a désignent des constantes. Abel a donné, relativement à ces séries, deux propositions importantes. Désignons, d'une manière générale, par A, la valeur absolue de a et, par X, la valeur absolue de x. Le premier théorème d'Abel est le suivant :

Si, pour une valeur x_0 de x, on a, quel que soit n,

$$A_n X_0^n < M,$$

M étant un nombre fixe, la série sera convergente pour toute valeur de x inférieure à X_0 en valeur absolue.

Je dis, en effet, que la série à termes positifs

$$A_0 + A_1 X + \ldots + A_n X^n + \ldots,$$

sera convergente, si $X < X_0$. On le voit de suite, en remarquant que les termes de cette série sont moindres que ceux de la série

$$M + M\left(\frac{X}{X_0}\right) + \ldots + M\left(\frac{X}{X_0}\right)^n + \ldots,$$

évidemment convergente. La série (1) est donc convergente quand on remplace chaque terme par sa valeur absolue, si

$$|x| < X_0;$$

elle est donc elle-même convergente. En entendant par série *absolument* convergente une série dans laquelle la série des valeurs absolues des termes est convergente, nous pouvons dire que la série est absolument convergente pour toute valeur de x de module moindre que X_0.

Un cas particulier intéressant est celui où la série convergerait pour $x = x_0$; dans ce cas, $A_n X_0^n$ tend manifestement vers zéro quand n augmente indéfiniment, et nous pouvons appliquer le théorème précédent. Si donc la série converge pour $x = x_0$, elle converge pour toute valeur de x telle que $|x| < |x_0|$.

Soit, pour fixer les idées, x_0 positif; si la série (1) converge pour $x = x_0$, elle convergera, d'après ce qui précède, pour toute valeur positive de x inférieure à x_0. Nous allons montrer, d'après Abel (¹), que *cette série est uniformément convergente dans l'intervalle* $(-l, x_0)$, la quantité positive l étant inférieure à x_0.

6. Pour établir cet important théorème, établissons d'abord un lemme préliminaire :

Soient un nombre quelconque de quantités positives décroissantes

$$\varepsilon_0, \varepsilon_1, \ldots, \varepsilon_p,$$

et un même nombre de quantités réelles quelconques

$$u_0, u_1, \ldots, u_p.$$

Supposons que les sommes

$$s_0 = u_0,$$
$$s_1 = u_0 + u_1,$$
$$s_2 = u_0 + u_1 + u_2,$$
$$\cdots\cdots\cdots\cdots\cdots\cdots$$
$$s_p = u_0 + u_1 + \ldots + u_p$$

soient toutes comprises entre deux nombres A *et* B, *je dis que la somme*

$$(2) \qquad \varepsilon_0 u_0 + \varepsilon_1 u_1 + \ldots + \varepsilon_p u_p$$

sera comprise entre $A\varepsilon_0$ *et* $B\varepsilon_0$.

En effet, nous pouvons écrire

$$u_0 = s_0, \qquad u_1 = s_1 - s_0, \qquad \ldots, \qquad u_p = s_p - s_{p-1};$$

<hr>

(¹) ABEL, *Œuvres complètes*, t. I (Mémoire sur la formule du binôme).

la somme (α) sera donc égale à

$$s_0(z_0 - z_1) + s_1(z_1 - z_2) + \ldots + s_{p-1}(z_{p-1} - z_p) + s_p z_p.$$

Toutes les différences entre parenthèses sont positives; si, à la place des s, on met A ou B, on aura des limites inférieure et supérieure de la somme (α), ce qui nous donne

$$A z_0 < s_0 u_0 + \ldots + z_p u_p < B z_0,$$

ce qui démontre le lemme énoncé (1).

---

(1) De ce lemme d'Abel, M. Bonnet a déduit une forme importante de l'intégrale

$$\int_a^b f(x)\varphi(x)\,dx \qquad (a < b),$$

en supposant que $\varphi(x)$ varie dans le même sens de a à b. Supposons $\varphi(x)$ positif et décroissant quand x varie de a à b.

Cette intégrale est la limite de la somme

$$f(a)\varphi(a)(x_1 - a) + \ldots.$$

Or cette somme, d'après le lemme d'Abel, est comprise entre

$$A\varphi(a) \quad \text{et} \quad B\varphi(a),$$

en désignant par A et B la plus petite et la plus grande des sommes

$$f(a)(x_1 - a),$$
$$f(a)(x_1 - a) + f(x_1)(x_2 - x_1),$$
$$\ldots\ldots\ldots\ldots\ldots\ldots\ldots\ldots\ldots\ldots\ldots\ldots$$
$$f(a)(x_1 - a) + \ldots\ldots\ldots\ldots\ldots\ldots + f(x_{n-1})(b - x_{n-1}).$$

Passons à la limite; on voit que l'intégrale proposée sera comprise entre

$$A_1\varphi(a) \quad \text{et} \quad B_1\varphi(a),$$

A_1 et B_1 désignant le minimum et le maximum de

$$\int_a^x f(x)\,dx,$$

quand x varie entre a et b. On peut donc écrire, et c'est le théorème de M. Bonnet,

$$\int_a^b f(x)\varphi(x)\,dx = \varphi(a)\int_a^\xi f(x)\,dx \qquad (a < \xi < b).$$

Dans le cas où $\varphi(x)$ serait positif et croissant, on démontrerait de la même manière la formule

$$\int_a^b f(x)\varphi(x)\,dx = \varphi(b)\int_\xi^b f(x)\,dx \qquad (a < \xi < b).$$

Arrivons maintenant à la démonstration du théorème; il suffira évidemment de l'établir pour l'intervalle (o, x_0). Par hypothèse, la série

$$a_0 + a_1 x_0 + \ldots + a_n x_0^n + \ldots,$$

est convergente; on peut donc prendre n assez grand pour que

$$a_n x_0^n + \ldots + a_{n+p} x_0^{n+p}$$

soit compris entre $-\alpha$ et $+\alpha$, quel que soit p, α étant une quantité donnée à l'avance aussi petite que l'on voudra. Or, dans la série

$$a_0 + a_1 x + \ldots + a_n x^n + \ldots,$$

la somme de $p + 1$ termes, à la suite du $n^{\text{ième}}$, peut s'écrire

$$(3) \quad a^n x_0^n \left(\frac{x}{x_0}\right)^n + a_{n+1} x_0^{n+1} \left(\frac{x}{x_0}\right)^{n+1} + \ldots + a_{n+p} x_0^{n+p} \left(\frac{x}{x_0}\right)^{n+p}.$$

Appliquons le lemme précédent, en supposant que les z soient les puissances successives $\left(\frac{x}{x_0}\right)^n$, $\left(\frac{x}{x_0}\right)^{n+1}$, ... et que $u_0 = a_n x_0^n$, $u_1 = a_{n+1} x_0^{n+1}$, ... Les sommes s_0, s_1, ... correspondantes seront toutes comprises entre $-\alpha$ et $+\alpha$. La somme (3) est donc comprise entre

$$-\alpha \left(\frac{x}{x_0}\right)^n \quad \text{et} \quad +\alpha \left(\frac{x}{x_0}\right)^n,$$

et, par conséquent, entre $-\alpha$ et $+\alpha$. Donc, *quel que soit x dans l'intervalle (o, x_0)*, le reste

$$R_n(x) = a_n x^n + a_{n+1} x^{n+1} + \ldots$$

de la série

$$a_0 + a_1 x + \ldots + a_n x^n + \ldots,$$

sera compris entre $-\alpha$ et $+\alpha$. La série est par suite *uniformément convergente dans cet intervalle*. C'est le théorème d'Abel; l'illustre géomètre l'énonce autrement, en insistant particulièrement sur le point suivant : lorsque x tend vers x_0, la limite des valeurs que prend la série entière est précisément la valeur de la série pour $x = x_0$. Avec nos locutions, ceci revient à dire que la convergence uniforme s'étend jusqu'à la valeur limite x_0 elle-même; c'est ce que nous venons d'établir.

Le théorème d'Abel est d'un grand intérêt; la remarque suivante en fera bien comprendre toute la valeur. Dans une série, dont les termes sont des fonctions continues de x,

$$u_0 + u_1 + \ldots + u_n + \ldots,$$

et qui converge pour les valeurs voisines de x_0 et pour x_0 elle-même, il peut arriver que la limite des valeurs de la série quand x tend vers x_0 ne soit pas égale à la valeur de la série pour $x = x_0$. Ainsi prenons la série

$$\sin x - \frac{\sin 2x}{2} + \frac{\sin 3x}{3} - \ldots;$$

on démontrera, dans le Chapitre suivant, qu'elle représente $\frac{x}{2}$ lorsque x est compris entre $-\pi$ et $+\pi$. Lorsque x tend vers π, il est évident que la limite des valeurs de la série est $\frac{\pi}{2}$, et cette valeur n'est pas égale à la valeur même de la série qui est *zéro* pour $x = \pi$.

7. Indiquons quelques applications du théorème précédent. Lorsque x est compris entre -1 et $+1$, la formule de Taylor donne le développement

$$(1+x)^m = 1 + mx + \frac{m(m-1)}{1.2} x^2 + \ldots$$
$$+ \frac{m(m-1)\ldots(m-n+1)}{1.2\ldots n} x^n + \ldots.$$

Lorsque x tend vers *un*, le premier membre tend vers 2^m. La série du second membre, pour $x = 1$, représentera donc 2^m quand elle sera convergente; c'est ce qui résulte du théorème d'Abel. Nous avons donc à chercher dans quels cas la série

$$(4) \qquad 1 + m + \frac{m(m-1)}{1.2} + \ldots + \frac{m(m-1)\ldots(m-n+1)}{1.2\ldots n} + \ldots$$

est convergente.

Le rapport d'un terme au précédent est

$$\frac{m-n+1}{n} = \frac{m+1}{n} - 1.$$

Si donc $m + 1 < 0$, les termes ne peuvent décroître indéfiniment et la série diverge.

Soit donc $m > -1$. A partir d'une valeur suffisamment grande de n, la valeur absolue du rapport d'un terme au précédent sera

$$1 - \frac{m+1}{n};$$

la valeur absolue des termes ira donc en diminuant; de plus, les termes seront alternativement positifs et négatifs. Nous aurons donc montré que la série est convergente si nous établissons que le terme général tend vers *zéro*. Prenons la série des valeurs absolues des termes, soit

$$U_0, \ U_1, \ \ldots, \ U_n, \ \ldots;$$

on a

$$\frac{U_{n+1}}{U_n} = 1 - \frac{m+1}{n}.$$

Considérons, d'autre part, la série

$$V_0, \ V_1, \ \ldots, \ V_n, \ \ldots,$$

où $V_n = \frac{1}{n^{m+1}}$; dans cette série, le rapport d'un terme au précédent est

$$\frac{V_{n+1}}{V_n} = \left(1 + \frac{1}{n}\right)^{-m-1} = 1 - \frac{m+1}{n} + \frac{(m+1)(m+2)}{1.2}\frac{1}{n^2}\left(1 + \frac{\theta}{n}\right)^{-m-3},$$

en développant par la formule de Taylor et s'arrêtant au second terme. Le reste est positif, donc

$$\frac{V_{n+1}}{V_n} > \frac{U_{n+1}}{U_n},$$

inégalité d'où l'on conclut de suite

$$U_{n+p} < V_{n+p} \frac{U_n}{V_n}.$$

Laissons n fixe et faisons croître p indéfiniment. V_{n+p} tend vers zéro et par suite U_{n+p}.

Donc le terme général

$$\frac{m(m-1)\ldots(m-n+1)}{1.2\ldots n} \qquad (m+1 > 0)$$

tend vers zéro quand n augmente indéfiniment. En résumé, la série (γ) est convergente et représente x^m quand m est supérieur à -1.

On établira, par des considérations analogues, que la série du binôme est convergente pour $x = -1$, quand m est positif. La somme de la série est alors égale à *zéro*.

8. Abel a donné une règle intéressante concernant la multiplication des séries; elle se déduit très élégamment de son théorème relatif aux séries entières.

Rappelons d'abord le théorème suivant, dû à Cauchy :

Si on a deux séries *absolument* convergentes

$$S = u_0 + u_1 + u_2 + \ldots + u_n + \ldots$$
$$S' = v_0 + v_1 + v_2 + \ldots + v_n + \ldots$$

la série

$$S'' = u_0 v_0 + (u_0 v_1 + u_1 v_0) + \ldots + (u_0 v_n + u_1 v_{n-1} + \ldots + u_n v_0) + \ldots$$

sera convergente et égale au produit des deux premières. Ce théorème est même exact, si l'on suppose seulement qu'une des deux séries soit absolument convergente; c'est ce qu'a fait voir M. Mertens (*Journal de Crelle*, t. 79).

Abel, dans son énoncé, ne suppose pas que les deux séries (S) et (S') soient absolument convergentes. La série S'' pourrait alors être divergente; mais, et c'est là le théorème, *si elle converge, elle représentera le produit des deux premières.*

Formons en effet les deux séries

$$\Sigma = u_0 + u_1 x + \ldots + u_n x^n + \ldots$$
$$\Sigma' = v_0 + v_1 x + \ldots + v_n x^n + \ldots$$

elles sont convergentes, par hypothèse, pour $x = 1$, et elles sont absolument convergentes quand $|x| < 1$. En appliquant la règle de multiplication de Cauchy, on a

$$\Sigma\Sigma' = u_0 v_0 + (u_0 v_1 + u_1 v_0) x + \ldots + (u_0 v_n + \ldots + u_n v_0) x^n + \ldots$$

On suppose que cette dernière série converge pour $x = 1$. Sa valeur S'' pour $x = 1$ est donc la limite des valeurs qu'elle prend quand x tend vers un. Mais $\Sigma\Sigma'$ tend vers SS' ; on aura donc

$$SS' = S''.$$

La troisième série est bien le produit des deux premières.

9. Revenons à la théorie générale des séries entières. Une telle série

$$f(x) = a_0 + a_1 x + \ldots + a_n x^n + \ldots$$

converge nécessairement dans un certain intervalle $(-L, +L)$, les deux valeurs limites étant exclues. De plus, dans tout intervalle (α, β) compris dans celui-là (α et β étant distincts de $-L$ et $+L$), la convergence est uniforme. Soit, en particulier, l'intervalle (o, x), où $|x| < L$; le théorème du paragraphe (3) nous permet d'écrire

$$\int_o^x f(x)\,dx = a_0 x + \frac{a_1 x^2}{2} + \ldots + \frac{a_n x^{n+1}}{n+1} + \ldots$$

Considérons maintenant la série formée avec les dérivées

$$(5) \qquad a_1 + 2a_2 x + \ldots + n a_n x^{n-1} + \ldots$$

Je dis que cette série est convergente entre $-L$ et $+L$. Soit en effet x_0 distinct de la limite $+L$, mais aussi voisin d'elle que l'on voudra, on aura

$$A_n x_0^n < M,$$

M étant indépendant de n. La série

$$A_1 + 2A_2 X + \ldots + n A_n X^{n-1} + \ldots$$

sera convergente si $X < x_0$. En effet, ses termes sont moindres que ceux de la série évidemment convergente

$$\frac{M}{x_0}\left[1 + 2\,\frac{X}{x_0} + \ldots + n\left(\frac{X}{x_0}\right)^n + \ldots \right].$$

La série (5) est donc absolument convergente pour toute valeur de x moindre que L en valeur absolue, et, d'après les propriétés des séries entières, elle sera uniformément convergente dans l'intervalle (α, β). Donc, en appliquant le second théorème établi au § 3, nous sommes assuré que *la série* (5) *représente la dérivée de la fonction* $f(x)$.

Nous avons donc établi ce théorème très important :

La série

$$a_0 + a_1 x + \ldots + a_n x^n + \ldots,$$

convergente dans l'intervalle $(-\mathrm{L}, +\mathrm{L})$, *définit dans cet intervalle une fonction continue, ayant une dérivée ; celle-ci peut être représentée par la série*

$$a_1 + 2a_2 x + \ldots + na_n x^{n-1} + \ldots$$

Considérons, comme application, la série

$$f(x) = x - \frac{x^3}{3} + \frac{x^5}{5} - \frac{x^7}{7} + \ldots ;$$

elle est convergente entre -1 et $+1$: nous aurons

$$f'(x) = 1 - x^2 + x^4 - x^6 + \ldots ;$$

cette dernière série est une progression géométrique décroissante dont la raison est $-x^2$. On a donc

$$f'(x) = \frac{1}{1+x^2},$$

et de là se conclut le développement

$$\operatorname{arc\,tang} x = x - \frac{x^3}{3} + \frac{x^5}{5} - \frac{x^7}{7} + \ldots,$$

en prenant pour arc tang x l'arc compris entre $-\frac{\pi}{2}$ et $+\frac{\pi}{2}$. Ce développement est valable pour x compris entre -1 et $+1$. Pour $x = 1$, la série du second membre, étant convergente, représentera arc tang 1, c'est-à-dire $\frac{\pi}{4}$.

10. Examinons quelques cas particuliers où la série diverge pour la limite de l'intervalle de convergence. Soit la série

$$\mathrm{F}(x) = 1 + \frac{x}{1^p} + \frac{x^2}{2^p} + \ldots + \frac{x^n}{n^p} + \ldots,$$

p étant un nombre positif. Cette série sera convergente pour toute valeur de x comprise entre -1 et $+1$, car le rapport d'un terme au précédent a x pour limite. Pour $x = 1$, la série sera convergente si p est supérieur à l'unité, elle sera au contraire divergente si p est inférieur à l'unité. Dans ce dernier cas, quand x tend vers l'unité, la série précédente augmente indéfiniment.

Nous plaçant dans l'hypothèse $p < 1$, considérons le produit

$$(1-x)^{1-p}F(x).$$

Nous allons montrer que *ce produit tend vers une limite quand x tend vers un, en lui étant inférieur.* On a

$$(1-x)^{1-p}F(x) = (1-x)^{1-p} - \frac{x(1-x)^{1-p}}{1^p} \cdots \frac{x^n(1-x)^{1-p}}{n^p} \cdots$$

Or considérons, pour une valeur fixe de x, la courbe, rapportée aux axes X et Y, représentée par l'équation

$$Y = \frac{x^X(1-x)^{1-p}}{X^p}.$$

D'après ce que nous avons expliqué (Ch. I, § 17), la série

$$\frac{x^2(1-x)^{1-p}}{2^p} \cdots \frac{x^n(1-x)^{1-p}}{n^p} \cdots$$

sera comprise entre

$$\int_1^\infty \frac{x^X(1-x)^{1-p}}{X^p}\,dX \quad \text{et} \quad \int_1^\infty \frac{x^X(1-x)^{1-p}}{X^p}\,dX + x(1-x)^{1-p}.$$

Si donc l'intégrale

$$(6) \qquad \int_1^\infty \frac{x^X(1-x)^{1-p}}{X^p}\,dX$$

tend vers une limite quand x tend vers l'unité, cette limite sera celle du produit

$$(1-x)^{1-p}F(x).$$

Or l'expression (6) a une limite que nous allons facilement trouver. Au lieu de l'intégrale précédente, nous pouvons prendre l'intégrale

$$(7) \qquad \int_0^\infty \frac{x^X(1-x)^{1-p}}{X^p}\,dX.$$

qui n'en diffère que par la valeur

$$(1-x)^{1-p}\int_0^1 \frac{X}{Y^p}\,dX,$$

qui a un sens parfaitement déterminé, puisque $p < 1$, et qui tend vers zéro pour $x = 1$. Posons, dans l'intégrale (7), $x = e^{-z}$; z sera positif et tendra vers zéro.

Nous aurons alors à étudier l'intégrale

$$(1-e^{-z})^{1-p}\int_0^\infty e^{-zX}X^{-p}\,dX;$$

faisons enfin $zX = Y$, il vient

$$\frac{(1-e^{-z})^{1-p}}{z^{1-p}}\int_0^\infty e^{-Y}Y^{-p}\,dY.$$

L'intégrale qui est en facteur ne dépend plus de x; elle a une valeur parfaitement déterminée, car, pour $Y = 0$, la fonction sous le signe d'intégration est de l'ordre de $\dfrac{1}{Y^p}$, p étant plus petit que l'unité; et pour Y très grand, la fonction e^{-Y} est inférieure à toute puissance $\dfrac{1}{Y^m}$, m étant une quantité positive quelconque.

Quand on fait tendre z vers zéro, le premier facteur tend vers l'unité; nous avons donc

$$\lim_{x=1}(1-x)^{1-p}F(x) = \int_0^\infty e^{-Y}Y^{-p}\,dY.$$

Si nous introduisons l'intégrale

$$\Gamma(p) = \int_0^\infty e^{-x}x^{p-1}\,dx,$$

dont le sens est déterminé quand $p > 0$, et que l'on désigne sous le nom d'*intégrale eulérienne de seconde espèce*, nous pourrons écrire

$$\lim_{x=1}(1-x)^{1-p}F(x) = \Gamma(1-p).$$

11. Du résultat précédent nous allons déduire un théorème démontré par M. Appell (*Sur certaines séries ordonnées par rap-*

port aux puissances croissantes d'une variable (*Comptes rendus*, t. LXXXVII).

Soit une série

$$f(x) = a_0 + a_1 x + \ldots + a_n x^n + \ldots,$$

dans laquelle les coefficients a sont positifs. On suppose que

$$\lim_{n=\infty} a_n n^p = k,$$

k étant une constante différente de zéro, et p un nombre positif. La série est évidemment convergente quand x est compris entre $+1$ et -1. Elle diverge pour $x = 1$, si p est inférieur à l'unité, comme la série de terme général $\dfrac{1}{n^p}$.

Mais *le produit*

$$(1 - x)^{1-p} f(x),$$

tend vers une limite, comme nous allons le montrer.

La solution sera immédiate, en se reportant au paragraphe précédent.

Nous avons, en effet, à partir d'une certaine valeur de n,

$$\frac{k_1}{n^p} < a_n < \frac{k_2}{n^p},$$

en désignant par k_1 et k_2 deux nombres tels que la suite

$$a, \quad k_1, \quad k, \quad k_2$$

soit rangée par ordre croissant de grandeur.

Prenons dans $f(x)$ les termes à partir du $n^{\text{ième}}$ seulement, et posons

$$\varphi(x) = a_n x^n + \ldots.$$

Si l'on considère les deux séries

$$\varphi_1(x) = \frac{k_1 x^n}{n^p} + \frac{k_1 x^{n+1}}{(n+1)^p} + \ldots,$$

$$\varphi_2(x) = \frac{k_2 x^n}{n^p} + \frac{k_2 x^{n+1}}{(n+1)^p} + \ldots,$$

on aura

$$\varphi_1(x)(1 - x)^{1-p} < \varphi(x)(1 - x)^{1-p} < \varphi_2(x)(1 - x)^{1-p}.$$

mais le premier et le dernier terme ont respectivement pour limites, quand x tend vers un,

$$k_1\Gamma(1-p) \qquad \text{et} \qquad k_2\Gamma(1-p).$$

Par suite, le produit $f(x)(1-x)^{1-p}$ sera compris, quand x sera infiniment voisin de l'unité, entre deux limites infiniment voisines des deux limites précédentes. D'autre part, on peut prendre k_1 et k_2 aussi voisins qu'on veut de k ; par conséquent, nous pouvons conclure que

$$\lim_{x=1}(1-x)^{1-p}f(x)=k\Gamma(1-p).$$

12. C'est dans la théorie des *fonctions d'une variable complexe* que nous verrons surtout l'intérêt des séries procédant suivant les puissances entières et croissantes de la variable. Nous terminerons ce Chapitre en indiquant une proposition générale due à M. Hadamard [1], qui peut être utile pour déterminer l'intervalle de convergence de la série

$$a_0 + a_1 x + \ldots + a_n x^n + \ldots.$$

Faisons d'abord quelques remarques préliminaires. Soit une suite infinie de nombres positifs

$$(\Sigma) \qquad\qquad a_0, \ a_1, \ \ldots, \ a_n, \ \ldots.$$

Il peut arriver que cette suite contienne des termes supérieurs à tout nombre donné, si grand qu'il soit. Supposons qu'il n'en soit pas ainsi, c'est-à-dire que tous ces nombres restent inférieurs à une quantité assignable L. On pourra alors distinguer deux classes de nombres. Dans la première, on mettra tout nombre A tel qu'il existe toujours dans la suite Σ, à partir d'un rang aussi élevé que l'on veut, des termes supérieurs à A ; on mettra dans la seconde tout nombre B, tel que tous les termes de la suite Σ, à partir d'un certain rang, soient moindres que B. Ceci posé, considérons deux de ces nombres A et B $(A < B)$; on peut prendre, par exemple, $A = o$ et $B = L$. Partageons l'intervalle (A, B) en deux parties égales : si le point de subdivision est de seconde classe, nous le sub-

---

[1] *Sur le rayon de convergence des séries ordonnées suivant les puissances d'une variable*, par M. Hadamard (*Comptes rendus*, t. CVI).

stituerons à B, sinon nous le substituerons à A. Dans l'un et l'autre cas, nous aurons un intervalle réduit de moitié, dans lequel la limite supérieure sera un nombre de la seconde classe, et la limite inférieure un nombre de la première. On opérera de la même manière sur ce second intervalle, et ainsi de suite. Tous ces intervalles étant compris les uns dans les autres et tendant vers zéro, leurs limites inférieure et supérieure tendront vers une limite z. La quantité positive ε étant aussi petite qu'on voudra, $z - \varepsilon$ appartiendra à la première classe et $z + \varepsilon$ à la seconde.

Cela posé, supposons que la suite des u soit formée des quantités

$$(S) \qquad |a_1|, \ \sqrt[2]{|a_2|}, \ \ldots, \ \sqrt[m]{|a_m|}, \ \ldots$$

et admettons que $\sqrt[m]{a_m}$ soit, quel que soit m, inférieur à une quantité déterminée. Soit toujours z le nombre correspondant à cette suite. *Nous allons démontrer que la série*

$$a_0 + a_1 x + \ldots + a_n x^n + \ldots$$

converge si $|x| < \dfrac{1}{z}$ *et qu'elle diverge si* $|x| > \dfrac{1}{z}.$

En effet, à partir d'une certaine valeur de n, le nombre positif ε étant donné à l'avance, on a

$$\sqrt[n]{|a_n|} < z + \varepsilon,$$

donc

$$\sqrt[n]{|a_n|} \cdot |x| < (z + \varepsilon) . |x| ;$$

par suite, la série sera convergente si $(z + \varepsilon) . |x|$ est plus petit qu'un nombre plus petit que l'unité ; donc si

$$|x| < \frac{1 - \eta}{z + \varepsilon} \qquad (\eta > 0),$$

la série convergera. Mais ε et η sont des quantités arbitraires aussi petites que l'on voudra ; la série convergera donc tant que

$$|x| < \frac{1}{z}.$$

De la même manière, on peut trouver dans la suite (S), à partir d'un rang aussi élevé qu'on voudra, un terme $\sqrt[n]{a_n}$ tel que

$$\sqrt[n]{|a_n|} > \alpha - \varepsilon;$$

donc

$$|a_n x^n| > (\alpha - \varepsilon)^n |x|^n.$$

Par suite, si

$$|x| = \frac{1}{\alpha - \varepsilon} > \frac{1}{\alpha},$$

on aura

$$|a_n x^n| > 1.$$

La série contiendra donc des termes, d'un rang aussi élevé qu'on voudra, supérieurs à l'unité; elle sera divergente. Le théorème est complètement établi.

13. Quand on passe d'une variable à deux variables, les séries analogues aux séries ordonnées suivant les puissances entières et croissantes, que nous venons d'étudier, sont les séries de la forme

$$u_0 + u_1(x, y) + \ldots + u_n(x, y) + \ldots$$

où $u_n(x, y)$ désigne un polynôme homogène de degré n en x et y. Il n'existe pas de théorème analogue à celui qui est la base de la théorie des séries entières : si une série de la forme précédente converge pour $x = x_0$, $y = y_0$, elle ne convergera pas nécessairement pour

$$|x| < |x_0|, \qquad |y| < |y_0|.$$

On peut cependant faire la remarque suivante, dans laquelle nous imitons ce qui a été fait pour le cas d'une variable. Écrivons

$$u_n(x, y) = a_0 x^n + a_1 x^{n-1} y + \ldots + a_n y^n.$$

Supposons que les termes

$$a_i x_0^{n-i} y_0^i \qquad (i = 0, 1, 2, \ldots, n)$$

des polynômes u_n soient inférieurs en valeurs absolues à un nombre fixe K. La valeur absolue de $u_n(x, y)$ sera moindre que

$$K\left(\left|\frac{x}{x_0}\right|^n + \left|\frac{x}{x_0}\right|^{n-1} \left|\frac{y}{y_0}\right| + \ldots + \left|\frac{y}{y_0}\right|^n \right).$$

Soit α la plus grande des deux valeurs $\left|\dfrac{x}{x_0}\right|$ et $\left|\dfrac{y}{y_0}\right|$; ce terme sera moindre que

$$K(n+1)\alpha^n.$$

Si donc α est plus petit que l'unité, la série proposée sera convergente. Ainsi, sous l'hypothèse faite, la série convergera pour

$$|x| < |x_0|, \qquad |y| < |y_0|.$$

Soit $a < |x_0|$ et $b < |y_0|$; la série sera *uniformément* convergente à l'intérieur du rectangle ayant pour centre l'origine et ses côtés parallèles aux axes avec les longueurs respectives $2a$ et $2b$.

CHAPITRE IX.

DES SÉRIES TRIGONOMÉTRIQUES.

I. — Généralités. — Intégrales de Dirichlet.

1. Des séries trigonométriques paraissent avoir été considérées pour la première fois par Daniel Bernoulli, à propos du problème des cordes vibrantes. Euler a le premier indiqué le procédé de détermination des coefficients d'une série trigonométrique.

Dans un Mémoire de 1777, publié dans les *Acta nova Acad. Scient. Petrop.*, t. XI, 1798, Euler dit incidemment que, si l'on a le développement valable entre 0 et 2π,

$$(1)\qquad f(x) = a_0 + \sum_{m=1}^{m=\infty} (a_m \cos mx - b_m \sin mx) \qquad (m \text{ entier positif}),$$

les a et les b étant des constantes, développement auquel on donne le nom de *série trigonométrique*, on pourra déterminer les coefficients de la manière suivante. Remarquons d'abord que l'on a

$$\int_0^{2\pi} \cos mx \cos nx\, dx = 0, \qquad \text{si } m \ne n;$$

$$\int_0^{2\pi} \cos mx \sin nx\, dx = 0, \qquad \text{même si } m = n;$$

$$\int_0^{2\pi} \sin mx \sin nx\, dx = 0, \qquad \text{si } m \ne n;$$

$$\int_0^{2\pi} \cos^2 mx\, dx = \int_0^{2\pi} \sin^2 mx\, dx = \pi \quad \text{et} \quad \int_0^{2\pi} dx = 2\pi.$$

Multiplions maintenant les deux membres du développement (1), dans lequel on remplace x par z, par $\cos mz\, dz$, et intégrons entre 0 et 2π; on trouve

$$a_m = \frac{1}{\pi}\int_0^{2\pi} f(z)\cos mz\, dz.$$

De la même manière, en multipliant par $\sin mz\, dz$, on trouve

$$b_m = \frac{1}{\pi}\int_0^{2\pi} f(z)\sin mz\, dz;$$

enfin, pour $m = 0$, on a

$$a_0 = \frac{1}{2\pi}\int_0^{2\pi} f(z)\, dz.$$

Les séries (1), où les coefficients sont exprimés par la loi précédente, sont généralement désignées sous le nom de *séries de Fourier*. Ce grand géomètre a, en effet, montré dans sa *Théorie de la chaleur* leur extrême importance en Analyse; il a le premier osé affirmer que toute fonction pouvait être représentée par un développement de ce genre, valable entre 0 et 2π, et qu'un même développement pouvait, entre ces limites, représenter des fonctions qu'on considérait comme distinctes, c'est-à-dire représentées graphiquement par des arcs de courbes différentes. Il y a plus, Fourier, sans traiter cette question d'une manière absolument rigoureuse, a trouvé les véritables bases de la théorie [1], développée par Dirichlet dans un Mémoire que nous aurons tout à l'heure à étudier.

2. Si l'on se reporte au Chapitre précédent sur les séries uniformément convergentes, une objection immédiate se présente relative à la détermination des coefficients. Celle-ci n'est rigoureuse que si la série (1) est supposée *uniformément* convergente entre 0 et 2π. Ne nous préoccupons pas, pour le moment, de cette objection et, prenant les coefficients tels qu'ils ont été déterminés, cherchons si la série ainsi obtenue est convergente et représente $f(x)$.

---

[1] *Voir* en particulier, dans la *Théorie analytique de la chaleur*, de Fourier, le Chapitre IX et la Note de M. Darboux, à la p. 511 de son édition de Fourier.

La somme S_m des $m+1$ premiers termes de la série peut s'écrire

$$S_m = \frac{1}{\pi}\int_0^{2\pi}\left[\frac{1}{2} + \cos(\alpha - x) + \ldots + \cos m(\alpha - x)\right] f(\alpha)\,d\alpha;$$

le terme général est, en effet,

$$\frac{1}{\pi}\int_0^{2\pi} f(\alpha)(\cos p\alpha \cos px + \sin p\alpha \sin px)\,d\alpha = \frac{1}{\pi}\int_0^{2\pi} \cos p(\alpha - x) f(\alpha)\,d\alpha.$$

La suite

$$\frac{1}{2} + \cos(\alpha - x) + \ldots + \cos m(\alpha - x)$$

est facile à sommer; elle est égale à

$$\frac{\sin\left[(2m+1)\frac{\alpha - x}{2}\right]}{2\sin\frac{\alpha - x}{2}},$$

comme on le voit de suite en remplaçant les cosinus par leurs valeurs au moyen d'exponentielles. Nous avons donc

$$S_m = \frac{1}{\pi}\int_0^{2\pi}\frac{\sin\left[(2m+1)\frac{\alpha - x}{2}\right]}{2\sin\frac{\alpha - x}{2}} f(\alpha)\,d\alpha$$

ou, en posant $\frac{\alpha - x}{2} = \gamma$,

$$S_m = \frac{1}{\pi}\int_{-\frac{x}{2}}^{\pi - \frac{x}{2}} \frac{\sin(2m+1)\gamma}{\sin\gamma} f(x + 2\gamma)\,d\gamma.$$

Nous devons chercher si S_m a une limite quand m augmente indéfiniment.

3. L'intégrale précédente se ramène, comme nous le verrons bientôt, à des intégrales de la forme

$$J = \int_0^h \frac{\sin kx}{\sin x}\varphi(x)\,dx, \qquad \frac{\pi}{2} \geqq h > 0,$$

h étant une constante et k étant un entier impair $2n+1$, qui va

croître indéfiniment. Nous allons d'abord nous occuper de cette
intégrale et chercher si elle tend vers une limite quand k augmente
indéfiniment. Cette étude a été faite pour la première fois d'une
manière entièrement rigoureuse par Dirichlet (*Journal de Crelle*,
t. 4; 1829). Nous suivrons l'analyse de l'illustre auteur.

Commençons par calculer l'intégrale

$$\int_0^{\frac{\pi}{2}} \frac{\sin(2n+1)x}{\sin x}\, dx;$$

on a

$$\frac{\sin(2n+1)x}{\sin x} = 2\left(\frac{1}{2} + \cos 2x + \ldots + \cos 2nx\right);$$

de là résulte immédiatement

$$\int_0^{\frac{\pi}{2}} \frac{\sin(2n+1)x}{\sin x}\, dx = \frac{\pi}{2}.$$

Revenons à l'intégrale proposée en supposant d'abord que la
fonction $\varphi(x)$ reste continue et positive entre o et h, *et n'aille jamais en croissant*. Nous partageons le champ d'intégration en
intervalles

$$o, \quad \frac{\pi}{k}, \quad \frac{2\pi}{k}, \quad \ldots, \quad \frac{m\pi}{k}, \quad \ldots, \quad \frac{r\pi}{k}, \quad h,$$

r désignant le plus grand multiple de $\frac{\pi}{k}$ contenu dans h. Nous avons
ainsi la somme d'intégrales

$$\int_0^{\frac{\pi}{k}} \frac{\sin kx}{\sin x}\, \varphi(x)\, dx + \ldots + \int_{\frac{m\pi}{k}}^{\frac{m+1\pi}{k}} \frac{\sin kx}{\sin x}\, \varphi(x)\, dx + \ldots + \int_{\frac{r\pi}{k}}^{h} \frac{\sin kx}{\sin x}\, \varphi(x)\, dx.$$

Les termes de cette somme sont alternativement positifs et négatifs, et décroissent en valeur absolue. En effet, soient deux intégrales consécutives

$$\int_{\frac{m\pi}{k}}^{\frac{m+1\pi}{k}} \frac{\sin kx}{\sin x}\, \varphi(x)\, dx \quad \text{et} \quad \int_{\frac{m+1\pi}{k}}^{\frac{m+2\pi}{k}} \frac{\sin kx}{\sin x}\, \varphi(x)\, dx;$$

on ramène la seconde à avoir mêmes limites que la première, en posant $x = \frac{\pi}{k} + x'$; elle devient ainsi

$$\int_{x=\frac{\pi}{k}}^{\frac{(m+1)\pi}{k}} \frac{\sin kx}{\sin\left(\frac{\pi}{k}+x\right)} \varphi\left(\frac{\pi}{k}+x\right) dx.$$

Or, en vertu des hypothèses faites, le facteur $\dfrac{\varphi\left(x+\frac{\pi}{k}\right)}{\sin\left(\frac{\pi}{k}+x\right)}$ est moindre que le facteur $\frac{\varphi(x)}{\sin x}$ de la première intégrale; les deux intégrales sont donc de signes contraires et la seconde est moindre en valeur absolue que la première. Nous pouvons donc écrire

$$(2) \qquad I = u_0 - u_1 + u_2 - \dots,$$

chaque terme u étant moindre que le précédent et le terme général étant

$$u_m = (-1)^m \int_{x=\frac{m\pi}{k}}^{\frac{(m+1)\pi}{k}} \frac{\sin kx}{\sin x} \varphi(x)\, dx.$$

Effectuons le même partage pour l'intégrale auxiliaire

$$\int_0^{\frac{\pi}{2}} \frac{\sin kx}{\sin x}\, dx \qquad (k = 2n-1).$$

Nous aurons

$$(3) \qquad \frac{\pi}{2} = \rho_0 - \rho_1 + \rho_2 - \dots,$$

en posant

$$\rho_m = (-1)^m \int_{\frac{m\pi}{k}}^{\frac{(m+1)\pi}{k}} \frac{\sin kx}{\sin x}\, dx.$$

De (2) et (3), on conclut

$$(4) \qquad u_0 - u_1 + \dots - u_{2m-1} < I < u_0 - u_1 + \dots + u_{2m},$$

$$(5) \qquad \rho_0 - \rho_1 + \dots - \rho_{2m-1} < \frac{\pi}{2} < \rho_0 - \rho_1 + \dots + \rho_{2m}.$$

Si maintenant, dans le terme général u_m, nous remplaçons $\varphi(x)$

par sa limite supérieure $\varphi\left(\frac{m\pi}{k}\right)$, puis par sa limite inférieure $\varphi\left[\frac{(m+1)\pi}{k}\right]$, nous aurons

$$\varphi\left(\frac{m\pi}{k}\right)\rho_m > u_m > \varphi\left[\frac{(m+1)\pi}{k}\right]\rho_m.$$

Nous allons nous servir de ces inégalités pour trouver deux limites de J. Dans le premier membre de l'inégalité (4), remplaçons les termes d'indice impair par des termes plus grands et ceux d'indice pair par des termes plus petits ; dans le second membre, remplaçons les termes d'indice pair par des termes plus grands et ceux d'indice impair par des termes plus petits : les inégalités subsisteront. Ceci nous donne

$$J > \varphi\left(\frac{\pi}{k}\right)\rho_0 - \varphi\left(\frac{\pi}{k}\right)\rho_1 + \ldots + \varphi\left[\frac{(2m-1)\pi}{k}\right]\rho_{2m-2} - \varphi\left[\frac{(2m-1)\pi}{k}\right]\rho_{2m-1},$$

$$J < \varphi(0)\rho_0 - \varphi\left(\frac{2\pi}{k}\right)\rho_1 + \ldots - \varphi\left(\frac{2m\pi}{k}\right)\rho_{2m-1} + \varphi\left(\frac{2m\pi}{k}\right)\rho_{2m}.$$

La seconde de ces inégalités peut s'écrire

$$J < \varphi(0)\rho_0 - \varphi\left(\frac{2\pi}{k}\right)(\rho_1 - \rho_2) - \ldots - \varphi\left(\frac{2m\pi}{k}\right)(\rho_{2m-1} - \rho_{2m}),$$

et *a fortiori*

$$J < \varphi(0)\rho_0 - \varphi\left(\frac{2m\pi}{k}\right)(\rho_1 - \rho_2 + \ldots + \rho_{2m-1} - \rho_{2m})$$

et enfin

$$J < \left[\varphi(0) - \varphi\left(\frac{2m\pi}{k}\right)\right]\rho_0 + \varphi\left(\frac{2m\pi}{k}\right)(\rho_0 - \rho_1 + \rho_2 - \ldots + \rho_{2m}).$$

Quant à la première inégalité, on la met immédiatement sous la forme

$$J > \varphi\left(\frac{2m\pi}{k}\right)(\rho_0 - \rho_1 + \ldots - \rho_{2m-1}).$$

Les deux inégalités précédentes peuvent, en vertu de l'inégalité (5), s'écrire

$$\varphi\left(\frac{2m\pi}{k}\right)\frac{\pi}{2} - \varphi\left(\frac{2m\pi}{k}\right)\rho_{2m}$$
$$< J < \left[\varphi(0) - \varphi\left(\frac{2m\pi}{k}\right)\right]\rho_0 + \varphi\left(\frac{2m\pi}{k}\right)\frac{\pi}{2} + \varphi\left(\frac{2m\pi}{k}\right)\rho_{2m}.$$

Il est d'autre part facile de trouver une limite pour ρ_m. On a

$$\rho_m < \frac{(-1)^m}{\sin\frac{m\pi}{k}} \int_{\frac{m\pi}{k}}^{\frac{m+1}{k}\pi} \sin kx\, dx,$$

ou bien

$$\rho_m < \frac{1}{\sin\frac{m\pi}{k}} \cdot \frac{2}{k} = \frac{\frac{m\pi}{k}}{\sin\frac{m\pi}{k}} \cdot \frac{1}{m\pi}.$$

Nous devons maintenant faire croître k indéfiniment. Faisons en même temps croître m indéfiniment, de manière que $\lim\frac{m}{k} = 0$ (il suffira, par exemple, que m soit le plus grand entier contenu dans $\sqrt{k}$); ρ_m tendra vers zéro, d'après l'inégalité précédente. De plus ρ_0 reste fini, puisque

$$\rho_0 < \frac{\pi}{2} + \rho_1 < \frac{\pi}{2} + \frac{\frac{\pi}{k}}{\sin\frac{\pi}{k}} \cdot \frac{1}{\pi}.$$

On voit alors que l'intégrale J reste constamment comprise entre deux quantités qui tendent vers $\frac{\pi}{4}\varphi(0)$.

Nous arrivons donc à la conclusion suivante

$$\lim_{k=\infty} J = \frac{\pi}{4}\varphi(0).$$

4. Pour arriver au résultat précédent nous avons fait quelques hypothèses, dont il est possible de s'affranchir. Nous avons supposé que la fonction continue $\varphi(x)$ était positive et n'allait jamais en croissant dans l'intervalle de o à h.

Tout d'abord la fonction $\varphi(x)$, en gardant la seconde hypothèse, peut être négative, car si C est une constante telle que $C + \varphi(x)$ soit positif, comme le théorème est démontré quand la fonction φ se réduit à une constante, du théorème relatif à $C + \varphi(x)$ on déduira le théorème pour $\varphi(x)$.

Supposons maintenant que $\varphi(x)$, ayant un signe arbitraire, n'aille jamais en décroissant de o à h, on pourra appliquer le théorème à $-\varphi(x)$ et par conséquent, en changeant les signes, à $\varphi(x)$.

Ainsi $\varphi(x)$ peut avoir un signe quelconque, pourvu qu'elle varie constamment dans le même sens.

On peut aller plus loin. Considérons d'abord, g étant compris entre o et h, l'intégrale

$$(6) \qquad \int_g^h \frac{\sin k x}{\sin x}\, \varphi(x)\, dx, \qquad o < g < h \leqq \frac{\pi}{2}.$$

Je dis que sa limite sera zéro quand k augmentera indéfiniment, si $\varphi(x)$ varie dans le même sens de g à h. Considérons en effet une fonction $\varphi_1(x)$ qui coïncide avec $\varphi(g)$, x variant de o à g, et avec $\varphi(x)$ quand x varie de g à h. D'après ce qui précède, les limites des deux intégrales

$$\int_0^h \frac{\sin k x}{\sin x}\, \varphi_1(x)\, dx \qquad \text{et} \qquad \int_g^h \frac{\sin k x}{\sin x}\, \varphi(x)\, dx$$

seront toutes deux égales à $\frac{\pi}{2}\varphi_1(o)$; leur différence (6) tendra donc vers zéro.

Ceci posé, admettons que, dans l'intégrale

$$\int_0^h \frac{\sin k x}{\sin x}\, \varphi(x)\, dx,$$

$\varphi(x)$ ne varie plus constamment dans le même sens, mais *qu'elle ait entre o et h un nombre fini de maxima et de minima*. On pourra évidemment partager l'intégrale en une somme d'intégrales, entre les limites desquelles la fonction variera dans le même sens. Celle de ces intégrales qui a zéro pour limite tend vers $\frac{\pi}{2}\varphi(o)$, les autres tendront vers zéro.

Nous avons donc en résumé

$$\lim_{k=\infty} \int_0^h \frac{\sin k x}{\sin x}\, \varphi(x)\, dx = \frac{\pi}{2}\varphi(o),$$

sous la condition que la fonction continue $\varphi(x)$ n'ait qu'un nombre limité de maxima et minima.

Il y a des fonctions continues qui, dans un intervalle limité, peuvent avoir un nombre infini de maxima et de minima; telle est, par exemple, la fonction $x \sin \frac{1}{x}$ dans le voisinage de $x = 0$. De telles fonctions sont exclues de notre analyse.

Nous avons suivi dans l'étude de l'intégrale J la méthode de Dirichlet. On trouvera encore une étude rigoureuse de cette intégrale dans le beau Mémoire de M. O. Bonnet couronné par l'Académie royale de Belgique (*Mémoires des Savants étrangers publiés par l'Académie de Belgique*, t. XXIII).

5. Nous avons jusqu'ici supposé h compris entre 0 et $\frac{\pi}{2}$. Quand h est compris entre $\frac{\pi}{2}$ et π, les résultats précédents subsistent. Pour le montrer, il suffira d'écrire

$$J = \int_0^{\frac{\pi}{2}} \frac{\sin kx}{\sin x} \varphi(x)\,dx + \int_{\frac{\pi}{2}}^{h} \frac{\sin kx}{\sin x} \varphi(x)\,dx.$$

Faisons dans la dernière intégrale $x = \pi - x'$; elle deviendra

$$\int_{\pi-h}^{\frac{\pi}{2}} \frac{\sin kx'}{\sin x'} \varphi(\pi - x')\,dx',$$

dont la limite (§ 4) est *zéro*. Donc nous avons encore

$$\lim J = \frac{\pi}{2}\varphi(0).$$

Cette extension suppose que h ne se confond pas avec π. Si $h = \pi$, la seconde intégrale donnera $\frac{\pi}{2}\varphi(\pi)$ et on aura alors

$$\lim_{k=\infty} \int_0^{\pi} \frac{\sin kx}{\sin x} \varphi(x)\,dx = \frac{\pi}{2}[\varphi(0) + \varphi(\pi)].$$

J'ajoute une dernière remarque. Il peut se faire que la valeur de la fonction $\varphi(x)$, supposée continue entre 0 et h, ne soit pas, pour $x = 0$, égale à la limite des valeurs que prend $\varphi(x)$ quand x tend vers zéro. La fonction $\varphi(x)$, en général continue, pourrait être discontinue pour le passage par *zéro*, de telle sorte que $\varphi(+x)$ tende vers une certaine limite, quand x tend vers zéro, et que $\varphi(-x)$ ait également une limite, mais différente de la première. Ce genre de discontinuités ne doit pas être exclu de notre analyse; il suffit de remplacer $\varphi(o)$, partout où nous l'avons écrit, par $\varphi(+\varepsilon)$, en désignant ainsi, avec Dirichlet, la limite de $\varphi(+\alpha)$ quand la quantité positive α tend vers zéro. On aura alors

$$\lim_{k=\infty}\int_0^h \frac{\sin kx}{\sin x}\,\varphi(x)\,dx = \frac{\pi}{2}\varphi(+\varepsilon).$$

D'une manière générale, on aura aussi

$$\lim_{k=\infty}\int_0^\pi \frac{\sin kx}{\sin x}\,\varphi(x)\,dx = \frac{\pi}{2}[\varphi(+\varepsilon) + \varphi(\pi-\varepsilon)],$$

en désignant par $\varphi(\pi-\varepsilon)$ la limite de $\varphi(\pi-\alpha)$ quand la quantité positive α tend vers zéro.

Il est d'ailleurs bien évident que la fonction $\varphi(x)$ peut avoir entre o et h un nombre fini de discontinuités par sauts brusques de valeurs; nous avons déjà parlé de ces discontinuités (Chap. Ier, § 7).

Ainsi, en résumé, les hypothèses faites sur la fonction $\varphi(x)$ sont les suivantes : *elle reste finie, est en général continue, peut posséder un nombre limité de points de discontinuité de la nature indiquée, et enfin n'a qu'un nombre limité de maxima et de minima dans l'intervalle considéré.*

Les conditions précédentes représentent des conditions suffisantes pour que

$$\lim J = \frac{\pi}{2}\varphi(+\varepsilon);$$

elles ne sont nullement nécessaires. La recherche de conditions suffisantes de plus en plus étendues, pour que le résultat précédent subsiste, a fait l'objet de travaux très nombreux et d'un grand intérêt. Nous ne pouvons même pas songer à les énumérer ici [1]. Citons seulement un résultat très général dû à Lipschitz, relatif aux fonctions ayant un nombre infini de maxima et minima, les autres conditions étant satisfaites (*Journal de Crelle*, t. 63). La condition suffisante de M. Lipschitz est la suivante : il suppose

---

[1] Un Essai historique sur la représentation des fonctions par une série trigonométrique a été publié par M. Arnold Sachse (*Bulletin des Sciences mathématiques*, 1880).

que, pour toute valeur β dans le voisinage de laquelle la fonction $\varphi(x)$ a une infinité de maxima et de minima, on ait, pour δ suffisamment petit,

$$|\varphi(\beta + \delta) - \varphi(\beta)| < A\delta^\alpha,$$

A étant une constante et α un exposant positif [1].

Mentionnons encore les recherches de M. Jordan (*Comptes rendus*, 1881), où l'éminent géomètre introduit la notion de fonction à variation limitée.

Dans la suite, nous ne considérerons que des fonctions satisfaisant aux conditions indiqués plus haut, en faisant toutefois une exception pour la première de ces conditions. Dans un cas étendu, en effet, on peut s'affranchir de la condition que la fonction $\varphi(x)$ reste finie, comme nous allons le montrer.

6. Considérons donc une fonction $\varphi(x)$ devenant infinie pour $x = x_0$. On suppose que, de $x_0 - \epsilon$ à x_0 et de x_0 à $x_0 + \epsilon$, la

---

[1] Remarquons que, dans tous les cas, on a

$$\lim_{k=\infty} \int_0^h \frac{\sin kx}{\sin x} \varphi(x)\,dx = \frac{\pi}{2}\varphi(o),$$

même quand la fonction continue $\varphi(x)$ a une infinité de maxima et de minima, pourvu que les points correspondant à ces maxima et minima aient un nombre fini de points limites et qu'*aucun de ceux-ci ne coïncident avec le point $x = o$*.

Il suffira, pour l'établir, de considérer le cas où il y aurait entre o et h, un seul de ces points limites, soit $x = x$. Nous partagerons l'intégrale en trois parties :

$$\int_0^{x-\epsilon} \frac{\sin kx}{\sin x} \varphi(x)\,dx + \int_{x-\epsilon}^{x+\epsilon} \frac{\sin kx}{\sin x} \varphi(x)\,dx + \int_{x+\epsilon}^h \frac{\sin kx}{\sin x} \varphi(x)\,dx,$$

ϵ étant une quantité donnée à l'avance, d'ailleurs aussi petite qu'on voudra ; c'est seulement dans l'intervalle $(x - \epsilon, x + \epsilon)$ que la fonction aura une infinité de maxima et de minima. Ceci posé, la première et la troisième intégrale tendront respectivement vers $\frac{\pi}{2}\varphi(o)$ et o, quand k augmentera indéfiniment. Quant à la seconde, on peut l'écrire

$$\frac{\sin k\xi}{\sin \xi} \varphi(\xi) \cdot 2\epsilon,$$

ξ étant compris entre $x - \epsilon$ et $x + \epsilon$. Donc, quel que soit k, elle est moindre que $A\epsilon$, A étant un nombre fixe, et comme ϵ est aussi petit qu'on veut, on en conclut l'égalité annoncée.

P. — I.   15

fonction conserve un signe constant. De plus, l'intégrale

$$\int^{x} \varphi(x)\,dx$$

tend vers une limite quand x tend vers x_0 en lui étant inférieur ou supérieur. On va démontrer que, dans ces conditions, la formule fondamentale subsiste. Reprenons l'intégrale

$$\int_0^h \frac{\sin kx}{\sin x}\varphi(x)\,dx,$$

x_0 étant supposé compris entre 0 et h. Partageons l'intégrale en quatre parties

$$\int_0^{x_0-\varepsilon} + \int_{x_0-\varepsilon}^{x_0} + \int_{x_0}^{x_0+\varepsilon} + \int_{x_0+\varepsilon}^{h},$$

l'élément, que nous n'avons pas écrit, étant toujours

$$\frac{\sin kx}{\sin x}\varphi(x)\,dx.$$

En appliquant le théorème de la moyenne, la seconde intégrale peut s'écrire

$$\frac{\sin k\xi}{\sin\xi}\int_{x_0-\varepsilon}^{x_0} \varphi(x)\,dx,$$

ξ étant compris entre $x_0 - \varepsilon$ et x_0. On peut choisir ε assez petit pour que

$$\int_{x_0-\varepsilon}^{x_0} \varphi(x)\,dx$$

soit moindre qu'une quantité η donnée à l'avance, aussi petite qu'on voudra ; c'est ce qui résulte de l'hypothèse faite sur $\varphi(x)$. La même remarque s'applique à la troisième intégrale. Par conséquent, *quel que soit* k, la somme de ces deux intégrales est moindre en valeur absolue que toute quantité donnée à l'avance, si l'on a pris ε assez petit. Faisons croître k indéfiniment ; la quatrième intégrale tend vers *zéro*, la première vers $\frac{\pi}{2}\varphi(+0)$.

Nous avons donc encore

$$\lim_{k=\infty} \int_0^h \frac{\sin kx}{\sin x}\varphi(x)\,dx = \frac{\pi}{2}\varphi(+0).$$

si $\varphi(x)$ devient infini de la manière indiquée pour x, compris entre o et h.

Nous dirons, dans la suite, qu'une fonction satisfait *aux conditions de Dirichlet*, quand elle satisfait aux conditions énumérées au § 5, sauf qu'elle peut devenir infinie, mais de la manière qui vient d'être indiquée.

II. — Série de Fourier. — Ordre de ses coefficients. Sa convergence uniforme.

7. Revenons maintenant à la série de Fourier, c'est-à-dire à la série trigonométrique où les coefficients sont exprimés par les intégrales définies données au § 2 de ce Chapitre. En faisant la somme des $m+1$ premiers termes, nous avons trouvé

$$S_m = \frac{1}{\pi}\int_{\frac{\pi}{2}}^{\pi-\frac{x}{2}} \frac{\sin(2m+1)\gamma}{\sin\gamma} f(x+2\gamma)\,d\gamma.$$

C'est la limite de S_m pour $m=\infty$ que nous nous proposons de trouver, en supposant que la fonction $f(x)$ satisfasse entre o et 2π aux conditions de Dirichlet.

Supposons d'abord que x, qui va rester compris entre o et 2π, ne soit égal à aucune de ces limites, ni à une valeur de x où $f(x)$ devienne infinie. Écrivons

$$S_m = \frac{1}{\pi}\int_{\frac{x}{2}}^{\pi} \frac{\sin(2m+1)\gamma}{\sin\gamma} f(x+2\gamma)\,d\gamma$$

$$+ \frac{1}{\pi}\int_{o}^{\pi+\frac{x}{2}} \frac{\sin(2m+1)\gamma}{\sin\gamma} f(x+2\gamma)\,d\gamma.$$

La seconde intégrale est de la forme de celles qui ont été étudiées au § 5 ; sa limite sera donc

$$\frac{1}{2}f(x+o);$$

ce sera $\frac{1}{2}f(x)$ si la valeur x ne correspond pas à une discontinuité de la fonction. Quant à la première intégrale, il suffit d'y changer γ en — γ, et l'on est ramené au type étudié. La limite pour $m = \infty$ sera

$$\tfrac{1}{2}f(x-\varepsilon).$$

Ainsi donc, pour la valeur considérée de x, la série de Fourier converge et a pour limite

$$(7) \qquad \tfrac{1}{2}\left[f(x+\varepsilon)+f(x-\varepsilon)\right].$$

Cette limite sera $f(x)$, si x n'est pas une de ces valeurs, par hypothèse en nombre limité, pour lesquelles la fonction soit dis-

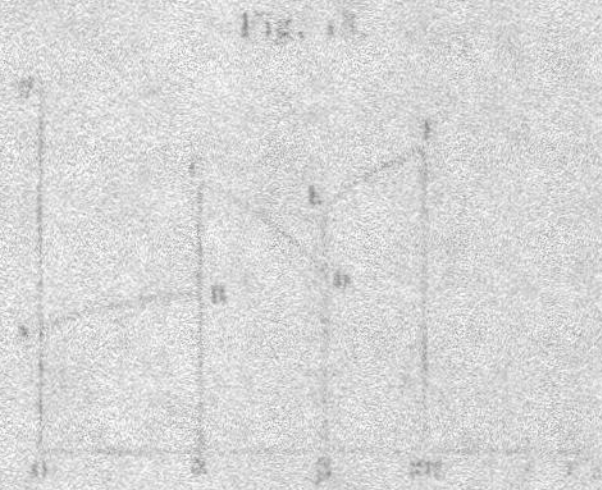

Fig. 13.

continue. Ainsi soit, par exemple, une fonction $f(x)$ représentée par la *fig.* 13; on suppose que la courbe

$$y = f(x)$$

corresponde à l'arc continu $\overline{AB}$, x étant compris entre o et α, puis à l'arc $\overline{CD}$, x variant entre α et β, et enfin à l'arc $\overline{EF}$ entre β et 2π.

Pour toute valeur de x distincte de o, α, β, 2π, la série trigonométrique représentera l'ordonnée correspondante de la courbe. Pour $x = \alpha$, que représentera la série trigonométrique? Ce ne sera ni αB, ni αC, mais, d'après la formule (6), leur demi-somme, car on a évidemment

$$f(\alpha-\varepsilon)=\overline{\alpha B}, \qquad f(\alpha+\varepsilon)=\overline{\alpha C}.$$

Supposons maintenant $x =$ o ou 2π, ce qui doit donner nécessairement le même résultat. On aura

$$S_m = \frac{1}{\pi}\int_0^{\pi} \frac{\sin(2m+1)\gamma}{\sin\gamma} f(2\gamma)\,d\gamma;$$

nous aurons donc, comme limite, d'après le § 5,

$$\frac{1}{2}[f(0)+f(2\pi)].$$

Ce cas est à considérer, en quelque sorte, comme un cas de discontinuité. Si l'on enroule, en effet, la figure sur un cylindre, la longueur $(0, 2\pi)$ devenant une circonférence, rien ne distinguera plus le passage brusque de A à F des autres discontinuités de la fonction.

8. Prenons quelques exemples. Supposons que $f(x)$ se réduise à $\frac{x}{2}$. On aura

$$a_0 = \frac{\pi}{2},$$

$$a_m = \frac{1}{\pi}\int_0^{2\pi} \cos mx \frac{x}{2}\,dx = \frac{1}{\pi}\left(\frac{x}{2}\frac{\sin mx}{m}\right)_0^{2\pi} - \frac{1}{\pi}\int_0^{2\pi} \frac{\sin mx}{2m}\,dx,$$

par conséquent $a_m = 0$, $m \neq 0$.

Pour b_m, on aura

$$b_m = \frac{1}{\pi}\int_0^{2\pi} \sin mx \frac{x}{2}\,dx$$

$$= \frac{1}{2\pi}\left(-x\frac{\cos mx}{m}\right)_0^{2\pi} + \frac{1}{2\pi}\int_0^{2\pi} \frac{\cos mx}{m}\,dx = -\frac{1}{m}.$$

Nous aurons donc, pour x compris entre 0 et 2π,

$$\frac{x}{2} = \frac{\pi}{2} - \frac{\sin x}{1} - \frac{\sin 2x}{2} - \ldots - \frac{\sin mx}{m} - \ldots.$$

Pour $x = 0$, le second membre est égal à $\frac{\pi}{2}$, qui est bien la moyenne entre les valeurs de $\frac{x}{2}$ pour 0 et 2π.

Prenons un exemple de fonction présentant une discontinuité. Imaginons qu'une fonction soit égale à $\frac{\pi}{4}$ de 0 à π et à $-\frac{\pi}{4}$ de π à

2π. On aura ici

$$a_m = \frac{1}{4}\int_0^\pi \cos mx\,dx - \frac{1}{4}\int_\pi^{2\pi}\cos mx\,dx = 0,$$

et ce résultat est valable aussi pour $m = 0$. D'autre part

$$b_m = \frac{1}{4}\int_0^\pi \sin mx\,dx - \frac{1}{4}\int_\pi^{2\pi}\sin mx\,dx = \frac{1}{2m}(1 - \cos m\pi);$$

donc pour m pair, $b_m = 0$; pour m impair, $b_m = \frac{1}{m}$. Le développement cherché est donc

$$\frac{\sin x}{1} + \frac{\sin 3x}{3} + \frac{\sin 5x}{5} + \dots$$

Pour $x = \pi$, point de discontinuité, la somme de la série est nulle; c'est bien la demi-somme des deux valeurs correspondantes de la fonction.

Comme exemple de fonction devenant infinie entre 0 et 2π, prenons la fonction

$$f(x) = \log \cos^2 \frac{x}{2}.$$

Elle devient infinie pour $x = \pi$, mais l'intégrale

$$\int \log \cos^2 \frac{x}{2}\,dx$$

a une limite quand x tend vers π. Pour s'en assurer, il suffit de poser $\cos\frac{x}{2} = y$ et on a l'intégrale

$$\int \frac{\log y^2\,dy}{\sqrt{1-y^2}},$$

dans laquelle y tend vers zéro par des valeurs qu'on peut supposer positives; l'intégrale

$$\int \frac{\log y\,dy}{\sqrt{1-y^2}}$$

comparable à l'intégrale

$$\int \log y\,dy = y\log y - y,$$

a nécessairement une limite pour $y = 0$.

Le développement

$$\log \cos^2 \frac{x}{2} = a_0 + \sum_{m=1}^{m=\infty} (a_m \cos m x + b_m \sin m x)$$

aura pour coefficients

$$a_0 = \frac{1}{\pi} \int_0^{2\pi} \log \cos^2 \frac{x}{2}\, dx,$$

$$a_m = \frac{1}{\pi} \int_0^{2\pi} \log \cos^2 \frac{x}{2} \cos m x\, dx,$$

$$b_m = \frac{1}{\pi} \int_0^{2\pi} \log \cos^2 \frac{x}{2} \sin m x\, dx.$$

La valeur de b_m est nulle, car les éléments correspondant à x et à $2\pi - x$ se détruisent deux à deux.

Quant à la valeur de a_m, elle se calcule sans peine en se débarrassant du logarithme, qui figure sous le signe d'intégration, au moyen d'une intégration par partie. On trouve ainsi

$$a_m = -2\frac{(-1)^m}{m} \qquad (m > 0)$$

et

$$a_0 = -2 \log 2.$$

9. Les séries trigonométriques auxquelles nous sommes parvenu dans les exemples précédents, en appliquant la règle de Fourier, sont de la forme

$$A = a_0 + a_1 \cos\theta + a_2 \cos 2\theta + \ldots + a_n \cos n\theta + \ldots,$$

les coefficients, dans ce développement, étant tous ou de même signe, ou alternativement positifs et négatifs. Il est facile de démontrer qu'une pareille série est convergente, lorsque les coefficients vont en décroissant en valeur absolue et que la limite de a_n est nulle.

Admettons d'abord que tous les coefficients soient positifs, et posons

$$A_n = a_0 + a_1 \cos\theta + a_2 \cos 2\theta + \ldots + a_n \cos n\theta.$$

En multipliant les deux membres de cette égalité par $2 \sin \frac{\theta}{2}$, qui est différent de zéro, si θ n'est pas égal à un multiple de 2π, on obtient

$$2A_n \sin\frac{\theta}{2} = \sum_{m=0}^{m=n} 2a_m \cos m\theta \sin\frac{\theta}{2} = \sum_{m=0}^{m=n} a_m\left(\sin\frac{2m+1}{2}\theta - \sin\frac{2m-1}{2}\theta\right),$$

d'où, en ordonnant par rapport aux sinus,

$$2A_n \sin\frac{\theta}{2} = a_0 \sin\frac{\theta}{2} + (a_0 - a_1)\sin\frac{\theta}{2} + \ldots$$
$$+ (a_{n-1} - a_n)\sin\frac{2n-1}{2}\theta + a_n \sin\frac{2n+1}{2}\theta.$$

Laissant de côté le premier terme de cette formule et le dernier qui a pour limite zéro, nous remarquerons que la série à termes positifs

$$S = (a_0 - a_1) + (a_1 - a_2) + \ldots + (a_{n-1} - a_n) + \ldots$$

est convergente et a a_0 pour somme, puisque

$$S_n = a_0 - a_n$$

et que la limite de a_n est zéro. Cette série sera encore convergente quand on multipliera respectivement ses différents termes par $\sin\frac{\theta}{2}$, $\sin\frac{3\theta}{2}$, $\ldots$, $\sin\frac{2n-1}{2}\theta$, $\ldots$, qui sont des quantités moindres que un en valeur absolue. Donc la série $A\sin\frac{\theta}{2}$ est convergente, et par suite la série A, sauf peut-être pour $\theta = 2k\pi$.

Si la série A était à termes alternativement positifs et négatifs, il suffirait de changer θ en $\pi - \theta$ pour être ramené au cas précédent.

On démontrerait de même la convergence de la série

$$B = b_0 + b_1 \sin\theta + b_2 \sin 2\theta + \ldots + b_n \sin n\theta + \ldots,$$

les conditions étant les mêmes que pour la série A.

10. Revenons à la série de Fourier ; une question capitale se pose. Peut-on, d'une manière générale, avoir une limite supérieure de la valeur absolue des coefficients a_m et b_m?

La fonction $f(x)$ satisfait toujours aux conditions de Dirichlet ;

supposons d'abord qu'elle reste finie. Nous considérons

$$a_m = \frac{1}{\pi} \int_0^{2\pi} f(x)\cos mx\, dx.$$

Partageons l'intervalle $(0, 2\pi)$ en intervalles tels que, dans chacun d'eux, la fonction soit continue et varie toujours dans le même sens. Soit

$$\frac{1}{\pi} \int_\alpha^\beta f(x)\cos mx\, dx$$

l'intégrale correspondant à un de ces intervalles et soit, par exemple, $f(x)$ non croissant de α à β; on aura, d'après le théorème de M. Bonnet (Chap. VIII, § 6, en note),

$$\int_\alpha^\beta f(x)\cos mx\, dx = f(\alpha) \int_\alpha^\xi \cos mx\, dx = f(\alpha)\frac{\sin m\xi - \sin m\alpha}{m}.$$

ξ étant compris entre α et β. Une formule analogue se calcule si $f(x)$ ne décroît pas de α à β. Dans les deux cas, le point capital est la présence de m au dénominateur, tandis que le multiplicateur de $\frac{1}{m}$ reste fini. En groupant les intégrales précédentes, qui, par hypothèse, sont en nombre limité, on aura

$$|a_m| < \frac{A}{m},$$

A étant une constante fixe convenable, indépendante de m, et on a pour b_m une formule analogue. Ainsi a_m et b_m tendent vers zéro et l'on voit clairement, dans le cas général, leur degré de petitesse pour m très grand. Le résultat précédent est bien digne de remarque: puisque la série de terme général $\frac{1}{m}$ est divergente, *la convergence des séries de Fourier est due, en général, aux variations de signe que présentent leurs termes.*

11. Les choses sont un peu moins simples quand la fonction $f(x)$, satisfaisant aux conditions de Dirichlet, devient infinie. Nous allons faire une hypothèse particulière sur la manière dont $f(x)$ devient infinie. Soit x_0 une valeur entre 0 et 2π, pour

laquelle $f(x)$ soit infinie; on supposera que, dans l'intervalle de α à x_0 ($\alpha < x_0$), $f(x)$ puisse se mettre sous la forme

$$(8) \qquad f(x) = \frac{\varphi(x)}{(x_0-x)^\mu},$$

$\varphi(x)$ variant dans le même sens de α à x_0 et $\varphi(x_0)$ ayant une valeur déterminée différente de zéro. On aura une expression analogue pour l'intervalle de x_0 à β ($\beta > x_0$). Pour tout intervalle ne comprenant pas le point x_0, la part de l'intégrale est de l'ordre de $\frac{1}{n}$. Considérons maintenant l'intégrale

$$(9) \qquad \int \frac{\varphi(x)}{(x_0-x)^\mu}\cos mx\, dx.$$

La valeur de cette intégrale, en supposant, pour fixer les idées, que $\varphi(x)$ ne croisse jamais de α à x_0, sera de la forme

$$\varphi(\xi)\int_x^{\xi}\frac{\cos mx}{(x_0-x)^\mu}dx, \qquad x < \xi < x_0 - \varepsilon.$$

Posons $m(x_0-x)=y$; on aura

$$\int_x^{\xi}\frac{\cos mx}{(x_0-x)^\mu}dx = \frac{1}{m^{1-\mu}}\int_{m\varepsilon}^{\xi}\frac{\cos(y-mx_0)}{y^\mu}dy.$$

Or les deux intégrales

$$\int_{m\varepsilon}^{\xi}\frac{\cos y}{y^\mu}dy \qquad \text{et} \qquad \int_{m\varepsilon}^{\xi}\frac{\sin y}{y^\mu}dy$$

ont, quels que soient m et ξ, des valeurs absolues inférieures à un nombre fixe; en effet les deux intégrales

$$\int_a^{\infty}\frac{\cos y}{y^\mu}dy \qquad \text{et} \qquad \int_a^{\infty}\frac{\sin y}{y^\mu}dy \qquad (0 < \mu < 1)$$

ont un sens parfaitement déterminé, comme on le voit, par une méthode analogue à celle que nous avons suivie au § 17, Chap. I.

Donc, en faisant tendre dans (9) ε vers zéro, on voit que l'intégrale

$$\int_x^{x_0}\frac{\varphi(x)}{(x_0-x)^\mu}\cos mx\, dx,$$

sera moindre que le produit de $\frac{1}{m^{\ldots}}$ par une constante indépendante de m.

Il en résulte

$$|a_m| < \ldots \quad \text{et} \quad |b_m| < \frac{B}{m^{\ldots}},$$

B étant un nombre positif convenable indépendant de m.

La condition précédente, relative au cas où la fonction devient infinie, n'est d'ailleurs nullement nécessaire. Une fonction peut devenir infinie d'une tout autre manière et n'en être pas moins développable en série de Fourier. Que l'on prenne, par exemple, la série divergente à termes positifs

$$a_0 + a_1 + \ldots + a_m + \ldots,$$

dans laquelle les coefficients satisfont aux conditions du § 9, la série

$$f(\theta) = a_0 + a_1 \cos \theta + \ldots + a_m \cos m\theta + \ldots$$

convergera pour toute valeur de θ, sauf $\theta = \pm 2k\pi$, valeurs pour lesquelles elle deviendra infinie d'une manière évidemment arbitraire. On peut, de plus, remarquer qu'aucun ordre ne peut être assigné aux coefficients a_m de cette série trigonométrique convergente.

12. Dans bien des cas particuliers, on pourra avoir une approximation différente pour les coefficients. Supposons, par exemple, que la fonction $f(x)$ n'ait aucune discontinuité, qu'elle admette 2π comme période et qu'elle ait une dérivée restant finie et satisfaisant d'ailleurs aux conditions de Dirichlet. Nous aurons, pour cette fonction

$$a_m = \frac{1}{\pi} \int_0^{2\pi} f(x) \cos mx \, dx$$

et

$$b_m = \frac{1}{\pi} \int_0^{2\pi} f(x) \sin mx \, dx,$$

et, en intégrant par parties,

$$a_m = -\frac{1}{m\pi} \int_0^{2\pi} f'(x) \sin mx \, dx$$

et

$$b_m = \frac{1}{m\pi} \int_0^{2\pi} f(x)\cos mx\, dx,$$

puisque $f(x) = f(2\pi)$. En appliquant alors à l'intégrale précédente le résultat du § 10, nous voyons que

$$|a_m| \quad \text{et} \quad |b_m| < \frac{A}{m^2},$$

A étant indépendant de m ; par conséquent, dans ce cas, la série de Fourier correspondant à la fonction $f(x)$ sera *absolument* et *uniformément* convergente.

La remarque précédente peut évidemment être généralisée. Si la fonction $f(x)$ et ses dérivées jusqu'à l'ordre $p - 1$ sont continues et périodiques (la période étant 2π), et que la dérivée d'ordre p reste finie, on trouvera en intégrant p fois successivement, par parties, et appliquant le théorème du § 10,

$$|a_m| \quad \text{et} \quad |b_m| < \frac{A}{m^{p+1}},$$

A étant toujours indépendant de m.

13. Nous avons encore une question très intéressante à nous poser sur les séries de Fourier. Le calcul des coefficients, nous l'avons dit, a été fait en supposant la série uniformément convergente. En fait, la série de Fourier, que nous venons d'étudier, converge-t-elle uniformément ? Il est évident qu'il n'en peut être ainsi dans un intervalle comprenant un point de discontinuité. Nous devons donc nous borner à considérer un intervalle (a, b) compris de o à 2π dans lequel ne se trouve aucun point de discontinuité.

Commençons par supposer que la fonction $f(x)$ varie d'une manière continue dans le même sens de a à b, et aussi un peu au delà de b et en deçà de a $(a < b)$, de telle sorte que a et b ne correspondent ni à un maximum, ni à un minimum ; la fonction $f(x)$ sera, de plus, supposée positive, ce qui peut toujours être réalisé par l'addition d'une constante. De l'hypothèse faite résulte qu'on peut trouver un nombre positif h tel que la fonction de γ

$$f(x + \gamma),$$

pour une valeur fixe x *quelconque* comprise dans l'intervalle
(a, b), varie dans le même sens, γ allant de $-h$ à $+h$.

Ceci posé, nous allons démontrer que la série de Fourier correspondant à $f(x)$ converge uniformément dans l'intervalle (a, b).
Reprenons à cet effet l'intégrale

$$S_{\frac{k-1}{2}} = \frac{1}{\pi} \int_{-\frac{\pi}{2}}^{\pi-\frac{\pi}{2}} \frac{\sin k\gamma}{\sin \gamma} f(x - 2\gamma)\, d\gamma.$$

Il faut établir qu'on peut prendre l'entier impair k assez grand
pour que $S_{\frac{k-1}{2}}$ diffère de $f(x)$ de moins de ε (ε étant donné à
l'avance), *quel que soit x dans l'intervalle (a, b).* Nous parta-
geons, comme plus haut, l'intégrale en deux parties : nous allons
montrer que chacune d'elles tend uniformément vers $\frac{f(x)}{2}$; il
suffira de prendre l'une d'elles, soit

$$\frac{1}{\pi} \int_{0}^{\pi-\frac{\pi}{2}} \frac{\sin k\gamma}{\sin \gamma} f(x - 2\gamma)\, d\gamma ;$$

nous la partageons elle-même en deux intégrales

$$\frac{1}{\pi} \int_{0}^{h} + \frac{1}{\pi} \int_{h}^{\pi-\frac{\pi}{2}} , \tag{10}$$

h étant le nombre fixé plus haut. La fonction de γ, $f(x + 2\gamma)$,
varie dans le même sens quand γ va de 0 à h ; supposons, pour
fixer les idées, qu'elle n'aille jamais en croissant. En nous reportant alors au § 3, nous avons, en posant

$$J = \int_{0}^{h} \frac{\sin k\gamma}{\sin \gamma} f(x + 2\gamma)\, d\gamma$$

et entendant par m le même entier que dans ce paragraphe, soit
le plus grand entier contenu dans $\sqrt{k}$,

$$J < \left[f(x) - f\left(x - \frac{4m\pi}{k}\right) \right] \Im_0 + f\left(x - \frac{4m\pi}{k}\right) \frac{\pi}{2} + f\left(x + \frac{4m\pi}{k}\right) \Im_{4m}$$

$$J > f\left(x - \frac{4m\pi}{k}\right) \frac{\pi}{2} - f\left(x - \frac{4m\pi}{k}\right) \Im_{4m}.$$

De ces deux inégalités résulte bien que J converge *uniformé-*

ment vers sa limite $\frac{\pi}{2}f(x)$, x étant dans l'intervalle (a, b), c'est-à-dire que l'on peut prendre k assez grand pour que J diffère de $\frac{\pi}{2}f(x)$ de moins de ζ, quel que soit x dans l'intervalle indiqué.

Nous avons maintenant à considérer la seconde des intégrales (10); elle est de la forme

$$\int_a^b \frac{\sin k\gamma}{\sin \gamma}\,\varphi(\gamma)\,d\gamma, \qquad a < b < g < \pi.$$

Il est bien facile de voir qu'elle est de l'ordre de $\frac{1}{k}$; il suffit de raisonner comme nous l'avons fait (§ 11) pour déterminer l'ordre des coefficients. On en conclut que la seconde des intégrales (10) est moindre, en valeur absolue, que

$$\frac{\lambda}{k},$$

λ étant une constante fixe convenable, et cela, quel que soit x dans l'intervalle (a, b).

Il est donc établi que l'intégrale

$$\frac{1}{\pi}\int_{x-\frac{\pi}{2}}^{x+\frac{\pi}{2}} \frac{\sin k\gamma}{\sin \gamma}\,f(x+2\gamma)\,d\gamma \qquad (k \text{ impair}),$$

qui représente la somme des $\frac{k+1}{2}$ premiers termes de la série de Fourier, diffère de $f(x)$, pour k suffisamment grand, de moins de ε, *quel que soit x dans l'intervalle (a, b).*

Les raisonnements précédents supposent essentiellement que la fonction $f(x)$ n'ait ni maximum, ni minimum dans l'intervalle (a, b), y compris les deux extrémités. Il est aisé de lever ces restrictions. Les maxima et les minima étant, par hypothèse, isolés, puisqu'ils sont en nombre fini, considérons l'un deux. Soit, par exemple, $x = x_0$ correspondant à un maximum $y_0 = f(x_0)$ de la fonction $f(x)$ positive dans le voisinage de x_0; $f(x)$ croît de $x_0 - \alpha$ à x_0 et décroît de x_0 à $x_0 + \alpha$. Je considère la fonction continue $Q(x)$ ainsi définie dans l'intervalle $(x_0 - \alpha, x_0 + \alpha)$.

$$Q(x) = f(x) \qquad\qquad\qquad \text{de } x_0 - \alpha \text{ à } x_0$$
$$Q(x) = y_0 + \mu[y_0 - f(x)] \qquad \text{de } x_0 \text{ à } x_0 + \alpha \qquad (\mu > 0).$$

Cette fonction ira en croissant de $x_0 - \alpha$ à $x_0 + \alpha$.

Considérons maintenant la fonction

$$P(x) = Q(x) - f(x).$$

on a

$$P(x) = 2 f(x) \qquad \text{de } x_0 - z \text{ à } x_0,$$
$$P(x) = y_0(1-\mu)x - (\mu-1)f(x) \qquad \text{de } x_0 \text{ à } x_0 + z;$$

$P(x)$ ira aussi en croissant de $x_0 - z$ à $x_0 + z$. Or

$$f(x) = P(x) - Q(x).$$

Par suite, la fonction $f(x)$ est la différence de deux fonctions variant dans le même sens de part et d'autre de x_0. Si donc on développe $P(x)$ et $Q(x)$ en séries de Fourier, il n'y aura aucune difficulté relativement à la valeur x_0. L'intervalle (a, b) peut donc contenir des valeurs de x correspondant à des maxima ou des minima.

En résumé, nous pouvons énoncer le théorème suivant :

La série de Fourier, représentant une fonction $f(x)$ satisfaisant aux conditions de Dirichlet, est uniformément convergente dans tout intervalle (a, b) à l'intérieur duquel la fonction ne présente pas de discontinuités.

III. — Sur les séries trigonométriques les plus générales. Théorème de M. Cantor.

14. Quand nous avons cherché les coefficients du développement

$$(11) \qquad f(x) = a_0 + \sum_{m=1}^{m=\infty} (a_m \cos mx - b_m \sin mx),$$

nous avons fait des intégrations qui supposaient la série uniformément convergente dans l'intervalle de o à 2π.

Si l'on veut que la série (11) soit uniformément convergente de o à 2π, il est clair que le développement ne peut se faire que d'une seule manière. Mais, si on laisse de côté l'hypothèse de la convergence uniforme, on peut se demander s'il n'existe pas, pour représenter $f(x)$, un développement trigonométrique différent de celui de Fourier.

Nous bornant toujours aux fonctions satisfaisant aux conditions de Dirichlet, nous supposons qu'il y a égalité entre les deux membres de (11) pour toute valeur de x qui ne rend pas la fonction f infinie ou discontinue. On aura donc l'identité (11), sauf peut-être pour un nombre limité de points entre o et 2π. Si deux développements de cette forme et dans ces conditions sont possibles, on aura évidemment, en les retranchant, une identité de la forme

$$(12) \qquad x_0 + \sum_{m=1}^{m=\infty}(\alpha_m \cos mx + \beta_m \sin mx) = 0,$$

pour toute valeur de x, comprise entre o et 2π, sauf peut-être pour un nombre limité de points.

Si on peut établir que tous les α et β sont nuls, l'identité des deux développements supposés sera démontrée. M. Cantor a, le premier, démontré que l'identité (12) ne peut avoir lieu que si tous les coefficients sont nuls (*Journal de Crelle*, t. 72, et *Acta mathematica*, t. II). Son analyse s'appuie sur un théorème de Riemann, très intéressant en lui-même et que nous allons d'abord exposer.

13. Considérons avec Riemann [*OEuvres complètes* (*Ueber die Darstellbarkeit einer Function durch eine trigonometrische Reihe*, § 8)] une série trigonométrique

$$(2) \qquad \tfrac{1}{2}a_0 + a_1\cos x + b_1\sin x + \ldots + a_n\cos nx + b_n\sin nx + \ldots$$

on suppose que

$$\lim_{n=\infty} a_n = 0, \qquad \lim_{n=\infty} b_n = 0.$$

Dans ces conditions, si l'on écrit

$$A_0 = \tfrac{1}{2}a_0, \qquad A_n = a_n\cos nx + b_n\sin nx,$$

la série

$$A_0\frac{x^2}{2} - A_1 - \frac{A_2}{4} - \ldots - \frac{A_n}{n^2} - \ldots$$

que l'on déduit de la série initiale, en intégrant deux fois chaque terme, sera uniformément convergente de o à 2π, puisque A_n reste finie quel que soit x, et représentera une fonction continue

$F(x)$. Riemann considère le rapport

$$\frac{F(x+2\alpha)+F(x-2\alpha)-2F(x)}{4\alpha^2}.$$

Si la série Σ converge pour une certaine valeur de x, et a $f(x)$ pour somme, le rapport précédent tend vers $f(x)$, quand α tend vers zéro. Tel est le théorème que nous allons établir.

En remarquant que

$$a_n \cos n(x+2\alpha) + a_n \cos n(x-2\alpha) - 2a_n \cos nx$$
$$= 2a_n \cos nx (\cos 2n\alpha - 1) = -4a_n \cos nx \sin^2 n\alpha,$$
$$b_n \sin n(x+2\alpha) + b_n \sin n(x-2\alpha) - 2b_n \sin nx$$
$$= 2b_n \sin nx (\cos 2n\alpha - 1) = -4b_n \sin nx \sin^2 n\alpha,$$

on peut écrire

$$(13) \qquad \frac{F(x+2\alpha)+F(x-2\alpha)-2F(x)}{4\alpha^2} = A_0 - A_1 \left(\frac{\sin \alpha}{\alpha}\right)^2 - \dots - A_n \left(\frac{\sin n\alpha}{n\alpha}\right)^2 - \dots$$

Or, x ayant la valeur particulière considérée, on a

$$A_0 + A_1 + \dots + A_{n-1} + \dots = f(x) = s_\infty,$$

et, δ étant une quantité donnée à l'avance aussi petite qu'on voudra, on peut trouver m tel que l'on ait

$$|s_\infty - s_n| < \delta, \qquad \text{si} \qquad n \geq m.$$

De plus nous prendrons dans (13) α assez petit pour que $m\alpha < \pi$.

En remplaçant d'une manière générale A_n par $s_{n+1} - s_n$, la série (13) peut s'écrire

$$f(x) = \sum_{n=1}^{n=\infty} s_n \left\{ \left[\frac{\sin(n-1)\alpha}{(n-1)\alpha}\right]^2 - \left(\frac{\sin n\alpha}{n\alpha}\right)^2 \right\}.$$

Partageons maintenant cette série en trois parties. Dans la première, on fait croître n de 1 à m; dans la seconde, n variera de $m+1$ au plus grand entier s inférieur à $\frac{\pi}{\alpha}$; enfin, dans la troisième, n variera de $s+1$ à l'infini.

P. — I.   16

La *première partie* se compose de termes en nombre fini, et tendra évidemment vers zéro si z a été pris suffisamment petit.

La *seconde partie* est moindre que

$$\varepsilon \left[\left(\frac{\sin mz}{mz} \right)^2 + \left(\frac{\sin sz}{sz} \right)^2 \right],$$

les quantités entre crochets, dans la somme, étant toutes positives, car $\frac{\sin x}{x}$ décroît constamment de 0 à π, et l'on a précisément

$$s < \frac{\pi}{z} \qquad \text{lors} \qquad sz < \pi.$$

Passons enfin à la *troisième partie*. Décomposons le terme général de la manière suivante

$$\varepsilon_n \left\{ \left[\frac{\sin(n-1)z}{(n-1)z} \right]^2 - \left[\frac{\sin(n-1)z}{nz} \right]^2 \right\}$$

$$+ \varepsilon_n \left\{ \left[\frac{\sin(n-1)z}{nz} \right]^2 - \left(\frac{\sin nz}{nz} \right)^2 \right\}.$$

Le second terme peut s'écrire

$$- \varepsilon_n \frac{\sin(2n-1)z \sin z}{n^2 z^2}.$$

Le terme général sera donc moindre, en valeur absolue, que

$$\varepsilon \left[\frac{1}{(n-1)^2 z^2} - \frac{1}{n^2 z^2} \right] + \frac{\varepsilon}{n^2 z}.$$

La troisième partie, comprenant la sommation de $s+1$ à l'infini, aura donc une valeur absolue moindre que

$$\frac{\varepsilon}{s^2 z^2} + \frac{\varepsilon}{z} \left[\frac{1}{(s-1)^2} + \cdots \right],$$

la somme entre parenthèses étant une série convergente.

Mais on a (¹)

$$(14) \qquad \frac{1}{(s-1)^2} + \cdots < \frac{1}{s}.$$

(¹) Cette inégalité peut en effet s'écrire

$$\frac{1}{(s-1)^2} + \cdots < \int_s^\infty \frac{dx}{x^2}.$$

nous avons donc, comme limite supérieure,

$$\frac{\delta}{s^2\alpha^2} + \frac{\delta}{s\alpha}.$$

Or s est le plus grand entier inférieur à $\frac{\pi}{\alpha}$, c'est-à-dire que

$$s \geqq \frac{\pi}{\alpha} - 1 \quad \text{ou} \quad s\alpha \geqq \pi - \alpha;$$

la limite précédente sera donc moindre que

$$\delta\left[\frac{1}{(\pi - \alpha)^2} + \frac{1}{\pi - \alpha}\right].$$

Elle est infiniment petite avec δ : l'expression (13) diffère donc de $f(x)$, d'aussi peu qu'on veut, pour α suffisamment petit. Le théorème est démontré.

16. A ce théorème je joindrai, avec Riemann, la remarque suivante :

Le quotient

$$\frac{F(x + 2\alpha) + F(x - 2\alpha) - 2F(x)}{4\alpha}$$

tend, quel que soit x, vers zéro, quand α tend vers zéro.

Partageons, en effet, la série qui représente l'expression précédente

$$2\alpha \sum A_n \left(\frac{\sin n\alpha}{n\alpha}\right)^2$$

en trois parties. Dans la première, n variera jusqu'à un nombre fixe m, tel que, pour $n > m$, on ait $|A_n| < \varepsilon$; dans la seconde, on fait varier n depuis $(m + 1)$ jusqu'à la plus grande valeur satisfaisant à l'inégalité $n\alpha \leqq c$, c désignant une constante fixe; enfin, la troisième partie comprendra le reste de la série.

La première partie donne une somme inférieure à $2Q\alpha$, Q étant

---

et elle se vérifie immédiatement en considérant les rectangles intérieurs inscrits dans la courbe $y = \frac{1}{x^2}$, comme nous l'avons déjà fait à différentes reprises (Chap. I, § 17).

une quantité fixe; la seconde est moindre en valeur absolue que

$$2\,q.\,hz - 3h z^2;$$

enfin, la troisième partie est moindre que

$$2\,hz \sum_{n=\frac{1}{z}} \left| \frac{\sin nz}{nz} \right|^2 < 2\,hz \sum \frac{1}{n^2 z^2} < \frac{hz}{z} \frac{1}{z} = \frac{2h}{z},$$

en se reportant, pour la dernière inégalité, à l'égalité (14).

Nous avons donc

$$\left| \frac{F(x+2z) - F(x-2z) - 4F(x)}{z^2} \right| < 2\left[Qz + \varepsilon\left(z - \varphi \frac{1}{z}\right) \right];$$

d'où suit immédiatement que le premier membre tend vers zéro en même temps que z.

17. Avant d'aborder la démonstration du théorème de M. Cantor, relatif aux séries trigonométriques, faisons encore une remarque essentielle, due à M. Schwarz.

Soit $F(x)$ *une fonction continue dans un intervalle* (a, b), *et telle que, pour toute valeur de* x *dans cet intervalle, on ait*

$$\lim_{z=0} \frac{F(x+z) - 2F(x) + F(x-z)}{z^2} = 0.$$

Nous allons montrer que $F(x)$ *est une fonction linéaire de* x.

Supposant $a < b$, nous considérons la fonction

$$\varphi(x) = i\left\{ F(x) - F(a) - \frac{x-a}{b-a}\left[F(b) - F(a) \right] \right\} - \frac{h^2}{2}(x-a)(b-x),$$

i désignant ± 1, et h une constante quelconque. La fonction $\varphi(x)$ est continue dans l'intervalle (a, b), et l'on a

$$\lim_{z=0} \frac{\varphi(x+z) - 2\varphi(x) + \varphi(x-z)}{z^2} = h^2.$$

Donc, si z est assez petit, l'expression

$$\varphi(x+z) - 2\varphi(x) + \varphi(x-z)$$

d'être continue pour $x = x_0$, et (§ 16)

$$\lim_{\alpha=0} \frac{F(x_0+\alpha)+F(x_0-\alpha)-2F(x_0)}{\alpha} = 0.$$

Or les deux quotients

$$\frac{F(x_0+\alpha)-F(x_0)}{\alpha} \quad \text{et} \quad \frac{F(x_0-\alpha)-F(x_0)}{-\alpha}$$

représentent les coefficients angulaires des deux côtés de la ligne polygonale ayant pour sommet le point considéré. Ces deux coefficients angulaires sont donc égaux et les deux côtés sont le prolongement l'un de l'autre. Nous en concluons que la courbe

$$y = F(x)$$

représente une ligne droite indéfinie. Soit $y = cx + c'$ cette droite; on aura, pour *toute valeur de* x, la relation

$$A_0\frac{x^2}{2} - A_1 - \ldots - \frac{A_n}{n^2} - \ldots = cx + c',$$

que nous écrirons

$$A_0\frac{x^2}{2} - cx - c' = A_1 + \frac{A_2}{4} + \ldots + \frac{A_n}{n^2} + \ldots$$

Le second membre admet la période 2π; pour que le premier l'admette, il faut que

$$c = 0, \qquad A_0 = 0.$$

Il reste alors

$$-c' = a_1 \cos x + b_1 \sin x + \ldots + \frac{a_n \cos nx + b_n \sin nx}{n^2} + \ldots;$$

mais la série du second membre est *uniformément* convergente; on peut donc appliquer, en toute rigueur, la méthode classique pour la détermination des coefficients, ce qui donne immédiatement

$$a_n = 0, \qquad b_n = 0,$$

et le théorème est démontré.

IV. — L'intégrale de Poisson. — Représentation approchée des fonctions.

19. Nous terminerons ce Chapitre en faisant l'étude d'une intégrale célèbre, considérée par Poisson, et qui se rattache étroitement à la théorie des séries trigonométriques.

Soit $f(\varphi)$ une fonction développable entre 0 et 2π en série de Fourier,

$$f(\varphi) = \frac{a_0}{2} + a_1 \cos\varphi + b_1 \sin\varphi + \ldots + a_m \cos m\varphi + b_m \sin m\varphi + \ldots.$$

Envisageons la série ordonnée suivant les puissances croissantes de r,

$$\frac{a_0}{2} + r(a_1 \cos\varphi + b_1 \sin\varphi) + \ldots + r^m (a_m \cos m\varphi + b_m \sin m\varphi) + \ldots,$$

qui est convergente pour $r \leqq 1$. *Nous allons montrer qu'on peut la mettre sous la forme d'une intégrale définie.*

Formons, en effet, l'intégrale

$$I = \frac{1}{2\pi} \int_0^{2\pi} f(\psi) \frac{1 - r^2}{1 - 2r\cos(\psi - \varphi) + r^2}\, d\psi.$$

Il est facile de la développer suivant les puissances croissantes de r : nous retomberons sur la série qui précède. Partons de la formule

$$\frac{1 - r^2}{1 - 2r\cos\theta + r^2} = -1 + \frac{1}{1 - re^{i\theta}} + \frac{1}{1 - re^{-i\theta}};$$

on a

$$\frac{1}{1 - re^{i\theta}} = 1 + re^{i\theta} + \ldots + r^n e^{ni\theta} + \frac{r^{n+1} e^{(n+1)i\theta}}{1 - re^{i\theta}}$$

et une identité analogue en changeant i en $-i$. On aura donc

$$\frac{1 - r^2}{1 - 2r\cos(\psi - \varphi) + r^2} = 1 + 2\sum_1^n r^n \cos n(\psi - \varphi)$$
$$+ r^{n+1}\left[\frac{e^{(n+1)i(\psi-\varphi)}}{1 - re^{i(\psi-\varphi)}} + \frac{e^{-(n+1)i(\psi-\varphi)}}{1 - re^{-i(\psi-\varphi)}}\right].$$

Substituant dans l'intégrale I et remarquant que le reste tend vers zéro, puisque r est plus petit que l'unité, on obtient la relation

$$I = \frac{1}{2\pi}\int_0^{2\pi} f(\psi)\,d\psi + \frac{1}{\pi}\sum_{n=1}^{n=\infty} r^n \int_0^{2\pi} f(\psi)\cos n(\psi-\varphi)\,d\psi$$

et, enfin,

$$(16) \qquad I = \frac{a_0}{2} + \sum_{n=1}^{n=\infty} r^n(a_n\cos n\varphi + b_n\sin n\varphi),$$

en posant

$$a_n = \frac{1}{\pi}\int_0^{2\pi} f(\psi)\cos n\psi\,d\psi, \qquad b_n = \frac{1}{\pi}\int_0^{2\pi} f(\psi)\sin n\psi\,d\psi.$$

C'est bien le développement que nous avons écrit plus haut; il n'est valable, *a priori*, que pour $r < 1$, de sorte qu'on ne peut en déduire la série de Fourier, comme nous le verrons d'ailleurs plus en détail au § 24.

20. L'intégrale I est une fonction de r et de φ, qu'on peut considérer comme fonction des coordonnées polaires. Nous avons supposé $r < 1$; le point (r, φ) restera donc à l'intérieur du cercle de rayon *un*. *Quand ce point se rapproche d'un point de la circonférence C de ce cercle, l'intégrale tend-elle vers une limite?*

La réponse n'est pas immédiate, car une circonstance singulière se présente. Puisque r tend vers *un*, tous les éléments de l'intégrale tendent vers zéro, sauf un seul correspondant à $r = 1$, $\psi = \varphi$, pour lequel il y a indétermination. On ne voit donc pas de suite ce que devient l'intégrale. Au surplus, nous avons déjà rencontré un exemple de cette nature quand nous avons traité le problème de Dirichlet pour le cas d'une sphère (Chap. VI, Section II). L'intégrale que nous avons alors obtenue est entièrement analogue à l'intégrale de Poisson qui nous occupe maintenant.

Le développement en série, suivant les puissances croissantes de r, donne, sinon une réponse entièrement satisfaisante, du moins une indication sur la solution. Quand r tend vers l'unité, φ restant constant, la série (16) tend vers $f(\varphi)$. On sait, en effet, puisqu'on a supposé que $f(\varphi)$ est développable en série de Fourier, que cette série est convergente pour $r = 1$ et représente $f(\varphi)$; il suffit alors de se reporter au théorème d'Abel sur les séries entières pour en conclure que la limite de la série (16), pour $r = 1$, est égale à $f(\varphi)$. Ce mode de raisonnement a l'inconvénient grave de nous obliger à faire tendre le point (r, φ) vers le point $(1, \varphi)$ de la circonférence C en suivant le rayon qui passe par ce point. Nous allons suivre, avec M. Schwarz [1], une tout autre marche en étudiant directement l'intégrale I; cette méthode aura de plus l'avantage de ne pas nous obliger à supposer que $f(\psi)$ est développable en série trigonométrique.

21. Considérons d'abord le cas où la fonction $f(\psi)$, étant toujours continue et admettant la période 2π, peut être considérée comme une fonction continue et bien déterminée de la position d'un point sur la circonférence C.

Nous avons besoin, pour faire cette étude, de la valeur de l'intégrale I pour $f(\psi) = 1$. Elle se calcule immédiatement : la fonction sous le signe d'intégration est une fonction rationnelle de $\cos(\psi - \varphi)$, et l'intégrale indéfinie est l'expression à détermination multiple

$$\frac{1}{\pi} \operatorname{arc\,tang}\left(\frac{1+r}{1-r} \operatorname{tang} \frac{\psi - \varphi}{2}\right);$$

appliquant la règle donnée précédemment à ce sujet (Chap. I, § 6), on trouve que la valeur de I, pour $r \leqq 1$, est égale à $+1$.

Cela posé, désignons par A un point (r, φ) pris à l'intérieur de la circonférence C de centre O, et soit M_0 un point fixe $(1, \varphi_0)$ sur cette circonférence. Il s'agit de trouver la limite vers laquelle tend l'intégrale I correspondant au point (r, φ) quand ce point se rapproche du point $(1, \varphi_0)$ en suivant une direction quelconque. L'intégrale I peut s'écrire

$$I = \frac{1}{2\pi} \int_C [f(\varphi_0) + f(\psi) - f(\varphi_0)] \frac{1 - r^2}{1 - 2r\cos(\psi - \varphi) + r^2} d\psi,$$

intégrale étendue à la circonférence, c'est-à-dire l'intégration étant

---

[1] *Voir* deux Mémoires de M. Schwarz : *Ueber die Integration der partiellen Differentialgleichung $\Delta u = 0$ für die Fläche eines Kreises* (*Gesammelte mathematische Abhandlungen*, zweiter Band).

faite entre deux valeurs de ψ différentes de 2π. Par suite, on aura

$$I = f(\varphi_0) + \frac{1}{2\pi}\int [f(\psi) - f(\varphi_0)] \frac{1-r^2}{1-2r\cos(\psi-\varphi)+r^2}\, d\psi.$$

Or, la fonction $f(\psi)$ étant continue, on peut trouver une quantité positive 2δ telle que, sur tout arc de la circonférence C inférieur à 2δ, l'oscillation de la fonction soit inférieure à une quantité positive ε, donnée à l'avance, aussi petite qu'on voudra. On aura donc

$$|f(\psi) - f(\varphi_0)| < \varepsilon,$$

pourvu que l'arc qui sépare le point $(1, \psi)$ du point $(1, \varphi_0)$ soit inférieur à δ, et cela d'ailleurs quelle que soit la position du point M_0 sur la circonférence C; δ étant ainsi fixé va rester constant. D'autre part, le point A, en se rapprochant du point M_0, restera, à partir d'une certaine valeur de φ, à l'intérieur de l'angle au centre, correspondant à l'arc 2δ, ayant M_0 pour milieu. Désignons par A_1 le point où le rayon prolongé OA rencontre la circonférence C et prenons de part et d'autre de A_1 un arc égal à δ. Soient s l'arc égal à 2δ ainsi formé, lequel contient le point M_0, et S le reste de la circonférence. Nous partagerons l'intégrale qui figure dans I en deux parties : l'une relative à s, l'autre à S. La valeur absolue de la première sera moindre, quel que soit r, que

$$\varepsilon \frac{1}{2\pi}\int_s \frac{1-r^2}{1-2r\cos(\psi-\varphi)+r^2}\, d\psi < \varepsilon \frac{1}{2\pi}\int_0^{2\pi} \frac{1-r^2}{1-2r\cos(\psi-\varphi)+r^2}\, d\psi = \varepsilon.$$

Passons à la seconde intégrale. On a, pour l'arc S,

$$1 - 2r\cos(\psi-\varphi) + r^2 > 2r - 2r\cos\delta = 2r(1-\cos\delta),$$

et, si g désigne le maximum de $|f(\psi)|$, on voit que la seconde intégrale aura une valeur absolue moindre que

$$\frac{g(1-r^2)}{r(1-\cos\delta)}.$$

Cette quantité tend vers zéro quand r se rapproche de l'unité; remarquons d'ailleurs qu'elle est indépendante de la position du point M_0 sur C.

Ainsi donc, étant donné le point M_0 sur la circonférence C et une quantité η fixe, mais aussi petite que l'on veut, on peut tracer, de part et d'autre de M_0, un arc de longueur δ tel que, le point A restant à l'intérieur de l'angle au centre correspondant à cet arc 2δ et étant suffisamment rapproché de la circonférence, la valeur de l'intégrale correspondante diffère de $f(\varphi_0)$ de moins de η; c'est à dire que l'intégrale I, correspondant au point (r, φ), tend vers $f(\varphi_0)$ quand ce point se rapproche d'une manière quelconque du point $(1, \varphi_0)$ de la circonférence C (en restant intérieur à cette circonférence).

22. Il ne sera pas sans intérêt d'étudier maintenant le cas où la fonction $f(\psi)$ n'est pas partout continue, mais présente pour certaines valeurs isolées de ψ des discontinuités du genre de celles qui ont été étudiées dans la théorie des séries trigonométriques.

Nous supposerons donc que, pour une certaine valeur φ_0, la fonction $f(\varphi)$ ait, de part et d'autre du point correspondant, des valeurs limites différentes. *Vers quelle valeur tendra l'intégrale I quand le point (r, φ) tendra vers le point $(1, \varphi_0)$?*

Pour traiter cette question, prenons d'abord un exemple particulier : si l'on fait $f(\psi) = \psi$, on se trouve bien, sur la circonférence C, dans le cas indiqué; on peut, en effet, considérer qu'on a, sur cette circonférence, une succession de valeurs données par la loi précédente en faisant varier ψ entre 0 et 2π. Pour $\psi = 0$ et $\psi = 2\pi$, on obtient la même position M_0, et la différence des valeurs limites de la fonction, de part et d'autre de M_0, est visiblement égale à 2π. Formons, pour ce cas particulier, l'intégrale I,

$$\frac{1}{2\pi} \int_0^{2\pi} \psi \, \frac{1 - r^2}{1 - 2r\cos(\psi - \varphi) + r^2} \, d\psi.$$

Sa valeur est facile à calculer au moyen d'un développement en série, ordonné suivant les puissances croissantes de r. Les coefficients du développement

$$\frac{a_0}{2} \sum_{n=1}^{\infty} r^n (a_n \cos n\varphi + b_n \sin n\varphi), \qquad r < 1,$$

dans lequel

$$a_n = \frac{1}{\pi} \int_0^{2\pi} \psi \cos n\psi \, d\psi, \qquad b_n = \frac{1}{\pi} \int_0^{2\pi} \psi \sin n\psi \, d\psi.$$

sont ici

$$a_0 = 2\pi, \qquad a_n = 0 \quad (n \geq 1), \qquad b_n = -\frac{2}{n}.$$

On a donc le développement

$$\pi - 2\sum_{n=1}^{n=\infty} \frac{r^n \sin n\varphi}{n}.$$

Pour calculer

$$\sum_{n=1}^{n=\infty} \frac{r^n \sin n\varphi}{n},$$

prenons sa dérivée par rapport à r, qui est

$$\sum_{n=1}^{n=\infty} r^{n-1} \sin n\varphi.$$

Or cette série est égale au coefficient de $i = \sqrt{-1}$ dans

$$\frac{1}{r}\sum_{n=1}^{\infty} r^n e^{n\varphi i} = \frac{1}{r}\,\frac{re^{\varphi i}}{1 - re^{\varphi i}}.$$

On aura, par suite,

$$\sum_{n=1}^{n=\infty} r^{n-1} \sin n\varphi = \frac{\sin\varphi}{1 - 2r\cos\varphi + r^2}$$

et, en intégrant,

$$\sum_{n=1}^{n=\infty} \frac{r^n \sin n\varphi}{n} = \operatorname{arc\,tang} \frac{r\sin\varphi}{1 - r\cos\varphi},$$

l'arc tangente, dans le second membre, étant l'arc compris entre $-\frac{\pi}{2}$ et $+\frac{\pi}{2}$, qui s'annule pour $r = 0$. Nous avons donc

$$\frac{1}{2\pi}\int_0^{2\pi} \psi \frac{1 - r^2}{1 - 2r\cos(\psi - \varphi) + r^2}\, d\psi = \pi - 2 \operatorname{arc\,tang} \frac{r\sin\varphi}{1 - r\cos\varphi}.$$

L'arc tangente qui figure dans cette formule est susceptible d'une représentation géométrique très simple. Soient la circonférence C de rayon un et M_0 le point correspondant à $\varphi = 0$, situé sur $\overline{OX}$

(*fig.* 14). A étant le point (r, φ), on aura

$$\text{arc tang} \frac{r \sin \varphi}{1 - r \cos \varphi} = \text{angle } (O M_0 A),$$

cet angle étant compris entre $-\frac{\pi}{2}$ et $+\frac{\pi}{2}$. On a donc, en appelant z cet angle,

$$\pi - 2z$$

comme valeur de l'intégrale. Quand le point A se rapproche de M_0, la valeur limite de cette intégrale dépend de la direction suivant

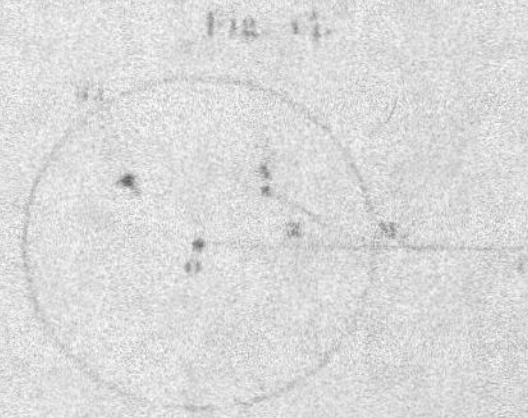

Fig. 14.

laquelle A se rapproche de M_0: cette valeur limite peut prendre toutes les valeurs entre o et 2π qui répondent aux valeurs extrêmes $z = \frac{\pi}{2}$, $z = -\frac{\pi}{2}$.

23. Après l'étude de ce cas particulier, nous n'aurons aucune peine à traiter le cas général. Il suffira de se borner au cas où la fonction $f(\psi)$ a un seul point M_0 de discontinuité, que nous supposerons correspondre à $\psi = o$ où 2π, de telle sorte que

$$f(+o) \gtrless f(2\pi - o).$$

Désignons par μ la différence $f(+o) - f(2\pi - o)$. Nous avons à étudier l'intégrale

$$I = \frac{1}{2\pi} \int_0^{2\pi} f(\psi) \frac{1 - r^2}{(1 - 2r\cos(\psi - \varphi) + r^2)} d\psi,$$

quand le point $A(r, \varphi)$ se rapproche de M_0.

Formons, à cet effet, l'expression

$$f(\psi) + \frac{\psi}{2\pi} \mu.$$

en considérant, comme tout à l'heure, $\frac{\psi}{2\pi}$ comme une fonction d'un point variable sur la circonférence C avec le point M_0 comme point de discontinuité. L'expression précédente sera alors une fonction continue; car les deux limites, suivant qu'on se rapproche de M_0 d'un côté ou de l'autre, sont

$$f(+\varepsilon) \quad \text{et} \quad f(2\pi-\varepsilon)+\mu.$$

L'intégrale

$$\frac{1}{2\pi}\int_0^{2\pi}\left[f(\psi)-\frac{\psi}{2\pi}\mu\right]\frac{1-r^2}{1-2r\cos(\psi-\varphi)+r^2}\,d\psi$$

tend donc vers $f(+\varepsilon)$ quand le point A se rapproche d'une manière quelconque de M_0. Nous aurons, par suite,

$$\frac{1}{2\pi}\int_0^{2\pi} f(\psi)\frac{1-r^2}{1-2r\cos(\psi-\varphi)+r^2}\,d\psi = -\frac{\mu}{2\pi}\left(\pi-2\,\mathrm{arc\,tang}\,\frac{r\sin\varphi}{1-r\cos\varphi}\right)+\lambda,$$

λ tendant vers $f(+\varepsilon)$, de quelque manière que A se rapproche de M_0. De là, nous concluons

$$\lim I = f(+\varepsilon)-\frac{\mu}{2}+\frac{\mu}{\pi}\alpha,$$

en désignant par α la direction limite suivant laquelle A se rapproche de M_0. On voit ainsi que $\lim I$ pourra prendre toutes les valeurs comprises entre

$$f(+\varepsilon) \quad \text{et} \quad f(2\pi-\varepsilon).$$

En particulier,

$$\text{pour } \alpha=\frac{\pi}{2}, \qquad \text{on aura} \qquad \lim I = f(+\varepsilon);$$

$$\text{pour } \alpha=-\frac{\pi}{2}, \qquad \text{»} \qquad \lim I = f(2\pi-\varepsilon).$$

Quand le point A se rapprochera de M_0 en suivant le rayon OM_0, la limite correspondante sera la demi-somme

$$\frac{f(+\varepsilon)+f(2\pi-\varepsilon)}{2}.$$

24. On a essayé de déduire de l'étude de l'intégrale de Poisson une démonstration du développement de Fourier. Si l'on était assuré que ce développement est convergent, l'intégrale de Poisson montrerait bien, en faisant tendre r vers l'unité, que la valeur de ce développement supposé convergent est égal à $f(\varphi)$. Mais on ne peut démontrer *a priori* la convergence de la série de Fourier; il y a plus, en prenant même pour $f(\varphi)$ une fonction toujours continue, ce développement peut, pour certaines valeurs de φ, ne pas converger, car on sait aujourd'hui qu'il existe des fonctions continues, pour lesquelles la série de Fourier n'est pas partout convergente.

Je vais montrer cependant que l'on peut déduire de l'intégrale de Poisson un théorème intéressant relativement à *la représentation approchée d'une fonction au moyen d'une suite finie de Fourier*. Reprenons l'identité

$$ I = \frac{1}{2\pi} \int_0^{2\pi} f(\psi) \frac{1 - r^2}{1 - 2r\cos(\psi - \varphi) + r^2} \, d\psi $$
$$ = \frac{a_0}{2} + r\,(a_1 \cos\varphi + b_1 \sin\varphi) + \ldots $$
$$ + r^m(a_m \cos m\varphi + b_m \sin m\varphi) + \ldots, $$

en supposant seulement la fonction $f(\psi)$ continue et possédant la période 2π. D'après le raisonnement du § 21 et en employant les mêmes notations, on peut, étant donné à l'avance un nombre ε fixe, mais aussi petit qu'on veut, trouver un angle suffisamment petit δ, tel que

$$ |I - f(\varphi)| < \varepsilon + \frac{g(1 - r^2)}{r(1 - \cos\delta)} $$

et cela, quel que soit r et quel que soit φ. Or on peut choisir r suffisamment voisin de *un* pour que

$$ \frac{g(1 - r^2)}{r(1 - \cos\delta)} < \varepsilon, $$

Soit $r_1 < 1$ une valeur de r satisfaisant à cette inégalité; r_1 étant ainsi choisi va rester fixe. Nous avons, quel que soit φ,

$$ |I_1 - f(\varphi)| < 2\varepsilon, $$

I_1 désignant la valeur de I pour $r = r_1$. Or la série

$$ I_1 = \frac{a_0}{2} + r_1\,(a_1 \cos\varphi + b_1 \sin\varphi) + \ldots $$
$$ + r_1^m(a_m \cos m\varphi + b_m \sin m\varphi) + \ldots, $$

dont les termes sont des fonctions de φ, est une série *uniformément* convergente. En effet, $|a_m|$ et $|b_m|$ étant moindres que $2g$, le coefficient de r^m reste inférieur au nombre fixe $4g$. En prenant m assez grand pour que le reste de la série

$$4g \sum r^m,$$

à partir du rang m, soit moindre que ε, le reste de la série qui représente I_1 sera aussi moindre, en valeur absolue, que ε, *quel que soit φ*. La valeur de m étant ainsi choisie, on aura alors une certaine suite *finie* de Fourier

$$F(\varphi) = A_0 + A_1\cos\varphi + B_1\sin\varphi + \ldots + A_m\cos m\varphi + B_m\sin\varphi m$$

$$(A_m = a_m r^m, \qquad B_m = b_m r^m),$$

telle que

$$|I_1 - F(\varphi)| < \varepsilon,$$

et par suite

$$|f(\varphi) - F(\varphi)| < 3\varepsilon.$$

On peut donc trouver une suite finie de Fourier $F(\varphi)$ *telle que $f(\varphi)$ puisse être représentée par $F(\varphi)$ pour toute valeur de φ avec l'approximation donnée à l'avance 3ε.*

25. Nous avons supposé, dans ce qui précède, que la fonction $f(\varphi)$ était continue de 0 à 2π et admettait la période 2π. Soit maintenant $f(\varphi)$ une fonction déterminée et continue dans un intervalle (α, β) moindre que 2π; on pourra, sur la portion de la circonférence de rayon un où la fonction $f(\varphi)$ n'est pas déterminée, prendre une fonction continue quelconque se raccordant avec la première en α et β. A la fonction qui se trouve ainsi déterminée sur toute la circonférence, on peut appliquer les considérations précédentes, et notre fonction $f(\varphi)$, déterminée entre α et β, se trouve alors représentée par la suite *finie* de Fourier

$$F(\varphi) = A_0 + A_1\cos\varphi + B_1\sin\varphi + \ldots + A_m\cos m\varphi + B_m\sin m\varphi,$$

avec une approximation supérieure à une quantité donnée à l'avance, pour toute valeur de φ entre α et β.

De ce théorème nous pouvons conclure une proposition intéressante démontrée par M. Weierstrass, qui y est arrivé par des considérations entièrement différentes (¹). La fonction $F(\varphi)$ peut être développée en série ordonnée suivant les puissances croissantes de φ

$$F(\varphi) = a_0 + a_1\varphi + \ldots + a_n\varphi^n + \ldots,$$

puisque chaque terme de $F(\varphi)$ est susceptible d'un tel développement. La série précédente est uniformément convergente dans l'intervalle (α, β); on peut donc prendre n assez grand pour que, en posant

$$P(\varphi) = a_0 + a_1\varphi + \ldots + a_n\varphi^n,$$

on ait, *quel que soit φ, entre α et β,*

$$|F(\varphi) - P(\varphi)| < \epsilon$$

et, par conséquent, d'après l'inégalité analogue du paragraphe précédent,

$$|f(\varphi) - P(\varphi)| < 4\epsilon.$$

Ainsi, ϵ étant donné à l'avance, on peut représenter la fonction $f(\varphi)$, continue dans l'intervalle (α, β), à l'aide d'un polynôme $P(\varphi)$, avec l'approximation donnée à l'avance 4ϵ.

De ce théorème, M. Weierstrass a déduit une proposition extrêmement remarquable et qui permet de donner une représentation analytique, sous forme de développement en série, d'une fonction quelconque $f(x)$ de la variable réelle x continue dans un intervalle (α, β).

Soit, en effet,

$$\epsilon_1, \epsilon_2, \ldots, \epsilon_n, \ldots$$

une suite de quantités positives décroissantes, formant une série convergente. On peut alors, conformément à ce qui précède, déterminer une suite de polynômes

$$P_1(x), P_2(x), \ldots, P_n(x), \ldots$$

(¹) Voir dans le *Journal de Mathématiques*, 1886, un Mémoire de M. Weierstrass, traduit par M. Laugel (*Sur la possibilité d'une représentation analytique des fonctions dites arbitraires d'une variable réelle*), et ma Note *Sur la représentation approchée des fonctions* (*Comptes rendus*, t. CXII; 1891).

tels que, pour $n = 1, 2, \ldots$, on ait

$$|f(x) - P_n(x)| < \varepsilon_n$$

pour toute valeur de x entre α et β. Or posons

$$f_0(x) = P_1(x), \quad \ldots, \quad f_n(x) = P_{n+1}(x) - P_n(x);$$

on aura

$$f_0(x) + f_1(x) + \ldots + f_n(x) = P_{n+1}(x).$$

Par conséquent

$$f(x) = f_0(x) + f_1(x) + \ldots + f_n(x) + \eta_n,$$

avec

$$|\eta_n| < \varepsilon_{n+1}.$$

La série

$$f_0(x) + f_1(x) + \ldots + f_n(x) + \ldots,$$

dont les termes sont des polynômes en x, sera donc convergente et représentera $f(x)$. Nous ne nous sommes servi jusqu'ici que de ce que $\lim\limits_{n=\infty} \varepsilon_n = 0$. Démontrons maintenant, sous la condition indiquée pour les ε, que la série précédente est absolument convergente, c'est-à-dire que la série

$$|f_0(x)| + |f_1(x)| + \ldots + |f_n(x)| + \ldots$$

est convergente. On a

$$|f(x) - P_n(x)| < \varepsilon_n,$$
$$|f(x) - P_{n+1}(x)| < \varepsilon_{n+1};$$

donc

$$|P_{n+1}(x) - P_n(x)| = |f_n(x)| < \varepsilon_n + \varepsilon_{n+1}.$$

Or la série de terme général $(\varepsilon_n + \varepsilon_{n+1})$ étant convergente, l'assertion est établie et il en résulte aussi qu'elle est uniformément convergente.

En définitive, *nous pouvons représenter $f(x)$ par la série de polynômes*

$$f_0(x) + f_1(x) + \ldots + f_n(x) + \ldots,$$

absolument et uniformément convergente dans l'intervalle (α, β).

Il est clair que cette représentation pourra être faite d'une infinité de façons.

26. Les considérations que nous venons de développer peuvent s'étendre à des fonctions d'un nombre quelconque de variables. Nous nous bornerons au cas de deux variables. En étudiant l'équation $\Delta V = 0$ à trois termes, nous avons rencontré une intégrale tout à fait analogue à celle de Poisson, et à laquelle nous pouvons étendre les considérations précédentes. Reprenons donc l'intégrale (Chap. VI, § 7)

$$I = \frac{1}{4\pi}\int_0^{\pi}\int_0^{2\pi}\frac{1 - r^2}{(1 - 2r\cos\gamma + r^2)^{\frac{3}{2}}} f(\theta', \psi')\sin\theta'\, d\theta'\, d\psi',$$

où nous supposons que $f(\theta', \psi')$ représente une fonction continue, et que $\cos\gamma$ a pour expression

$$\cos\gamma = \cos\theta\cos\theta' + \sin\theta\sin\theta'\cos(\psi' - \psi).$$

I est une fonction de r, θ et ψ. Nous allons développer cette fonction suivant les puissances croissantes de r, comme nous l'avons fait pour l'intégrale de Poisson ; mais, auparavant, il nous faut faire quelques remarques sur le développement de l'expression

$$\frac{1}{\sqrt{1 - 2r\cos\gamma + r^2}}.$$

Cette fonction peut être développée suivant les puissances croissantes de r. Ce développement est convergent pour $r < 1$; on a en effet

$$1 - 2r\cos\gamma + r^2 = (1 - re^{\gamma i})(1 - re^{-\gamma i}).$$

Chacune des expressions

$$\frac{1}{\sqrt{1 - re^{\gamma i}}} \quad \text{et} \quad \frac{1}{\sqrt{1 - re^{-\gamma i}}}$$

peut être développée suivant les puissances de r, pour $r < 1$. On a ainsi, d'après la formule du binôme,

$$(1 - re^{\gamma i})^{-\frac{1}{2}} = 1 + \frac{1}{2}re^{i\gamma} + \frac{1\cdot 3}{2\cdot 4}r^2e^{2i\gamma} + \ldots,$$

$$(1 - re^{-\gamma i})^{-\frac{1}{2}} = 1 + \frac{1}{2}re^{-i\gamma} + \frac{1\cdot 3}{2\cdot 4}r^2e^{-2i\gamma} + \ldots.$$

et, par suite, en posant

$$\frac{1}{\sqrt{1-2r\cos\gamma+r^2}} = P_0 + P_1 r + \ldots + P_n r^n + \ldots,$$

on aura

$$P_n = \frac{1.3\ldots(2n-1)}{2.4\ldots2n}\cos n\gamma + \frac{1}{2}\frac{1.3\ldots(2n-3)}{2.4\ldots(2n-2)}\cos(2n-2)\gamma$$
$$+ \frac{1.3}{2.4}\frac{1.3\ldots(2n-5)}{2.4\ldots(2n-4)}\cos(2n-4)\gamma + \ldots + \frac{1.3\ldots(2n-1)}{2.4\ldots2n}\cos n\gamma.$$

On voit que P_n, qui est nécessairement réel, sera un polynôme de degré n en $\cos\gamma$; aussi le désignerons-nous par $P_n(\cos\gamma)$. D'après la forme précédente, $P_n(\cos\gamma)$ atteint sa plus grande valeur pour $\gamma = 0$; or, pour $\cos\gamma = 1$, on a $P_n = 1$, comme le montre le développement de

$$\frac{1}{\sqrt{1-2r+r^2}} = \frac{1}{1-r}.$$

Nous avons donc l'inégalité suivante, dont nous aurons à faire usage dans un moment,

$$|P_n(\cos\gamma)| \leqq 1.$$

Ceci posé, du développement valable, pour $r < 1$,

$$\frac{1}{\sqrt{1-2r\cos\gamma+r^2}} = P_0 + P_1(\cos\gamma).r + \ldots + P_n(\cos\gamma).r^n + \ldots,$$

nous déduisons, en dérivant par rapport à r,

$$\frac{\cos\gamma - r}{(1-2r\cos\gamma+r^2)^{\frac{3}{2}}} = P_1(\cos\gamma) + \ldots + nP_n(\cos\gamma).r^{n-1} + \ldots,$$

et, par suite,

$$\frac{1-r^2}{(1-2r\cos\gamma+r^2)^{\frac{3}{2}}} = P_0 + 3P_1(\cos\gamma).r + \ldots + (2n+1)P_n(\cos\gamma).r^n + \ldots,$$

et cette série peut être considérée comme une série en θ' et ψ uniformément convergente. Par suite, en substituant dans l'intégrale I, il vient

$$I = \sum_{n=0}^{n=\infty} \frac{2n+1}{4\pi}\, r^n \int_0^\pi \int_0^{2\pi} P_n(\cos\gamma).f(\theta',\psi)\sin\theta'\, d\theta'\, d\psi.$$

développement dans lequel le coefficient de r^n est une fonction entière et de degré n en $\cos\theta$, $\sin\theta\cos\psi$ et $\sin\theta\sin\psi$. Désignant par $(2n+1)Y_n$ ce coefficient, nous écrirons

$$f = \sum_{n=0}^{n=\infty} (2n+1)Y_n r^n,$$

et l'on a, d'après ce que nous venons de dire relativement à $[P_n(\cos\gamma)]$,

$$|Y_n| < g,$$

en désignant par g une limite supérieure de $|f(\theta,\psi)|$.

27. Après ces préliminaires, nous avons peu de choses à faire pour démontrer qu'une fonction $f(\theta,\psi)$, continue sur la sphère de rayon un, peut être représentée, avec l'approximation ε, par une suite limitée

$$Y_0, Y_1, \ldots, Y_p,$$

où l'on désigne d'une manière générale par Y_m un polynôme de degré m en $\cos\theta$, $\sin\theta\cos\psi$ et $\sin\theta\sin\psi$. On a en effet le développement

$$f(r,\theta,\psi) = \sum_{n=0}^{n=\infty} (2n+1)Y_n r^n.$$

En se reportant à l'étude que nous avons faite (*loc. cit.*) de l'intégrale I, on verra, comme pour le cas d'une fonction d'une seule variable, que l'on peut choisir $r_1 < 1$, tel que la série

$$\sum (2n+1)Y_n r_1^n$$

diffère de $f(\theta,\psi)$, quels que soient θ et ψ, de moins de ε. D'autre part, la série précédente est uniformément convergente, puisque $|Y_n| < g$ et que la série

$$\sum (2n+1)r_1^n$$

est convergente. En prenant donc un nombre suffisamment grand m

de termes pour que le reste de cette dernière série soit moindre que ε, nous aurons la suite finie

$$\sum_{n=0}^{n=N} (2n+1) N_n r_1^n,$$

qui différera de $f(\theta, \psi)$ de moins de 2ε. Le théorème est donc démontré.

Les conséquences sont évidemment les mêmes que plus haut. Si la fonction $f(\theta, \psi)$, au lieu d'être déterminée sur toute la sphère de rayon un, n'est déterminée que sur une partie, on complétera cette détermination sur le reste de la sphère d'une manière arbitraire, en respectant seulement la continuité, et la conclusion relative à la représentation approchée de la fonction subsistera.

De la même manière, en développant $\cos\theta$, $\sin\theta\cos\psi$ et $\sin\theta\sin\psi$, suivant les puissances de θ et ψ, nous aurons une représentation approchée (à moins de ε) de la fonction à l'aide d'un polynôme en θ et ψ. D'où nous conclurons enfin le théorème suivant :

Toute fonction $f(x, y)$ des deux variables réelles x et y, continue dans une aire A, peut être développée en une série

$$f_0(x, y) + f_1(x, y) + \ldots + f_n(x, y) + \ldots$$

les termes de cette série étant des polynômes en x et y.

CHAPITRE X.
SÉRIES MULTIPLES.

I. — Généralités sur les séries multiples. Théorème de Cauchy.

1. Les développements en séries que nous avons considérés dans les deux Chapitres précédents étaient des séries *simples*, c'est-à-dire que les termes dépendaient d'un seul nombre entier. On a souvent à considérer, en Analyse, des séries *multiples* dont le terme général dépend de plusieurs nombres entiers ; ceux-ci peuvent d'ailleurs être arbitraires ou satisfaire à certaines relations. Sans nous arrêter longtemps sur ce sujet, nous ferons sur les séries à double entrée quelques remarques générales, qui s'étendront d'elles-mêmes aux séries d'un degré quelconque de multiplicité.

Une série double, ou à double entrée, aura son terme général $u_{m,n}$ dépendant de deux entiers m et n positifs ou négatifs. On peut imaginer les points (m, n) marqués sur un plan, en les rapportant à deux axes de coordonnées ; à chaque point (m, n) on associera le terme correspondant $u_{m,n}$. Nous dirons qu'une série à double entrée est convergente lorsque la somme des termes, correspondant aux points enveloppés par une courbe de forme quelconque, tend vers une limite déterminée, quand cette courbe s'étend à l'infini dans tous les sens, en suivant une loi arbitraire.

Quelques remarques sont immédiates. Tout d'abord, si une série à termes positifs est convergente pour une première suite de courbes, s'étendant à l'infini dans tous les sens suivant une certaine loi, elle l'est aussi pour toute autre suite de courbes, et la limite est la même. On peut toujours, en effet, imaginer qu'une

courbe de la seconde suite soit comprise entre deux courbes de la
première, et la remarque est évidente. En second lieu, étant
donnée une série à double entrée, à termes positifs ou négatifs,
lorsque la série que l'on obtient, en remplaçant chaque terme par
sa valeur absolue, est convergente, la série proposée est aussi convergente ; la démonstration est la même que dans le cas des séries
simples. Enfin, si les termes d'une série à double entrée sont imaginaires, la série sera certainement convergente quand la série des
modules de ses termes sera convergente.

2. Il est clair qu'on ne peut songer à indiquer une règle générale pour décider de la convergence des séries doubles. Le théorème suivant, généralisation immédiate du théorème de Cauchy
étudié précédemment (Chap. 1, § 17), sera souvent d'une application facile. Soit $f(x, y)$ une fonction toujours positive ; on
suppose que, pour les valeurs de x et y, correspondant à tout point
extérieur à une courbe fermée C, la fonction f diminue quand la
valeur absolue de x et la valeur absolue de y augmentent, et
qu'enfin elle tend vers zéro quand les valeurs absolues de x ou
de y grandissent indéfiniment. Dans ces conditions, *la série à
double entrée dont le terme général est*

$$f(m, n)$$

sera convergente ou divergente [quand on donnera à m et n
toutes les valeurs entières possibles, le point (m, n) étant seulement extérieur à la courbe C], *suivant que l'intégrale double*

$$(1) \qquad \int\int f(x, y)\, dx\, dy,$$

*étendue à la portion du plan extérieur à C, aura ou non un
sens.*

Pour l'établir, nous n'avons qu'à considérer l'intégrale précédente comme un volume V limité par la surface $z = f(x, y)$, le
plan xy, et le cylindre ayant C pour section droite ; de même la
série

$$(2) \qquad \sum_{m, n} f(m, n)$$

peut être regardée comme représentant une somme de volumes de parallélépipèdes rectangles ayant pour base un carré de côté égal à l'unité et pour hauteur $f(m, n)$. Si, à chaque carré dans le plan, l'on fait correspondre celui de ses sommets (m, n) pour lequel x et y ont à la fois la plus grande valeur absolue, la somme (2) ainsi effectuée sera une somme de parallélépipèdes intérieurs au volume V; la série (2) sera donc convergente, quand l'intégrale (1) aura un sens. Au contraire, si, à chaque carré, on fait correspondre celui de ses sommets (m, n), pour lequel x et y ont à la fois leur moindre valeur absolue, la somme (2) sera une somme de parallélépipèdes extérieurs au volume V et, par suite, la série (2) divergera si l'intégrale (1) est infinie.

3. Prenons comme exemple la série de terme général

$$\frac{1}{(m^2+n^2)^\mu} \qquad (\mu > 0),$$

m et n recevant toutes les valeurs entières, sauf $m = n = 0$.

Nous pouvons appliquer le théorème de Cauchy : il faut étudier l'intégrale double

$$\iint \frac{dx\,dy}{(x^2+y^2)^\mu}$$

quand on l'étend à tout le plan, sauf à une région, de forme d'ailleurs quelconque, comprenant l'origine. En prenant les coordonnées polaires ρ et θ, cette intégrale devient

$$\iint \frac{d\rho\,d\theta}{\rho^{2\mu-1}}.$$

Cette intégrale restera finie, ρ croissant indéfiniment, si

$$2\mu - 1 > 1, \qquad \text{ou} \qquad \mu > 1.$$

Ainsi la série double de terme général $\dfrac{1}{(m^2+n^2)^\mu}$ sera convergente si $\mu > 1$.

D'une manière plus générale, soit

$$a x^2 + 2 b xy + c y^2$$

une forme quadratique définie et positive, c'est-à-dire où $b^2 - ac < 0$

et $a > o$; considérons la série de terme général

$$\frac{1}{(am^2 + 2bmn + cn^2)^\mu} \qquad \mu > o,$$

en donnant toujours à m et n toutes les valeurs entières possibles, sauf $m = n = o$.

Ce cas se ramène immédiatement au précédent, car le quotient positif

$$\frac{am^2 + 2bmn + cn^2}{m^2 + n^2},$$

quels que soient les entiers m et n, reste toujours compris entre deux limites déterminées différentes de zéro. Ainsi, k étant un nombre fixe, on a

$$am^2 + 2bmn + cn^2 < k(m^2 + n^2),$$

et, par suite la série proposée aura ses termes moindres que la série de terme général

$$\frac{1}{k^\mu (m^2 + n^2)^\mu},$$

et sera donc convergente si μ est supérieur à l'unité.

4. On peut facilement généraliser le théorème de Cauchy. Si la fonction $f(x, y, z)$ est toujours positive et que, pour tout point x, y, z extérieur à une surface fermée S, cette fonction diminue quand la valeur absolue de x, de y ou de z va en augmentant, et qu'enfin elle tende vers zéro quand les valeurs absolues de x, y ou z grandissent indéfiniment, la série triple

$$\sum_{m,n,p} f(m, n, p),$$

étendue à toutes les valeurs entières, positives ou négatives, de m, n et p, extérieures à la surface S, convergera ou divergera suivant que l'intégrale triple

$$\int\int\int f(x, y, z)\,dx\,dy\,dz,$$

étendue à tout l'espace, moins le volume limité par S, aura ou non un sens.

En particulier, la série triple de terme général

$$\frac{1}{(m^2+n^2+p^2)^\mu} \qquad \text{(en laissant de côté } m=n=p=0)$$

sera convergente si

$$2\mu > 3,$$

comme on le voit en transformant l'intégrale correspondante par l'emploi des coordonnées polaires.

D'une manière plus générale, si $\varphi(x, y, z)$ désigne une forme quadratique ternaire, toujours positive (sauf pour $x=y=z=0$, système pour lequel elle s'annule), la série de terme général

$$\frac{1}{[\varphi(m, n, p)]^\mu}$$

sera convergente si μ est supérieur à $\frac{3}{2}$.

On peut enfin, d'une manière tout à fait générale, considérer une série d'ordre p. La série de terme général

$$\frac{1}{(m_1^2+m_2^2+\cdots+m_p^2)^\mu}$$

où l'on exclut seulement $m_1=m_2=\cdots=m_p=0$, sera convergente si

$$2\mu > p.$$

En effet, d'après le théorème de Cauchy, il faut étudier l'intégrale multiple

$$\int \frac{dx_1\, dx_2 \cdots dx_p}{(x_1^2+x_2^2+\cdots+x_p^2)^\mu}$$

quand le champ d'intégration grandit indéfiniment dans tous les sens. Or, si l'on pose

$$
\begin{aligned}
x_1 &= \rho \sin\theta_{p-1} \sin\theta_{p-2} \ldots \sin\theta_2 \cos\theta_1,\\
x_2 &= \rho \sin\theta_{p-1} \sin\theta_{p-2} \ldots \sin\theta_2 \sin\theta_1,\\
x_3 &= \rho \sin\theta_{p-1} \ldots \sin\theta_3 \cos\theta_2,\\
&\ldots \ldots \ldots \ldots \ldots \ldots \ldots \ldots\\
x_p &= \rho \cos\theta_{p-1},
\end{aligned}
$$

qui donne une transformation en coordonnées polaires dans l'espace à p dimensions $(x_1, x_2, \ldots, x_p)$, on voit que $dx_1\, dx_2 \ldots dx_p$

après la transformation, aura en facteur ρ^{p-1}; or

$$x_1^2 + x_2^2 + \ldots + x_p^2 = \rho^2,$$

la partie de l'élément relative à ρ sera donc $\dfrac{d\rho}{\rho^{2\mu - p + 1}}$.

L'intégrale, pour ρ infini, restera donc finie si

$$2\mu - p + 1 > 1 \qquad \text{ou} \qquad 2\mu > p.$$

On en conclura que, dans les mêmes conditions, la forme quadratique $f(x_1, x_2, \ldots, x_p)$ étant définie et positive, la série multiple de terme général

$$\frac{1}{[f(m_1, m_2, \ldots, m_p)]^\mu}$$

sera convergente.

5. Le résultat précédent peut être généralisé de la manière suivante, que j'emprunte au *Cours d'Analyse* de M. Jordan (t. Ier, p. 163). Soit

$$F(x_1, x_2, \ldots, x_p)$$

un polynôme de degré $2n$ en x_1, x_2, $\ldots$, x_p; on suppose que l'ensemble des termes homogènes de degré $2n$ dans ce polynôme ne puisse s'annuler que pour $x_1 = x_2 = \ldots = x_p = 0$.

Remarquons d'abord que, dans ces conditions, l'équation

$$(3) \qquad F(m_1, m_2, \ldots, m_p) = 0,$$

où les m représentent des nombres entiers, n'aura qu'un nombre limité de solutions, car, d'après l'hypothèse faite sur les termes du plus haut degré, les valeurs de x_1, x_2, $\ldots$, x_p satisfaisant à l'équation

$$F(x_1, x_2, \ldots, x_p) = 0$$

doivent rester finies.

Ceci posé, considérons la série multiple

$$\sum \frac{1}{[F(m_1, m_2, \ldots, m_p)]^\mu},$$

étendue à toutes les valeurs entières, positives ou négatives, de m_1, m_2, $\ldots$, m_p, sauf, s'il en existe, aux systèmes de valeurs en nombre limité satisfaisant à l'équation (3). Le rapport

$$\frac{F(m_1, m_2, \ldots, m_p)}{(m_1^2 + m_2^2 + \ldots + m_p^2)^q}$$

restera manifestement entre deux limites déterminées, quelles que soient les valeurs entières de $m_1, m_2, \ldots, m_p$, sauf

$$m_1 = m_2 = \ldots = m_p = 0.$$

Donc, en désignant par k une constante convenable, les valeurs absolues des termes de la série sont moindres que les termes de la série suivante

$$\sum \frac{k}{(m_1^2 + m_2^2 + \ldots + m_p^2)^q}$$

Elle sera donc convergente si

$$2q > p,$$

et cette règle sera d'une application facile.

II. — Quelques applications

6. Un exemple très général de série multiple nous est fourni par le développement en série trigonométrique d'une fonction de deux variables. Soit $f(x, y)$ une fonction continue des deux variables x et y et telle que

$$f(x + 2\pi, y) = f(x, y), \qquad f(x, y + 2\pi) = f(x, y).$$

On peut développer cette fonction en une série double trigonométrique. Pour éviter toute discussion, nous supposerons que la fonction ait des dérivées partielles des quatre premiers ordres elles-mêmes continues et périodiques. En considérant f comme fonction de x, nous aurons le développement

$$f(x, y) = \frac{a_0}{2} + \sum_{m=1}^{m=\infty} (a_m \cos mx + b_m \sin mx)$$

dans lequel

$$a_m = \frac{1}{\pi} \int_0^{2\pi} f(x, y) \cos mx \, dx, \qquad b_m = \frac{1}{\pi} \int_0^{2\pi} f(x, y) \sin mx \, dx$$

a_m et b_m sont des fonctions continues de y, admettant la période 2π: elles pourront être développées en séries trigonométriques, et l'on aura

$$a_m = \frac{\alpha_{0,m}}{2} + \sum_{n=1}^{n=\infty} (\alpha_{n,m} \cos ny + \beta_{n,m} \sin ny),$$

où

$$\alpha_{n,m} = \frac{1}{\pi}\int_0^{2\pi} a_m \cos ny\, dy = \frac{1}{\pi^2}\int_0^{2\pi}\int_0^{2\pi} f(x,y) \cos mx \cos ny\, dx\, dy,$$

$$\beta_{n,m} = \frac{1}{\pi}\int_0^{2\pi} a_m \sin ny\, dy = \frac{1}{\pi^2}\int_0^{2\pi}\int_0^{2\pi} f(x,y) \cos mx \sin ny\, dx\, dy.$$

On développera de la même manière b_m en série trigonométrique avec les coefficients $\alpha'_{n,m}$ et $\beta'_{n,m}$.

Nous obtenons donc une série double trigonométrique, mais les termes sont groupés d'une manière déterminée. Peut-on les disposer d'une manière quelconque? Pour s'assurer que l'ordre des termes est arbitraire, sous les hypothèses faites, nous n'avons qu'à chercher l'ordre de $\alpha_{n,m}$ et $\beta_{n,m}$ par rapport à n et à m. Or, en intégrant successivement par parties, et tenant compte de la périodicité de f et de ses dérivées, on a

$$\alpha_{n,m} = \frac{1}{m^2 n^2 \pi^2}\int_0^{2\pi}\int_0^{2\pi} \frac{\partial^4 f}{\partial x^2 \partial y^2} \cos mx \cos ny\, dx\, dy,$$

et on a une expression analogue pour $\beta_{n,m}$, $\alpha'_{n,m}$, $\beta'_{n,m}$. Les coefficients de

$$\cos mx \cos ny, \quad \cos mx \sin ny, \quad \sin mx \cos ny, \quad \sin mx \sin ny,$$

sont donc de l'ordre de $\frac{1}{m^2 n^2}$ (pour $n = 0$, $\frac{1}{m^2 n^2}$ est à remplacer par $\frac{1}{m^2}$). Or la série double de terme général $\frac{1}{m^2 n^2}$ est évidemment convergente; on aura donc, sous les conditions indiquées, le développement absolument et uniformément convergent

$$f(x,y) = \sum_{m=0}^{m=\infty}\sum_{n=0}^{n=\infty} \big(\alpha_{n,m}\cos mx \cos ny + \beta_{n,m}\cos mx \sin ny$$
$$+ \alpha'_{n,m}\sin mx \cos ny + \beta'_{n,m}\sin mx \sin ny \big).$$

7. Comme application particulière, je considère la série double

$$\sum\sum \frac{1}{(z + m\omega + n\omega')^{\mu}} \qquad (\mu \text{ entier positif});$$

z est une quantité imaginaire quelconque, ainsi que ω et ω'; le rapport $\dfrac{\omega'}{\omega}$ n'est pas réel. Les points représentés par les quantités imaginaires

$$m\omega + n\omega'$$

forment, dans le plan, les sommets d'un réseau de parallélogrammes qui couvre entièrement le plan; nous supposerons que z ne coïncide avec aucun de ces sommets. Nous allons montrer que la série précédente est convergente si μ est supérieur à *deux*.

Soient

$$z = x + iy, \qquad \omega = \alpha + i\beta, \qquad \omega' = \gamma + i\delta, \qquad (\alpha\delta - \beta\gamma > 0).$$

La série des modules des termes sera

$$\sum \frac{1}{\{(x + m\alpha + n\gamma)^2 + (y + m\beta + n\delta)^2\}^{\frac{\mu}{2}}}.$$

Or, d'après le théorème du § 5, cette série sera convergente si $\mu > 2$. Ce théorème est, en effet, applicable; car, dans le polynôme

$$F(m, n) = (x + m\alpha + n\gamma)^2 + (y + m\beta + n\delta)^2,$$

l'ensemble des termes du second degré

$$(m\alpha + n\gamma)^2 + (m\beta + n\delta)^2$$

ne peut s'annuler que pour $m = n = 0$.

La fonction $f(z)$ de la variable complexe z, définie par la série précédente,

$$f(z) = \sum_{m=-\infty}^{m=+\infty} \sum_{n=-\infty}^{n=+\infty} \frac{1}{(z + m\omega + n\omega')^{\mu}} \qquad (\mu > 2),$$

joue, dans la théorie des fonctions elliptiques, un rôle très important; elle ne change pas, en effet, quand on remplace z par $z + \omega$ et par $z + \omega'$. Nous aurons l'occasion d'y revenir.

8. Ce sont des séries simples qui donnent le plus facilement des exemples de fonctions doublement périodiques, c'est-à-dire restant invariables quand on remplace la variable x par $x + \omega$ et par $x + \omega'$. Soit, par exemple, la série

$$f(x) = \sum_{m=-\infty}^{m=+\infty} \frac{e^{x+m\omega}}{(1+e^{x+m\omega})^2} \qquad (\omega' = 2\pi i); \tag{4}$$

pour toute valeur de x, qui n'est pas de la forme

$$x = -m\omega + (2n+1)\pi i \qquad (m \text{ et } n \text{ entiers}),$$

cette série sera convergente; on suppose que la partie réelle de ω n'est pas nulle.

On peut former des séries de deux variables x et y possédant quatre couples de périodes, et, quoiqu'elles présentent beaucoup moins d'intérêt que la précédente, je m'y arrêterai un moment (¹). Soient α, β, α', β' quatre quantités *réelles* $(\alpha\beta' - \alpha'\beta \neq 0)$; formons la série à double entrée

$$\sum_{m=-\infty}^{m=+\infty} \sum_{n=-\infty}^{n=+\infty} \frac{e^{x+m\alpha+n\beta}}{(1+e^{x+m\alpha+n\beta})^2} \frac{e^{y+m\alpha'+n\beta'}}{(1+e^{y+m\alpha'+n\beta'})^2}, \tag{5}$$

et cherchons si elle est convergente. Posons

$$u = e^x, \quad v = e^y, \quad a = e^\alpha, \quad b = e^\beta, \quad a' = e^{\alpha'}, \quad b' = e^{\beta'};$$

la série deviendra

$$uv \sum \sum \frac{a^m b^n}{(ua^m b^n + 1)^2} \frac{a'^m b'^n}{(va'^m b'^n + 1)^2}.$$

Je dis qu'elle est convergente pour toute valeur de u et v, à l'exception des valeurs réelles et négatives.

Considérons d'abord la série pour $u = v = 1$. Nous avons

$$\sum \frac{a^m b^n}{(1+a^m b^n)^2} \frac{a'^m b'^n}{(1+a'^m b'^n)^2}; \tag{6}$$

c'est une série à termes positifs; montrons qu'elle est convergente.

(¹) E. Picard, *Sur certaines expressions quadruplement périodiques* (*Bulletin de la Société mathématique*, 1889.)

Je considère le quotient

$$\frac{e^x}{(1-e^x)^2};$$

cette expression ne change pas quand on change x en $-x$; on a donc, x étant positif,

$$\frac{e^x}{(1-e^x)^2} = \frac{e^{-x}}{(1-e^{-x})^2} < e^{-x}.$$

Donc, pour x de signe quelconque, nous pouvons écrire

$$\frac{e^x}{(1-e^x)^2} < e^{-|x|},$$

et par suite

$$\frac{a^m b^n}{(1-a^m b^n)^2} \frac{a'^m b'^n}{(1-a'^m b'^n)^2} < e^{-|m\alpha+n\beta|-|m\alpha'+n\beta'|}.$$

Mais, x et y désignant deux nombres positifs, on a

$$e^{-x-y} < e^{-\sqrt{x^2+y^2}}.$$

Comme, d'autre part, pour x positif et suffisamment grand,

$$e^{-x} < \frac{1}{x^\mu},$$

μ étant un entier positif qui peut être pris arbitrairement, il en résulte que

$$e^{-x-y} < \frac{1}{(x^2+y^2)^{\frac{\mu}{2}}},$$

et, enfin, nous voyons que le terme général de notre série est moindre que

$$\frac{1}{[(m\alpha+n\beta)^2+(m\alpha'+n\beta')^2]^{\frac{\mu}{2}}}.$$

La série (6) sera donc une série convergente.

Donnons maintenant à a et b des valeurs quelconques pourvu qu'elles ne soient pas réelles et négatives; en changeant m en $-m$ et n en $-n$, nous pouvons écrire le terme général de notre série sous la forme

$$\frac{a^m b^n}{(1+a^m b^n)^2}\,\frac{a'^m b'^n}{(1+a'^m b'^n)^2}\left(\frac{1+a^m b^n}{u+a^m b^n}\right)^2\left(\frac{1+a'^m b'^n}{v+a'^m b'^n}\right)^2.$$

Or le module du quotient $\frac{1+a^m b^n}{u+a^m b^n}$ représente le rapport des distances des points 1 et u au point $-a^m b^n$, c'est-à-dire à un point situé sur la partie négative de l'axe réel. Ce rapport restera donc compris entre deux limites finies; il en sera de même pour $\frac{1+a'^m b'^n}{v+a'^m b'^n}$. Par suite, la série (5) sera absolument convergente, sauf pour les valeurs de e^x et e^y réelles et négatives, c'est-à-dire, en posant $x = x' + ix''$, $y = y' + iy''$, quand

$$x'' = (2k+1)\pi i, \qquad y'' = (2k'+1)\pi i \qquad (k \text{ et } k' \text{ entiers}).$$

L'expression (5) ne change pas quand on remplace

$$x \text{ par } x + 2\pi i,$$
$$y \text{ par } y + 2\pi i,$$

et, d'une part, simultanément,

$$x \text{ par } x + \alpha \quad \text{et} \quad y \text{ par } y + \alpha';$$

d'autre part,

$$x \text{ par } x + \beta \quad \text{et} \quad y \text{ par } y + \beta'.$$

C'est donc une *expression* quadruplement périodique; la présence des valeurs de x et de y, pour lesquelles l'expression n'a aucun sens, ne nous permet pas de la regarder comme une *fonction* de x et y, dont on puisse suivre toujours d'une manière continue la valeur entre deux systèmes (x_1, y_1) et (x_2, y_2).

9. L'expression précédente va nous fournir un exemple de développement en série trigonométrique; changeons seulement un peu les notations. Je considère la série

$$\mathfrak{F}(x,y) = \sum_{m=-\infty}^{m=+\infty}\sum_{n=-\infty}^{n=+\infty} \frac{e^{\alpha(x+m\omega)+\beta(y+n\omega')}}{[1+e^{\alpha(x+m\omega)+\beta(y+n\omega')}]^2}\,\frac{e^{\alpha'(x+m\omega)+\beta'(y+n\omega')}}{[1+e^{\alpha'(x+m\omega)+\beta'(y+n\omega')}]^2},$$

ω, ω', α, α', β et β' étant toujours réels, et $\alpha\beta' - \alpha'\beta$ différent de

zéro. Il est clair que cette expression ne diffère de celle que nous
avons considérée plus haut qu'en ce qu'une substitution linéaire a
été effectuée sur les variables. Le Tableau des périodes est, pour
l'expression précédente,

x	y
ω	0
0	ω
$G i$	$G' i$
$H i$	$H' i$

G, G', H et H' sont définies par les deux systèmes d'équations

$$\alpha G + \beta G' = 2\pi, \qquad \alpha H + \beta H' = 0;$$
$$\alpha' G + \beta' G' = 0, \qquad \alpha' H + \beta' H' = 2\pi.$$

L'expression n'a aucun sens pour les valeurs correspondant
d'une part à
$$\alpha x' + \beta y' = (2k+1)\pi,$$
d'autre part à
$$\alpha' x' + \beta' y' = (2h+1)\pi,$$
en posant toujours
$$x = x' + ix'', \qquad y = y' + iy''.$$

La fonction $\mathcal{F}(x, y)$ est donc déterminée, en particulier, pour
toute valeur réelle de x et y, et elle admet les périodes ω et ω'.
Nous pouvons donc la développer en série trigonométrique; ce
sont les coefficients de ce développement que nous allons chercher.

10. Avant de prendre le cas de deux variables, je traiterai le cas
d'une seule variable, c'est-à-dire du développement de $f(x)$ du §8,

$$f(x) = \sum_{m=-\infty}^{m=+\infty} \frac{e^{x+2m\pi}}{(1-e^{x+2m\pi i\omega})^2},$$

ω étant réel.

La fonction $f(x)$ étant paire, nous aurons [1]

$$f(x) = \sum A_p \cos \frac{2p\pi x}{\omega}.$$

Calculons les coefficients A_p : on aura

$$A_p = \frac{2}{\omega} \int_0^{\omega} \left[\sum_{m=-\infty}^{m=+\infty} \frac{e^{x+m\omega}}{(1+e^{x+m\omega})^2} \right] \cos \frac{2p\pi x}{\omega}\, dx,$$

que l'on transforme de suite en

$$A_p = \frac{2}{\omega} \int_{-\infty}^{+\infty} \frac{e^x}{(1+e^x)^2} \cos \frac{2p\pi x}{\omega}\, dx = \frac{4}{\omega} \int_0^{\infty} \frac{e^x}{(1+e^x)^2} \cos \frac{2p\pi x}{\omega}\, dx.$$

Il nous faut calculer l'intégrale précédente. En posant $\frac{2p\pi}{\omega} = a$, nous avons l'intégrale

$$\int_0^{\infty} \frac{e^x}{(1+e^x)^2} \cos a x\, dx$$

qui, en intégrant par parties, peut s'écrire

$$\frac{1}{2} - a \int_0^{\infty} \frac{\sin a x}{(1+e^x)}\, dx\,;$$

mais

$$\frac{1}{1+e^x} = e^{-x} - e^{-2x} + \ldots + (-1)^{n-1} e^{-nx} + \frac{(-1)^n e^{-(n+1)x}}{1+e^{-x}}\,;$$

donc

$$\int_0^{\infty} \frac{\sin a x\, dx}{1+e^x} = \frac{a}{1+a^2} - \frac{a}{2^2+a^2} + \ldots$$

$$+ (-1)^{n-1} \frac{a}{n^2+a^2} + (-1)^n \int_0^{\infty} \frac{e^{-(n+1)x}}{1+e^{-x}} \sin a x\, dx.$$

---

[1] Dans la théorie des séries trigonométriques, nous avons supposé la fonction $f(x)$ définie dans l'intervalle $(0, 2\pi)$; le développement en série procédait alors suivant les sinus et cosinus des multiples de x. Si la fonction $f(x)$ est définie dans l'intervalle $(0, \omega)$, le développement procédera suivant les sinus et cosinus de $\frac{2\pi x}{\omega}$, comme on le voit de suite en faisant le changement de variable

$$x' = \frac{2\pi x}{\omega},$$

qui transforme l'intervalle $(0, \omega)$ en l'intervalle $(0, 2\pi)$.

si l'on remarque que

$$\int_0^\infty \sin ax\, e^{-nx}\, dx = \frac{a}{n^2+a^2}.$$

Or il est aisé de voir que le reste

$$\int_0^\infty \frac{e^{-(n+1)x}}{1+e^{-x}} \sin ax\, dx$$

tend vers zéro, quand n augmente indéfiniment. La valeur absolue de cette intégrale est moindre en effet que

$$\int_0^\infty e^{-(n+1)x}\, dx = \frac{1}{n+1}.$$

On aura, par conséquent,

$$\int_0^\infty \frac{e^x}{(1+e^x)^2} \cos ax\, dx = \frac{1}{2} + \sum_{n=1}^{n=\infty} (-1)^n \frac{a^2}{n^2+a^2}.$$

Or on a l'identité

$$\frac{1}{2} + \sum_{n=1}^{n=\infty} \frac{(-1)^n a^2}{n^2+a^2} = \frac{\pi a i}{2 \sin \pi a i} \qquad (i = \sqrt{-1}) \quad [1].$$

On en conclut

$$A_p = \frac{4\pi a}{\omega(e^{\pi a} - e^{-\pi a})}.$$

Le développement cherché est, par suite,

$$f(x) = \frac{2}{\omega} + \frac{4\pi}{\omega} \sum_{p=1}^{p=\infty} \frac{a}{e^{\pi a} - e^{-\pi a}} \cos ax$$

où l'on a

$$a = \frac{2p\pi}{\omega}.$$

---

[1] Cette formule résulte du développement

$$\frac{1}{\sin z} = \frac{1}{z} + 2z \sum_{m=1}^{m=\infty} \frac{(-1)^m}{z^2 - m^2\pi^2}.$$

(Voir, par exemple, Briot et Bouquet, *Fonctions elliptiques*, p. 284.)

11. Revenons maintenant à la fonction de deux variables $f(x,y)$, pour la développer en série trigonométrique. Cette fonction satisfaisant à la relation

$$f(x,y) = f(-x, -y),$$

son développement sera évidemment de la forme

$$\sum\sum A_{p,q}\cos\frac{2p\pi x}{\omega}\cos\frac{2q\pi y}{\omega} + B_{p,q}\sin\frac{2p\pi x}{\omega}\sin\frac{2q\pi y}{\omega}.$$

Calculons d'abord $A_{p,q}$. On a

$$A_{p,q} = \frac{4}{\omega\omega}\int_0^\omega\int_0^\omega f(x,y)\cos\frac{2p\pi x}{\omega}\cos\frac{2q\pi y}{\omega}\,dx\,dy$$

qui se transforme de suite en

$$A_{p,q} = \frac{4}{\omega\omega}\int_{-\infty}^{+\infty}\int_{-\infty}^{+\infty}\frac{e^{\alpha x-\beta y}}{(1+e^{\alpha x-\beta y})^2}\frac{e^{\alpha'x-\beta'y}}{(1+e^{\alpha'x-\beta'y})^2}\cos\frac{2p\pi x}{\omega}\cos\frac{2q\pi y}{\omega}\,dx\,dy$$

Posons

$$\alpha x - \beta y = u, \qquad \alpha'x - \beta'y = v,$$

d'où se tirent

$$x = \lambda u + \mu v, \qquad y = \lambda'u + \mu'v.$$

En posant

$$\lambda = \frac{\beta'}{\alpha\beta' - \alpha'\beta}, \qquad \lambda' = \frac{-\alpha'}{\alpha\beta' - \alpha'\beta},$$

$$\mu = \frac{-\beta}{\alpha\beta' - \alpha'\beta}, \qquad \mu' = \frac{\alpha}{\alpha\beta' - \alpha'\beta},$$

on aura

$$A_{p,q} = \frac{4(\lambda\mu' - \lambda'\mu)}{\omega\omega}\int_{-\infty}^{+\infty}\int_{-\infty}^{+\infty}\frac{e^{u}}{(1+e^{u})^2}\frac{e^{v}}{(1+e^{v})^2}\cos a(\lambda u + \mu v)\cos b(\lambda'u + \mu'v)\,du\,dv.$$

où

$$a = \frac{2p\pi}{\omega}, \qquad b = \frac{2q\pi}{\omega}.$$

Remplaçons maintenant

$$\cos a(\lambda u + \mu v)\cos b(\lambda'u + \mu'v)$$

par

$$\cos(a\lambda + b\lambda')u\cos(a\mu + b\mu')v - \sin(a\lambda + b\lambda')u\sin(a\mu + b\mu')v$$
$$+ \cos(a\lambda - b\lambda')u\cos(a\mu - b\mu')v - \sin(a\lambda - b\lambda')u\sin(a\mu - b\mu')v.$$

La partie relative aux sinus disparaît dans l'intégration. Il reste une somme de deux intégrales doubles ; chacune d'elles est un produit de deux intégrales simples rentrant dans le type correspondant à une seule variable. Toute réduction faite, on a

$$A_{p,q} = \frac{8}{\omega\omega'(\alpha\beta' - \alpha'\beta)}\left[\frac{A}{e^{A} - e^{-A}}\,\frac{B}{e^{B} - e^{-B}} + \frac{A'}{e^{A'} - e^{-A'}}\,\frac{B'}{e^{B'} - e^{-B'}}\right],$$

en posant

$$A = \frac{2\pi^2}{\alpha\beta' - \alpha'\beta}\left(\frac{p\beta'}{\omega} - \frac{q\alpha'}{\omega'}\right), \qquad B = \frac{2\pi^2}{\alpha\beta' - \alpha'\beta}\left(-\frac{p\beta}{\omega} + \frac{q\alpha}{\omega'}\right),$$

$$A' = \frac{2\pi^2}{\alpha\beta' - \alpha'\beta}\left(\frac{p\beta'}{\omega} + \frac{q\alpha'}{\omega'}\right), \qquad B' = \frac{2\pi^2}{\alpha\beta' - \alpha'\beta}\left(-\frac{p\beta}{\omega} - \frac{q\alpha}{\omega'}\right).$$

Le second coefficient $B_{p,q}$ s'obtient par un calcul tout semblable : on a seulement, entre parenthèses, une différence au lieu d'une somme. On trouve ainsi

$$B_{p,q} = \frac{8}{\omega\omega'(\alpha\beta' - \alpha'\beta)}\left(\frac{A}{e^{A} - e^{-A}}\,\frac{B}{e^{B} - e^{-B}} - \frac{A'}{e^{A'} - e^{-A'}}\,\frac{B'}{e^{B'} - e^{-B'}}\right).$$

Tel est ce développement en série trigonométrique : il présente, comme on voit, quelque analogie avec le développement en série trigonométrique de la fonction elliptique considérée plus haut et il peut être regardé comme en étant, à un certain point de vue, une extension au cas de deux variables.

III. — Exemple de séries multiples où les entiers ne sont pas arbitraires.

12. Dans les séries multiples dont nous nous sommes occupé jusqu'ici, les nombres entiers, dont dépendait le terme général de la série, étaient arbitraires et prenaient toutes les valeurs entre $-\infty$ et $+\infty$. Il en sera souvent autrement ; je vais en indiquer un exemple (¹). Partons de la forme quadratique ternaire

$$u^2 + v^2 - w^2.$$

(¹) Voir mon Mémoire : *Sur une classe de groupes discontinus de substitutions linéaires* (*Acta math.*, t. I).

Je considère les substitutions à coefficients entiers

$$u = M_1 U + P_1 V + R_1 W,$$
$$v = M_2 U + P_2 V + R_2 W,$$
$$w = M_3 U + P_3 V + R_3 W$$

qui transforment la forme en elle-même, c'est-à-dire telles que l'on ait identiquement

$$u^2 + v^2 - w^2 = U^2 + V^2 - W^2;$$

on aura les relations

$$(7) \qquad \begin{cases} M_1^2 + M_2^2 - M_3^2 = 1, \\ P_1^2 + P_2^2 - P_3^2 = 1, \\ R_1^2 + R_2^2 - R_3^2 = -1, \\ P_1 M_1 + P_3 M_3 - P_2 M_2 = 0, \\ M_1 R_1 + M_2 R_2 - M_3 R_3 = 0, \\ P_1 R_1 + P_2 R_2 - P_3 R_3 = 0. \end{cases}$$

Telles sont les équations auxquelles doivent satisfaire les neuf entiers (M, P, R). En tenant compte de ces relations, les formules de substitution se résolvent immédiatement par rapport à U, V et W; on trouve ainsi

$$U = M_1 u + M_2 v - M_3 w,$$
$$V = P_1 u + P_2 v - P_3 w,$$
$$W = -R_1 u - R_2 v + R_3 w,$$

d'où l'on conclut que le système (7) est entièrement équivalent au suivant

$$(8) \qquad \begin{cases} M_1^2 + P_1^2 - R_1^2 = 1, \\ M_2^2 + P_2^2 - R_2^2 = 1, \\ M_3^2 + P_3^2 - R_3^2 = -1, \\ M_1 M_2 + P_1 P_2 - R_1 R_2 = 0, \\ M_2 M_3 + P_2 P_3 - R_2 R_3 = 0, \\ M_3 M_1 + P_3 P_1 - R_3 R_1 = 0. \end{cases}$$

Il y a une *infinité* de nombres entiers (M, P, R) satisfaisant aux équations (7) ou au système équivalent (8).

Cela posé, considérons *l'ensemble des substitutions effectuées* *sur les variables x et y*

$$(8) \qquad X = \frac{M_1 x + P_1 y + R_1}{M_3 x + P_3 y + R_3}, \qquad Y = \frac{M_2 x + P_2 y + R_2}{M_3 x + P_3 y + R_3}.$$

Ces substitutions forment un *groupe* : par là on entend que deux substitutions de cette forme, faites successivement, donnent une nouvelle substitution rentrant dans le même type ; c'est là un point évident, puisque le produit de deux substitutions, qui transforment respectivement une forme en elle-même, sera une substitution jouissant nécessairement de la même propriété.

Nous allons montrer que le groupe des substitutions S est discontinu pour les points (x, y) situés à l'intérieur du cercle

$$(\Gamma) \qquad\qquad x^2 + y^2 = 1,$$

c'est-à-dire qu'à chaque point A de l'intérieur de ce cercle ne correspond, par les substitutions du groupe, que le point A lui-même dans une aire suffisamment petite décrite autour de ce point.

13. Remarquons d'abord que, de l'identité

$$U^2 + V^2 - W^2 = u^2 + v^2 - w^2,$$

on déduit de suite

$$X^2 + Y^2 - 1 = \frac{1}{(M_3 x + P_3 y + R_3)^2}(x^2 + y^2 - 1).$$

Il en résulte que, si le point (x, y) est à l'intérieur du cercle Γ, il en sera de même du point (X, Y). Observons maintenant qu'il ne peut y avoir qu'un nombre *fini* de substitutions du groupe pour lesquelles $|R_3|$ soit moindre qu'une quantité donnée : c'est ce qui résulte des équations (7) et (8). L'équation

$$M_3^2 + P_3^2 = R_3^2 - 1,$$

par exemple, montre que les valeurs absolues de M_3 et P_3 sont limitées en fonction de $|R_3|$, et les trois premières équations (7) apprennent successivement qu'il en est de même de M_1, P_1, R_1 et M_2, P_2, R_2.

Montrons encore, et c'est là le point essentiel, que, quand la valeur absolue de R_3 grandit indéfiniment, le point (x, y) restant à l'intérieur du cercle Γ, l'expression

$$|M_3 x + P_3 y + R_3|$$

grandit elle-même indéfiniment. On a, en effet,

$$M_3 x + P_3 y + R_3 = R_3\left(1 + \frac{M_3}{R_3}x + \frac{P_3}{R_3}y\right),$$

et, en posant

$$\left|\frac{M_3}{R_3}\right| = \mu, \qquad \left|\frac{P_3}{R_3}\right| = \nu, \qquad |x| = x', \qquad |y| = y',$$

on aura

$$\left|1 + \frac{M_3}{R_3}x + \frac{P_3}{R_3}y\right| > 1 - \mu x' - \nu y',$$

le second membre étant positif, comme nous allons le montrer. Il peut, en effet, s'écrire

$$\frac{1 - (\mu x' + \nu y')^2}{1 + \mu x' + \nu y'};$$

or, puisque

$$\mu^2 + \nu^2 < 1,$$

l'identité

$$(\mu x' + \nu y')^2 = (\mu^2 + \nu^2)(x'^2 + y'^2) - (\mu y' - \nu x')^2$$

montre que

$$(\mu x' + \nu y')^2 < x'^2 + y'^2.$$

Il en résulte que

$$\left|1 + \frac{M_3}{R_3}x + \frac{P_3}{R_3}y\right| > \frac{1 - x'^2 - y'^2}{2};$$

et de l'inégalité

$$|M_3 x + P_3 y + R_3| > |R_3|\,\frac{1 - x'^2 - y'^2}{2},$$

se conclut de suite le résultat énoncé. $|R_3|$ étant d'ailleurs au moins égal à l'unité, le dénominateur $M_3 x + P_3 y + R_3$ ne pourra s'annuler, et, par suite, la substitution

$$X = \frac{M_1 x + P_1 y + R_1}{M_3 x + P_3 y + R_3}, \qquad Y = \frac{M_2 x + P_2 y + R_2}{M_3 x + P_3 y + R_3}$$

donne toujours une valeur déterminée pour X et Y, *quand le point (x, y) est à l'intérieur du cercle* Γ.

14. Ces remarques faites, la discontinuité du groupe se démontre immédiatement. En effet, la relation

$$1 - X^2 - Y^2 = \frac{1}{(M_3 x + P_3 y + R_3)^2}(1 - x^2 - y^2)$$

montre que

$$1 - X^2 - Y^2 < \frac{1}{R_3^2(1 - x^2 - y^2)};$$

donc, quand, dans la suite des substitutions, la valeur absolue de R_3 augmente indéfiniment, le point (X, Y) se rapproche indéfiniment de la circonférence Γ. Il en résulte que les points correspondants au point (x, y) sont nécessairement distants de ce point d'une quantité finie ; donc, dans une région suffisamment petite autour du point (x, y), il n'y a, en dehors de ce point lui-même, aucun point qui lui corresponde par les substitutions du groupe. *Celui-ci est discontinu.*

15. Le déterminant de la substitution

$$\begin{vmatrix} M_1 & P_1 & R_1 \\ M_2 & P_2 & R_2 \\ M_3 & P_3 & R_3 \end{vmatrix}$$

est nécessairement égal à ±1. Nous allons, dans la suite, considérer uniquement les substitutions pour lesquelles ce déterminant est égal à +1 ; elles forment un sous-groupe dans le groupe général étudié jusqu'ici.

Il sera utile de calculer le déterminant fonctionnel

$$\frac{D(X, Y)}{D(x, y)} = \frac{\partial X}{\partial x}\frac{\partial Y}{\partial y} - \frac{\partial X}{\partial y}\frac{\partial Y}{\partial x};$$

un calcul facile donne

$$\frac{D(X, Y)}{D(x, y)} = \frac{1}{(M_3 x + P_3 y + R_3)^3}.$$

Ceci posé, nous allons établir que *la série multiple*

$$\sum \frac{1}{[\mathrm{M}_2 x_0 + \mathrm{P}_2 y_0 + \mathrm{R}_2]^3}$$

étendue à toutes les substitutions du groupe, est convergente, le point (x_0, y_0) étant toujours à l'intérieur du cercle Γ.

Pour l'établir, supposons *d'abord* le point (x_0, y_0) tel que la substitution unité (c'est-à-dire $X = x$, $Y = y$) soit la seule qui le transforme en lui-même ; c'est ce qui arrive évidemment pour un point pris arbitrairement. Traçons autour du point (x_0, y_0) une petite aire δ_0 ; les substitutions du groupe transformeront cette aire en une suite indéfinie $\delta_1, \delta_2, \ldots$ Si l'aire δ_0 est assez petite, les aires δ seront toutes extérieures les unes aux autres et n'auront pas de parties communes ; c'est là une conséquence immédiate de la discontinuité du groupe, et de ce que le point (x_0, y_0) et, par suite tous les points de δ_0, ne peuvent être transformés en eux-mêmes que par la substitution unité. La somme des aires δ est évidemment finie, puisqu'elle est moindre que l'aire du cercle Γ ; or cette somme est

$$\int\int d\mathrm{X}\, d\mathrm{Y},$$

étendue à toutes les aires δ.

Mais l'intégrale

$$\int\int d\mathrm{X}\, d\mathrm{Y},$$

étendue à une aire δ transformée de δ_0 par la substitution (S), peut s'écrire

$$\int\int \frac{dx\, dy}{[\mathrm{M}_2 x + \mathrm{P}_2 y + \mathrm{R}_2]^3}$$

étendue à δ_0. La somme des aires δ peut donc se mettre sous la forme

$$\int\int \sum \frac{1}{[\mathrm{M}_2 x + \mathrm{P}_2 y + \mathrm{R}_2]^3}\, dx\, dy,$$

la somme $\sum$ étant étendue à toutes les substitutions du groupe et l'intégrale double à l'aire δ_0. Celle-ci étant arbitraire, il est ma-

nifeste que l'intégrale précédente ne pourra avoir une valeur finie
que si la série

$$\sum \frac{1}{[M_2 x + P_2 y + R_2]^2}$$

est convergente. Si l'on veut préciser davantage, on peut remarquer que, d'après ce qui a été dit plus haut,

$$\frac{1}{[M_2 x + P_2 y + R_2]^2} = \frac{A}{[R_2]^2},$$

A étant une quantité positive, dépendant de x et y, mais restant,
quand (x, y) est à l'intérieur d'une aire n'ayant pas de point commun avec la circonférence Γ, comprise entre deux limites *fixes*,
positives et différentes de zéro. L'intégrale précédente s'écrit alors

$$\sum \frac{1}{[R_2]^2} \int\int A^2\, dx\, dy.$$

Or, comme l'intégrale double est finie et différente de zéro, il
faut que

$$\sum \frac{1}{[R_2]^2},$$

étendue à toutes les substitutions du groupe, soit finie (on ne doit
pas oublier que, dans l'évaluation de la somme précédente, plusieurs termes peuvent correspondre à la même valeur de R_2). De
la convergence de la série précédente, il résulte bien que la série

$$\sum \frac{1}{[M_2 x + P_2 y + R_2]^2}$$

converge pour tout point (x, y) à l'intérieur du cercle Γ, non-
seulement pour une position arbitraire de ce point dans Γ, mais
même quand il y aura plusieurs substitutions transformant ce
point en lui-même.

16. Le résultat précédent permet de former un grand nombre
de séries multiples absolument convergentes et représentant des
fonctions remarquables de x et y. Soit $R(x, y)$ une fonction
rationnelle de x et y restant continue à l'intérieur du cercle Γ,
sauf tout au plus en un nombre limité de points ; de plus, sur la

circonférence même de ce cercle, on suppose essentiellement qu'elle reste finie. Telle serait, par exemple, la fonction

$$\frac{1}{x^2+y^2}.$$

Telle serait encore la fonction

$$\frac{1}{a-x-y},$$

a étant une quantité positive supérieure à $\sqrt{2}$ (pour que la droite $a-x-y=0$ ne coupe pas le cercle Γ).

Formons alors la série

$$\sum R\left(\frac{M_1x+P_1y+R_1}{M_3x+P_3y+R_3}, \frac{M_2x+P_2y+R_2}{M_3x+P_3y+R_3}\right)\frac{1}{(M_3x+P_3y+R_3)^3},$$

la sommation étant étendue à toutes les substitutions du groupe. La fonction R, par hypothèse, ne devient discontinue que pour un nombre limité de points; considérons l'ensemble E des points qui leur correspondent par les substitutions du groupe.

Supposons que x ne soit pas un point de cet ensemble; la série précédente sera convergente, car la valeur absolue de

$$R\left(\frac{M_1x+P_1y+R_1}{M_3x+P_3y+R_3}, \frac{M_2x+P_2y+R_2}{M_3x+P_3y+R_3}\right),$$

restera toujours moindre qu'un nombre fixe; et de ce que la série

$$\sum\frac{1}{|M_3x+P_3y+R_3|^3}$$

est convergente, on conclut de suite que la série proposée est convergente. Si (x, y) coïncidait avec un point de l'ensemble E, il y aurait un terme ou un nombre limité de termes qui deviendraient infinis dans la série, les autres formeraient une série convergente.

La série précédente représente une fonction $F(x, y)$ jouissant d'une propriété remarquable. Supposons qu'on effectue sur (x, y) une substitution du groupe

$$\left(x, y, \frac{\mu_1x+\pi_1y+\rho_1}{\mu_3x+\pi_3y+\rho_3}, \frac{\mu_2x+\pi_2y+\rho_2}{\mu_3x+\pi_3y+\rho_3}\right),$$

chaque terme de la nouvelle série devient égal à un terme de la première, multiplié par le dénominateur des formules de substitution élevé à la troisième puissance.

On a donc

$$F\left(\frac{\mu_1 x + \pi_1 y + \rho_1}{\mu_3 x + \pi_3 y + \rho_3}, \frac{\mu_2 x + \pi_2 y + \rho_2}{\mu_3 x + \pi_3 y + \rho_3}\right) = (\mu_3 x + \pi_3 y + \rho_3)^3 F(x, y).$$

Ces fonctions sont les analogues des fonctions d'une variable, appelées thétafuchsiennes par M. Poincaré, et qui jouent un rôle si important dans sa théorie des fonctions fuchsiennes [Poincaré, *Mémoire sur les fonctions fuchsiennes* (*Acta mathematica*, t. I)].

TROISIÈME PARTIE.

APPLICATIONS GÉOMÉTRIQUES DU CALCUL INFINITÉSIMAL.

CHAPITRE XI.

THÉORIE DES ENVELOPPES. — SURFACES RÉGLÉES. CONGRUENCES ET COMPLEXES.

I. — Théorie des enveloppes. — Surfaces développables.

1. Rappelons d'abord quelques formules relatives aux courbes gauches et aux surfaces. Nous avons vu que le carré de la différentielle d'un arc de courbe est donné par la formule

$$ds^2 = dx^2 + dy^2 + dz^2.$$

Sur une courbe gauche, on peut fixer, arbitrairement d'ailleurs, un sens correspondant aux arcs croissants ; la tangente menée en un point arbitraire M de la courbe dans le sens des arcs croissants est alors une demi-droite parfaitement déterminée. Nous désignerons toujours dans la suite par α, β, γ les cosinus des angles que fait cette direction avec les axes de coordonnées ; dans ces conditions on aura

$$\alpha = \frac{dx}{ds}, \qquad \beta = \frac{dy}{ds}, \qquad \gamma = \frac{dz}{ds}.$$

Relativement aux surfaces, en désignant par p et q les dérivées partielles $\dfrac{\partial z}{\partial x}$ et $\dfrac{\partial z}{\partial y}$, l'équation du plan tangent en un point (x, y, z) est

$$Z - z = p(X - x) + q(Y - y).$$

Si, au lieu d'être définie par la valeur de z en fonction de x et y, la surface est donnée par les trois équations

$$x = f(u, v), \qquad y = \varphi(u, v), \qquad z = \psi(u, v),$$

u et v étant des paramètres arbitraires, l'équation du plan tangent sera

$$(X - x)\frac{D(y, z)}{D(u, v)} + (Y - y)\frac{D(z, x)}{D(u, v)} + (Z - z)\frac{D(x, y)}{D(u, v)} = 0,$$

en posant, comme nous l'avons fait précédemment,

$$\frac{D(y, z)}{D(u, v)} = \frac{\partial y}{\partial u}\frac{\partial z}{\partial v} - \frac{\partial y}{\partial v}\frac{\partial z}{\partial u}.$$

Si le point considéré est un point simple de la surface, correspondant aux valeurs u_0 et v_0 de u et v, on peut toujours supposer la représentation paramétrique telle que les trois déterminants fonctionnels qui figurent dans l'équation précédente ne s'annulent pas simultanément pour $u = u_0$, $v = v_0$; nous ferons toujours cette hypothèse dans la suite.

2. Étant donnée une famille de courbes représentée par l'équation

$$f(x, y, a) = 0,$$

où figure un paramètre arbitraire a, on sait que l'enveloppe de cette famille de courbes s'obtient en éliminant a entre l'équation précédente et l'équation dérivée

$$\frac{df}{da} = 0.$$

De plus l'enveloppe est tangente à chacune des enveloppées. Pareillement étant donnée la famille de surfaces

$$(1) \qquad\qquad f(x, y, z, a) = 0,$$

l'enveloppe de cette surface, c'est-à-dire le lieu des intersections limites de chaque surface avec la surface infiniment voisine, s'obtient en éliminant a entre cette équation et

$$(2) \qquad \frac{\partial f}{\partial a} = 0.$$

La courbe définie par les équations (1) et (2), qui est la limite de l'intersection de la surface (1) avec une surface infiniment voisine, s'appelle la *caractéristique* de la surface. La surface enveloppe est le lieu des caractéristiques; chaque enveloppée est tangente à l'enveloppe en tous les points de la caractéristique correspondante. Nous nous contentons de rappeler ces propositions tout à fait élémentaires.

3. Au lieu d'une famille de surfaces dépendant d'un seul paramètre arbitraire, considérons maintenant une famille de surfaces

$$(3) \qquad f(x, y, z, a, b) = 0,$$

dépendant de deux paramètres a et b.

En donnant à ces paramètres, à partir de deux valeurs déterminées a et b, des accroissements Δa et Δb, nous aurons une surface voisine

$$f(x, y, z, a + \Delta a, b + \Delta b) = 0,$$

qui coupera la première suivant une certaine courbe C. Lorsque Δa et Δb tendront vers zéro, la position limite de la courbe C dépendra de la limite du rapport $\frac{\Delta b}{\Delta a}$. Pour préciser, considérons b comme fonction de a, soit $b = \varphi(a)$; la courbe limite sera alors représentée par les équations (3) et

$$(4) \qquad \frac{\partial f}{\partial a} + \frac{\partial f}{\partial b} \varphi'(a) = 0.$$

Quelle que soit la fonction arbitraire $\varphi(a)$, les courbes définies par les équations (3) et (4) auront en commun les points définis, pour chaque système de valeurs de a et b, par les équations

$$(5) \qquad \begin{cases} f(x, y, z, a, b) = 0, \\ \dfrac{\partial f}{\partial a} = 0, \\ \dfrac{\partial f}{\partial b} = 0. \end{cases}$$

Nous supposons, ce qui est le cas général, que, pour des valeurs arbitraires de a et b, ces trois équations déterminent des points isolés (x, y, z). Les trois équations (5), par l'élimination de a et b, définissent une surface S qui est dite *l'enveloppe* de la famille de surfaces à *deux* paramètres représentée par l'équation (3).

Prenons un point arbitraire (x, y, z) sur la surface S; pour cette valeur de x, y, z les équations (5) admettront une solution commune en a et b. *La surface* (3) *correspondant à ces valeurs de a et b et la surface* S *sont tangentes en* (x, y, z). En effet, les coefficients p et q de l'équation du plan tangent à la surface (3) sont donnés par les équations

$$\frac{\partial f}{\partial x} + p\frac{\partial f}{\partial z} = 0, \qquad \frac{\partial f}{\partial y} + q\frac{\partial f}{\partial z} = 0.$$

Pour obtenir les coefficients p et q de l'équation du plan tangent à la surface S, on peut imaginer qu'on ait tiré a et b en fonction de x, y, z des deux dernières équations (5) et porté ces expressions dans la première; ce qui donnera

$$\frac{\partial f}{\partial x} + p\frac{\partial f}{\partial z} + \frac{\partial f}{\partial a}\left(\frac{\partial a}{\partial x} + p\frac{\partial a}{\partial z}\right) + \frac{\partial f}{\partial b}\left(\frac{\partial b}{\partial x} + p\frac{\partial b}{\partial z}\right) = 0,$$

$$\frac{\partial f}{\partial y} + q\frac{\partial f}{\partial z} + \frac{\partial f}{\partial a}\left(\frac{\partial a}{\partial y} + q\frac{\partial a}{\partial z}\right) + \frac{\partial f}{\partial b}\left(\frac{\partial b}{\partial y} + q\frac{\partial b}{\partial z}\right) = 0.$$

qui se réduisent aux précédentes puisque $\frac{\partial f}{\partial b} = \frac{\partial f}{\partial a} = 0$. Le théorème est donc démontré.

Remarquons que l'équation du plan tangent à une surface dépendant, en général, de deux paramètres arbitraires, toute surface peut, au point de vue précédent, être regardée comme l'enveloppe de ses plans tangents.

4. Considérons maintenant une famille de courbes gauches représentées par deux équations

$$(G) \qquad \begin{cases} f(x, y, z, a) = 0, \\ \varphi(x, y, z, a) = 0, \end{cases}$$

qui renferment un paramètre arbitraire a. Cherchons si ces courbes gauches ont une enveloppe, c'est-à-dire s'il existe une courbe Γ à laquelle les courbes C restent tangentes. S'il en est ainsi, on aura sur chaque courbe C un point de contact, et les coordonnées de ce point seront des fonctions de a. Désignons par la lettre d les différentielles relatives à un déplacement sur la courbe C. On aura

$$\frac{\partial f}{\partial x}\,dx + \frac{\partial f}{\partial y}\,dy + \frac{\partial f}{\partial z}\,dz = 0,$$

$$\frac{\partial \varphi}{\partial x}\,dx + \frac{\partial \varphi}{\partial y}\,dy + \frac{\partial \varphi}{\partial z}\,dz = 0.$$

Soit δ une différentielle relative à un déplacement sur la courbe Γ; nous aurons

$$\frac{\partial f}{\partial x}\,\delta x + \frac{\partial f}{\partial y}\,\delta y + \frac{\partial f}{\partial z}\,\delta z + \frac{\partial f}{\partial a}\,\delta a = 0,$$

$$\frac{\partial \varphi}{\partial x}\,\delta x + \frac{\partial \varphi}{\partial y}\,\delta y + \frac{\partial \varphi}{\partial z}\,\delta z + \frac{\partial \varphi}{\partial a}\,\delta a = 0.$$

Or les courbes C et Γ étant tangentes, il faut que

$$\frac{dx}{\delta x} = \frac{dy}{\delta y} = \frac{dz}{\delta z};$$

nous en concluons

$$\frac{\partial f}{\partial a} = 0, \qquad \frac{\partial \varphi}{\partial a} = 0.$$

Ainsi, les trois fonctions x, y, z de a, correspondant au point de contact, doivent vérifier les *quatre* équations

$$f(x, y, z, a) = 0, \qquad \varphi(x, y, z, a) = 0, \qquad \frac{\partial f}{\partial a} = 0, \qquad \frac{\partial \varphi}{\partial a} = 0.$$

Ces quatre équations *devront donc avoir une solution commune en x, y, z, quel que soit a*. Cette condition nécessaire est bien évidemment suffisante.

Dans certains cas, la famille de courbes pourra être donnée par les équations

$$x = f(t, \alpha),$$
$$y = \varphi(t, \alpha),$$
$$z = \psi(t, \alpha);$$

pour une valeur fixe donnée à α, en faisant varier le paramètre t, on aura une courbe de la famille. La courbe enveloppe, si elle existe, sera déterminée par l'expression de t en fonction de α. Les deux directions

$$\frac{\partial f}{\partial t}\delta t, \quad \frac{\partial \varphi}{\partial t}\delta t, \quad \frac{\partial \psi}{\partial t}\delta t$$

et

$$\frac{\partial f}{\partial t}\delta t + \frac{\partial f}{\partial x}\delta x, \quad \frac{\partial \varphi}{\partial t}\delta t + \frac{\partial \varphi}{\partial x}\delta x, \quad \frac{\partial \psi}{\partial t}\delta t + \frac{\partial \psi}{\partial x}\delta x$$

devront coïncider. On devra donc avoir

$$\frac{\dfrac{\partial f}{\partial t}}{\dfrac{\partial f}{\partial x}} = \frac{\dfrac{\partial \varphi}{\partial t}}{\dfrac{\partial \varphi}{\partial x}} = \frac{\dfrac{\partial \psi}{\partial t}}{\dfrac{\partial \psi}{\partial x}}.$$

Ces deux équations devront avoir une solution commune en t, quel que soit x.

Une classe importante de courbes gauches, ayant une enveloppe, est celle des caractéristiques des surfaces dépendant d'un paramètre, dont nous avons parlé au § 2 ; les quatre équations sont, en effet, dans ce cas,

$$f(x, y, z, a) = 0, \quad \frac{\partial f}{\partial a} = 0, \quad \frac{\partial f}{\partial a} = 0, \quad \frac{\partial^2 f}{\partial a^2} = 0 ;$$

elles se réduisent à trois,

$$f = 0, \quad \frac{\partial f}{\partial a} = 0, \quad \frac{\partial^2 f}{\partial a^2} = 0.$$

Les valeurs de x, y, z en fonction de a, qu'on tire de ces trois équations, définissent la courbe à laquelle restent tangentes les caractéristiques.

3. Un cas particulièrement intéressant est celui où la surface f se réduit à un plan. Soit donc le plan mobile

$$A x + B y + C z + D = 0,$$

où A, B, C et D dépendent d'un paramètre a. La caractéristique de ce plan s'obtient en adjoignant à l'équation précédente l'équation

$$A' x + B' y + C' z + D' = 0,$$

les accents étant relatifs aux dérivées par rapport à a. Cette caractéristique est une droite, et le lieu de ces droites est une surface réglée dont toutes les génératrices resteront tangentes à une courbe gauche. Celle-ci sera définie par les deux équations précédentes et la suivante

$$A'x + B'y + C'z + D' = o.$$

Ces trois équations définissent x, y, z en fonction de α, et l'on a ainsi la courbe à laquelle toutes les droites considérées restent tangentes.

On appelle *surface développable* toute surface enveloppe d'un plan mobile qui dépend d'un seul paramètre arbitraire. D'après ce qui précède, une surface développable est le lieu des tangentes à une certaine courbe gauche.

Réciproquement, le lieu des tangentes à toute courbe gauche est une surface développable; nous allons, en effet, prouver que, par chaque tangente à une courbe gauche Γ, on peut faire passer un plan

$$(6) \qquad A(X - x) + B(Y - y) + C(Z - z) = o$$

dépendant du seul paramètre t, en fonction duquel sont exprimés x, y, z pour la courbe gauche, et tel que sa caractéristique soit précisément la tangente à la courbe Γ au point (x, y, z).

La caractéristique de ce plan est donnée par l'équation (6) et la suivante

$$\frac{dA}{dt}(X - x) + \frac{dB}{dt}(Y - y) + \frac{dC}{dt}(Z - z) - A\frac{dx}{dt} - B\frac{dy}{dt} - C\frac{dz}{dt} = o.$$

Ces équations représenteront la tangente si

$$A\,dx + B\,dy + C\,dz = o,$$
$$dA\,dx + dB\,dy + dC\,dz = o.$$

Telles sont les deux équations auxquelles doivent satisfaire les fonctions inconnues A, B, C de t. On peut les remplacer par les deux suivantes, entièrement équivalentes,

$$A\,dx + B\,dy + C\,dz = o,$$
$$A\,d^2x + B\,d^2y + C\,d^2z = o,$$

qui déterminent des quantités proportionnelles à A, B, C, et, par suite, l'équation du plan (6) est déterminée. Nous retrouverons ce plan plus loin sous le nom de *plan osculateur*.

6. Toutes les surfaces développables satisfont à une équation aux dérivées partielles qui les caractérise. Les coefficients de l'équation du plan tangent à une surface développable ne dépendent, par définition, que d'un seul paramètre. Or l'équation du plan tangent étant mise sous la forme

$$Z - z = p(X - x) + q(Y - y) \qquad \left(p = \frac{dz}{dx}, \quad q = \frac{dz}{dy} \right),$$

on voit que les dérivées partielles p et q, fonctions des deux variables indépendantes x et y, sont fonctions d'un seul paramètre, et, par conséquent, fonctions l'une de l'autre, soit

$$p = \varphi(q).$$

Or introduisons les dérivées partielles du second ordre

$$\frac{d^2z}{dx^2} = r, \qquad \frac{d^2z}{dx\,dy} = s, \qquad \frac{d^2z}{dy^2} = t;$$

en différentiant l'identité précédente successivement par rapport à x et à y, on a

$$r = \varphi'(q)s, \qquad s = \varphi'(q)t$$

et, par suite,

$$rt - s^2 = 0.$$

Ainsi, pour toute surface développable, quand on considère z comme fonction de x et y, l'équation précédente aux dérivées partielles est vérifiée.

Nous allons établir la réciproque, c'est-à-dire qu'à toute fonction z de x et y, vérifiant l'équation

$$rt - s^2 = 0.$$

correspond une surface développable.

Reprenons l'équation du plan tangent

$$Z - pX - qY - (z - px - qy) = 0.$$

Je dis d'abord que les trois coefficients

$$p, \quad q, \quad z - px - qy$$

sont fonctions de l'un d'eux. De l'équation $rt - s^2 = 0$, qui peut s'écrire

$$\frac{\partial p}{\partial x}\frac{\partial q}{\partial y} - \frac{\partial p}{\partial y}\frac{\partial q}{\partial x} = 0,$$

on conclut d'abord que p est fonction de q, soit $p = \varphi(q)$. Ensuite, le déterminant fonctionnel de

$$z - px - qy \quad \text{et} \quad q,$$

se réduisant à $x(rt - s^2)$, sera également nul ; donc $z - px - qy$ est aussi fonction de q, soit

$$(7) \qquad z - px - qy = F(q).$$

Ceci posé, les lignes de la surface, représentées par l'équation

$$q = \text{const.},$$

sont telles qu'en un point quelconque de chacune d'elles le plan tangent est le même. Nous allons voir que ce sont des lignes droites. Prenons, à cet effet, la différentielle totale des deux membres de l'identité (7) ; nous aurons

$$- x\,dp - y\,dq = F'(q)\,dq$$

ou

$$(8) \qquad - x\varphi'(q) - y = F'(q).$$

Cette seconde identité (8) montre, avec l'identité (7), que le lieu des points de la surface où q a une valeur constante est une ligne droite ; celle-ci est donnée par les deux équations

$$z - x\varphi(q) - qy = F(q),$$
$$- x\varphi'(q) - y = F'(q),$$

et l'on voit, de plus, que la surface est l'enveloppe d'un plan mobile dépendant d'un paramètre arbitraire.

Il est clair que le calcul précédent suppose que q est une fonction de x et y, qui ne se réduit pas à une constante ; s'il en était ainsi, on raisonnerait sur p au lieu de raisonner sur q. Dans le cas où p et q seraient des constantes, la surface serait évidemment plane.

7. La courbe à laquelle restent tangentes les génératrices d'une surface développable s'appelle l'*arête de rebroussement* de cette surface. La raison de cette dénomination est la suivante : un plan quelconque, rencontrant en un point M l'arête de rebroussement, coupe la surface suivant une courbe qui a en M un point de rebroussement.

Pour l'établir, prenons le point M comme origine, la tangente en M à la courbe comme axe des x, et le plan sécant comme plan des zy, les axes n'étant pas nécessairement rectangulaires. On aura pour la courbe, en exprimant y et z en fonction de x, et développant par la formule de Taylor,

$$y = ax^2 + bx^3 + \dots,$$
$$z = a'x^2 + b'x^3 + \dots.$$

Une tangente quelconque sera donc représentée par les équations

$$Y - y = (2a\,x + 3b\,x^2 + \dots)(X - x),$$
$$Z - z = (2a'x + 3b'x^2 + \dots)(X - x).$$

Nous coupons par le plan $X = 0$, on aura donc

$$Y = y - x(2a\,x + 3b\,x^2 + \dots) = -a\,x^2 + \dots,$$
$$Z = z - x(2a'x + 3b'x^2 + \dots) = -a'x^2 + \dots$$

Nous avons donc une courbe plane pour laquelle les coordonnées d'un point quelconque sont exprimées à l'aide d'un paramètre x. Les expressions de Y et Z commençant par un terme en x^2, à la valeur $x = 0$ du paramètre correspondra en général un point de rebroussement de la courbe.

8. Supposons que les génératrices d'une surface développable soient représentées par les deux équations

$$x = az + p, \qquad y = bz + q,$$

a, p, b, q dépendant d'un paramètre α. Ces quatre fonctions ne peuvent être arbitraires; on trouve de suite la relation à laquelle elles doivent satisfaire en écrivant que ces droites ont une enveloppe. Les deux équations

$$a'z + p' = 0, \qquad b'z + q' = 0$$

doivent donner la même valeur pour z; on a donc

$$a'q' - b'p' = 0.$$

Cherchons l'ordre de la plus courte distance de deux tangentes infiniment voisines d'une courbe gauche. Les deux droites

$$x = az + p, \qquad y = bz + q,$$
$$x = (a + \Delta a)z + p + \Delta p, \qquad y = (b + \Delta b)z + q + \Delta q$$

ont pour plus courte distance

$$\delta = \frac{\Delta a\,\Delta q - \Delta b\,\Delta p}{\sqrt{(\Delta a)^2 + (\Delta b)^2 + (a\,\Delta b - b\,\Delta a)^2}};$$

or, en remplaçant

$$\Delta a \qquad \text{par} \qquad da + \frac{1}{2}d^2 a + \frac{1}{6}d^3 a + \ldots,$$

et pareillement, pour Δb, Δp, Δq, on a

$$\Delta a\,\Delta q - \Delta b\,\Delta p$$
$$= da\,dq - db\,dp + \frac{1}{2}(d^2 a\,dq + d^2 q\,da - d^2 b\,dp - d^2 p\,db) + \ldots,$$

les termes non écrits étant d'ordre supérieur au troisième. Or le second terme est la différentielle du premier qui est nul, d'après la condition trouvée plus haut. Le numérateur, dans la plus courte distance δ, est donc du quatrième ordre au moins; comme le dénominateur est du premier, il en résulte que δ est au moins du troisième ordre. Cette intéressante remarque est due à M. Bouquet, qui l'a complétée en montrant que la distance ne peut être constamment du quatrième ordre, si ce n'est dans le cas des courbes planes, où elle est rigoureusement nulle, et dans le cas d'une surface conique.

Les termes du quatrième ordre sont, en effet, au numérateur

$$\frac{1}{6}(d^3 a\,dq + d^3 q\,da - d^3 b\,dp - d^3 p\,db) + \frac{1}{4}(d^2 a\,d^2 q - d^2 b\,d^2 p).$$

Supposons que cette expression soit identiquement nulle; comme on a, par hypothèse,

$$d^2 a\,dq + d^2 q\,da - d^2 b\,dp - d^2 p\,db = 0,$$

qui donne, par différentiation

$$d^2a\,dq + d^2q\,da - d^2b\,dp - d^2p\,db = \lambda(d^2b\,dp - d^2a\,dq),$$

on en conclut

$$d^2a\,d^2q - d^2b\,d^2p = 0.$$

Or on peut écrire

$$dq = \lambda\,db, \qquad dp = \lambda\,da,$$

puisque

$$da\,dq - db\,dp = 0,$$

et, en substituant dans l'identité précédente, on trouve

$$(9) \qquad d\lambda(db\,d^2a - da\,d^2b) = 0.$$

Supposons d'abord $d\lambda = 0$, λ sera constant, et nous aurons

$$q = \lambda b + \mu, \qquad p = \lambda a + \mu',$$

μ et μ' étant des constantes. La droite aura donc pour équations

$$x - \mu' = a(z + \lambda), \qquad y - \mu = b(z + \lambda);$$

la surface sera un cône ayant pour sommet le point

$$(x = \mu', y = \mu, z = -\lambda).$$

Laissant ce cas de côté, nous aurons, en prenant le second facteur dans (9),

$$\frac{d^2a}{da} = \frac{d^2b}{db}.$$

Si z est le paramètre dont dépendent a et b, nous aurons donc

$$\log\frac{da}{dz} = \log\frac{db}{dz} = \log C,$$

C étant une constante, et enfin

$$a = Cb + C',$$

C' étant encore une constante.

Or soient (x, y, z) les coordonnées du point de contact de la droite avec son enveloppe; on a

$$\frac{dx}{a} = \frac{dy}{b} = \frac{dz}{1}.$$

donc
$$dx = C\,dy + C'\,dz,$$
et par suite
$$x = Cy + C'z + C'',$$

c'est-à-dire que la courbe, dont nous avons considéré les tangentes, est une courbe plane.

Au lieu d'une famille de droites restant tangentes à une courbe, on peut considérer, comme nous l'avons fait (4), une famille de courbes gauches ayant une enveloppe. Le théorème de M. Bouquet peut s'étendre à ce cas général, c'est-à-dire que la plus courte distance entre deux courbes infiniment voisines est au moins du troisième ordre.

Nous entendons par plus courte distance de deux courbes infiniment voisines la plus courte distance de deux points très voisins des points de contact sur l'une et l'autre courbe.

On trouvera cette extension du théorème de M. Bouquet dans le Mémoire de M. Darboux, *Sur les solutions singulières des équations aux dérivées partielles* (*Savants étrangers*, t. XXVII, 2ᵉ série, p. 41). La remarque additionnelle n'a d'ailleurs pas d'analogue dans le cas général.

II. — Surfaces réglées. — Congruences de droites.

9. Nous venons d'étudier les surfaces réglées dont les génératrices ont une enveloppe. Prenons maintenant d'une manière générale une droite mobile
$$x = az + p, \qquad y = bz + q,$$
dont les coefficients a, b, p, q dépendent d'un paramètre arbitraire α. Cette droite engendre une surface réglée. Soit D une génératrice correspondant à la valeur α du paramètre; cherchons l'équation du plan tangent à la surface en un point M de D, qui sera déterminé par la valeur de z. L'équation du plan tangent est de la forme
$$X - aZ - p + \lambda(Y - bZ - q) = o.$$

Il sera déterminé par la tangente à une courbe quelconque tracée sur la surface et passant par M. Considérons la section faite par le plan $Z = z$. Les cosinus directeurs de sa tangente sont proportionnels à $a'z + p'$, $b'z + q'$ et o ; nous aurons donc

$$a'z + p' + \lambda(b'z + q') = o,$$

et l'équation du plan tangent est par suite

$$(b'z + q')(X - aZ - p) - (a'z + p')(Y - bZ - q) = o,$$

où, bien entendu, les lettres accentuées représentent les dérivées par rapport à z.

En particulier, nous pouvons retrouver de suite la condition pour que le plan tangent soit le même en tous les points de la génératrice. Le quotient $\dfrac{b'z + q'}{a'z + p'}$ ne devra pas dépendre de z et on retombe bien sur la condition

$$b'p' - a'q' = o.$$

Revenant au cas général, étudions la variation du plan tangent lorsque M se déplace sur la génératrice D. Pour cela, supposons que D coïncide avec l'axe des z, c'est-à-dire que a, b, p, q soient nuls pour la valeur de z correspondant à la génératrice. L'équation du plan tangent devient

$$X(b'z + q') - Y(a'z + p') = o.$$

Si ψ désigne l'angle de ce plan avec le plan zOz au point M, on a

$$\operatorname{tang}\psi = \frac{b'z + q'}{a'z + p'}.$$

Pareillement pour le plan tangent au point $M_1(o, o, z_1)$, on a

$$\operatorname{tang}\psi' = \frac{b'z_1 + q'}{a'z_1 + p'},$$

et l'angle de ces deux plans tangents a pour tangente

$$\operatorname{tang}(\psi - \psi') = \frac{(z - z_1)(b'p' - a'q')}{(a'z + p')(a'z_1 + p') + (b'z + q')(b'z_1 + q')}.$$

Au numérateur figure $b'p' - a'q'$ qui est supposé différent de zéro. Le dénominateur sera indépendant de z, si

$$z_1(a'^2 + b'^2) + a'p' + b'q' = o.$$

Soit, sur la génératrice D, I le point correspondant à cette valeur de z_1; en appelant θ l'angle que fait le plan tangent en M avec le plan tangent en I, on a

$$\tan g\,\theta = K . \overline{IM},$$

K étant une constante, c'est-à-dire ne dépendant pas de la position de M sur D. Cette loi de variation du plan tangent est due à Chasles.

10. Le point I s'appelle le point *central* sur la génératrice D. Le calcul précédent nous y a conduit tout naturellement. On peut le définir géométriquement de la manière suivante. La génératrice D étant toujours l'axe Oz, la génératrice infiniment voisine D' sera

$$x = z\,da + dp,$$
$$y = z\,db + dq.$$

La perpendiculaire commune à D et à D' se projette sur le plan des xy suivant une droite passant par l'origine et perpendiculaire à la projection de D'; elle aura donc pour équation

$$\frac{y}{x} = -\frac{da}{db}.$$

D'autre part, cette dernière équation représente un plan contenant Oz et qui coupe D' en un point dont le z est donné par l'égalité

$$-\frac{da}{db} = \frac{z\,db + dq}{z\,da + dp},$$

ou bien

$$z(da^2 + db^2) + da\,dp + db\,dq = 0,$$

c'est-à-dire

$$z(a'^2 + b'^2) + a'p' + b'q' = 0.$$

Cette relation est celle qui définit la coordonnée z_1 du point central. Donc ce point est la limite sur D du pied de la perpendiculaire commune à D et à la génératrice infiniment voisine.

11. Comme exemple de surfaces réglées, étudions la surface réglée la plus générale du troisième ordre. Par un point quelconque d'une telle surface ne passe qu'une seule génératrice rec-

tiligne, sinon toute génératrice rencontrerait trois génératrices fixes et la surface serait alors une quadrique. Or on peut tracer sur la surface une infinité de coniques, puisque un plan quelconque passant par une génératrice coupe la surface suivant une courbe du deuxième degré ; les points d'une telle conique se déterminent individuellement. Donc, les génératrices de la surface, qui rencontrent cette conique, se déterminent aussi individuellement, c'est-à-dire que la surface est une surface réglée unicursale, ou, en d'autres termes, les équations de la génératrice mobile peuvent se mettre sous la forme

$$x = az + p, \qquad y = bz + q,$$

a, p, b, q étant des fonctions *rationnelles* d'un paramètre.

Toute section plane de la surface est une courbe unicursale, car, si l'on joint aux deux équations précédentes l'équation d'un plan, ces trois équations détermineront x, y, z en fonction rationnelle d'un paramètre. Cette section est donc une cubique avec un point double. Il y a donc sur la surface une infinité de points doubles, formant une courbe ; par cette ligne, qui est une courbe double de la surface, se croisent deux nappes de la surface. Cette courbe double ne peut évidemment être qu'une ligne droite, car, autrement, toute section plane aurait au moins deux points doubles et, par suite, se décomposerait. Ainsi nous arrivons à la conclusion suivante : la surface a une courbe double rectiligne D.

Ceci posé, une génératrice quelconque rencontre la droite D ; en effet, s'il n'en était pas ainsi, nous pourrions considérer deux génératrices arbitraires et la droite D. Il y aurait une infinité de droites rencontrant ces trois droites et formant une surface du second degré ; or, chacune des génératrices du second système, dans cette quadrique, rencontrerait notre surface gauche du troisième ordre en quatre points, et, par conséquent, lui appartiendrait ; celle-ci serait donc décomposable. Soient alors quatre génératrices arbitraires qui, nous venons de le voir, rencontrent D. On peut mener deux droites rencontrant ces quatre génératrices ; l'une d'elles sera D, désignons par G la seconde. Elle appartiendra à la surface qu'elle rencontre en quatre points. Ainsi, outre la droite singulière D, nous avons une seconde directrice rectiligne G. Ces deux droites ne se rencontrent pas (nous laissons de côté le cas exceptionnel où elles se confondraient). Toutes les génératrices de la surface rencontrent D et G ; nous l'avons établi pour D. On le voit de suite pour G, en remarquant que la génératrice passant en un point arbitraire de la surface est nécessairement la droite passant par ce point et s'appuyant sur D et G. Nous avons maintenant l'idée la plus nette de la surface ; tout plan passant par G coupe la surface suivant deux génératrices qui se rencontrent sur D. L'ensemble de ces couples de droites forme la surface, dont deux nappes se coupent visiblement le long de D.

Par une transformation homographique, on peut s'arranger de manière que la droite G s'en aille à l'infini dans une direction de plan déterminée. La surface ainsi transformée est alors un *conoïde*. En prenant comme plan des xy un plan auquel restent parallèles toutes les génératrices, et l'axe des z étant la directrice du conoïde, l'équation de la surface se réduira à

$$z = f\left(\frac{y}{x}\right),$$

et, la surface devant être du troisième degré, son équation sera de la forme

$$z(a'x^2 + 2b'xy + c'y^2) = ax^2 + 2bxy + cy^2.$$

Telle est la forme à laquelle on peut réduire l'équation d'une surface réglée du troisième ordre. L'axe des z est ici la droite double de la surface.

12. Sans nous arrêter plus longtemps sur les surfaces réglées, passons aux systèmes de droites dépendant de deux paramètres arbitraires. On considère donc l'ensemble des droites

$$x = az + p, \quad y = bz + q,$$

a, b, p, q dépendant de deux paramètres arbitraires α et β. Cet ensemble s'appelle une *congruence de droites*.

Prenant une génératrice quelconque D de la congruence, correspondant aux valeurs α_0 et β_0 des paramètres, proposons-nous d'abord le problème suivant : *Peut-on faire passer par D une surface développable, dont les génératrices appartiennent à la congruence?* Il faut chercher, pour cela, si l'on peut établir, entre α et β, une relation, soit $\beta = \varphi(\alpha)$, telle que la surface réglée correspondante soit développable et que, de plus, $\beta_0 = \varphi(\alpha_0)$. Écrivons la condition pour que la surface réglée, correspondant à une relation entre α et β, soit développable.

On a

$$da\,dq - db\,dp = 0$$

ou, en développant,

$$(8)\quad \begin{cases} \left(\dfrac{\partial a}{\partial \alpha}\,d\alpha + \dfrac{\partial a}{\partial \beta}\,d\beta\right)\left(\dfrac{\partial q}{\partial \alpha}\,d\alpha + \dfrac{\partial q}{\partial \beta}\,d\beta\right) \\ - \left(\dfrac{\partial b}{\partial \alpha}\,d\alpha + \dfrac{\partial b}{\partial \beta}\,d\beta\right)\left(\dfrac{\partial p}{\partial \alpha}\,d\alpha + \dfrac{\partial p}{\partial \beta}\,d\beta\right) = 0, \end{cases}$$

équation de la forme

$$P\left(\frac{d\beta}{d\alpha}\right)^2 + Q\,\frac{d\beta}{d\alpha} + R = 0,$$

où P, Q, R sont des fonctions connues de α et β. Cette équation du second degré a, en général, deux racines fonctions continues de α et β dans le voisinage d'un système de valeurs α_0 et β_0, soit

$$\frac{d\beta}{d\alpha} = \varphi_1(\alpha, \beta), \qquad \frac{d\beta}{d\alpha} = \varphi_2(\alpha, \beta).$$

Considérons l'une de ces équations, la première, par exemple. En faisant quelques hypothèses, d'un caractère très général d'ailleurs, sur la fonction $\varphi_1(\alpha, \beta)$, il sera démontré plus tard qu'il existe une fonction β de α satisfaisant à la première équation et prenant pour $\alpha = \alpha_0$ la valeur β_0. A cette fonction correspondra une développable; il en sera de même pour la seconde équation différentielle. Nous pouvons, dès lors, énoncer le théorème suivant :

Il existe deux surfaces développables, formées par des droites de la congruence, et passant par une génératrice arbitraire D de cette congruence.

Suivant que l'on considérera la droite D comme appartenant à l'une ou à l'autre de ces développables, on aura un point de contact avec l'arête de rebroussement de chacune de ces développables. Ces deux points F_1 et F_2 sont dits les *foyers relatifs à la génératrice* D. Pour les trouver, il n'est pas besoin d'avoir obtenu les développables, c'est-à-dire intégré les deux équations différentielles écrites plus haut. Le z du point de contact de la génératrice avec son enveloppe sera en effet donné, pour la première développable, par

$$z = -\frac{dp}{da} = -\frac{\dfrac{\partial p}{\partial \alpha}\,d\alpha + \dfrac{\partial p}{\partial \beta}\,d\beta}{\dfrac{\partial a}{\partial \alpha}\,d\alpha + \dfrac{\partial a}{\partial \beta}\,d\beta} = -\frac{\dfrac{\partial p}{\partial \alpha} + \dfrac{\partial p}{\partial \beta}\,\varphi_1(\alpha,\beta)}{\dfrac{\partial a}{\partial \alpha} + \dfrac{\partial a}{\partial \beta}\,\varphi_1(\alpha,\beta)}.$$

Ce dernier rapport ne dépend que de α et β. En y faisant $\alpha = \alpha_0$, $\beta = \beta_0$, on aura le z du point F_1; on trouverait de même le z du second foyer F_2.

Les points F_1 et F_2 décrivent deux surfaces S_1 et S_2. Il est clair qu'en général ces deux surfaces ne seront pas analytiquement distinctes; ce seront deux nappes d'une même surface, qu'on appelle la *surface focale de la congruence*.

Voici, au sujet de ces deux surfaces, une remarque extrêmement importante : *la droite* D *sera tangente aux surfaces* S_1 *et* S_2. Les arêtes de rebroussements A_1 et A_2 des deux développables sont, en effet, situées sur S_1 et S_2; la droite D, tangente à une courbe de chacune de ces surfaces est donc tangente à ces

Fig. 15.

surfaces. Il est facile d'étudier la disposition des plans tangents aux deux développables. Déplaçons la génératrice D en la laissant tangente à l'arête de rebroussement A_1 de la première développable (*fig.* 15); le point de contact F_2 de D avec la surface S_2 décrira sur cette surface une courbe B_2, distincte nécessairement de l'arête de rebroussement A_2. Donc le plan tangent à la pre-

mière développable en F_2 et, par conséquent, tout le long de D,
sera le plan tangent en F_2 à la surface S_2. Ainsi, le plan tangent à
la *première* développable (celle qui correspond à l'indice *un*) est
le plan tangent à la *seconde* surface S_2, et inversement. Il peut
paraître singulier, au premier abord, que le plan tangent à la surface S_1 ne soit pas tangent à la première développable ; toute difficulté disparaît si l'on remarque qu'il n'y a pas à considérer de
plan tangent à une développable pour les points de son arête de
rebroussement qui est une ligne singulière.

13. On peut se placer à un point de vue un peu différent pour
définir la surface focale. Reprenant la génératrice D de la congruence, je considère toutes les surfaces réglées appartenant à
la congruence et passant par D. Cherchons si l'on peut trouver
sur D un point tel que toutes ces surfaces soient tangentes en ce
point. Il faudra, en se reportant à l'équation du plan tangent à une
surface réglée, que le rapport

$$\frac{z\,da + dp}{z\,db + dq}$$

soit indépendant de $\frac{d\beta}{d\alpha}$; ce qui nous donne

$$(9) \qquad \frac{z\,\dfrac{\partial a}{\partial \alpha} + \dfrac{\partial p}{\partial \alpha}}{z\,\dfrac{\partial b}{\partial \alpha} + \dfrac{\partial q}{\partial \alpha}} = \frac{z\,\dfrac{\partial a}{\partial \beta} + \dfrac{\partial p}{\partial \beta}}{z\,\dfrac{\partial b}{\partial \beta} + \dfrac{\partial q}{\partial \beta}}.$$

C'est une équation du second degré en z qui nous donnera donc
deux points A_1 et A_2 sur la génératrice D. Or les deux foyers F_1
et F_2 obtenus précédemment jouissent bien de la propriété trouvée
pour A_1 et A_2. En effet, si nous considérons une surface réglée
quelconque appartenant à la congruence et passant par D, le plan
tangent à cette surface en F_1 sera le plan tangent à la surface S_1
au même point, puisque la droite reste tangente à S_1 dans son déplacement. Toutes les surfaces réglées envisagées ont donc en F_1
le même plan tangent, et il en est de même pour le point F_2. Donc
les points A_1 et A_2 ne sont autre chose que les points F_1 et F_2.
On peut, d'ailleurs, faire une vérification analytique immédiate, en
remarquant que l'équation (9) se transforme en l'équation (8), si

l'on pose

$$z = -\frac{\frac{\partial p}{\partial \alpha}\, d\alpha + \frac{\partial p}{\partial \beta}\, d\beta}{\frac{\partial a}{\partial \alpha}\, d\alpha + \frac{\partial a}{\partial \beta}\, d\beta}.$$

14. Nous allons étudier maintenant un cas particulier. On peut d'abord se demander si les droites d'une congruence arbitraire restent normales à une certaine surface. S'il en est ainsi, le z du pied de la normale sur la surface est une fonction déterminée de α et β, et l'on a, pour toute variation $d\alpha$ et $d\beta$ de α et β,

$$a\,dx + b\,dy + dz = 0$$

ou, en remplaçant dx et dy par leurs valeurs tirées de

$$x = az + p, \qquad y = bz + q,$$
$$(a^2 + b^2 + 1)\,dz + z(a\,da + b\,db) + a\,dp + b\,dq = 0.$$

Pour voir si l'on peut trouver une fonction z de α et β satisfaisant à cette équation aux différentielles totales, posons

$$z = \frac{l}{\sqrt{1 + a^2 + b^2}};$$

on aura, pour l, l'équation

$$dl = -\frac{a\,dp + b\,dq}{\sqrt{a^2 + b^2 + 1}}$$

ou

$$dl = -\frac{a\,\dfrac{\partial p}{\partial \alpha} + b\,\dfrac{\partial q}{\partial \alpha}}{\sqrt{a^2 + b^2 + 1}}\, d\alpha - \frac{a\,\dfrac{\partial p}{\partial \beta} + b\,\dfrac{\partial q}{\partial \beta}}{\sqrt{a^2 + b^2 + 1}}\, d\beta.$$

Le second membre doit donc être une différentielle totale exacte, ce qui entraînera une relation qu'il est inutile d'écrire entre les quatre fonctions a, b, p, q de α et β. Donc, *il n'existe pas, en général, de surface normale aux droites d'une congruence donnée.*

On peut donner une forme géométrique très remarquable à la condition que nous venons de trouver. Pour simplifier le calcul, supposons que p et q soient les deux variables indépendantes que nous avons désignées par α et β; nous n'introduisons d'ailleurs ainsi aucune condition limitative si nous supposons que les axes de coordonnées n'occupent pas de position spéciale par rapport à la congruence. La condition pour que les droites soient normales à une surface s'écrit alors

$$\frac{d}{dq}\left(\frac{a}{\sqrt{a^2+b^2+1}}\right) = \frac{d}{dp}\left(\frac{b}{\sqrt{a^2+b^2+1}}\right).$$

Or considérons les plans tangents aux deux nappes de la surface focale, correspondant à une génératrice arbitraire ; on les obtiendra en formant d'abord l'équation différentielle correspondant aux développables passant par cette génératrice. Ce sera

$$da\,dq - db\,dp = 0,$$

ou

$$\left(\frac{dp}{dq}\right)^2\frac{db}{dp} - \frac{dp}{dq}\left(\frac{da}{dp} - \frac{db}{dq}\right) - \frac{da}{dq} = 0.$$

Si m et m' sont les deux racines de cette équation du second degré en $\frac{dp}{dq}$, les plans tangents ont pour équations

$$X - aZ - p - (Y - bZ - q)m = 0,$$
$$X - aZ - p - (Y - bZ - q)m' = 0.$$

Cherchons à quelle condition ils seront rectangulaires ; cette condition s'écrira

$$1 + a^2 - ab(m + m') + mm'(1 + b^2) = 0$$

ou, en remplaçant m et m' qui sont racines de l'équation du second degré écrite plus haut,

$$\frac{db}{dp}(1 + a^2) - ab\left(\frac{da}{dq} - \frac{db}{dp}\right) - \frac{da}{dq}(1 + b^2) = 0.$$

Or cette condition coïncide avec celle que nous avons trouvée pour exprimer que les droites de la congruence étaient normales à une surface. Nous sommes donc ainsi conduit à ce remarquable théorème qui paraît dû à Dupin :

La condition nécessaire et suffisante pour que les droites d'une congruence restent normales à une surface est que les

*plans tangents aux deux nappes de la surface focale, corres-
pondant à une génératrice quelconque, soient rectangulaires.*

15. Du théorème précédent se tirent d'importantes conséquences pour la théorie des surfaces. Considérons une surface S et
l'ensemble de ses normales. Par chaque génératrice de cette congruence passent deux surfaces développables ayant, comme génératrices, des normales à la surface. Les pieds de ces normales forment sur S deux courbes; nous pourrons donc dire que, par chaque
point d'une surface, passent deux courbes sur la surface, pour les
points desquels les normales forment des surfaces développables.
Nous aurons à reprendre avec détail l'étude de ces courbes, qu'on
appelle les *lignes de courbure* de la surface. Les deux lignes de
courbure qui passent en un point sont à angle droit, d'après le
théorème du paragraphe précédent, car l'angle de ces deux courbes
mesure évidemment l'angle dièdre des plans tangents aux deux développables passant par la normale. Les points où cette droite,
considérée comme appartenant à l'une ou l'autre des développables, touche son enveloppe, jouent aussi un rôle important dans la
théorie des surfaces.

III. — Généralités sur les complexes. — Complexes linéaires.

16. On donne le nom de *complexes de droites* à l'ensemble des
droites de l'espace

$$x = az + p, \qquad y = bz + q,$$

a, b, p, q dépendant de trois paramètres arbitraires α, β, γ. Il est
clair que, par un point arbitraire de l'espace, passeront en gé-
néral une infinité de droites du complexe, formant un cône.
Proposons-nous une question analogue à celle que nous avons
traitée (§ 13) pour les congruences; une droite D du complexe étant
considérée, peut-on trouver un point sur cette droite tel qu'en ce
point toutes les surfaces réglées passant par cette droite et ayant
pour génératrices des droites du complexe aient même plan tangent? Il faudrait que

$$\frac{z\,da + dp}{z\,db + dq}$$

fût indépendant de $\dfrac{d\beta}{dz}$ et $\dfrac{d\gamma}{dz}$, ce qui donne

$$\frac{z\dfrac{\partial a}{\partial x}+\dfrac{\partial p}{\partial x}}{z\dfrac{\partial b}{\partial z}+\dfrac{\partial q}{\partial x}}=\frac{z\dfrac{\partial a}{\partial \beta}+\dfrac{\partial p}{\partial \beta}}{z\dfrac{\partial b}{\partial \beta}+\dfrac{\partial q}{\partial \beta}}=\frac{z\dfrac{\partial a}{\partial \gamma}+\dfrac{\partial p}{\partial \gamma}}{z\dfrac{\partial b}{\partial \gamma}+\dfrac{\partial q}{\partial \gamma}}.$$

Nous avons donc ici, pour déterminer z, deux équations du second degré. En éliminant z entre ces deux équations, on aura une relation

$$R(\alpha, \beta, \gamma)=o$$

entre α, β et γ. Le problème proposé n'a donc de solutions que pour les droites D satisfaisant à cette relation. On les appelle les *droites singulières* du complexe. Elles forment une congruence qui est dite la *congruence des droites singulières*.

Sur une droite singulière D, il y a un point F satisfaisant à la question posée et dont le z est la racine commune aux deux équations écrites plus haut. En ce point F, toutes les surfaces réglées passant par D et appartenant au complexe ont même plan tangent P. Les points F forment une surface : on l'appelle la *surface des singularités du complexe*. Cette surface des singularités est une nappe de la surface focale de la congruence des droites singulières. Au point F, la surface des singularités a pour plan tangent le plan P.

17. Les complexes algébriques sont particulièrement intéressants ; on les a classés d'après leur degré. Quelques explications préliminaires sont indispensables, relativement au mode de représentation d'une droite. Une droite étant donnée, nous pouvons écrire les équations de ses projections sur les plans de coordonnées sous la forme

$$(10)\qquad\begin{cases} L = yZ - zY, \\ M = zX - xZ, \\ N = xY - yX, \end{cases}$$

x, y, z désignant les coordonnées courantes. Les *six* constantes L, M, N, X, Y, Z peuvent être dites les coordonnées de la droite. Elles ne sont d'ailleurs pas indépendantes, puisqu'on a évidemment la relation

$$LX + MY + NZ = o.$$

Réciproquement, étant données six quantités L, M, N, X, Y, Z liées par la relation précédente, on peut dire qu'elles définissent une droite; cette droite est celle que représentent les équations (10), qui se réduisent alors à deux. Nous avons donc de cette façon un système de *six* coordonnées liées par une relation, et, comme ces coordonnées sont homogènes, nous avons bien le degré d'indétermination représenté, comme il doit être, par le nombre *quatre*.

Ceci posé, un complexe algébrique sera représenté par une équation de la forme

$$F(L, M, N, X, Y, Z) = o,$$

F étant un polynôme homogène en L, M, N, X, Y, Z. Si ce polynôme est de degré m, le complexe sera dit d'ordre m.

Deux remarques sont évidentes. Les droites du complexe passant par un point arbitraire (x_0, y_0, z_0) forment un cône, et, puisqu'on a

$$F(y_0 Z - z_0 Y, z_0 X - x_0 Z, x_0 Y - y_0 X, X, Y, Z) = o$$

et que X, Y, Z sont les coefficients de direction de la droite du complexe, le cône sera évidemment d'ordre m. En second lieu, les droites du complexe situées dans un plan enveloppent une courbe de classe m; car, par un point du plan, on peut mener à cette courbe m tangentes, qui sont les intersections du plan avec le cône d'ordre m correspondant au point.

18. Après ces généralités, considérons en particulier le cas où le complexe est *linéaire*, c'est-à-dire du premier ordre. Son équation sera alors

$$(11) \qquad AL + BM + CN + DX + EY + FZ = o,$$

A, B, C, D, E, F désignant des constantes.

Toutes les droites du complexe passant par un point seront alors dans un plan, et, inversement, toutes les droites du complexe situées dans un plan passeront par un même point de ce plan; ce sont des conséquences immédiates des deux remarques faites à la fin du paragraphe précédent. Un complexe linéaire établit donc une relation entre les points et les plans de l'espace : à chaque point correspond un plan passant par le point et, inversement, à chaque plan correspond un point situé dans le plan.

Étant donné le point (x_0, y_0, z_0), cherchons l'équation du plan correspondant ; la relation entre X, Y, Z sera alors

$$A(y_0 Z - z_0 Y) + B(z_0 X - x_0 Z) + C(x_0 Y - y_0 X) + DX + EY + FZ = 0,$$

et nous aurons l'équation du plan en remplaçant X, Y, Z par $x - x_0$, $y - y_0$, $z - z_0$. On a ainsi

$$(x - x_0)(B z_0 - C y_0 + D) + (y - y_0)(C x_0 - A z_0 + E)$$
$$+ (z - z_0)(A y_0 - B x_0 + F) = 0.$$

Telle est l'équation du plan correspondant au point (x_0, y_0, z_0). On dit que ce plan a ce point pour *pôle* ou pour *foyer*, et inversement le plan est dit le *plan polaire* du point.

Une notion importante dans la théorie des complexes linéaires est celle des droites conjuguées. Soit D une droite n'appartenant pas au complexe ; cherchons le lieu des foyers des plans passant par D. Appelons F et F' les foyers de deux plans particuliers, d'ailleurs quelconques, passant par D ; je dis que la droite Δ joignant F et F' sera le lieu cherché. En effet, tout plan passant par Δ aura nécessairement pour foyer son point de rencontre φ avec D, puisque les droites φF et $\varphi F'$ sont des droites du complexe. Il en résulte que toute droite rencontrant D et Δ appartient au complexe, et enfin qu'un plan quelconque passant par D a pour foyer son point de rencontre avec Δ. Le lieu cherché est donc la droite Δ. Les droites D et Δ sont dites *droites conjuguées* ; il y a évidemment entre elles réciprocité.

19. La correspondance entre points et plans, que nous venons d'indiquer, comme résultant de la notion de complexe linéaire, se rencontre dans plusieurs théories de Mécanique. Prenons, par exemple, la théorie cinématique du mouvement d'un corps solide ; l'équation

$$(x - x_0)(B z_0 - C y_0 + D) + (y - y_0)(C x_0 - A z_0 + E)$$
$$+ (z - z_0)(A y_0 - B x_0 + F) = 0$$

du plan correspondant au point (x_0, y_0, z_0) est susceptible d'une interprétation immédiate.

Si l'on considère un solide en mouvement, à un moment déterminé, les composantes de la vitesse v_x, v_y, v_z d'un point quelconque (x, y, z) sont données par des expressions de la forme

$$v_x = D + Bz - Cy,$$
$$v_y = E + Cx - Az,$$
$$v_z = F + Ay - Bx,$$

Le plan considéré sera donc le plan passant par (x_0, y_0, z_0) et perpendiculaire à la vitesse de ce point. L'identité est donc complète entre la théorie des complexes linéaires et l'étude cinématique des vitesses, à un moment déterminé, des divers points d'un solide invariable. Il suffit de signaler cette analogie, qu'il serait facile d'approfondir davantage; ainsi on verra aisément que les droites du complexe sont les droites normales aux trajectoires de tous leurs points.

Nous remarquerons seulement que, si l'on se reporte à la théorie du mouvement d'un solide, on peut obtenir une forme réduite très simple de l'équation du complexe. Faisons en effet un changement d'axes de coordonnées, en prenant comme axe des z l'axe du mouvement hélicoïdal; on aura, dans ce cas, pour v_x, v_y, v_z des expressions de la forme

$$v_x = -Cy, \quad v_y = Cx, \quad v_z = F$$

et, par conséquent,

$$A = B = D = E = 0.$$

L'équation du complexe se réduira alors à

$$CN + FZ = 0.$$

Revenant au cas général, ajoutons enfin que l'on n'aura pas entre les constantes A, B, C, D, E la relation

$$AD + BE + CF = 0,$$

si ce n'est dans le cas particulier où la vitesse d'un point quelconque du corps est perpendiculaire à la direction

$$\frac{x}{A} = \frac{y}{B} = \frac{z}{C},$$

c'est-à-dire où le mouvement se réduit à une rotation.

20. Une classe intéressante de courbes gauches est formée par les courbes dont les tangentes appartiennent à un complexe linéaire donné. Nous les rencontrerons plusieurs fois dans la suite. En supposant les coordonnées x, y, z d'un point quelconque de la courbe exprimées en fonction d'un paramètre, les tangentes de cette courbe appartiendront au complexe linéaire représenté par l'équation (11) si

$$(12)\quad \left\{ \begin{aligned} &A(y\,dz - z\,dy) + B(z\,dx - x\,dz)\\ &\qquad + C(x\,dy - y\,dx) + D\,dx + E\,dy + F\,dz = 0, \end{aligned} \right.$$

puisque X, Y, Z sont en chaque point de la courbe proportionnels à dx, dy, dz. Un exemple de courbes dont les tangentes appartiennent à un complexe linéaire nous est fourni par la cubique gauche. On sait que la cubique gauche est l'intersection de deux surfaces du second degré ayant une génératrice commune. Prenons deux quadriques ayant en commun l'axe des z,

$$A x^2 + A'y^2 + 2B yz + 2B'zx + 2B''xy + 2D x + 2E y = 0,$$
$$a x^2 + a'y^2 + 2b yz + 2b'zx + 2b''xy + 2d x + 2c y = 0;$$

coupons la cubique par le plan $y = zx$. On voit que les coordonnées x, y, z s'exprimeront en fonctions rationnelles de z, sous la forme suivante

$$x = \frac{P_2(z)}{P_1(z)}, \qquad y = \frac{P_3(z)}{P_1(z)}, \qquad z = \frac{P_4(z)}{P_1(z)},$$

les P désignant des polynômes du troisième degré en z. Réciproquement d'ailleurs, une courbe gauche donnée par les équations précédentes sera une cubique gauche.

Montrons que les tangentes de cette courbe appartiennent à un complexe linéaire. Pour cela, il faut faire voir que l'on peut trouver six constantes A, B, ..., F telles que la relation (12) soit vérifiée. Or on a

$$dx = \frac{P_2' P_1 - P_2 P_1'}{P_1^2}\, dz;$$

le numérateur sera un polynôme du quatrième degré en z. Pareillement

$$x\,dy - y\,dx = \frac{P_2 P_3' - P_2' P_3}{P_1^2}\, dz,$$

le numérateur étant toujours au plus du quatrième degré en z. En faisant les substitutions de ces expressions et des analogues dans le premier membre de (12), nous avons à égaler identiquement à *zéro* un polynôme du quatrième degré. Nous aurons ainsi *cinq* relations homogènes et linéaires entre A, B, ..., F dont les rapports pourront par suite être déterminés. Nous pouvons donc dire que *les tangentes à une cubique gauche appartiennent à un complexe linéaire*. Ce résultat a été donné, sous une forme différente, par Chasles.

CHAPITRE XII.

THÉORIE DU CONTACT. — COURBURE.

I. — Contact des courbes planes

1. Soient C et C' deux courbes planes ayant un point commun M qui est pour l'une et l'autre un point simple. On dit que ces deux courbes ont, au point M, un contact d'ordre n, lorsque, à un point A de C infiniment voisin de M, on peut faire correspondre sur C' un point A' infiniment voisin de M et tel que la distance AA' soit un infiniment petit d'ordre $n + 1$ relativement à l'arc MA, ou, ce qui revient au même, à la corde MA.

Cherchons les conditions qui expriment que les deux courbes C et C' ont, au point M, un contact d'ordre n. Soit la première courbe représentée par les deux équations

$$x = f(t), \qquad y = F(t),$$

le point M(x_0, y_0) correspondant à $t = t_0$. On suppose la représentation telle que $f'(t_0)$ et $F'(t_0)$ ne soient pas nuls tous les deux, ce qui est permis puisque le point M est, par hypothèse, un point simple de la courbe. Semblablement la courbe C' sera définie par les équations

$$x = \varphi(u), \qquad y = \Phi(u);$$

on a $x_0 = \varphi(u_0)$, $y_0 = \Phi(u_0)$, et on suppose que $\varphi'(u_0)$ et $\Phi'(u_0)$ ne sont pas nuls tous deux.

Pour établir une correspondance entre les points de C et de C' voisins de M, considérons $u - u_0$ comme fonction de $t - t_0$, et supposons qu'on puisse développer $u - u_0$ suivant la formule de

Taylor

$$(1) \qquad u - u_0 = \lambda_1(t - t_0) + \lambda_2(t - t_0)^2 + \ldots + \lambda_n(t - t_0)^n + \ldots$$

Tout d'abord la corde MA est d'ordre de $t - t_0$. On a en effet

$$\overline{MA}^2 = [f(t) - f(t_0)]^2 + [F(t) - F(t_0)]^2;$$

la partie principale du second membre sera donc, en développant chaque terme par la formule de Taylor,

$$(t - t_0)^2[f'^2(t_0) + F'^2(t_0)];$$

le coefficient de $t - t_0$ n'étant pas nul, $\overline{MA}$ sera de l'ordre de $t - t_0$. Nous avons donc à exprimer que AA' est d'ordre $n + 1$ par rapport à $t - t_0$.

Cela étant, puisque

$$\overline{AA'}^2 = (x' - x)^2 + (y' - y)^2,$$

nous devons écrire que $x' - x$ et $y' - y$ sont d'ordre $n + 1$ relativement à $t - t_0$; ces conditions nécessaires sont évidemment suffisantes. Or les coordonnées x et y, ainsi que x' et y', peuvent être développées suivant la formule de Taylor

$$x = f(t_0) + (t - t_0)f'(t_0) + \frac{1}{1 \cdot 2}(t - t_0)^2 f''(t_0) + \ldots,$$

$$x' = \varphi(u_0) + (u - u_0)\varphi'(u_0) + \frac{1}{1 \cdot 2}(u - u_0)^2 \varphi''(u_0) + \ldots$$

Remplaçons dans la seconde ligne $u - u_0$ par son développement (1), et exprimons que les n premiers coefficients dans la différence $x' - x$ sont nuls, en remarquant que le premier terme disparaît de lui-même puisque $f(t_0) = \varphi(u_0)$. Nous avons ainsi n équations où figurent les n inconnues $\lambda_1, \lambda_2, \ldots, \lambda_n$. Ce sont

$$\lambda_1 \varphi'(u_0) - f'(t_0) = 0,$$

$$\frac{\lambda_1^2}{1 \cdot 2}\varphi''(u_0) - \frac{1}{1 \cdot 2}f''(t_0) + \lambda_2 \varphi'(u_0) = 0.$$

$$\ldots\ldots\ldots\ldots\ldots\ldots\ldots\ldots\ldots\ldots\ldots\ldots\ldots$$

La différence $y' - y$ nous donne aussi n équations qui ne diffèrent de celles-ci que par le changement de f et φ en F et Φ. On a

donc

$$\lambda_1 \Phi'(u_0) - F'(t_0) = 0,$$

$$\frac{\lambda_1^2}{1.2}\Phi''(u_0) - \frac{1}{1.2}F''(t_0) + \lambda_2 \Phi'(u_0) = 0,$$

$$\dotfill$$

En résumé, nous avons $2n$ équations, pour déterminer les n inconnues $\lambda_1, \lambda_2, \ldots, \lambda_n$.

Il y a donc n équations de condition qui doivent être vérifiées par les n premières dérivées des fonctions f, F et φ, Φ, pour $t = t_0$ et $u = u_0$. Ces conditions peuvent s'obtenir par un calcul très régulier. Comme $\varphi'(u_0)$ et $\Phi'(u_0)$ ne sont pas nuls à la fois, nous supposerons, pour fixer les idées, $\varphi'(u_0) \gtrless 0$. On considère alors le premier système d'équations; la première équation donne λ_1, la seconde donnera λ_2 et ainsi de suite, sans qu'on soit jamais arrêté, car le coefficient du nouveau λ qu'on veut déterminer est toujours $\varphi'(u_0)$. On portera ensuite les valeurs trouvées de $\lambda_1, \lambda_2, \ldots, \lambda_n$ dans le second système et on aura les n conditions cherchées.

Telle est, sous la forme la plus générale, la solution du problème du contact.

2. Faisons à ce sujet diverses remarques. En comparant les premières équations de chaque groupe, on trouve

$$\frac{F'(t_0)}{f'(t_0)} = \frac{\Phi'(u_0)}{\varphi'(u_0)};$$

ainsi les deux courbes ont en M la même tangente; ce résultat était évident *a priori*.

Comparons maintenant les arcs $\overline{MA}$ et $\overline{MA'}$. Les parties principales de $\overline{MA}^2$ et $\overline{MA'}^2$ sont

$$(t - t_0)^2[f'^2(t_0) + F'^2(t_0)], \qquad (u - u_0)^2[\varphi'^2(u_0) + \Phi'^2(u_0)].$$

La dernière expression peut se remplacer par

$$\lambda_1^2(t - t_0)^2[\varphi'^2(u_0) + \Phi'^2(u_0)];$$

le rapport de ces deux expressions est donc

$$\frac{\lambda_1^2[\varphi'^2(u_0) + \Phi'^2(u_0)]}{f'^2(t_0) + F'^2(t_0)},$$

qui est égal à l'unité, d'après la première équation de l'un et l'autre système écrit plus haut. Nous en concluons que

$$\lim \frac{MA}{MA'} = 1.$$

Il en résulte, ce qui d'ailleurs devait être par raison de symétrie, que $\overline{AA'}$ est du même ordre infinitésimal par rapport à MA et à MA'.

3. Dans les applications, il arrivera rarement que les courbes C et C' soient données sous la forme très générale que nous avons adoptée. Un premier cas particulier est celui où la fonction $\varphi(u)$ n'est autre chose que $f(u)$, avec $u_0 = t_0$. Les deux courbes sont alors données par les équations

$$(C) \qquad \begin{cases} x = f(t), \\ y = F(t). \end{cases}$$

$$(C') \qquad \begin{cases} x = f(u), \\ y = \Phi(u). \end{cases}$$

Les conditions de contact vont se simplifier. En supposant $f'(t_0) \gtrless 0$, la première équation du premier système donne $\lambda_1 = 1$ et les autres

$$\lambda_2 = \lambda_3 = \ldots = \lambda_n = 0.$$

Les équations de condition sont alors

$$F'(t_0) = \Phi'(t_0), \qquad F''(t_0) = \Phi''(t_0), \qquad \ldots, \qquad F^{(n)}(t_0) = \Phi^{(n)}(t_0).$$

Donc, pour que les deux courbes aient au point M un contact d'ordre n, il faut et il suffit que les deux fonctions F et Φ et leurs n premières dérivées soient égales pour $t = u = t_0$.

Un cas plus simple encore est celui où les deux courbes sont définies par les deux équations

$$y = F(x), \qquad y = \Phi(x).$$

Les conditions pour que le contact soit d'ordre n se réduisent à

$$F(x_0) = \Phi(x_0), \qquad F'(x_0) = \Phi'(x_0), \qquad \ldots, \qquad F^{(n)}(x_0) = \Phi^{(n)}(x_0).$$

C'est sous cette forme que Lagrange a traité la question du

contact des courbes. Considérons les deux courbes C et C' passant par le point $M(x_0, y_0)$. Si nous donnons à x à partir de x_0 un accroissement $x - x_0$, les coordonnées des points des deux courbes, qui ont pour abscisse x, sont exprimées par les développements

$$y = F(x_0) + (x - x_0)F'(x_0) + \ldots + \frac{(x - x_0)^n}{1 . 2 \ldots n} F^{(n)}(x_0) + \ldots,$$

$$Y = \Phi(x_0) + (x - x_0)\Phi'(x_0) + \ldots + \frac{(x - x_0)^n}{1 . 2 \ldots n} \Phi^{(n)}(x_0) + \ldots$$

Dans ces deux séries les n premiers coefficients sont les mêmes: la différence $Y - y$ des ordonnées est donc un infiniment petit d'ordre $n + 1$ par rapport à $x - x_0$. Ainsi, dans le mode de correspondance actuel, que Lagrange se donnait *a priori*, on prend pour points correspondants des deux courbes les points qui ont même abscisse (on suppose, bien entendu, que la tangente en M n'est pas parallèle à l'axe des y). Remarquons que, si n est pair, la différence $Y - y$ change de signe avec $x - x_0$; donc, si deux courbes ont en un point un contact d'ordre pair, elles se traversent. Le contraire a lieu quand le contact est d'ordre impair.

4. Voici une dernière forme des conditions de contact qui est d'un usage fréquent. Supposons que la première courbe soit définie par l'équation

$$\lambda(x, y) = 0,$$

l'autre par les relations

$$x = f(t), \qquad y = F(t),$$

et que les deux courbes aient le point commun (x_0, y_0) correspondant à $t = t_0$.

Si nous remplaçons x par $f(t)$ dans $\lambda(x, y)$, l'équation

$$\lambda[f(t), y] = 0$$

définit une certaine fonction $y = \Phi(t)$, se réduisant à y_0 pour $t = t_0$. On peut alors concevoir la première courbe comme définie par les équations

$$x = f(t), \qquad y = \Phi(t)$$

et appliquer les conditions de contact trouvées précédemment : les deux fonctions $F(t)$ et $\Phi(t)$ auront mêmes dérivées jusqu'à l'ordre n, pour $t = t_0$, d'où résulte que les deux fonctions

$$\lambda[f(t), F(t)] \qquad \text{et} \qquad \lambda[f(t), \Phi(t)]$$

auront aussi mêmes dérivées jusqu'à l'ordre n pour $t = t_0$. Or, cette dernière fonction étant identiquement nulle, il en sera de même de ses dérivées. Par conséquent, *la fonction* $\lambda[f(t), F(t)]$ *et ses dérivées jusqu'à l'ordre n s'annulent pour* $t = t_0$, et ces conditions nécessaires pour le contact d'ordre n sont en même temps suffisantes. La remarque précédente sera d'une application constante.

5. Une notion importante est celle des courbes osculatrices. Supposons que nous ayons une famille de courbes

$$\lambda(x, y, a_1, a_2, \ldots, a_r) = 0,$$

dépendant de r paramètres arbitraires a. On peut se proposer de déterminer ces paramètres de façon que la courbe précédente ait, en un point donné d'une courbe donnée, le contact d'ordre le plus élevé possible avec cette dernière. Si n est l'ordre de contact, il faudra satisfaire à $n+1$ équations de conditions ; donc, on choisira, dans le cas général, $n+1 = r$, pour déterminer tous les paramètres. Le contact est alors de l'ordre $r-1$; la courbe ainsi déterminée est dite *osculatrice* à la courbe donnée.

En premier lieu, prenons les droites

$$y - a_1 x - a_2 = 0.$$

La courbe est donnée par les expressions de x et y en fonction d'un paramètre t. Pour le point de cette courbe correspondant à la valeur t du paramètre, le contact sera du premier ordre si

$$y - a_1 x - a_2 = 0,$$
$$\frac{dy}{dt} - a_1 \frac{dx}{dt} = 0 ;$$

la droite obtenue est la tangente à la courbe. Le contact, en général, sera du premier ordre ; à quelle condition serait-il du second ordre ? Il faudra, en plus des équations précédentes, que

$$\frac{d^2 y}{dt^2} - a_1 \frac{d^2 x}{dt^2} = 0.$$

et, par conséquent, on aura

$$\begin{vmatrix} \dfrac{dx}{dt} & \dfrac{dy}{dt} \\[2mm] \dfrac{d^2x}{dt^2} & \dfrac{d^2y}{dt^2} \end{vmatrix} = 0.$$

C'est donc seulement pour les points de la courbe, vérifiant la relation précédente, que le contact de la tangente sera du second ordre ; *ce sont les points d'inflexion.*

Considérons, en second lieu, l'équation générale d'un cercle

$$(x-a)^2 + (y-b)^2 - R^2 = 0,$$

avec les trois paramètres a, b, R. On pourra les choisir de manière à avoir, en un point arbitrairement donné sur la courbe, un contact du second ordre. On devra avoir

$$(x-a)^2 + (y-b)^2 - R^2 = 0,$$

$$(x-a)\frac{dx}{dt} + (y-b)\frac{dy}{dt} = 0,$$

$$(x-a)\frac{d^2x}{dt^2} + (y-b)\frac{d^2y}{dt^2} + \left(\frac{dx}{dt}\right)^2 + \left(\frac{dy}{dt}\right)^2 = 0.$$

Les deux dernières équations donnent les coordonnées (a, b) du centre du cercle osculateur, et la première fait connaître son rayon.

Le centre du cercle osculateur est situé sur la normale, au point où cette droite touche son enveloppe. Prenons, en effet, l'équation de la normale

$$(X-x)\frac{dx}{dt} + (Y-y)\frac{dy}{dt} = 0.$$

On obtiendra le point où elle touche son enveloppe en joignant à cette équation l'équation dérivée par rapport à t,

$$(X-x)\frac{d^2x}{dt^2} + (Y-y)\frac{d^2y}{dt^2} - \left(\frac{dx}{dt}\right)^2 - \left(\frac{dy}{dt}\right)^2 = 0.$$

Ces équations sont les mêmes que les précédentes en y faisant $X = a$, $Y = b$, ce qui démontre le théorème.

Si, en particulier, la courbe est donnée sous la forme

$$y = F(x),$$

on aura, pour les coordonnées a et b du centre du cercle osculateur au point x_0,

$$x_0 - a + (y_0 - b)\,F'(x_0) = 0,$$
$$(y_0 - b)\,F''(x_0) + 1 + [F'(x_0)]^2 = 0.$$

La dernière équation montre que $y_0 - b$ est de signe contraire
à $F''(x_0)$. Or, si $F''(x_0) > 0$, la courbe tourne sa concavité vers
les y positifs ; $y_0 - b$ est alors négatif, c'est-à-dire que le point
(a, b) est du même côté que la courbe par rapport à la tangente
dans le voisinage du point considéré. La même conclusion subsiste
si $F''(x_0) < 0$.

Démontrons enfin que *le cercle osculateur en un point* (x_0, y_0)
*d'une courbe est la position limite d'un cercle passant par ce
point, et deux autres points infiniment voisins*. Soient, en effet,
t_0, $t_0 + h_1$, $t_0 + h_2$ les valeurs de t correspondant à ces trois
points ; h_1 et h_2 tendront vers zéro d'une manière arbitraire. En
posant

$$\lambda(t) = (x - a)^2 + (y - b)^2 - R^2,$$

on a

$$\lambda(t_0) = 0, \qquad \lambda(t_0 + h_1) = 0, \qquad \lambda(t_0 + h_2) = 0,$$

équations qui peuvent s'écrire

$$\lambda(t_0) = 0,$$
$$\frac{\lambda(t_0 + h_1) - \lambda(t_0)}{h_1} = 0,$$
$$\frac{1}{h_1 - h_2}\left[\frac{\lambda(t_0 + h_2) - \lambda(t_0)}{h_2} - \frac{\lambda(t_0 + h_1) - \lambda(t_0)}{h_1}\right] = 0.$$

Elles deviennent, en développant,

$$\lambda(t_0) = 0,$$
$$\lambda'(t_0) + \frac{h_1}{1.2}\lambda''(t_0) + \ldots = 0,$$
$$\lambda'(t_0) + \frac{h_1 + h_2}{3}\lambda''(t_0) + \ldots = 0;$$

et pour $h_1 = h_2 = 0$, on a

$$\lambda(t_0) = 0, \qquad \lambda'(t_0) = 0, \qquad \lambda''(t_0) = 0.$$

Nous retrouvons ainsi les équations qui donnent le cercle osculateur.

6. Cherchons l'expression du rayon du cercle osculateur. En

résolvant les deux équations en $x - a$ et $y - b$ et portant dans l'expression de R^2, on trouve de suite

$$R^2 = \frac{\left[1 + \left(\dfrac{dy}{dx}\right)^2\right]^3}{\left(\dfrac{d^2y}{dx^2}\right)^2}.$$

En un point d'inflexion, R est infini ; le cercle osculateur se réduit à la tangente, qui a alors, comme nous l'avons dit, un contact du second ordre avec la courbe.

II. — Courbure des courbes planes. — Développées et développantes.

7. Au cercle osculateur se rattache immédiatement la notion de la courbure d'une courbe plane. Reprenons auparavant les formules précédemment obtenues, en introduisant explicitement les cosinus directeurs de la tangente et de la normale à la courbe.

On a, comme nous l'avons dit,

$$\alpha = \frac{dx}{ds}, \qquad \beta = \frac{dy}{ds},$$

α et β désignant les cosinus des angles faits par la tangente à la courbe, prise dans le sens des arcs croissants, avec les axes de coordonnées. L'équation de la normale s'écrit alors

$$(X - x)\alpha + (Y - y)\beta = 0 ;$$

et, pour avoir les coordonnées du centre du cercle osculateur, il faut adjoindre l'équation

$$(X - x)d\alpha + (Y - y)d\beta - ds = 0.$$

Puisque $\alpha\, d\alpha + \beta\, d\beta = 0$, nous pouvons modifier la première équation, et nous avons alors le système

$$(2 \qquad \begin{cases} (X - x)d\beta - (Y - y)d\alpha = 0, \\ (X - x)d\alpha + (Y - y)d\beta = ds ; \end{cases}$$

et, par suite, en faisant la somme des carrés,

$$R^2[(d\alpha)^2 + (d\beta)^2] = ds^2 \qquad \text{ou} \qquad \frac{1}{R^2} = \left(\frac{d\alpha}{ds}\right)^2 + \left(\frac{d\beta}{ds}\right)^2.$$

Dans les calculs qui vont suivre, R va être considéré comme une quantité essentiellement positive. Introduisons maintenant les cosinus directeurs α' et β' de la demi-droite MI qui va du point M de la courbe au centre I du cercle osculateur ; nous aurons, X, Y désignant toujours les coordonnées du centre I,

$$\frac{X - x}{R} = \alpha', \qquad \frac{Y - y}{R} = \beta';$$

en substituant ces valeurs dans les équations (2), il vient

$$\beta' \, dx - \alpha' \, d\beta = 0,$$
$$\alpha' \, dx + \beta' \, d\beta = \frac{ds}{R};$$

d'où

$$(3) \qquad \frac{d\alpha}{ds} = \frac{\alpha'}{R}, \qquad \frac{d\beta}{ds} = \frac{\beta'}{R}.$$

Aux deux formules précédentes, il est utile d'en adjoindre deux autres, donnant les différentielles de α' et β'. Les deux équations

$$\alpha'^2 + \beta'^2 = 1, \qquad \alpha \alpha' + \beta \beta' = 0$$

donnent en effet immédiatement

$$\alpha' = \lambda \beta, \qquad \beta' = - \lambda \alpha, \qquad (\lambda = \pm 1);$$

par suite

$$(4) \qquad \frac{d\alpha'}{ds} = - \frac{\alpha}{R}, \qquad \frac{d\beta'}{ds} = - \frac{\beta}{R}.$$

Remarquons que la quantité désignée par λ sera tantôt égale à $+1$, tantôt à -1 ; elle sera égale à $+1$ quand, MT coïncidant avec Ox, MI coïncidera avec Oy ; elle sera égale à -1 si, dans les mêmes conditions, MI coïncide avec le prolongement de Oy.

8. Les formules fondamentales (3) et (4) obtenues, passons à la définition de la courbure d'une ligne plane. Soient le point M sur la courbe et M' un point infiniment voisin ; nous menons les tangentes MT et M'T ; soit τ leur angle infiniment petit. Le rapport

$$\frac{\tau}{\text{arc } MM'}$$

est dit *la courbure moyenne de l'arc* MM', et sa limite est dite *la courbure de la courbe en* M.

La courbure est l'inverse d'une ligne. On appelle celle-ci le rayon de courbure ρ de la courbe au point M. Calculons $\frac{\varepsilon}{\Delta s}$, ou, ce qui reviendra au même pour passer à la limite, $\frac{\sin \varepsilon}{\Delta s}$. Les cosinus directeurs de la tangente en M' seront $\alpha + \Delta\alpha$ et $\beta + \Delta\beta$; donc

$$\frac{\sin^2 \varepsilon}{\Delta s^2} = \frac{(\alpha \, \Delta\beta - \beta \, \Delta\alpha)^2}{\Delta s^2}$$

et, par suite,

$$\frac{1}{\rho^2} = \frac{(\alpha \, d\beta - \beta \, d\alpha)^2}{ds^2}$$

Nous transformerons le second membre en employant l'identité

$$(\alpha \, d\beta - \beta \, d\alpha)^2 = (\alpha^2 + \beta^2)(d\alpha^2 + d\beta^2) - (\alpha \, d\alpha + \beta \, d\beta)^2,$$

et, comme $\alpha^2 + \beta^2 = 1$, il en résulte

$$\frac{1}{\rho^2} = \left(\frac{d\alpha}{ds}\right)^2 + \left(\frac{d\beta}{ds}\right)^2.$$

En nous reportant à l'expression du rayon du cercle osculateur, nous voyons que *le rayon de courbure est égal au rayon du cercle osculateur*. Aussi le centre du cercle osculateur en un point est-il appelé le centre de courbure de la courbe en ce point.

9. Les centres de courbure d'une courbe plane forment une courbe remarquable étudiée par Huygens, qui lui a donné le nom de *développée*. La développée, d'après ce qui a été vu plus haut, est aussi l'enveloppe des normales. Une propriété fondamentale de la développée est relative à la longueur de son arc. Soient (x_1, y_1) les coordonnées du centre de courbure au point M (x, y) de la courbe; on a

$$x_1 = x + R\alpha', \qquad y_1 = y + R\beta',$$

d'où, en différentiant et tenant compte des formules (4),

$$dx_1 = \alpha' \, dR, \qquad dy_1 = \beta' \, dR;$$

donc, en appelant s_1 l'arc de la développée,

$$ds_1^2 = dR^2.$$

Tant que le rayon R varie dans le même sens, en comptant les arcs dans un sens convenable sur la développée Γ, on aura

$$ds_1 = dR.$$

Ainsi, si, de M en M', R varie dans le même sens,

$$s_1' - s_1 = R' - R.$$

L'arc $\overline{IT'}$ de la développée est donc rectifiable ($fig.$ 16); il est égal à la différence $\overline{M'T'} - \overline{MI}$. On ne devra pas oublier que le

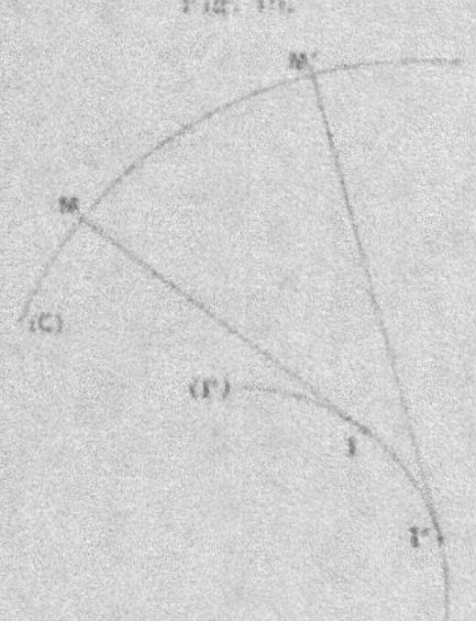

Fig. 16.

résultat précédent suppose essentiellement que le rayon de courbure varie dans le même sens quand on va de M en M'.

On peut encore traduire la propriété de la développée sous la forme géométrique suivante. Imaginons qu'un fil soit enroulé sur la développée Γ, à partir d'un point arbitraire A, et s'en détache au point I pour suivre la tangente IM. On coupe ce fil en M' et on l'enroule sur la courbe Γ en le maintenant toujours tendu ; son extrémité libre décrira la courbe C.

Réciproquement, la courbe C est dite la *développante* de la courbe Γ. Prenant une courbe arbitraire Γ, si l'on porte sur chaque tangente à cette courbe une longueur $\overline{IM} = l$, l étant définie par la relation

$$l + s = \text{const.},$$

où s est l'arc $\widehat{\mathrm{AI}}$ de la courbe comptée à partir d'une origine A arbitraire, le lieu du point M sera une courbe normale aux tangentes de la courbe Γ.

Une courbe a une infinité de développantes qui correspondent aux diverses valeurs de la constante; ces développantes sont des courbes parallèles.

10. Nous avons trouvé, pour le rayon de courbure, l'expression

$$\mathrm{R} = \frac{\left[1 + \left(\frac{dy}{dx}\right)^2\right]^{\frac{3}{2}}}{\frac{d^2y}{dx^2}},$$

en prenant pour R la valeur absolue du second membre. Nous avons dit que cette expression offre une particularité intéressante pour un point d'inflexion; le dénominateur s'annulant, le rayon de courbure est infini. Le cas où le point considéré de la courbe est un point de rebroussement de première espèce est digne aussi de remarque. Pour un tel point supposé placé à l'origine des coordonnées, avec l'axe des x pour tangente, on a

$$y = ax^{\frac{3}{2}} + bx^2 + \ldots \qquad (a \neq 0).$$

$\frac{dy}{dx}$ restera donc fini pour $x = 0$, mais $\frac{d^2y}{dx^2}$ deviendra infini. On a donc, en un point de rebroussement de première espèce, $\mathrm{R} = 0$. La développée d'une courbe passe donc par ses points de rebroussement de première espèce.

Cherchons, d'une manière générale, la relation entre le rayon de courbure d'une courbe et celui de sa développée au point correspondant. Les angles dont tournent les tangentes à l'une et l'autre courbe étant les mêmes, on a, en désignant par ρ le rayon de courbure de la développée,

$$\frac{\rho}{\mathrm{R}} = \frac{ds_1}{ds},$$

en prenant la valeur absolue du second membre; mais, puisque

$ds_1 = dR$, nous pouvons écrire

$$\rho = R \frac{dR}{ds},$$

en prenant, dans le second membre, la valeur absolue de $\frac{dR}{ds}$, si l'on veut avoir ρ positif. Une conclusion intéressante découle immédiatement de cette formule. Quand le rayon de courbure passe par un maximum ou un minimum, on a

$$\frac{dR}{ds} = 0$$

et, par suite,

$$\rho = 0.$$

La développée, ayant un rayon de courbure nul, aura donc, en général, un point de rebroussement de première espèce. On peut vérifier cette conclusion sur la développée de l'ellipse; pour les sommets de l'ellipse, son rayon de courbure passe par un maximum ou un minimum, et dans la développée correspond un point de rebroussement. On vérifiera aussi que l'arc de la développée, qui comprend un point de rebroussement, n'est plus égal à la différence des rayons de courbure extrêmes de la courbe initiale, ce qui justifie la restriction sur laquelle nous avons insisté plus haut.

11. Reprenons les formules (3) et (4) du § 7 :

$$\frac{d\alpha}{ds} = \frac{\alpha'}{R}, \qquad \frac{d\beta}{ds} = \frac{\beta'}{R};$$

$$\frac{d\alpha'}{ds} = -\frac{\alpha}{R}, \qquad \frac{d\beta'}{ds} = -\frac{\beta}{R}.$$

On a d'ailleurs

$$\alpha' = \pm\beta, \qquad \beta' = \mp\alpha,$$

les signes se correspondant.

Ces formules permettent de traiter un problème intéressant. Supposons que l'on se donne l'expression du rayon de courbure R en fonction de l'arc s, et cherchons à déterminer la courbe. On aura

$$\frac{d(\alpha + i\alpha')}{ds} = \frac{\alpha' - i\alpha}{R} \qquad (i = \sqrt{-1}),$$

ou, en posant $\alpha + i\alpha' = u$,

$$\frac{du}{ds} = -\frac{iu}{R};$$

donc

$$\frac{du}{u} = -i\frac{ds}{R};$$

par suite

$$u = Ce^{-i\int \frac{ds}{R}} \qquad \text{(C désignant une constante)}$$

et, en posant $C = A + Bi$ et $\int_0^s \frac{ds}{R} = \sigma$ (σ sera une fonction déterminée de s),

$$\alpha + i\alpha' = (A + iB)(\cos\sigma - i\sin\sigma).$$

Nous obtenons donc

$$\alpha = A\cos\sigma + B\sin\sigma,$$
$$\alpha' = B\cos\sigma - A\sin\sigma;$$

et, puisque $\alpha^2 + \alpha'^2 = 1$, il faudra que $A^2 + B^2 = 1$.

Telle est la solution générale du problème; pour β et β', on
prendra

$$\beta = \pm\alpha', \qquad \beta' = \mp\alpha.$$

Prenons pour origine des coordonnées un point de la courbe,
pour axe des x la tangente et pour axe des y la normale : on aura

$$\alpha = 1, \quad \alpha' = 0 \qquad \text{pour} \qquad s = \sigma = 0;$$

nous prendrons alors

$$A = 1, \qquad B = 0,$$

et par suite

$$\alpha = \cos\sigma, \qquad \alpha' = -\sin\sigma.$$

Si, de plus, on veut que

$$\beta = 0, \quad \beta' = 1 \qquad \text{pour} \qquad s = 0,$$

on devra prendre

$$\beta = \sin\sigma, \qquad \beta' = \cos\sigma.$$

Cherchons enfin les valeurs de x et y. Des relations

$$dx = \alpha\,ds, \qquad dy = \beta\,ds$$

on conclut

$$x = \int_0^s \cos\alpha\, ds, \quad y = \int_0^s \sin\alpha\, ds,$$

formules qui résolvent le problème à l'aide de trois quadratures.

Soit, comme application, R constant et égal à R_0; on aura alors

$$\alpha = \frac{s}{R}; \quad x = \int_0^s \cos\frac{s}{R}\, ds, \quad y = \int_0^s \sin\frac{s}{R}\, ds;$$

donc

$$x = R\sin\frac{s}{R}, \quad y = -R\cos\frac{s}{R} + R;$$

la courbe sera le cercle représenté par l'équation

$$x^2 + (y - R)^2 = R^2.$$

Le cercle est donc la seule courbe plane dont le rayon de courbure soit constant, résultat que donnerait immédiatement d'ailleurs le théorème relatif à la développée. Dans celle-ci, en effet, la longueur de l'arc sera nulle et elle se réduira à un point.

Comme seconde application, soit $\frac{1}{R} = 2ps$. Nous aurons $\alpha = ps^2$, et

$$x = \int_0^s \cos(ps^2)\, ds, \quad y = \int_0^s \sin(ps^2)\, ds.$$

Ces quadratures ne peuvent être effectuées, mais il est néanmoins facile de construire la courbe en se rappelant que, lorsque s augmente indéfiniment, ces deux intégrales tendent vers une limite (Chap. I, § 16). La courbe se compose de deux branches symétriques relativement à l'origine et tournant chacune autour d'un point asymptote.

12. Nous terminerons ce que nous avons à dire sur la courbure des courbes planes, en donnant une construction géométrique du centre de courbure en un point d'une ellipse (*fig.* 17). Menons les normales en M et au point infiniment voisin M'; soit O leur point de rencontre. En posant

$$\widehat{FMO} = \widehat{F'MO} = \alpha \quad \text{et} \quad \widehat{F'M'O} = \alpha',$$

et désignant par $\hat{O}$, $\hat{F}$ et $\hat{F'}$ les angles $\widehat{MOM'}$, $\widehat{MFM'}$, $\widehat{MF'M}$, on a

$$\hat{F} + \alpha = \hat{O} + \alpha',$$

$$\hat{F'} - \alpha' = \hat{O} - \alpha,$$

d'où

$$\hat{F} + \hat{F'} = 2\hat{O},$$

et, en divisant par $\Delta s = \text{arc } MM'$,

$$\frac{\hat{F}}{\Delta s} + \frac{\hat{F'}}{\Delta s} = \frac{2\hat{O}}{\Delta s}.$$

Quand M' se rapproche de M, le second membre tend vers $\frac{2}{R}$,

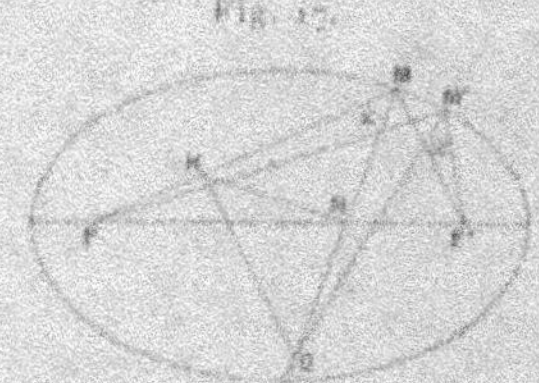

Fig. 17.

R étant le rayon de courbure de l'ellipse en M. D'autre part, la considération du triangle FMM' donne de suite

$$\lim \frac{\hat{F}}{\Delta s} = \frac{\cos \alpha}{r} \qquad (FM = r),$$

et pareillement on a

$$\lim \frac{\hat{F'}}{\Delta s} = \frac{\cos \alpha'}{r'} \qquad (F'M = r'),$$

Nous avons donc la formule

$$\frac{2}{R} = \cos \alpha \left(\frac{1}{r} + \frac{1}{r'}\right),$$

ou enfin

$$\frac{1}{R} = \frac{a \cos \alpha}{r r'},$$

$2a$ désignant le grand axe de l'ellipse.

A la place du produit rr', introduisons la longueur $\overline{MN}$, N étant le point de rencontre de la normale avec le grand axe. On a immédiatement

$$\frac{\overline{MN}}{r} = \frac{2r'\cos\alpha}{2a},$$

et, par suite, on obtient la formule

$$R = \frac{\overline{MN}}{\cos^2\alpha}.$$

A l'aide de cette formule, on justifiera aisément la construction suivante du centre de courbure au point M ; on élève en N la perpendiculaire à MN, et, au point de rencontre K de cette perpendiculaire avec MF, on élève la perpendiculaire KO au rayon vecteur MF ; le point de rencontre O de cette droite KO avec la normale MN est le centre de courbure cherché.

III. — Contact des courbes gauches. — Contact des courbes et des surfaces.

13. La théorie du contact de deux courbes gauches est entièrement semblable à celle du contact des courbes planes. Soient C et C' deux courbes gauches ayant un point commun M ; on dira qu'elles ont en M un contact d'ordre n, lorsqu'à un point A de C infiniment voisin de M, on pourra faire correspondre sur C' un point A' infiniment voisin de M tel que la distance AA' soit d'ordre $n+1$ relativement à la corde ou à l'arc MA.

Prenons d'abord d'une manière générale les deux courbes représentées par les équations

$$(C) \qquad x = f(t), \qquad y = \varphi(t), \qquad z = \psi(t);$$
$$(C') \qquad x = F(u), \qquad y = \Phi(u), \qquad z = \Psi(u);$$

le point commun M correspond à $t = t_0$, $u = u_0$. On suppose, comme il est permis, que les trois dérivées f', φ' et ψ' ne s'annulent pas simultanément pour $t = t_0$, et de même pour $F'(u_0)$, $\Phi'(u_0)$ et $\Psi'(u_0)$.

Nous suivons maintenant la même marche que pour les courbes planes ; soit encore

$$u - u_0 = \lambda_1(t - t_0) + \lambda_2(t - t_0)^2 + \ldots + \lambda_n(t - t_0)^n + \ldots$$

la relation entre u et t qui définira la correspondance entre A et A'. Nous devons déterminer les coefficients λ de manière que $x' - x$, $y' - y$, $z' - z$ soient infiniment petits d'ordre $n + 1$ par rapport à $t - t_0$. Nous avons ainsi trois groupes de n équations, dont j'écris le premier

$$\lambda_1 F'(u_0) - f'(t_0) = 0,$$
$$\lambda_2 F'(u_0) + \frac{\lambda_1^2}{1.2} F''(u_0) - \frac{1}{1.2} f''(t_0) = 0,$$
$$\dots\dots\dots\dots\dots\dots\dots\dots\dots\dots\dots\dots\dots\dots$$

les deux autres s'obtenant en remplaçant respectivement F et f par Φ et φ, puis par Ψ et ψ.

Les trois dérivées $F'(u_0)$, $\Phi'(u_0)$, $\Psi'(u_0)$ n'étant pas nulles à la fois, il y aura au moins un de ces groupes qu'on pourra résoudre par rapport à λ_1, λ_2, ..., λ_n. Si, par exemple, $F'(u_0)$ est différent de zéro, on pourra se servir du premier groupe : la première équation donnera λ_1, la seconde λ_2, et ainsi de suite, le coefficient de la nouvelle inconnue à déterminer n'étant jamais nul, puisqu'il est toujours égal à $F'(u_0)$.

En substituant les valeurs ainsi trouvées de λ_1, λ_2, ..., λ_n dans les deux autres groupes, *on aura les $2n$ conditions nécessaires et suffisantes pour que les deux courbes aient au point commun* M *un contact d'ordre* n. Le même calcul que plus haut montre que le rapport $\frac{\mathrm{MA}}{\mathrm{MA'}}$ a l'unité pour limite.

Dans la pratique, les équations des deux courbes pourront être données sous une forme plus simple. Supposons, par exemple, que la fonction F coïncide avec la fonction f et que $t_0 = u_0$. Les équations des deux courbes sont alors

$$x = f(t), \qquad y = \varphi(t), \qquad z = \psi(t);$$
$$x = F(u), \qquad y = \Phi(u), \qquad z = \Psi(u).$$

On a d'ailleurs

$$\varphi(t_0) = \Phi(t_0) \qquad \text{et} \qquad \psi(t_0) = \Psi(t_0).$$

Le premier groupe d'équations donne alors

$$\lambda_1 = 1, \qquad \lambda_2 = \lambda_3 = \dots = \lambda_n = 0.$$

Par conséquent

$$u - u_0 = t - t_0 + \lambda_{n+1}(t - t_0)^{n+1} + \dots.$$

Pour que les différences $y' - y$ et $z' - z$ soient d'ordre $n + 1$, on voit donc de suite qu'il est nécessaire et suffisant que les fonctions $\Phi(u)$ et $\varphi(t)$ aient mêmes dérivées jusqu'à l'ordre n pour $u = t = t_0$, et de même pour $\Psi(u)$ et $\psi(t)$.

Supposons, en second lieu, que la courbe C' soit définie par les deux équations

$$F_1(x, y, z) = 0,$$
$$F_2(x, y, z) = 0.$$

Les conditions de contact d'ordre n avec la courbe C,

$$x = f(t), \qquad y = \varphi(t), \qquad z = \psi(t),$$

au point (x_0, y_0, z_0) correspondant à $t = t_0$, s'obtiennent par la même règle pratique que nous avons donnée pour les courbes planes : dans F_1 et F_2 on remplace x, y, z par $f(t)$, $\varphi(t)$ et $\psi(t)$; *les deux fonctions ainsi obtenues*

$$F_1[f(t), \varphi(t), \psi(t)] \quad et \quad F_2[f(t), \varphi(t), \psi(t)]$$

doivent s'annuler pour $t = t_0$ ainsi que leurs n premières dérivées.

14. Passons maintenant au contact d'une courbe et d'une surface. Étant données une courbe C et une surface S ayant un point commun M, nous dirons que la courbe et la surface ont en ce point un contact d'ordre n, lorsqu'à un point A de la courbe C infiniment voisin de M on pourra faire correspondre sur la surface un point A' infiniment voisin de M, tel que la distance AA' soit un infiniment petit d'ordre $n + 1$ par rapport à MA.

Suivons toujours la même méthode. Soient la courbe C définie par les équations

$$x = f(t), \qquad y = \varphi(t), \qquad z = \psi(t)$$

et la surface par les équations

$$x = F(u, v), \qquad y = \Phi(u, v), \qquad z = \Psi(u, v).$$

Soient $t = t_0$, $u = u_0$, $v = v_0$ les valeurs des paramètres donnant le point commun M. On suppose que $f'(t_0)$, $\varphi'(t_0)$ et $\psi'(t_0)$ ne sont pas nuls à la fois et que les trois déterminants fonctionnels (*voir* Chap. XI, § 1)

$$\frac{D(F, \Phi)}{D(u, v)}, \quad \frac{D(\Phi, \Psi)}{D(u, v)}, \quad \frac{D(\Psi, F)}{D(u, v)}$$

ne s'annulent pas tous trois pour $u = u_0$, $v = v_0$.

Pour établir une correspondance entre A et A', nous devons définir u et v en fonction de t. Soient donc les développements

$$u - u_0 = \lambda_1(t - t_0) + \lambda_2(t - t_0)^2 + \ldots + \lambda_n(t - t_0)^n + \ldots,$$
$$v - v_0 = \mu_1(t - t_0) + \mu_2(t - t_0)^2 + \ldots + \mu_n(t - t_0)^n + \ldots$$

Écrivons encore que chacune des différences $x' - x$, $y' - y$ et $z' - z$ est un infiniment petit d'ordre $n + 1$ par rapport à $t - t_0$. Or on a

$$x = f(t_0) + (t - t_0)f'(t_0) + \frac{(t - t_0)^2}{1 \cdot 2}f''(t_0) + \ldots,$$

$$x' = F(u_0, v_0) + \left[(u - u_0)\frac{\partial F}{\partial u_0} + (v - v_0)\frac{\partial F}{\partial v_0}\right] + \ldots,$$

et, en remplaçant $u - u_0$ et $v - v_0$ par leurs développements, nous avons à annuler dans $x' - x$ les coefficients des n premières puissances de $t - t_0$. Il vient ainsi un premier groupe de n équations entre les $2n$ inconnues $\lambda_1, \ldots, \lambda_n, \mu_1, \ldots, \mu_n$,

$$\lambda_1\frac{\partial F}{\partial u_0} + \mu_1\frac{\partial F}{\partial v_0} - f'(t_0) = 0,$$
$$\lambda_2\frac{\partial F}{\partial u_0} + \mu_2\frac{\partial F}{\partial v_0} + \frac{1}{1 \cdot 2}\left(\lambda_1^2\frac{\partial^2 F}{\partial u_0^2} + 2\lambda_1\mu_1\frac{\partial^2 F}{\partial u_0 \partial v_0} + \mu_1^2\frac{\partial^2 F}{\partial v_0^2}\right) - f''(t_0) = 0.$$
$$\cdots\cdots\cdots\cdots\cdots\cdots\cdots\cdots\cdots\cdots\cdots\cdots$$

On a de la même manière deux autres groupes relatifs à $y' - y$ et à $z' - z$.

Nous avons donc $3n$ équations entre $2n$ inconnues. Supposons, par exemple, que le déterminant fonctionnel $\frac{D(F, \Phi)}{D(u, v)}$ ne s'annule pas pour $u = u_0$, $v = v_0$. Les deux premiers groupes permettront de déterminer les λ et les μ; en effet, la première équation du premier groupe et la première du second groupe permettent de déterminer λ_1 et μ_1, les secondes nous donneront λ_2 et μ_2 et ainsi de suite, sans qu'on soit jamais arrêté puisque le déterminant des équations du premier degré en λ_i et μ_i (i étant quelconque) qu'on a à résoudre est toujours $\dfrac{D(F, \Phi)}{D(u_0, v_0)}$. En portant les valeurs trouvées dans le troisième groupe, *on aura les n conditions nécessaires et suffisantes pour que C et S aient au point commun M un contact d'ordre n*; la solution de la question est donc complète.

15. Les résultats sont particulièrement simples lorsque, la courbe étant définie par les équations

$$x = f(t), \qquad y = \varphi(t), \qquad z = \psi(t),$$

la surface est définie par

$$x = f(u), \qquad y = \varphi(v), \qquad z = \Psi(u, v),$$

le point commun correspondant à des valeurs $t_0 = u_0 = v_0$ des paramètres. Les deux premiers groupes donnent dans ce cas

$$\lambda_1 = 1, \qquad \lambda_2 = \lambda_3 = \ldots = \lambda_n = 0,$$
$$\mu_1 = 1, \qquad \mu_2 = \mu_3 = \ldots = \mu_n = 0.$$

Si on le préfère, on peut vérifier immédiatement que ces valeurs prises *a priori* satisfont à la question; ce seront les seules, puisque les équations en λ et μ n'admettent qu'un système de solutions. On a donc

$$u - u_0 = t - t_0 + \lambda_{n+1}(t - t_0)^{n+1} + \ldots,$$
$$v - v_0 = t - t_0 + \mu_{n+1}(t - t_0)^{n+1} + \ldots;$$

en portant ces valeurs dans

$$\Psi(u, v) - \psi(t),$$

les termes en $t - t_0$ jusqu'à la puissance n disparaîtront, si

$$\Psi(t, t) - \psi(t),$$

qui s'annule pour $t = t_0$, a en outre ses n premières dérivées nulles pour cette valeur de t.

Supposons enfin la surface représentée par l'équation

$$F(x, y, z) = 0.$$

Les conditions de contact s'obtiennent par la même règle pratique que nous avons donnée pour les courbes planes : dans F on remplace x, y, z par les fonctions $f(t)$, $\varphi(t)$ et $\psi(t)$.

La fonction de t ainsi obtenue s'annule ainsi que ses n premières dérivées pour $t = t_0$, si la courbe et la surface ont en (x_0, y_0, z_0) un contact d'ordre n.

16. Faisons quelques applications de cette théorie du contact de deux courbes ou d'une courbe et d'une surface. Pour une courbe gauche donnée et en un point donné de cette courbe, la notion de courbe ou de surface osculatrice appartenant à une famille dépendant d'un certain nombre de paramètres arbitraires ne diffère pas de la notion correspondante pour les courbes planes. On cherchera à déterminer les paramètres arbitraires de manière que l'ordre de contact soit le plus élevé possible : la courbe ou la surface sera dite alors *osculatrice*.

Prenons l'équation générale d'un plan

$$A x + B y + C z + D = o;$$

il dépend de trois paramètres arbitraires. On pourra donc, en général, déterminer un plan ayant avec une courbe donnée en un point donné un contact du second ordre. En appliquant la règle du paragraphe précédent, on aura

$$(6) \quad \begin{cases} A\dfrac{dx}{dt} + B\dfrac{dy}{dt} + C\dfrac{dz}{dt} = o, \\[2mm] A\dfrac{d^2x}{dt^2} + B\dfrac{d^2y}{dt^2} + C\dfrac{d^2z}{dt^2} = o, \end{cases}$$

le paramètre t ayant la valeur correspondant au point considéré M sur la courbe. Ces deux équations donneront des quantités proportionnelles à A, B, C, et, par conséquent, la direction du plan osculateur qui, passant par M, se trouve ainsi complétement déterminé. Nous avons déjà rencontré ce plan (Chap. XI, § 5), en cherchant à faire passer par chaque point d'une courbe gauche un plan dont la caractéristique soit la tangente. Nous pouvons donc dire que *la surface enveloppe des plans osculateurs d'une courbe gauche est la développable formée par ses tangentes.*

Le contact du plan osculateur avec la courbe en un point quel-

conque est du second ordre. Ce contact peut-il être d'ordre supérieur? Il faudrait pour cela que l'on eût

$$A\frac{d^2x}{dt^2} + B\frac{d^2y}{dt^2} + C\frac{d^2z}{dt^2} = o.$$

Cette équation, rapprochée des équations (6), donne

$$(7)\qquad \begin{vmatrix} dx & dy & dz \\ d^2x & d^2y & d^2z \\ d^3x & d^3y & d^3z \end{vmatrix} = o,$$

relation qui ne sera vérifiée que pour certaines valeurs du paramètre t. Les valeurs de t satisfaisant à cette équation donnent sur
la courbe des points où le contact du plan osculateur est du troisième ordre. Ces points sont analogues aux points d'inflexion des
courbes planes; on les appelle *les points où le plan osculateur
est stationnaire*.

En général, le plan osculateur à une courbe en un point est
traversé par la courbe. En effet, désignons par A, B, C les coefficients du plan osculateur tirés des équations (6), c'est-à-dire

$$A = \frac{dy}{dt}\frac{d^2z}{dt^2} - \frac{dz}{dt}\frac{d^2y}{dt^2},$$

et les expressions analogues pour B et C. Les coordonnées x, y, z
d'un point quelconque de la courbe sont des fonctions du paramètre; si l'on donne à t un accroissement très petit h, on aura,
pour des valeurs de h de signes différents, des points qui seront
sur la courbe de part et d'autre du point correspondant à la valeur t
du paramètre. Ceci posé, soit l'équation du plan osculateur

$$A(X - x) + B(Y - y) + C(Z - z) = o.$$

Substituons dans le premier membre de l'équation de ce plan
aux coordonnées X, Y, Z les coordonnées d'un point de la courbe
infiniment voisin du point (x, y, z), à savoir

$$X = x + h\frac{dx}{dt} + \frac{h^2}{1.2}\frac{d^2x}{dt^2} + \frac{h^3}{1.2.3}\frac{d^3x}{dt^3} + \dots,$$

et de même pour Y et Z; le résultat de substitution sera

$$\frac{h^3}{6}\left(A\frac{d^3x}{dt^3} + B\frac{d^3y}{dt^3} + C\frac{d^3z}{dt^3} \right) + \dots$$

Si le point n'est pas un point où le plan osculateur soit stationnaire, le coefficient de h^3 ne sera pas nul et, par conséquent, le signe de ce résultat de substitution sera variable avec le signe de h, *c'est-à-dire que le plan osculateur traverse la courbe.*

Du calcul précédent résulte encore que la distance au plan osculateur d'un point de la courbe, infiniment voisin du point de contact, est du troisième ordre.

Démontrons, enfin, une dernière propriété du plan osculateur qui pourrait lui servir de définition. Ce plan peut être considéré comme la limite d'un plan passant par un point M d'une courbe gauche et deux points infiniment voisins M' et M'' de la courbe, qui tendent vers M d'une manière quelconque. Soit, en effet,

$$Ax + By + Cz + D = o$$

l'équation d'un plan. Désignons par $\lambda(t)$ le résultat de la substitution dans le premier membre des coordonnées du point M. Si $t + h$ et $t + h'$ désignent les coordonnées de M' et M'', les résultats de la substitution des coordonnées des points M' et M'' seront $\lambda(t + h)$ et $\lambda(t + h')$. Nous avons donc les trois équations

$$\lambda(t) = o, \qquad \lambda(t + h) = o, \qquad \lambda(t + h') = o.$$

Par des combinaisons analogues à celles que nous avons faites pour démontrer une propriété semblable du cercle osculateur (Chap. XII, § 6), on déduit de là, en faisant tendre h et h' vers zéro,

$$\lambda(t) = o, \qquad \lambda'(t) = o, \qquad \lambda''(t) = o.$$

Les deux dernières relations sont précisément les deux équations

$$A\,dx + B\,dy + C\,dz = o,$$
$$A\,d^2x + B\,d^2y + C\,d^2z = o,$$

qui caractérisent le plan osculateur.

Ainsi le plan osculateur jouit d'une propriété analogue à celle de la tangente d'une courbe plane, qui est la limite d'une droite passant par un point de la courbe et un point infiniment voisin. De même que la tangente à une courbe plane rencontre, en général, la courbe en deux points confondus au point de contact, pareillement

le plan osculateur, pour un point arbitraire d'une courbe gauche,
la rencontre en *trois* points confondus en ce point. En un point
d'inflexion d'une courbe plane, il y a avec la tangente trois points
confondus ; de même, en un point où le plan osculateur est stationnaire, il y aura quatre points de rencontre avec le plan osculateur.

17. Pourrait-il arriver que, pour tous les points d'une courbe,
le plan osculateur fût stationnaire ? Le déterminant (7) serait alors
identiquement nul. Il est aisé de voir que, dans ce cas, la courbe
est plane. Laissant de côté le cas où la courbe serait dans un plan
parallèle au plan des yz, nous pouvons prendre x comme variable
indépendante, et l'identité (7) se réduit à

$$\frac{d^2y}{dx^2}\frac{d^3z}{dx^3} - \frac{d^2z}{dx^2}\frac{d^3y}{dx^3} = 0.$$

En l'écrivant sous la forme

$$\frac{\frac{d^3y}{dx^3}}{\frac{d^2y}{dx^2}} = \frac{\frac{d^3z}{dx^3}}{\frac{d^2z}{dx^2}}$$

et en intégrant, on obtient

$$\frac{d^2y}{dx^2} = C \frac{d^2z}{dx^2},$$

d'où l'on conclut, en intégrant encore deux fois,

$$y = C z + C' x + C'',$$

les C étant des constantes. *La courbe est donc plane.*

18. Une seconde application de la théorie du contact nous sera
fournie par la recherche de la sphère osculatrice. L'équation d'une
sphère

$$(x - a)^2 + (y - b)^2 + (z - c)^2 - R^2 = 0$$

renfermant quatre paramètres arbitraires, on peut choisir ces paramètres de façon que la sphère ait un contact du troisième ordre
avec une courbe gauche donnée en un point donné. En remplaçant
x, y, z par leur valeur en fonction de t, nous aurons, pour le point

considéré,

$$(x-a)^2 + (y-b)^2 + (z-c)^2 - R^2 = 0$$

et, en posant

$$\mu(t) = (x-a)\frac{dx}{dt} + (y-b)\frac{dy}{dt} + (z-c)\frac{dz}{dt},$$

les équations

$$\mu(t) = 0, \qquad \mu'(t) = 0, \qquad \mu''(t) = 0.$$

Ces trois équations déterminent le centre de la sphère osculatrice, et l'on peut définir d'un mot sa position. L'équation $\mu(t) = 0$, en y regardant a, b, c comme des coordonnées courantes, représente, en effet, le plan normal à la courbe au point (x, y, z); en se déplaçant, le plan normal enveloppe une surface développable, et les trois équations précédentes déterminent le point où la caractéristique du plan normal touche son enveloppe (Chap. XI). Nous avons donc la proposition suivante :

Le centre de la sphère osculatrice est sur la caractéristique du plan normal et au point où cette caractéristique touche son enveloppe.

La caractéristique du plan normal pour un point M d'une courbe gauche est souvent appelée la *droite polaire* du point M. Cette droite polaire est perpendiculaire au plan osculateur, comme le montrent les deux équations

$$(X-x)\,dx + (Y-y)\,dy + (Z-z)\,dz = 0,$$
$$(X-x)\,d^2x + (Y-y)\,d^2y + (Z-z)\,d^2z - d\sigma^2 = 0,$$

qui la définissent, car cette droite est manifestement parallèle à la droite

$$\frac{X}{A} = \frac{Y}{B} = \frac{Z}{C},$$

et, par suite, normale au plan osculateur.

19. Comme exemple de courbes osculatrices à une courbe gauche, prenons d'abord la droite. Les équations d'une droite

$$x = az + p, \qquad y = bz + q$$

dépendant de quatre paramètres, le contact pourra être seulement du premier ordre. On aura les quatre équations

$$x = az + p, \qquad y = bz + q, \qquad dx = a\,dz, \qquad dy = b\,dz,$$

qui déterminent les quatre coefficients. La droite ainsi trouvée est évidemment la tangente. Pour que le conctact soit du second ordre, il faudrait encore avoir

$$d^2x = a\,d^2z, \qquad d^2y = b\,d^2z.$$

Le contact de la tangente avec la courbe sera donc du second ordre seulement pour les points vérifiant les relations

$$\frac{d^2x}{dx} = \frac{d^2y}{dy} = \frac{d^2z}{dz}.$$

Si l'on prend pour x, y, z trois fonctions arbitraires d'un paramètre t, il n'y a pas, en général, sur la courbe correspondante, de points où le contact avec la tangente soit du second ordre. Pour un tel point, quand il existe, l'équation du plan osculateur est indéterminée, puisque les trois coefficients désignés par A, B, C sont nuls; tout plan passant par la tangente en ce point rencontre la courbe en trois points confondus au point de contact.

Comme dernière application, cherchons, enfin, le cercle osculateur à une courbe gauche en un point M de cette courbe. Le plan d'un cercle dépend de trois paramètres, et, dans ce plan, le cercle est déterminé si l'on donne son centre et son rayon. Ainsi les équations d'un cercle renferment *six* paramètres; donc on pourra déterminer un cercle ayant, avec une courbe donnée en un point donné, un contact du *second* ordre. Le cercle peut être défini comme intersection du plan

$$\text{(P)} \qquad Ax + By + Cz + D = 0$$

et d'une sphère

$$\text{(S)} \qquad (x - a)^2 + (y - b)^2 + (z - c)^2 - \rho^2 = 0.$$

Cette sphère ne peut être d'ailleurs complétement déterminée; les deux équations précédentes contiennent un paramètre de trop, car, par un cercle, on peut faire passer une infinité de sphères dépendant d'un paramètre arbitraire.

Appliquons la théorie du contact. Aux deux équations précédentes, nous devons adjoindre, d'une part, les deux équations

$$A\,dx - B\,dy - C\,dz = 0,$$
$$A\,d^2x - B\,d^2y - C\,d^2z = 0;$$

elles montrent que le plan (P) est le plan osculateur à la courbe. D'autre part, en différentiant deux fois l'équation (S), nous obtenons deux équations qui représentent la *droite polaire*, si l'on y regarde a, b, c comme des coordonnées courantes. Donc le centre de la sphère se trouve sur la droite polaire. Comme, d'autre part, cette droite est perpendiculaire au plan osculateur, on voit que le cercle osculateur est complètement déterminé comme intersection du plan osculateur avec une sphère quelconque ayant son centre sur la droite polaire et passant en M. On peut encore dire que *le cercle osculateur est le cercle du plan osculateur passant en M et ayant pour centre le point où la droite polaire, correspondant à M, rencontre le plan osculateur.*

20. Je dirai peu de chose sur le contact de deux surfaces. En nous plaçant toujours, pour commencer, dans les conditions les plus générales, prenons les équations des deux surfaces sous la forme

$$(S) \qquad x = f(u,v), \qquad y = \varphi(u,v), \qquad z = \psi(u,v)$$

et

$$(S') \qquad x = F(U,V), \qquad y = \Phi(U,V), \qquad z = \Psi(U,V),$$

et supposons que ces surfaces aient un point commun $A(x_0, y_0, z_0)$ correspondant respectivement à (u_0, v_0) et (U_0, V_0). On dira que ces deux surfaces ont au point A un contact d'ordre n, si à tout point M de S, infiniment voisin de A, on peut faire correspondre un point M' sur S' tel que la distance MM' soit infiniment petite d'ordre $n + 1$ par rapport à AM. Comme il y a ici deux variables indépendantes, il est nécessaire de préciser les conditions dans lesquelles nous prenons les infiniment petits. Les coordonnées du point M s'obtiendront en donnant à u_0 et v_0 deux accroissements $u - u_0$ et $v - v_0$; nous regarderons ces deux accroissements comme des infiniment petits arbitraires, mais de même ordre. La distance AM sera alors de l'ordre de $u - u_0$ ou $v - v_0$, et nous devons écrire que MM' et, par suite, $(x'-x)$, $(y'-y)$ et $(z'-z)$ sont des infiniment petits d'ordre $n+1$. La correspondance entre M et M' sera définie par deux relations de la forme

$$U - U_0 = \lambda_1(u - u_0) + \mu_1(v - v_0) + \ldots,$$
$$V - V_0 = \lambda_2(u - u_0) + \mu_2(v - v_0) + \ldots.$$

En substituant dans

$$x' = F(U, V), \quad y' = \Phi(U, V), \quad z' = \Psi(U, V)$$

ces valeurs de U et V, nous écrirons que les développements de $x'-x$, $y'-y$ et $z'-z$ commencent par des termes de degré $n+1$ en $u - u_0$ et $v - v_0$. On a ainsi à écrire

$$3\left[\frac{(n+1)(n+2)}{2} - 1\right]$$

équations. Celles-ci renferment des λ et des μ, coefficients des termes en $u - u_0$ et $v_0 - v_0$ jusqu'au rang n, qui sont en nombre

$$2\left[\frac{(n+1)(n+2)}{2} - 1\right].$$

On a donc $\dfrac{(n+1)(n+2)}{2} - 1$ équations de condition pour qu'en un point A, qui est supposé appartenir à deux surfaces S et S', celles-ci aient en A un contact d'ordre n.

Prenons le cas très simple et toujours réalisable où les surfaces sont données par les deux équations

$$x = f(u, v), \quad y = \varphi(u, v), \quad z = \psi(u, v),$$
$$x = F(U, V), \quad y = \varphi(U, V), \quad z = \Psi(U, V).$$

les fonctions f, F et φ, Φ coïncidant ; de plus $U_0 = u_0$, $V_0 = v_0$.

On vérifiera facilement que, dans ce cas, la correspondance entre U et V est donnée par les équations de la forme

$$U - U_0 = u - u_0 + \ldots,$$
$$V - V_0 = v - v_0 + \ldots,$$

les termes non écrits étant de degrés supérieurs au $n^{ième}$ en $u - u_0$ et $v - v_0$; les conditions de contact s'obtiennent en écrivant que les dérivées partielles des deux fonctions ψ et Ψ jusqu'au $n^{ième}$ ordre, inclusivement, sont égales pour (u_0, v_0).

En particulier, si les deux surfaces sont données par les équations

$$z = \psi(x, y), \qquad z = \Psi(x, y),$$

les deux surfaces auront, au point correspondant à (x_0, y_0), un contact d'ordre n, si les fonctions ψ et Ψ sont égales, ainsi que leurs dérivées partielles jusqu'au rang n, pour $x = x_0$, $y = y_0$. Le nombre de ces conditions, où se trouve exprimé que la seconde surface passe en (x_0, y_0, z_0), est donc supérieur d'une unité au nombre trouvé plus haut ; il est, par suite, égal à

$$\frac{(n+1)(n+2)}{2}.$$

Ce nombre donne à la théorie qui nous occupe un caractère propre, et la rend très différente de celle du contact d'une courbe et d'une surface, particulièrement en ce qui concerne les surfaces osculatrices à une surface donnée. Nous renverrons, pour ce point, au *Cours d'Analyse* de M. Hermite (p. 139), où on trouvera les particularités curieuses que présentent les surfaces osculatrices du second degré. Je renverrai aussi à un intéressant Mémoire d'Halphen, qui fait suite aux recherches de M. Hermite [*Sur le contact des surfaces* (*Bulletin de la Société mathématique*, t. III)].

IV. — Remarques sur les courbes gauches algébriques ; formules de Cayley. — Courbes dont les tangentes appartiennent à un complexe linéaire.

21. Nous avons appelé l'attention (§ 16) sur les points d'une courbe gauche où le plan osculateur est stationnaire ; ce sont les points où le plan osculateur a, avec la courbe, un contact du troisième ordre. Si l'on se donne une courbe gauche quelconque, *en coordonnées ponctuelles*, c'est-à-dire si l'on prend, pour les coordonnées x, y, z, des fonctions arbitraires d'un paramètre t, la courbe possédera des points de la nature indiquée, car la condition qui leur correspond s'exprime par une équation unique en t. Nous allons nous borner aux courbes gauches algébriques : x, y, z

seront alors des fonctions algébriques arbitraires d'un paramètre t.
D'autres singularités se présenteront d'une manière normale si,
au lieu de se donner la courbe en coordonnées ponctuelles, on se la
donne en coordonnées tangentielles, c'est-à-dire si l'on se donne
la courbe comme arête de rebroussement de la surface développable enveloppe d'un plan mobile

$$Ax + By + Cz + D = 0,$$

où A, B, C, D sont des fonctions d'un paramètre z. Il va se présenter ici ce qu'on a rencontré dans l'étude des courbes planes,
où les points d'inflexion se rencontrent d'une manière normale
dans les courbes données arbitrairement par une équation en coordonnées ponctuelles, tandis que ce sont, au contraire, les points
de rebroussement qui se présentent d'une manière normale dans
les courbes données arbitrairement par une équation en coordonnées tangentielles.

Reprenons le plan mobile dont l'équation est écrite ci-dessus.
La courbe sera donnée par les trois équations

$$(8) \quad \begin{cases} Ax + By + Cz + D = 0, \\ A'x + B'y + C'z + D' = 0, \\ A''x + B''y + C''z + D'' = 0 \end{cases}$$

qui donnent x, y, z en fonction du paramètre z. À ces équations,
adjoignons la suivante

$$(9) \quad A'''x + B'''y + C'''z + D''' = 0.$$

Pour z arbitraire, il n'y aura pas de valeur de x, y, z satisfaisant à ces quatre équations. Mais *une seule* relation en z exprime
que ces quatre équations ont une solution commune.

Soit z_0 une valeur de z vérifiant cette relation. Le point correspondant est dit un point *stationnaire* de la courbe. Il ne faut pas
confondre les points *stationnaires* avec les points considérés précédemment où le plan osculateur est stationnaire.

En général, c'est-à-dire si A, B, C, D sont des fonctions quelconques de z, un point stationnaire n'est pas un point simple de
la courbe, mais est à considérer comme l'analogue du point de
rebroussement de première espèce dans les courbes planes. Pour

le démontrer, nous allons faire voir que, pour ce point, on aura, en général,

$$dx = dy = dz = o,$$

les quotients $\dfrac{dy}{dx}$ et $\dfrac{dz}{dx}$ ayant une valeur unique; il en résultera bien que le point stationnaire pourra être regardé comme un point de rebroussement de la courbe gauche.

Les deux premières équations (8) donnent, quel que soit z,

$$A\,dx + B\,dy + C\,dz = o,$$
$$A'\,dx + B'\,dy + C'\,dz = o.$$

On a, d'autre part, z étant toujours arbitraire,

$$A''\,dx + B''\,dy + C''\,dz + dz(A''x + B''y + C''z + D'') = o;$$

faisons maintenant $z = z_0$, on aura

$$A''\,dx + B''\,dy + C''\,dz = o.$$

Nous avons donc trois équations homogènes en dx, dy, dz, dont le déterminant ne sera pas nul en général pour $z = z_0$, et l'on a bien, par suite,

$$dx = dy = dz = o$$

pour le point stationnaire; quant aux rapports de dx, dy, dz, ils sont, en général, déterminés par les deux équations écrites plus haut.

22. Il résulte de ce qui précède que, si l'on veut introduire, dans l'étude des courbes gauches algébriques, les singularités qui se rencontrent nécessairement dans une courbe ou dans sa transformée par polaires réciproques, on doit envisager à la fois les points où le plan tangent est stationnaire et les points stationnaires. C'est ce que l'on fait en Géométrie plane dans les formules de Plücker; M. Cayley a donné pour les courbes gauches algébriques des formules très intéressantes qui sont les analogues de celles de Plücker : nous allons les établir [1].

____

[1] *Mémoire sur les courbes à double courbure et les surfaces développables*, par A. Cayley (*Journal de Liouville*, t. X; 1845). — Voir aussi la *Géométrie à trois dimensions* de Salmon.

Introduisons d'abord certains nombres entiers qui vont jouer un rôle essentiel. Les tangentes à la courbe gauche C forment une surface développable dont nous désignerons le degré par r. Représentons ensuite par a le nombre des plans osculateurs que l'on peut mener à la courbe par un point arbitraire de l'espace. On appelle r le *rang* et n la *classe* de la courbe gauche. Nous désignerons par α le nombre des points où le plan osculateur est stationnaire et par β le nombre des points stationnaires.

Nous avons encore quatre nombres à définir. Le plus important est le nombre des sécantes doubles de la courbe qui passent par un point arbitraire de l'espace ; désignons-le par h. Il représente le nombre des points doubles *apparents* de la courbe, c'est-à-dire le nombre des points doubles de la perspective de la courbe quand on la projette coniquement d'un point de vue arbitraire sur un plan quelconque.

Prenons ensuite un plan arbitraire ; il y aura dans ce plan un certain nombre de droites par lesquelles on pourra mener *deux* plans osculateurs à la courbe gauche ; leur nombre est g.

Un plan arbitraire peut contenir un certain nombre x de points qui soient à la rencontre de deux tangentes à la courbe gauche.

Enfin, par un point arbitraire, on peut mener un certain nombre de plans tangents en *deux* points à la courbe : y représentera leur nombre.

23. Commençons par rappeler les formules de Plücker relatives aux courbes planes. En représentant par μ l'ordre d'une courbe, par ν sa classe, par δ le nombre de ses points doubles, $\varkappa$ de ses points de rebroussement, τ de ses tangentes doubles, ι de ses points d'inflexion, on a les deux équations

$$\nu = \mu(\mu - 1) - 2\delta - 3\varkappa,$$
$$\iota = 3\mu(\mu - 2) - 6\delta - 8\varkappa,$$

auxquelles il faut joindre les deux suivantes

$$\mu = \nu(\nu - 1) - 2\tau - 3\iota,$$
$$\varkappa = 3\nu(\nu - 2) - 6\tau - 8\iota.$$

Ces formules se réduisent d'ailleurs à *trois*, car les deux premières et les deux dernières conduisent à la même relation

$$t - 3x = z - 3p.$$

24. Ceci posé, considérons la surface développable, formée par les tangentes à la courbe C, et son intersection avec un plan quelconque P. Cette intersection Γ est une courbe d'ordre r; sa classe est évidemment égale à n. Un point double de Γ correspond à deux tangentes de C se coupant sur le plan P; Γ aura donc x points doubles.

D'autre part, le nombre des tangentes doubles de cette courbe est égal à g, puisqu'une tangente double doit provenir de l'intersection de deux plans osculateurs de la courbe située dans P. Enfin la courbe Γ possède m points de rebroussement qui sont les intersections de C avec le plan P, et elle a z points d'inflexion.

Nous aurons donc

$$n = r(r-1) - 2x - 3m, \qquad r = n(n-1) - 2g - 3x.$$
$$z = 3r(r-2) - 6x - 8m, \qquad m = 3n(n-2) - 6g - 8x.$$

et ces équations se réduisent à trois relations distinctes.

Un autre système d'équations est fourni par la considération du cône ayant pour sommet un point arbitraire et passant par la courbe. Considérons une section plane quelconque Σ de ce cône. Son degré sera égal à m; sa classe sera égale au nombre des plans tangents qu'on peut mener à la courbe C par une droite arbitraire, et sera par conséquent égal au nombre des tangentes de C rencontrant cette droite, c'est-à-dire r. Les points doubles de Σ correspondront aux droites doubles du cône, et par suite aux sécantes doubles de C; leur nombre est h. Le nombre des tangentes doubles sera y, d'après la définition même de y. Les points de rebroussement de Σ proviendront des points stationnaires; leur nombre sera β. Enfin les points d'inflexion correspondent aux n plans osculateurs menés par le sommet à la courbe C. On a par suite les formules

$$r = m(m-1) - 2h - 3\beta, \qquad m = r(r-1) - 2y - 3n,$$
$$n = 3m(m-2) - 6h - 8\beta, \qquad \beta = 3r(r-2) - 6y - 8n.$$

et nous avons là seulement trois relations distinctes.

En résumé, nous avons *six* relations entre les neuf quantités

$$r, \quad m, \quad n, \quad g, \quad h, \quad z, \quad \beta, \quad x, \quad y.$$

Six d'entre elles peuvent être déterminées en fonction des trois autres.

25. Cherchons ce que nous donneront les formules précédentes pour une cubique gauche.

On sait qu'on appelle ainsi l'intersection incomplète de deux surfaces S et S' du second degré ayant une génératrice commune D.

Soit A un point quelconque de l'espace : considérons la surface du second degré, représentée par l'équation

$$S + \lambda S' = o,$$

passant en A. En ce point on peut mener sur la surface deux génératrices rectilignes ; la génératrice de même système que D rencontrera la cubique en deux points.

Ce sera donc une sécante double de la cubique, passant par A, et ce sera évidemment la seule, car toute autre sécante double ayant trois points communs avec la surface $S + \lambda S' = o$ doit coïncider avec la génératrice considérée. On aura donc $h = 1$.

D'autre part z est nécessairement nul, car un plan osculateur ne peut rencontrer la cubique gauche en quatre points.

Ayant

$$m = 3, \quad h = 1, \quad z = o,$$

nous pouvons trouver les six autres nombres. On obtient ainsi

$$r = 4, \quad \beta = x = y = o, \quad n = 3, \quad g = 1.$$

La solution $\beta = o$ était évidente *a priori*, une cubique ne pouvant avoir de point stationnaire. La développable formée par les tangentes à une cubique gauche est du quatrième degré $(r = 4)$, et enfin par un point quelconque de l'espace on peut mener trois plans osculateurs à une cubique gauche $(n = 3)$.

Au sujet des plans osculateurs menés par un point A, Chasles a établi une proposition élégante, dont la démonstration se rattache d'ailleurs aux considérations précédentes. En prenant le point A comme point de vue, projetons la cubique gauche sur un plan quelconque. Cette perspective sera une courbe du troisième degré avec un point double; les projections des points de contact et des plans osculateurs menés de A à la cubique seront les points d'inflexion de cette courbe plane. Or celle-ci, ayant un point double, a trois points d'inflexion situés en ligne droite. Nous avons donc le théorème suivant :

Les trois points de contact des plans osculateurs menés d'un point arbitraire A à une cubique gauche sont dans un plan passant par le point A.

26. Nous avons considéré (Chap. XI, § 20) les courbes dont les tangentes appartiennent à un complexe linéaire. En désignant par

$$AL + BM + CN + DX + EY + FZ = 0$$

l'équation du complexe, les courbes dont les tangentes appartiennent au complexe doivent vérifier la relation

$$(2) \quad \begin{cases} A(y\,dz - z\,dy) + B(z\,dx - x\,dz) \\ \qquad + C(x\,dy - y\,dx) + D\,dx + E\,dy + F\,dz = 0. \end{cases}$$

Leurs plans osculateurs possèdent une propriété remarquable. M. Appell a en effet montré que le plan osculateur en chaque point d'une telle courbe est le plan correspondant au point dans le complexe [1]. Ce théorème peut s'établir de la manière suivante.

Le plan correspondant au point (x, y, z) dans le complexe est

$$(X - x)(Bz - Cy + D) + (Y - y)(Cx - Az + E) \\ + (Z - z)(Ay - Bx + F) = 0$$

Ce plan coïncidera avec le plan osculateur si l'on a les relations

$$\frac{Bz - Cy + D}{dy\,d^2z - dz\,d^2y} = \frac{Cx - Az + E}{dz\,d^2x - dx\,d^2z} = \frac{Ay - Bx + F}{dx\,d^2y - dy\,d^2x}$$

---

[1] P. Appell, *Sur les cubiques gauches et le mouvement hélicoïdal d'un corps solide* (Annales de l'École Normale supérieure, 1876).

Or, en différentiant l'équation (α), on a

$$(\beta)\quad \left\{\begin{array}{l} \mathrm{A}(y\,d^2z - z\,d^2y) + \mathrm{B}(z\,d^2x - x\,d^2z) \\ \qquad + \mathrm{C}(x\,d^2y - y\,d^2x) + \mathrm{D}\,d^2x + \mathrm{E}\,d^2y + \mathrm{F}\,d^2z = 0. \end{array}\right.$$

Mais ces équations (α) et (β) peuvent s'écrire

$$(10)\quad \left\{\begin{array}{l} dx\,(\mathrm{B}z - \mathrm{C}y + \mathrm{D}) + dy\,(\mathrm{C}x - \mathrm{A}z + \mathrm{E}) + dz\,(\mathrm{A}y - \mathrm{B}x + \mathrm{F}) = 0, \\ d^2x(\mathrm{B}z - \mathrm{C}y + \mathrm{D}) + d^2y(\mathrm{C}x - \mathrm{A}z + \mathrm{E}) + d^2z(\mathrm{A}y - \mathrm{B}x + \mathrm{F}) = 0, \end{array}\right.$$

d'où résultent de suite les relations cherchées.

De ce théorème on peut déduire une propriété des plans osculateurs menés par un point aux courbes dont les tangentes appartiennent à un complexe linéaire. Soit C une telle courbe et A un point quelconque de l'espace. Je considère un plan osculateur de la courbe passant en A; M étant le point de contact de ce plan, la droite MA appartiendra au complexe puisque M est le foyer du plan osculateur. Cette droite sera donc dans le plan correspondant au point A dans le complexe. Par suite les points de contact M des plans osculateurs menés par A à la courbe sont dans un même plan passant par A. Réciproquement d'ailleurs, si M désigne un point de rencontre du plan polaire de A avec la courbe C, le plan polaire du point M passe par MA, qui appartient alors au complexe; il est d'autre part le plan osculateur à C en M; par conséquent, le plan osculateur en ce point passe par A. Ainsi par le point A on peut mener à la courbe autant de plans osculateurs qu'il y a de points de rencontre, avec la courbe, du plan polaire de A dans le complexe. En particulier, si la courbe gauche est algébrique, *son ordre sera égal à sa classe, et tous les points de contact des plans osculateurs passant par A seront dans un plan contenant ce point.* Le théorème de Chasles relatif aux cubiques gauches (§ 24) est un cas particulier de cette proposition générale; nous avons vu en effet (Chap. XI, § 20) que les tangentes d'une cubique gauche appartiennent à un complexe linéaire.

27. Cherchons, sur une courbe gauche dont les tangentes appartiennent à un complexe linéaire, les points où le plan osculateur est stationnaire. Il faut calculer le déterminant

$$\delta = \begin{vmatrix} dx & dy & dz \\ d^2x & d^2y & d^2z \\ d^3x & d^3y & d^3z \end{vmatrix}.$$

A cet effet, joignons aux équations (10) l'équation obtenue en différentiant la seconde de ces équations; ce sera

$$(11) \quad \begin{cases} d^3x(Bz - Cy + D) = d^3y(Cx - Az + E) \\ \qquad + d^3z(Ay - Bx + F) = A\alpha + B\beta + C\gamma, \end{cases}$$

en posant

$$\alpha = d^2y\,dz - d^2z\,dy, \quad \beta = d^2z\,dx - d^2x\,dz, \quad \gamma = d^2x\,dy - d^2y\,dx.$$

Les équations (10) et l'équation (11) donnent

$$Bz - Cy + D = -\frac{(A\alpha + B\beta + C\gamma)\alpha}{\delta},$$

$$Cx - Az + E = -\frac{(A\alpha + B\beta + C\gamma)\beta}{\delta},$$

$$Ay - Bx + F = -\frac{(A\alpha + B\beta + C\gamma)\gamma}{\delta}.$$

En multipliant ces équations par A, B, C et ajoutant, nous avons

$$(AD + BE + CF)\delta = -(A\alpha + B\beta + C\gamma)^2.$$

La constante $AD + BE + CF$ n'étant pas nulle (Chap. XI, § 19), on voit qu'alors l'équation $\delta = 0$ se met sous la forme d'une équation qui est un carré parfait

$$[A(d^2y\,dz - d^2z\,dy) + B(d^2z\,dx - d^2x\,dz) + C(d^2x\,dy - dx\,d^2y)]^2 = 0.$$

Il est facile d'aller plus loin. On a en effet (§ 26)

$$dy\,d^2z - dz\,d^2y = \lambda(Bz - Cy + D),$$

$$dz\,d^2x - dx\,d^2z = \lambda(Cx - Az + E),$$

$$dx\,d^2y - dy\,d^2x = \lambda(Ay - Bx + F),$$

et, par suite, en substituant dans l'équation précédente, $\lambda = 0$ pour les points où le plan osculateur est stationnaire. On aura donc pour ces points

$$\frac{d^2x}{dx} = \frac{d^2y}{dy} = \frac{d^2z}{dz}.$$

Ainsi, dans les courbes que nous venons d'étudier, les points où le plan osculateur est stationnaire sont en même temps des points où la tangente a avec la courbe un contact du second ordre.

28. Nous allons considérer, pour terminer, les courbes *unicursales* les plus générales dont les tangentes appartiennent à un complexe linéaire. On suppose que l'axe des z soit l'axe du complexe; l'équation (α) à laquelle satisfont x, y, z se réduit à

$$x\,dy - y\,dx = k\,dz.$$

Les axes étant ainsi choisis, soient

$$x = \frac{P}{R}, \qquad y = \frac{Q}{R}, \qquad z = \frac{S}{R}$$

les équations de la courbe, P, Q, R, S désignant des polynômes de degré m en α. On a

$$x\,dy - y\,dx = \frac{PQ' - P'Q}{R^2}\,d\alpha.$$

Si $R = (\alpha - \alpha_1)(\alpha - \alpha_2)\ldots(\alpha - \alpha_m)$, en décomposant la fraction rationnelle en fractions simples, nous avons

$$\frac{PQ' - P'Q}{R^2} = \frac{K}{(\alpha - \alpha_1)^2} + \frac{K_1}{(\alpha - \alpha_1)} + \ldots + \frac{L}{(\alpha - \alpha_m)^2} + \frac{L_1}{(\alpha - \alpha_m)}.$$

Les coefficients $K_1, \ldots, L_1$ doivent être nuls, pour que z soit fonction rationnelle de α. Or on peut écrire cette identité de la manière suivante

$$\frac{PQ' - P'Q}{\left(\dfrac{R}{\alpha - \alpha_1}\right)^2} = K + K_1(\alpha - \alpha_1) + \ldots.$$

En différentiant, et faisant ensuite $\alpha = \alpha_1$, il ne restera dans le second membre que K_1.

On trouve ainsi, puisque K_1 doit être nul,

$$(PQ' - P'Q)R'' + (P'Q - PQ'')R' = 0, \qquad \text{pour} \qquad z = z_1.$$

De même, cette relation doit être vérifiée pour $z = z_2, \ldots, z_m$.

D'autre part, les points d'inflexion de la courbe unicursale représentée par les équations

$$x = \frac{P}{R}, \qquad y = \frac{Q}{R}$$

sont données par l'équation du degré $3(m - 2)$

$$R(P'Q'' - P''Q') + R'(P''Q - PQ'') + R''(PQ' - P'Q) = 0.$$

D'après ce qui précède, cette équation admet pour racines $z_1, z_2, \ldots, z_m$. Par conséquent, la projection de la courbe sur le plan des xy a m points d'inflexion à l'infini.

Nous avons dit plus haut qu'une courbe dont les tangentes appartiennent à un complexe linéaire possède un certain nombre de points où le contact de la tangente avec la courbe est du second ordre. Cherchons ces points : des relations

$$x\,dy - y\,dx = k\,dz,$$
$$x\,d^2y - y\,d^2x = k\,d^2z,$$

on conclut

$$\frac{dx\,d^2z - dz\,d^2x}{z} = \frac{dy\,d^2x - dx\,d^2y}{-k} = \frac{dz\,d^2y - d^2z\,dy}{y},$$

donc l'équation
$$dx\,d^2y - dy\,d^2x = 0$$
entraînera
$$dx\,d^2z - dz\,d^2x = 0, \qquad dz\,d^2y - d^2z\,dy = 0,$$

le point (x, y, z) étant à distance finie. Les points d'inflexion à distance finie de la courbe plane

$$x = \frac{P}{R}, \qquad y = \frac{Q}{R}$$

seront donc les projections des points cherchés de la courbe gauche. Or une courbe unicursale d'ordre m possède $3(m - 2)$

points d'inflexion; nous devons retrancher de ce nombre les m points d'inflexion à l'infini, et nous avons le théorème suivant [1] :

La courbe gauche unicursale d'ordre m, la plus générale, dont les tangentes appartiennent à un complexe linéaire, possède $2(m-3)$ points où la tangente a avec elle un contact du second ordre.

---

[1] *Application de la théorie des complexes linéaires à l'étude des surfaces et des courbes gauches (Annales de l'École Normale, 1877).*

CHAPITRE XIII.

COURBURE ET TORSION DES COURBES GAUCHES.
FORMULES FONDAMENTALES.

I. — Courbure et torsion des courbes gauches.
Centre de courbure.

1. Considérons une courbe gauche sur laquelle est fixé un sens pour les arcs croissants et menons dans ce sens les tangentes en deux points voisins M et M′. L'angle ε de ces deux directions s'appelle la *courbure de l'arc* MM′; le rapport $\frac{\varepsilon}{\Delta s}$ représente la courbure moyenne de cet arc, et la limite de ce rapport, quand M′ tend vers M, la *courbure de la courbe* au point M. L'inverse de ce rapport, qui est une ligne, est dit le *rayon de courbure* de la courbe au point M.

Nous allons chercher l'expression du rayon de courbure. Au lieu de la limite de $\frac{\varepsilon}{\Delta s}$, nous pouvons considérer évidemment la limite de $\frac{\sin\varepsilon}{\Delta s}$. Les cosinus directeurs des deux tangentes étant respectivement α, β, γ et $\alpha + \Delta\alpha$, $\beta + \Delta\beta$, $\gamma + \Delta\gamma$, nous avons

$$\sin^2\varepsilon = (\alpha\,\Delta\beta - \beta\,\Delta\alpha)^2 + (\beta\,\Delta\gamma - \gamma\,\Delta\beta)^2 + (\gamma\,\Delta\alpha - \alpha\,\Delta\gamma)^2.$$

Divisons les deux membres par Δs^2 et faisons tendre le point M′ vers le point M; il vient

$$\frac{1}{R^2} = \lim \frac{\sin^2\varepsilon}{\Delta s^2} = \frac{(\alpha\,d\beta - \beta\,d\alpha)^2 + (\beta\,d\gamma - \gamma\,d\beta)^2 + (\gamma\,d\alpha - \alpha\,d\gamma)^2}{ds^2}$$

$$= \frac{d\alpha^2 + d\beta^2 + d\gamma^2}{ds^2},$$

en désignant par R le rayon de courbure. Dans toute cette théorie des courbes gauches, la ligne R représentera une ligne essentiellement positive.

Il est utile de donner l'expression de R en fonction de x, y, z. En posant

$$A = dy\,d^2z - dz\,d^2y, \quad B = dz\,d^2x - dx\,d^2z, \quad C = dx\,d^2y - dy\,d^2x,$$

on déduit des équations $\alpha = \dfrac{dx}{ds}$, $\beta = \dfrac{dy}{ds}$, $\gamma = \dfrac{dz}{ds}$ les relations

$$\beta\,d\gamma - \gamma\,d\beta = \frac{A}{ds^3},$$

$$\gamma\,d\alpha - \alpha\,d\gamma = \frac{B}{ds^3},$$

$$\alpha\,d\beta - \beta\,d\alpha = \frac{C}{ds^3}.$$

On aura donc

$$\frac{1}{R^2} = \frac{A^2 + B^2 + C^2}{ds^6}.$$

Remarquons que, si l'on prend l'arc s comme variable indépendante, le rayon de courbure est donné par la formule très simple

$$\frac{1}{R^2} = \left(\frac{d^2x}{ds^2}\right)^2 + \left(\frac{d^2y}{ds^2}\right)^2 + \left(\frac{d^2z}{ds^2}\right)^2,$$

qui résulte immédiatement de la première expression trouvée pour $\dfrac{1}{R^2}$.

2. Nous avons déjà vu (Chap. XII, § 18) que la caractéristique du plan normal était perpendiculaire au plan osculateur. Cette droite a été appelée la droite *polaire*, qui correspond au point M considéré sur la courbe. On désigne sous le nom de *normale principale* la normale à la courbe située dans le plan osculateur. La normale principale et la droite polaire sont perpendiculaires l'une à l'autre; en désignant par O leur point de rencontre, qui est le centre du cercle osculateur à la courbe, cherchons la distance MO. L'équation du plan normal au point M(x, y, z) étant

$$(P) \qquad (X - x)\alpha + (Y - y)\beta + (Z - z)\gamma = 0,$$

il faut, pour avoir sa caractéristique, adjoindre à cette équation la suivante,

$$(Q) \qquad (X - x)\,d\alpha + (Y - y)\,d\beta + (Z - z)\,d\gamma - ds = 0.$$

Les deux plans (P) et (Q) sont perpendiculaires l'un à l'autre, puisque $\alpha\,d\alpha + \beta\,d\beta + \gamma\,d\gamma = 0$. Pour évaluer la distance MO, il suffira donc de calculer la distance du point M au plan (Q). On a donc

$$\overline{MO}^2 = \frac{ds^2}{d\alpha^2 + d\beta^2 + d\gamma^2}.$$

Il en résulte que la distance $\overline{MO}$ est égale au rayon de courbure R. Nous pouvons donc dire que *le rayon de courbure est égal au rayon du cercle osculateur.* Le point O, centre du cercle osculateur, est dit *le centre de courbure* de la courbe en M.

Désignons par α', β', γ' les cosinus directeurs de la direction MO, allant du point M au centre de courbure ; ce seront les cosinus directeurs d'une direction déterminée sur la normale principale. Le plan Q étant perpendiculaire au plan P est perpendiculaire à la normale principale, et l'on a, par suite,

$$\frac{d\alpha}{\alpha'} = \frac{d\beta}{\beta'} = \frac{d\gamma}{\gamma'}.$$

D'autre part, les coordonnées du point O étant $x + R\alpha'$, $y + R\beta'$, $z + R\gamma'$, et ce point étant dans le plan Q, on a

$$R(\alpha'\,d\alpha + \beta'\,d\beta + \gamma'\,d\gamma) = ds.$$

La valeur commune des rapports précédents est donc $\dfrac{ds}{R}$, puisque $\alpha'^2 + \beta'^2 + \gamma'^2 = 1$. *Nous obtenons ainsi les formules très importantes*

$$\frac{d\alpha}{ds} = \frac{\alpha'}{R}, \qquad \frac{d\beta}{ds} = \frac{\beta'}{R}, \qquad \frac{d\gamma}{ds} = \frac{\gamma'}{R}.$$

3. Un plan quelconque passant par la tangente en M, sauf le plan osculateur, laisse du même côté la courbe dans le voisinage de ce point. Il est intéressant de remarquer que la direction MO sera, par rapport à ce plan, du même côté que la courbe. Il suffira de le vérifier dans un cas particulier. Prenons, par exemple, le plan

$$(X - x)\alpha' + (Y - y)\beta' + (Z - z)\gamma' = 0$$

perpendiculaire à la normale principale. En substituant les coordonnées du point O dans le premier membre de l'équation de ce plan, le résultat de la substitution, R, est positif. D'autre part, en prenant l'arc s comme variable indépendante, les coordonnées X, Y, Z d'un point de la courbe voisin de M sont données par les développements

$$ X = x + \frac{dx}{ds} \Delta s + \frac{1}{1.2} \frac{d^2 x}{ds^2} \Delta s^2 + \ldots, $$

et les formules analogues pour Y et Z. En substituant dans le premier membre de l'équation du plan précédent, on a de suite, en remplaçant x' par $R \dfrac{d^2 x}{ds^2}$, et pareillement pour y' et z',

$$ \frac{1}{1.2} \frac{1}{R} \Delta s^2 + \ldots, $$

Le résultat de la substitution est donc aussi positif, ce qui justifie la remarque que nous avons énoncée.

4. Après avoir considéré l'angle des tangentes en deux points voisins, il est naturel d'étudier l'angle de deux plans osculateurs; on arrive ainsi à la notion de *seconde courbure* ou *torsion*.

Menons les plans osculateurs en deux points M et M' d'une courbe gauche, et les normales à ces plans. Ces normales font un angle τ; le rapport $\dfrac{\tau}{\Delta s}$ est la torsion moyenne de l'arc $MM' = \Delta s$, et la *torsion* au point M est la limite de ce rapport quand M' tend vers M.

Pour évaluer cette limite, nous désignerons par α'', β'', γ'' les cosinus directeurs de l'une des deux directions sur la normale au plan osculateur. Le calcul à faire est identique à celui qui nous a donné, pour le rayon de courbure, la formule

$$ \frac{1}{R^2} = \frac{d\alpha^2 + d\beta^2 + d\gamma^2}{ds^2}. $$

Désignons par $\dfrac{1}{T}$ la limite cherchée; on appellera T le *rayon de torsion* au point M. Il vient

$$ \frac{1}{T^2} = \frac{d\alpha''^2 + d\beta''^2 + d\gamma''^2}{ds^2}. $$

Si l'on veut avoir T en fonction des coordonnées du point M, il vaut mieux partir des deux normales au plan osculateur

$$\frac{x}{A} = \frac{y}{B} = \frac{z}{C}$$

et

$$\frac{x}{A + \Delta A} = \frac{y}{B + \Delta B} = \frac{z}{C + \Delta C}.$$

Soit ε l'angle infiniment petit de ces deux droites; on a

$$\sin^2 \varepsilon = \frac{(A\,\Delta B - B\,\Delta A)^2 + (B\,\Delta C - C\,\Delta B)^2 + (C\,\Delta A - A\,\Delta C)^2}{(A^2 + B^2 + C^2)[(A + \Delta A)^2 + (B + \Delta B)^2 + (C + \Delta C)^2]}$$

et, par suite,

$$\frac{1}{T^2} = \frac{(A\,dB - B\,dA)^2 + (B\,dC - C\,dB)^2 + (C\,dA - A\,dC)^2}{ds^2(A^2 + B^2 + C^2)^2}.$$

Or A, B, C vérifient les deux équations

$$A\,dx + B\,dy + C\,dz = 0,$$
$$A\,d^2x + B\,d^2y + C\,d^2z = 0;$$

On peut substituer à la seconde de ces deux équations la suivante

$$dA\,dx + dB\,dy + dC\,dz = 0,$$

on en conclut

$$\frac{dx}{B\,dC - C\,dB} = \frac{dy}{C\,dA - A\,dC} = \frac{dz}{A\,dB - B\,dA}.$$

Soit $\frac{1}{\delta}$ la valeur commune de ces rapports; nous aurons

$$(1) \qquad \frac{1}{T} = \frac{\delta}{A^2 + B^2 + C^2}.$$

Pour calculer δ, prenons, par exemple, l'égalité

$$\delta\,dz = A\,dB - B\,dA.$$

En remplaçant A et B par $dy\,d^2z - dz\,d^2y$ et $dz\,d^2x - dx\,d^2z$, on a de suite

$$\delta = \begin{vmatrix} dx & dy & dz \\ d^2x & d^2y & d^2z \\ d^3x & d^3y & d^3z \end{vmatrix},$$

Nous avons donc l'expression de la torsion $\frac{1}{T}$ donnée par la formule (1).

Dans une courbe plane, la torsion est nulle en chaque point, et inversement, si $\frac{1}{T} = 0$, il faudra que $\delta = 0$, c'est-à-dire que la courbe sera plane.

II. — Formules de Frenet. — Quelques applications.

5. Nous avons trouvé précédemment les formules

$$\frac{d\alpha}{ds} = \frac{\alpha'}{R}, \qquad \frac{d\beta}{ds} = \frac{\beta'}{R}, \qquad \frac{d\gamma}{ds} = \frac{\gamma'}{R}.$$

A ce système de formules, nous allons en adjoindre deux autres qui sont fondamentaux dans la théorie des courbes gauches.

Des formules précédentes, il résulte que

(2) $$\frac{d\alpha}{\alpha'} = \frac{d\beta}{\beta'} = \frac{d\gamma}{\gamma'}.$$

Or considérons la courbe gauche Γ à laquelle restent tangentes les droites polaires, c'est-à-dire l'arête de rebroussement de la développable enveloppe des plans normaux. Le plan osculateur à la courbe Γ est le plan normal de la courbe initiale; on peut donc prendre comme cosinus directeurs de la normale au plan osculateur de Γ les cosinus α, β, γ; d'ailleurs, la droite polaire étant la tangente de Γ, en appliquant à cette courbe les relations (2), nous avons

$$\frac{d\alpha'}{\alpha} = \frac{d\beta'}{\beta} = \frac{d\gamma'}{\gamma}.$$

Or, en se reportant à la formule

$$\frac{1}{T^2} = \frac{d\alpha'^2 + d\beta'^2 + d\gamma'^2}{ds^2},$$

on voit que la valeur commune de ces rapports est $\pm \frac{ds}{T}$. Mais T est une longueur qui n'a été définie jusqu'ici que par son carré; donnons-lui un signe tel que l'on doive prendre le signe *plus* dans l'expression précédente. On pourra alors écrire

$$\frac{d\alpha''}{ds} = \frac{\alpha'}{T}, \qquad \frac{d\beta''}{ds} = \frac{\beta'}{T}, \qquad \frac{d\gamma''}{ds} = \frac{\gamma'}{T}.$$

Quand on aura sur la normale au plan osculateur, souvent appelée la *binormale*, choisi une direction déterminée, le signe de T s'ensuivra. Ainsi, tandis que le rayon de courbure R dans nos formules est une quantité essentiellement positive, le rayon de torsion T a un signe variable ; ce signe varie avec la direction que l'on veut considérer sur la binormale. Pour bien fixer les idées, il est simple de convenir que l'on prend, sur la binormale, la direction MB, telle que le trièdre (MTNB), MT désignant la tangente et MN la normale principale (sur ces deux droites, nous avons des directions parfaitement déterminées), soit de même sens de rotation que le trièdre des coordonnées, ce qui revient à dire que

$$\begin{vmatrix} \alpha & \beta & \gamma \\ \alpha' & \beta' & \gamma' \\ \alpha'' & \beta'' & \gamma'' \end{vmatrix} = +1.$$

6. Au second système de formules, que nous venons de trouver, adjoignons-en un troisième. Je partirai, à cet effet, de la relation

$$\alpha' \, d\alpha' + \beta' \, d\beta' + \gamma' \, d\gamma' = 0,$$

que l'on peut écrire

$$\begin{vmatrix} \alpha & \alpha' & d\alpha' \\ \beta & \beta' & d\beta' \\ \gamma & \gamma' & d\gamma' \end{vmatrix} = 0;$$

on aura donc

$$d\alpha' = \lambda\alpha + \mu\alpha'',$$
$$d\beta' = \lambda\beta + \mu\beta'',$$
$$d\gamma' = \lambda\gamma + \mu\gamma''.$$

λ et μ ont des valeurs très simples, qui se calculent de suite : différentions, en effet, l'identité

$$\alpha\alpha' + \beta\beta' + \gamma\gamma' = 0,$$

on a

$$\alpha \, d\alpha' + \beta \, d\beta' + \gamma \, d\gamma' = -\frac{ds}{R},$$

et, par suite,

$$\gamma' = -\frac{d s}{R},$$

En partant de l'identité

$$\alpha \alpha'' + \beta' \beta'' + \gamma' \gamma'' = 0,$$

on trouve de même

$$\mu = -\frac{d s}{T},$$

et nous avons, par suite, les formules

$$\frac{d\alpha'}{d s} = -\frac{\alpha}{R} - \frac{\alpha''}{T}, \qquad \frac{d\beta'}{d s} = -\frac{\beta}{R} - \frac{\beta''}{T}, \qquad \frac{d\gamma'}{d s} = -\frac{\gamma}{R} - \frac{\gamma''}{T},$$

auxquelles nous voulions parvenir.

En résumé, nous avons le système des neuf formules, dues à Frenet, et qui sont fort importantes dans la théorie des courbes gauches. Elles permettent d'exprimer les différentielles des neuf cosinus en fonction des cosinus eux-mêmes, de la courbure et de la torsion. J'écris de nouveau la première formule de chaque groupe

$$\frac{d\alpha}{d s} = \frac{\alpha'}{R}, \qquad \frac{d\alpha'}{d s} = -\frac{\alpha}{R} - \frac{\alpha''}{T}, \qquad \frac{d\alpha''}{d s} = \frac{\alpha'}{T},$$

les autres s'en déduisant en remplaçant les α respectivement par les β et les γ.

7. Faisons de ces formules quelques applications. Cherchons d'abord une expression du rayon de la sphère osculatrice au point M. Il faut, pour avoir les coordonnées du centre X, Y, Z du centre de la sphère osculatrice, adjoindre à l'équation

$$(X - x)\alpha + (Y - y)\beta + (Z - z)\gamma = 0$$

les résultats obtenus en la différentiant deux fois. Une première différentiation donne, en faisant usage des formules de Frenet,

$$(X - x)\alpha' + (Y - y)\beta' + (Z - z)\gamma' = R$$

et, en différentiant une seconde fois,

$$(X - x)\alpha'' + (Y - y)\beta'' + (Z - z)\gamma'' = -T \frac{dR}{ds}.$$

Nous aurons de suite le rayon ρ de la sphère osculatrice, en faisant la somme des carrés de ces trois équations,

$$\rho^2 = (X - x)^2 + (Y - y)^2 + (Z - z)^2 = R^2 + T^2\left(\frac{dR}{ds}\right)^2.$$

Arrêtons-nous un moment sur un cas particulier intéressant. Supposons que la courbe proposée ait son rayon de courbure R constant. On a, dans ce cas,

$$\rho = R.$$

Le centre de la sphère osculatrice est alors au centre de courbure O de la courbe. Le lieu de ce point est une courbe Γ tangente en chaque point à la droite polaire. Le plan osculateur en O à Γ sera le plan normal à la courbe proposée en M ; d'autre part, le plan normal en O à Γ sera le plan osculateur à C en M. Il en résulte que la droite polaire correspondant au point O de la courbe Γ sera la tangente en M à C. Il y a donc réciprocité entre les courbes C et Γ ; elles ont même rayon de courbure aux points correspondants, et la tangente de l'une est la droite polaire de l'autre.

8. Comme seconde application, demandons-nous, avec M. Bertrand, si *les normales principales d'une courbe C peuvent être les normales principales d'une autre courbe*. Soit M un point quelconque de C et MN la normale principale en ce point. Soit M_1 un point situé sur MN : le lieu des points M_1 forme une courbe C_1. Peut-on choisir $MM_1 = a$, de telle sorte que MN soit la normale principale de la courbe C_1? Les coordonnées (x_1, y_1, z_1) de M_1 sont

$$x_1 = x + a\alpha', \qquad y_1 = y + a\beta', \qquad z_1 = z + a\gamma';$$

a sera nécessairement constant, car on devra avoir

$$\alpha'\,dx_1 + \beta'\,dy_1 + \gamma'\,dz_1 = 0,$$

qui conduit à

$$da = 0.$$

Nous aurons

$$dx_1 = dx + a\,d\alpha = \left[\alpha\left(1 - \frac{a}{R}\right) - \frac{a}{T}\alpha''\right]ds.$$

En désignant donc par α_1, β_1, γ_1 les cosinus directeurs de la tangente en M_1 à la courbe C_1, on doit avoir

$$(3)\qquad \begin{cases} \alpha_1 = \lambda\left[\alpha\left(1-\dfrac{a}{R}\right)-\dfrac{a}{T}\alpha''\right], \\ \beta_1 = \lambda\left[\beta\left(1-\dfrac{a}{R}\right)-\dfrac{a}{T}\beta''\right], \\ \gamma_1 = \lambda\left[\gamma\left(1-\dfrac{a}{R}\right)-\dfrac{a}{T}\gamma''\right], \end{cases}$$

λ étant un facteur de proportionnalité.

D'après l'hypothèse faite, $d\alpha_1$, $d\beta_1$, $d\gamma_1$, qui sont proportionnels aux cosinus directeurs de la normale principale de C_1, doivent être proportionnels à α', β', γ', c'est-à-dire que

$$d\alpha_1 = \mu\alpha', \qquad d\beta_1 = \mu\beta', \qquad d\gamma_1 = \mu\gamma'.$$

En remplaçant α_1, β_1, γ_1 par leurs valeurs, il vient

$$d\lambda\left[\alpha\left(1-\frac{a}{R}\right)-\frac{a}{T}\alpha''\right]$$
$$+\lambda\left\{\left[\frac{\alpha'}{R}\left(1-\frac{a}{R}\right)-\frac{a}{T}\frac{\alpha'}{T}\right]ds-a\alpha\, d\left(\frac{1}{R}\right)-a\alpha''\, d\left(\frac{1}{T}\right)\right\}-\mu\alpha'=0$$

et deux autres équations analogues, où les α sont remplacés par les β et les γ. Nous avons donc trois équations de la forme

$$L\alpha + M\alpha' + N\alpha'' = 0,$$
$$L\beta + M\beta' + N\beta'' = 0,$$
$$L\gamma + M\gamma' + N\gamma'' = 0,$$

ce qui entraîne nécessairement $L = M = N = 0$; par suite, en laissant de côté l'équation contenant μ,

$$d\lambda\left(1-\frac{a}{R}\right)-a\lambda\, d\left(\frac{1}{R}\right)=0,$$

$$-\frac{a}{T}d\lambda - a\lambda\, d\left(\frac{1}{T}\right)=0.$$

Donc

$$\frac{d\lambda}{\lambda}=\frac{a\, d\left(\frac{1}{R}\right)}{1-\frac{a}{R}}=-\frac{d\left(\frac{1}{T}\right)}{\frac{1}{T}}.$$

et, en intégrant,

$$(4) \qquad -\log\left(1-\frac{a}{R}\right)+\log\frac{1}{T}+\log C=0,$$

C étant une constante. On a enfin

$$1-\frac{a}{R}-\frac{C}{T}=0.$$

Il y a par suite une relation linéaire entre $\frac{1}{R}$ *et* $\frac{1}{T}$, *c'est-à-dire entre la courbure et la torsion*. Réciproquement, si cette relation est vérifiée, en portant sur chaque normale principale une longueur a, on aura une courbe ayant mêmes normales principales que la proposée. On peut, en effet, trouver alors des valeurs de λ et de μ satisfaisant aux trois équations

$$L=0, \qquad M=0, \qquad N=0,$$

et, par conséquent, $d\alpha_1$, $d\beta_1$, $d\gamma_1$ sont proportionnels à α', β', γ', ce qui montre que les deux courbes ont mêmes normales principales.

La valeur de λ est complètement déterminée par la condition

$$\alpha_1^2+\beta_1^2+\gamma_1^2=1.$$

Les équations (3) donnent alors

$$\lambda=\frac{1}{\sqrt{\left(1-\frac{a}{R}\right)^2+\frac{a^2}{T^2}}}=\frac{T}{\sqrt{C^2+a^2}}.$$

Cherchons l'angle V des deux tangentes aux courbes C et C_1 ; son cosinus sera donné par la formule

$$\cos V=\alpha\alpha_1+\beta\beta_1+\gamma\gamma_1=\lambda\left(1-\frac{a}{R}\right)=\frac{C}{\sqrt{C^2+a^2}}.$$

L'angle V est donc constant. On peut encore dire que les plans osculateurs aux deux courbes aux points correspondants font un angle constant.

Dans le calcul général qui précède, on a supposé que l'on n'avait constamment ni $a=R$, ni $\frac{1}{T}=0$. Le second cas donnant une courbe plane est sans intérêt; il n'en est pas de même du premier. Les courbes, dont le rayon de courbure est constant, satisfont à la question proposée; c'est ce que montre le calcul précédent, puisque les trois équations en λ et μ se réduisent à deux. Nous avons considéré ces courbes (§ 7); elles rentrent dans le cas général pour $C = 0$: l'angle V est alors égal à $\frac{\pi}{2}$.

III. — Développées des courbes gauches. — Hélices. Courbes sphériques.

9. Pour étendre aux courbes gauches la théorie des développées, proposons-nous de chercher si l'on peut grouper les normales d'une courbe gauche de manière qu'elles soient tangentes à une même courbe.

Soit M un point quelconque d'une courbe C; nous désignons par MN la normale principale, et par MN' une normale engendrant une surface développable. Soit I le point où cette dernière droite touche son enveloppe. Désignons par a et b les coordonnées du point I dans le plan normal, rapportées à la normale principale et à la binormale. Les coordonnées de M étant x, y, z et celles de I x_1, y_1, z_1, on aura

$$x_1 = x - a\alpha' - b\alpha'',$$
$$y_1 = y - a\beta' - b\beta'',$$
$$z_1 = z - a\gamma' - b\gamma''.$$

Écrivons que dx_1, dy_1, dz_1 sont proportionnels aux différences $x_1 - x$, $y_1 - y$, $z_1 - z$: on exprimera ainsi que la courbe lieu du point I est tangente à MI. Il vient

$$\alpha\,ds - \alpha'\,da - \alpha''\,db - a\left(-\frac{\alpha}{R} - \frac{\alpha''}{T}\right)ds - b\alpha'\frac{ds}{T} = \lambda(a\alpha' + b\alpha'')$$

ou, en ordonnant,

$$\alpha\,ds\left(1 - \frac{a}{R}\right) + \alpha'\left(da + \frac{b\,ds}{T} - a\lambda\right) + \alpha''\left(db - \frac{a\,ds}{T} - b\lambda\right) = 0$$

et deux équations analogues en remplaçant les α par les β et les γ. De ces trois équations on conclut nécessairement que les coefficients de z, z', z'' sont nuls. On a donc

$$(5) \qquad \begin{cases} \lambda - \dfrac{a}{R} = 0, \\[2mm] da - \dfrac{b\,ds}{\tau} - a\lambda = 0, \\[2mm] db - \dfrac{a\,ds}{\tau} - b\lambda = 0. \end{cases}$$

La première équation $a = \lambda R$ montre que *le point I est situé sur la droite polaire*. En éliminant λ entre les deux dernières équations, nous avons

$$b\,da - a\,db - (a^2 + b^2)\frac{ds}{\tau} = 0,$$

que l'on peut écrire

$$\frac{a\,db - b\,da}{a^2 + b^2} = \frac{ds}{\tau}.$$

Soit

$$\int \frac{ds}{\tau} = \eta,$$

η étant une fonction du paramètre dont dépend la position du point M sur la courbe; l'équation précédente donne, en intégrant,

$$b = a\,\mathrm{tang}(\eta + C),$$

C étant une constante arbitraire. En prenant donc

$$x_1 = x + Rz' + Rz''\,\mathrm{tang}(\eta + C)$$

et les deux équations analogues, *on obtient une développée de la courbe gauche*, c'est-à-dire une courbe dont les tangentes sont normales à la courbe gauche. Il y a une infinité de développées, puisqu'il figure dans la formule une constante arbitraire C. Toutes ces développées sont situées sur la surface polaire.

Il est aisé de voir qu'un arc de développée s'exprime, comme dans le cas des courbes planes, par la différence de deux lignes droites. On a, en effet,

$$ds_1^2 = dx_1^2 + dy_1^2 + dz_1^2 = \lambda^2[(aa' + bb' + \dots)^2] = \lambda^2(a^2 + b^2).$$

Pour calculer λ, éliminons $\dfrac{ds}{\tau}$ entre les deux équations (5); il

vient
$$a\,da + b\,db = \lambda(a^2 + b^2),$$
donc
$$ds_1^2 = \frac{(a\,da + b\,db)^2}{a^2 + b^2}$$
ou encore
$$ds_1 = \frac{a\,da + b\,db}{\sqrt{a^2 + b^2}} = d(\sqrt{a^2 + b^2}).$$

Mais $MI = \sqrt{a^2 + b^2}$. Donc si MI varie dans le même sens quand on passe de I à I' l'arc II' de la développée sera égale à la différence $M'I' - MI$. *C'est le même théorème que pour les courbes planes.*

10. Les normales principales d'une courbe gauche peuvent-elles former une surface développable? Il faudrait pour cela
$$b = o,$$
c'est-à-dire
$$\tau + C = o,$$
et par suite
$$\frac{1}{\tau} = o, \qquad \text{puisque} \qquad d\tau = \frac{ds}{\tau}.$$

La torsion de la courbe étant constamment nulle, la courbe serait plane.

Ce résultat peut d'ailleurs s'établir immédiatement sans calcul. En effet, si MN était génératrice d'une surface développable, le plan tangent en M à cette surface serait le plan MNT, MT étant la tangente. Cette développable serait donc l'enveloppe du plan osculateur à la courbe en M; la caractéristique du plan osculateur serait alors la normale principale : résultat inadmissible, puisque nous avons vu que cette caractéristique est la tangente MT.

Une courbe plane a, comme toute courbe, une infinité de développées. Pour une courbe plane, τ se réduisant à une constante, l'angle formé par la normale principale MN et la normale MN' engendrant une développable, sera constant. Les développées d'une courbe plane seront donc des courbes dont les tangentes font un angle constant avec le plan de la courbe, ou encore seront des courbes dont les tangentes font un angle constant avec une direction fixe. On donne le nom d'*hélices* aux courbes jouissant de cette propriété : nous allons les étudier avec quelques détails.

11. Prenons donc une courbe C dont la tangente fasse, avec une direction fixe que nous prendrons comme axe des z, un angle constant, dont γ représentera le cosinus. On a

$$\frac{dz}{ds} = \gamma,$$

donc

$$z = \gamma s,$$

en supposant, comme il est possible, que $z = o$ pour $s = o$.

En exprimant les coordonnées x, y, z en fonction de l'arc s, nous aurons

$$x = f(s),$$
$$y = \varphi(s),$$
$$z = \gamma s,$$

et puisque

$$dx^2 + dy^2 + dz^2 = ds^2,$$

on aura

$$f'^2(s) + \varphi'^2(s) = 1 - \gamma^2.$$

Considérons le cylindre parallèle à Oz et passant par la courbe C. Soit C$_1$ sa section droite : l'arc s_1 de cette section droite sera donné par la formule

$$ds_1^2 = dx^2 + dy^2 = [f'^2(s) + \varphi'^2(s)] ds^2 = (1 - \gamma^2) ds^2,$$

donc, en comptant s_1 à partir du point où l'hélice rencontre le plan des xy,

$$s_1 = s\sqrt{1 - \gamma^2}$$

Les cosinus directeurs de la normale principale à une courbe sont proportionnels à

$$\frac{d^2x}{ds^2}, \quad \frac{d^2y}{ds^2}, \quad \frac{d^2z}{ds^2}.$$

Or ici $\dfrac{d^2z}{ds^2} = o$: la normale principale sera parallèle au plan des xy, et par suite *normale au cylindre projetant la courbe sur ce plan*.

Soit M un point de C et M$_1$ sa projection sur C$_1$. Calculons le rayon de courbure R de C en M, et celui R_1 de C_1 en M_1.

$$\frac{1}{R^2} = \left(\frac{d^2x}{ds^2}\right)^2 + \left(\frac{d^2y}{ds^2}\right)^2,$$

et

$$\frac{1}{R_1^2} = \left(\frac{d^2x}{ds_1^2}\right)^2 + \left(\frac{d^2y}{ds_1^2}\right)^2.$$

Puisque $s_1 = s\sqrt{1-\gamma^2}$, on a

$$\frac{d^2x}{ds_1^2} = \frac{1}{1-\gamma^2}\frac{d^2x}{ds^2}, \qquad \frac{d^2y}{ds_1^2} = \frac{1}{1-\gamma^2}\frac{d^2y}{ds^2},$$

donc

$$\frac{1}{R_1^2} = \frac{1}{(1-\gamma^2)^2}\frac{1}{R^2},$$

ou

$$R = \frac{R_1}{1-\gamma^2}.$$

Les deux rayons de courbure sont dans un rapport constant. En particulier, si l'hélice est circulaire, c'est-à-dire si la section droite C_1 est un cercle, son rayon de courbure sera constant.

12. Considérons la binormale en un point quelconque M de l'hélice : elle est située dans le plan tangent au cylindre en M, et, dans ce plan, elle est perpendiculaire à la tangente MT.

Elle fait donc un angle constant avec l'axe des z, et le cosinus de cet angle est $\sqrt{1-\gamma^2}$. Or une des formules de Frenet s'écrit

$$\frac{d\gamma'}{ds} = -\frac{1}{R} - \frac{\gamma'}{T},$$

et, puisque $\gamma' = 0$, nous avons

$$\frac{R}{T} = -\frac{\gamma}{\gamma'} = -\frac{\gamma}{\sqrt{1-\gamma^2}} = \text{const.}$$

Le rapport entre le rayon de courbure et le rayon de torsion est constant dans une hélice.

M. Bertrand a montré que, réciproquement, toute courbe, pour laquelle $\dfrac{R}{T}$ est constant, est une hélice. Les formules de Frenet vont nous conduire de suite à ce théorème. Des relations

$$\frac{d\alpha}{ds} = \frac{\alpha'}{R}, \qquad \frac{d\alpha'}{ds} = \frac{\alpha}{T},$$

on tire

$$\frac{d\alpha'}{d\alpha} = \frac{d\beta'}{d\beta} = \frac{d\gamma'}{d\gamma} = \frac{R}{T} = k,$$

k désignant, par hypothèse, une constante.

Donc

$$\alpha' - k\alpha = C,$$
$$\beta' - k\beta = C',$$
$$\gamma' - k\gamma = C'',$$

C, C' et C'' étant trois constantes. Celles-ci ne peuvent être nulles à la fois, car, des équations précédentes, on conclut

$$C\alpha' + C'\beta' + C''\gamma' = 1.$$

Multiplions les trois équations par $d\alpha$, $d\beta$, $d\gamma$ et ajoutons : il vient

$$C\, d\alpha + C'\, d\beta + C''\, d\gamma = 0,$$

et enfin

$$C\alpha + C'\beta + C''\gamma = \text{const.}$$

Ceci montre que la tangente à la courbe fait un angle constant avec la direction qui a pour cosinus directeurs

$$\frac{C}{\sqrt{C^2 + C'^2 + C''^2}}, \quad \frac{C'}{\sqrt{C^2 + C'^2 + C''^2}}, \quad \frac{C''}{\sqrt{C^2 + C'^2 + C''^2}}.$$

La courbe est donc une hélice (¹).

13. Nous terminerons ce Chapitre, en considérant les courbes tracées sur une sphère. On peut introduire dans l'étude de ces courbes une notion importante, susceptible d'ailleurs d'être étendue

---

(¹) La fin du raisonnement précédent suppose essentiellement que la *courbe soit réelle*. C'est seulement dans ce cas qu'on peut être assuré que la somme

$$C^2 + C'^2 + C''^2$$

est différente de *zéro*. Considérons, par exemple, les courbes dont le rayon de courbure et dont le rayon de torsion soient constants. Si $C = C' = C'' = 0$, la

à une surface quelconque. Prenons, sur la courbe sphérique C, deux points M et M' et menons les arcs de grand cercle tangents à la courbe en ces points. Soit ε l'angle de ces deux arcs de grand cercle, angle voisin de zéro si M' est voisin de M. On donne le nom de *courbure géodésique* à la limite du rapport

$$\frac{\varepsilon}{\Delta s} \qquad (\Delta s = \text{arc } MM'),$$

quand M' tend vers M. Si nous posons

$$\frac{1}{G} = \lim \frac{\varepsilon}{\Delta s};$$

G sera dit le *rayon de courbure géodésique* de la courbe au point M.

Nous allons donc calculer $\lim \frac{\varepsilon}{\Delta s}$, et il est clair que ε représente l'angle des normales au plan des deux grands cercles.

Si donc α_1, β_1, γ_1 désignent les cosinus directeurs de la normale au plan du grand cercle tangent en M à la courbe C, on

---

courbe sera une hélice circulaire. Mais plaçons-nous maintenant dans l'hypothèse $C^2 + C'^2 + C''^2 = 0$. L'égalité

$$(\alpha'' - k\alpha)^2 + (\beta'' - k\beta)^2 + (\gamma'' - k\gamma)^2 = 0$$

donne

$$r + k^3 = 0.$$

On a donc $k = \pm i$, $(i = \sqrt{-1})$; soit, par exemple, $k = i$. Il faudra que $\frac{R}{T} = i$. Dans la formule

$$\frac{d\alpha'}{ds} = -\frac{\alpha}{R} - \frac{\alpha''}{T},$$

remplaçons α'' par sa valeur $i\alpha - C$ et α par $R\frac{d\alpha}{ds}$, il vient

$$R\frac{d^2\alpha}{ds^2} = -\frac{C}{T};$$

α sera donc un polynôme du second degré en s et x sera par conséquent un polynôme du troisième degré en s. Il en est de même pour y et z, et l'on obtiendrait ainsi une *cubique gauche imaginaire*, pour laquelle le rayon de courbure et le rayon de torsion sont constants, leur rapport étant égal à i. L'existence de cette cubique gauche imaginaire, ayant courbure et torsion constantes, a été signalée par M. Lyon dans sa thèse *Sur les courbes à torsion constante*, 1890.

aura, en raisonnant comme dans le calcul du rayon de courbure,

$$\frac{1}{G^2} = \frac{(d\alpha_1)^2 + (d\beta_1)^2 + (d\gamma_1)^2}{ds^2}.$$

Or on a évidemment

$$\alpha_1 = \frac{\gamma y - \beta z}{a}, \qquad \beta_1 = \frac{\alpha z - \gamma x}{a}, \qquad \gamma_1 = \frac{\beta x - \alpha y}{a},$$

en se rappelant que $x^2 + y^2 + z^2 = a^2$.

Il vient alors

$$\frac{1}{G^2} = \frac{(y\,d\gamma - z\,d\beta)^2 + (z\,d\alpha - x\,d\gamma)^2 + (x\,d\beta - y\,d\alpha)^2}{a^2\,ds^2}$$

$$= \frac{(x^2 + y^2 + z^2)(d\alpha^2 + d\beta^2 + d\gamma^2) - (x\,d\alpha + y\,d\beta + z\,d\gamma)^2}{a^2\,ds^2}$$

ou

$$\frac{1}{G^2} = \frac{1}{R^2} - \frac{(\alpha' x + \beta' y + \gamma' z)^2}{a^2 R^2},$$

R étant le rayon de courbure de C en M. Ceci posé, considérons la droite polaire D (*fig.* 18), correspondant au point M : elle

Fig. 18.

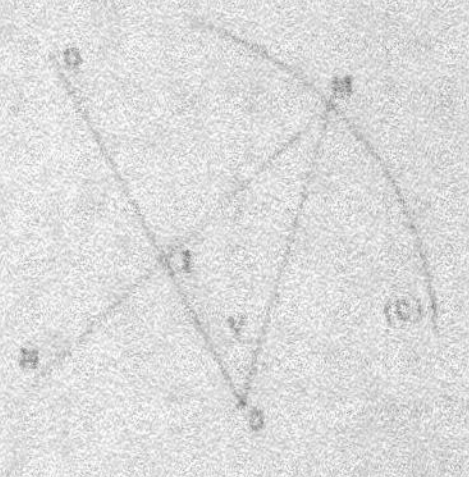

passe évidemment par le centre de la sphère ; soit, d'autre part, MN la normale principale rencontrant la droite polaire en I, point qui est le centre de courbure. Appelons enfin V l'angle DOM, on aura

$$\frac{\alpha' x + \beta' y + \gamma' z}{a} = \sin V$$

et, par suite,

$$\frac{1}{G^2} = \frac{1}{a^2 \operatorname{tang}^2 V}.$$

C'est la formule que nous voulions obtenir pour la courbure géodésique. On peut aussi en conclure

$$G = a \tan V = \frac{aR}{\sqrt{a^2 - R^2}},$$

formule simple reliant le rayon de courbure géodésique au rayon de courbure de la courbe.

14. Cherchons, comme application, les courbes de la sphère dont le rayon de courbure géodésique est constant. D'après la formule précédente, ceci revient à chercher les courbes de la sphère ayant une courbure constante. Or nous avons vu que le carré du rayon de la sphère osculatrice était donné en général par l'expression

$$R'^2 = T^2 \left(\frac{dR}{ds} \right)^2.$$

La sphère osculatrice d'une courbe tracée sur une sphère étant manifestement cette sphère elle-même, on aura, pour toute courbe de notre sphère,

$$a^2 = R'^2 = T^2 \left(\frac{dR}{ds} \right)^2.$$

Supposons que la courbe ne soit pas plane, alors T ne sera pas constamment infini et $\frac{dR}{ds}$ étant nul, on aura

$$a^2 = R^2.$$

Or MI $=$ R; il faudra donc que toutes les normales principales de la courbe passent par le centre. Ces normales formant une surface développable, la courbe devra être plane, résultat contradictoire avec l'hypothèse faite. Par suite, les courbes cherchées sont des courbes planes ; ce sont nécessairement des cercles de la sphère.

CHAPITRE XIV.

DES COURBES TRACÉES SUR UNE SURFACE.

I. — De la courbure des courbes tracées sur une surface. Théorème d'Euler et de Meusnier.

1. Nous allons étudier la courbure des lignes tracées sur une surface quelconque. Soit

$$z = f(x, y)$$

l'équation de cette surface. Pour toutes les valeurs de x et y que nous considérons, il sera supposé que la fonction a des dérivées partielles du premier et du second ordre déterminées et continues. Nous avons déjà posé

$$p = \frac{dz}{dx}, \qquad q = \frac{dz}{dy}, \qquad r = \frac{d^2 z}{dx^2}, \qquad s = \frac{d^2 z}{dx\, dy}, \qquad t = \frac{d^2 z}{dy^2}.$$

Menons la normale au point $M(x, y, z)$ de la surface. Nous définirons sur cette droite géométrique une direction déterminée MN, en considérant la direction qui fait avec l'axe Oz un angle aigu; les cosinus des angles de cette direction avec les axes seront

$$\frac{-p}{\sqrt{1 + p^2 + q^2}}, \qquad \frac{-q}{\sqrt{1 + p^2 + q^2}}, \qquad \frac{+1}{\sqrt{1 + p^2 + q^2}},$$

le radical étant pris positivement.

Ceci posé, considérons une courbe C sur la surface. En désignant toujours par α, β, γ les cosinus directeurs de la tangente à cette courbe, on a

$$p\alpha + q\beta - \gamma = 0.$$

d'où, en différentiant, pour un déplacement sur la courbe,

$$p\,d\alpha + q\,d\beta - d\gamma + \alpha\,dp + \beta\,dq = 0,$$

relation qui, en se servant des premières formules de Frenet et remplaçant dp et dq par $r\,dx + s\,dy$ et $s\,dx + t\,dy$, devient

$$\frac{p\alpha' + q\beta' - \gamma'}{R} + r\alpha^2 + 2s\alpha\beta + t\beta^2 = 0.$$

Or, si θ désigne l'angle que fait la normale principale MN à la courbe avec la direction Mν de la normale à la surface, on aura

$$\cos\theta = \frac{\gamma' - p\alpha' - q\beta'}{\sqrt{1 + p^2 + q^2}},$$

et *nous avons alors la formule fondamentale*

$$\frac{\cos\theta}{R} = \frac{r\alpha^2 + 2s\alpha\beta + t\beta^2}{\sqrt{1 + p^2 + q^2}}.$$

2. La relation précédente donne tout ce qui est relatif à la courbure des lignes tracées sur une surface. Nous pouvons en déduire immédiatement le théorème de Meusnier qui ramène la recherche de la courbure des courbes quelconques passant en un point d'une surface à celle des sections normales passant par ce point.

Soient, en effet, deux courbes tracées sur la surface, MC et MC' ayant même tangente en M; nous aurons

$$\frac{\cos\theta}{R} = \frac{\cos\theta'}{R'},$$

R' et θ' ayant les mêmes significations pour la seconde courbe que R et θ pour la première.

Supposons, de plus, que les deux courbes aient même plan osculateur : leurs normales principales coïncideront, et l'on aura

$$\text{soit} \quad \theta = \theta', \qquad \text{soit} \quad \theta = \theta' + \pi;$$

mais ce second cas est impossible, car R et R' sont positifs. On a donc $\theta = \theta'$ et, par suite $R = R'$.

Ainsi, une courbe quelconque a en M même rayon de courbure que la section plane déterminée dans la surface par son plan osculateur.

Il suffira donc de considérer les sections planes passant par M. Comparons d'abord les sections planes ayant même tangente MT. En particulier, soit une section plane passant par MT et par la normale Mν, section que nous appellerons *section normale*. Pour cette section, on ne peut avoir que

$$\theta' = 0 \quad \text{ou} \quad \theta' = \pi$$

On aura $\theta' = 0$ si le centre de courbure de la section normale est sur Mν, et $\theta' = \pi$ s'il est sur le prolongement de Mν. Or on peut toujours supposer qu'on se trouve dans le premier cas en choisissant convenablement la direction positive de l'axe Oz. On a alors

$$\frac{\cos\theta}{R} = \frac{1}{R'}$$

Cette formule exprime le théorème de Meusnier. Elle montre que *le centre de courbure O de la section oblique est la projection sur le plan de cette section du centre de courbure O' de la section normale ayant même tangente.*

3. Nous sommes donc enfin ramené à l'étude de la variation du rayon de courbure d'une section normale dont le plan tourne autour de Mν : cette étude a été faite par Euler.

Reprenons la formule fondamentale du § 1. Puisqu'il s'agit d'une section normale, il faut y faire $\theta = 0$ ou $\theta = \pi$. Pour n'avoir qu'un cas à considérer, nous allons faire une convention relative à R; jusqu'ici R a toujours désigné une quantité essentiellement positive. Dans la suite, R *va être susceptible d'un signe :* pour une section normale, R sera positif, quand l'angle θ correspondant à cette section sera nul; il sera négatif quand l'angle θ sera égal à π. En d'autres termes, R sera positif si la direction allant de M au centre de courbure de la section coïncide avec Mν; il sera négatif si cette direction coïncide avec le prolongement de Mν. Avec cette convention, on aura la valeur de R en faisant, dans tous les cas, $\theta = 0$ dans la forme fondamentale. Celle-ci nous donne donc, pour les sections normales,

$$\frac{1}{R} = \frac{r\alpha^2 - 2s\alpha\beta - t\beta^2}{\sqrt{1 - p^2 - q^2}}$$

Pour étudier la variation de $\frac{1}{R}$, prenons comme origine le point M, la direction My comme axe des z; le plan tangent en M sera alors le plan xy. On a $p = q = 0$, et la formule devient

$$\frac{1}{R} = r\alpha^2 + 2s\alpha\beta + t\beta^2.$$

Or soit ω l'angle de la tangente MT avec l'axe Mx; il vient

$$\frac{1}{R} = r\cos^2\omega + 2s\cos\omega\sin\omega + t\sin^2\omega.$$

On a donc seulement à discuter une forme quadratique en $\cos\omega$ et $\sin\omega$.

Les maxima et minima de $\frac{1}{R}$ ont lieu pour les valeurs de ω qui annulent sa dérivée, c'est-à-dire, comme le donne un calcul facile, pour les racines de l'équation

$$\operatorname{tang} 2\omega = \frac{2s}{r - t}.$$

Cette équation donne pour ω deux directions rectangulaires. Si l'on prend pour axes des x et des y ces deux directions, la valeur de s correspondant à ces nouveaux axes devra être nulle, puisque l'équation admettra les racines $\omega = 0$, $\frac{\pi}{2}$, et l'on aura

$$\frac{1}{R} = r_1\cos^2\omega + t_1\sin^2\omega.$$

En désignant par R_1 le rayon de courbure correspondant à la section $\omega = 0$ et par R_2 le rayon de courbure de la section $\omega = \frac{\pi}{2}$, on a $\frac{1}{R_1} = r_1$ et de même $\frac{1}{R_2} = r_2$. Nous avons donc la relation due à Euler

$$\frac{1}{R} = \frac{\cos^2\omega}{R_1} + \frac{\sin^2\omega}{R_2}.$$

Les deux sections normales, que nous venons de signaler, sont dites les *sections normales principales*. Ce sont les sections correspondant aux maximum et minimum des rayons de courbure. R_1 et R_2 sont les *rayons de courbure principaux* de la surface en M.

4. Au point de vue de la forme de la surface dans le voisinage de M, deux cas sont à distinguer. Soit d'abord R_1 et R_2 de même signe; R a un signe invariable. La surface est alors, dans le voisinage de M, d'un même côté de son plan tangent; les centres de courbure des sections normales sont compris entre les deux centres de courbure O_1 et O_2 des sections principales.

Il en est tout autrement si R_1 et R_2 sont de signes contraires; R a un signe variable. Les deux valeurs de ω, correspondant à

$$\tan \omega = \pm \sqrt{-\frac{R_2}{R_1}},$$

donnent $\frac{1}{R} = 0$, et les deux sections normales, correspondant à ces tangentes, ont en M une inflexion. La surface n'est pas tout entière d'un même côté de son plan tangent dans le voisinage de M : elle est dite alors *à courbures opposées au point* M. Un hyperboloïde à une nappe nous offre, en un quelconque de ses points, l'exemple d'une telle surface.

Un cas intermédiaire est celui où une des quantités $\frac{1}{R_1}$, $\frac{1}{R_2}$ serait nulle; on aurait, par exemple,

$$\frac{1}{R} = \frac{\sin^2 \omega}{R_2}.$$

R serait de signe invariable, s'annulant seulement pour $\omega = 0$.

Signalons encore le cas particulier où $R_1 = R_2$: on aura

$$\frac{1}{R} = \frac{1}{R_1}.$$

Toutes les sections normales ont alors même courbure; le point est dit un *ombilic* de la surface. En un tel point, les sections principales sont indéterminées.

Si, sans particulariser les axes des x et des y, nous revenons à la formule

$$\frac{1}{R} = r\alpha^2 + 2s\alpha\beta + t\beta^2,$$

les deux grandes distinctions que nous avons faites correspondent à $s^2 - rt < 0$ et à $s^2 - rt > 0$. Dans cette dernière hypothèse, les directions de tangentes, pour lesquelles la section normale correspondante à une inflexion, sont données par l'équation

$$r x^2 + 2 s xy + t y^2 = 0.$$

Les tangentes des sections normales pour lesquelles $\frac{1}{R} = 0$ sont appelées les *tangentes principales* de la surface en M. Il ne faut pas confondre, comme on voit, les tangentes principales avec les tangentes des sections normales principales.

Les tangentes principales peuvent être définies d'une autre manière. Considérons, en effet, le développement de z suivant les puissances de x et y, d'après la formule de Taylor; on aura

$$z = \frac{1}{1.2}\left(r x^2 + 2 s xy + t y^2\right) + \dots,$$

les termes non écrits étant de degrés supérieurs à *deux*. Coupons la surface par le plan $z = 0$, l'équation de la section sera

$$u = r x^2 + 2 s xy + t y^2 + \dots,$$

ce qui montre qu'elle a en M un point double, et les tangentes en ce point double sont les tangentes principales. Ainsi les tangentes principales à une surface en un point M sont les tangentes, en ce point, de la section plane déterminée dans la surface par le plan tangent en M.

Prenons, par exemple, un point d'un hyperboloïde à une nappe; les deux tangentes principales en ce point sont les deux génératrices rectilignes qui y passent.

5. Revenons à la formule générale

$$\frac{\sqrt{1 + p^2 + q^2}}{R} = r\alpha^2 + 2s\alpha\beta + t\beta^2,$$

les axes de coordonnées étant quelconques, mais, bien entendu, rectangulaires. Cherchons l'équation du second degré en $\frac{\alpha}{\beta}$ déterminant les traces des sections principales sur le plan tangent. Nous savons qu'elles correspondent au maximum et au minimum de $\frac{1}{R}$ ou bien de $\frac{\sqrt{1 + p^2 + q^2}}{R}$.

Nous devons égaler à zéro la différentielle de cette expression, ce qui donne

$$(1) \qquad r\alpha\,d\alpha + s(\alpha\,d\beta + \beta\,d\alpha) + t\beta\,d\beta = 0.$$

Or α et β sont liées par la relation

$$\alpha^2 + \beta^2 + (p\alpha + q\beta)^2 = 1 \qquad (\text{puisque } \gamma = p\alpha + q\beta);$$

en différentiant cette dernière relation, il vient

$$(2) \qquad \alpha\,d\alpha + \beta\,d\beta + (p\alpha + q\beta)(p\,d\alpha + q\,d\beta) = 0.$$

On aura donc, en éliminant $d\alpha$ et $d\beta$ entre (1) et (2),

$$\alpha^2[s(1+p^2) - pqr] + \alpha\beta[t(1+p^2) - r(1+q^2)] - \beta^2[s(1+q^2) - pqt] = 0.$$

Telle est l'équation faisant connaître les deux tangentes aux sections normales principales en un point $(x,\ y,\ z)$ de la surface.

Cherchons, en particulier, les équations qui caractériseront un ombilic. En un tel point, les sections normales principales sont indéterminées; l'équation précédente doit être identiquement vérifiée, ce qui entraîne

$$\frac{r}{1+p^2} = \frac{s}{pq} = \frac{t}{1+q^2}.$$

Il y a donc deux conditions pour exprimer qu'un point est un ombilic.

6. Cherchons maintenant l'équation du second degré donnant les deux rayons de courbure principaux. L'élimination $d\alpha$ et $d\beta$ entre les équations (1) et (2) nous a conduit à l'équation

$$\frac{\alpha(1+p^2) + pq\beta}{r\alpha + s\beta} = \frac{\beta(1+q^2) + pq\alpha}{s\alpha + t\beta},$$

que j'ai donnée plus haut sous forme entière; on peut encore écrire, comme valeur commune de ces rapports, en multipliant les deux termes du premier rapport par α et les deux termes du second par β,

$$\frac{\alpha^2(1+p^2) + 2pq\alpha\beta + \beta^2(1+q^2)}{r\alpha^2 + 2s\alpha\beta + t\beta^2},$$

c'est-à-dire $\dfrac{1}{r\alpha^2 + 2s\alpha\beta + t\beta^2}$ ou $\dfrac{R}{\sqrt{1+p^2+q^2}}$

Posant donc

$$\rho = \frac{\sqrt{1+p^2+q^2}}{R},$$

nous aurons

$$\rho = \frac{r\alpha + s\beta}{\alpha(1+p^2)+pq\beta} = \frac{s\alpha + t\beta}{\beta(1+q^2)+pq\alpha}.$$

L'élimination de $\frac{\alpha}{\beta}$ entre ces deux équations conduit à l'équation cherchée

$$\rho^2(1+p^2+q^2) - \rho\left[r(1+q^2)+t(1+p^2)-2pqs\right] + rt - s^2 = 0,$$

qui donne, en remplaçant ρ par $\dfrac{\sqrt{1+p^2+q^2}}{R}$, les deux rayons de courbure principaux au point considéré.

Cette équation en ρ aura toujours ses racines réelles; si elles sont de même signe, la surface est convexe dans le voisinage du point (x, y, z); elle est à courbures opposées, dans le cas contraire. Le signe de $rt - s^2$ permet donc de décider de la nature de la surface dans le voisinage d'un point.

On peut, avec l'équation précédente, exprimer qu'un point est un ombilic : il suffira d'écrire qu'elle a une racine double. Il semble donc, au premier abord, qu'il y ait contradiction avec le résultat trouvé plus haut, où nous avons trouvé deux équations, tandis qu'ici une seule équation exprimera que les deux valeurs de ρ sont égales. L'explication est facile : le discriminant de l'équation en ρ, on le vérifiera aisément, est une somme de deux carrés, et, comme la surface est supposée réelle, il faut annuler chacun des carrés, ce qui donne les équations précédemment trouvées.

II. — Lignes de courbure. — Propriétés et équations générales.

7. En étudiant les congruences de droites (Chap. XI, § 15), nous avons déjà défini incidemment les lignes de courbure d'une surface. Les normales à une surface forment une congruence. Soient M un point quelconque de la surface et MN la normale en ce point; par MN passent deux surfaces développables ayant pour génératrices des normales à la surface. Ces deux surfaces se coupent à angles droits. Nous en avons conclu que par chaque point

M d'une surface passent deux courbes sur la surface, telles que les normales aux divers points de ces courbes forment deux surfaces développables ; ces deux courbes, qu'on appelle *lignes de courbure de la surface*, sont à angle droit. Pour les trouver, il faut intégrer une équation différentielle du premier ordre et du second degré.

Traitons la question directement. Les équations de la normale à la surface au point (x, y, z) sont

$$X = -pZ + x + pz,$$
$$Y = -qZ + y + qz.$$

Cette droite engendrera une surface développable si

$$\frac{d(x+pz)}{dp} = \frac{d(y+qz)}{dq}$$

ou bien

$$\frac{dx + p\,dz}{dp} = \frac{dy + q\,dz}{dq},$$

et, en remplaçant dz par $p\,dx + q\,dy$,

$$\frac{(1+p^2)\,dx + pq\,dy}{r\,dx + s\,dy} = \frac{pq\,dx + (1+q^2)\,dy}{s\,dx + t\,dy}.$$

Cette équation du second degré en $\dfrac{dy}{dx}$ est l'équation différentielle des projections des lignes de courbure sur le plan des xy. Nous en déduisons un théorème très important : la relation précédente coïncide en effet avec l'équation en α et β trouvée plus haut, relative aux tangentes des sections normales principales. On en conclut que *les lignes de courbure en chaque point sont tangentes aux sections normales principales*.

Voici une seconde propriété fondamentale des lignes de courbure. Soit C une ligne de courbure de la surface : les normales menées à la surface par tous les points de cette ligne, formant une surface développable, sont tangentes à une courbe gauche. Cherchons le point de contact de l'une d'elles avec son enveloppe ; les coordonnées de ce point vérifient les équations de la normale en M, (x, y, z).

$$X = -pZ + x + pz,$$
$$Y = -qZ + y + qz.$$

et les deux équations obtenues par différentiation

$$-dp\,Z + dx + p\,dz + z\,dp = o,$$
$$-dq\,Z + dy + q\,dz + z\,dq = o.$$

Ces quatre équations sont compatibles, d'après la définition même de C, et l'on a

$$Z - z = \frac{dx + p\,dz}{dp} = \frac{dy + q\,dz}{dq}.$$

Or dx et dy sont proportionnels aux cosinus α et β relatifs à la tangente d'une des sections principales en M. On a donc

$$Z - z = \frac{\alpha(1 + p^2) + pq\beta}{r\alpha + s\beta} = \frac{pq\alpha + (1 + q^2)\beta}{s\alpha + t\beta}$$

et, par conséquent, d'après une combinaison faite plus haut,

$$Z - z = \frac{1}{r\alpha^2 + 2s\alpha\beta + t\beta^2}.$$

Mais R désignant le rayon de courbure principal, correspondant à (α, β), le second membre est égal à $\dfrac{R}{\sqrt{1 + p^2 + q^2}}$; on a, par suite,

$$Z - z = \frac{R}{\sqrt{1 + p^2 + q^2}},$$

ce qui montre que le point de contact considéré est au centre de courbure principal ou, sous une autre forme, *la normale en tout point d'une surface touche les deux nappes de la surface focale de la congruence des normales aux deux centres de courbure principaux relatifs à ce point.*

8. L'équation différentielle des lignes de courbure est susceptible de formes diverses. Des formules intéressantes, équivalentes à cette équation différentielle, ont été données par Olinde Rodrigue. Désignons par a, b, c les cosinus directeurs de la normale en un point arbitraire d'une surface, et soit R le rayon de courbure principal correspondant à une des sections principales, les coordonnées du centre de courbure seront

$$x + Ra, \quad y + Rb, \quad z + Rc.$$

Pour un déplacement sur la ligne de courbure tangente à la section principale, on aura donc

$$\frac{d(x - Ra)}{a} = \frac{d(y - Rb)}{b} = \frac{d(z - Rc)}{c},$$

ce qui exprime que le centre de courbure décrit une courbe tangente à la normale de la surface. Ces équations peuvent s'écrire

$$\frac{dx - R\,da}{a} = \frac{dy - R\,db}{b} = \frac{dz - R\,dc}{c},$$

et la valeur commune de ces rapports sera *zéro*, comme on le voit en les multipliant respectivement par a, b, c. On a donc:

$$dx - R\,da = 0,$$
$$dy - R\,db = 0,$$
$$dz - R\,dc = 0.$$

Telles sont les formules de Rodrigue. Elles reviennent à *deux*, puisqu'en les multipliant respectivement par a, b, c et ajoutant on obtient une identité. Comme elles renferment R, elles sont équivalentes à l'équation différentielle des lignes de courbure. Leur intérêt provient de leur symétrie et de ce qu'elles font connaître en même temps une expression simple de R.

Si l'on veut en tirer l'équation différentielle, trouvée plus haut, des lignes de courbure, il suffit d'éliminer R entre les deux premières, ce qui donne

$$dx\,db - dy\,da = 0.$$

Or

$$a = \frac{p}{\sqrt{1 + p^2 + q^2}}, \qquad b = \frac{q}{\sqrt{1 + p^2 + q^2}},$$

donc, en substituant,

$$(dp\,dy - dq\,dx)(1 + p^2 + q^2) - (p\,dy - q\,dx)(p\,dp + q\,dq) = 0.$$

L'équation étant écrite sous cette forme, on peut en conclure immédiatement une remarque intéressante. La courbe imaginaire donnée par l'équation

$$1 + p^2 + q^2 = 0$$

est une ligne de courbure, puisqu'on a pour elle $p\,dp + q\,dq = 0$.

On peut donc toujours trouver sur une surface une ligne de
courbure, sans aucune intégration : cette ligne de courbure est
d'ailleurs imaginaire. Ce résultat est dû à M. Darboux [1], qui y
est arrivé de la manière la plus simple en considérant sur la surface les points où le plan tangent est parallèle à un plan tangent
au cône asymptote de la sphère. Le lieu de ces points forme bien
la courbe obtenue plus haut.

9. L'équation des lignes de courbure peut encore se mettre
sous la forme suivante, très utile dans les applications. Désignons
par u, v, w, non plus les cosinus directeurs de la normale, mais
seulement des quantités proportionnelles à ces cosinus, et considérons une ligne de courbure.

Soient

$$X = x + ut,$$
$$Y = y + vt,$$
$$Z = z + wt$$

les coordonnées du point où la normale touche son enveloppe.
On aura

$$\frac{d(x+ut)}{u} = \frac{d(y+vt)}{v} = \frac{d(z+wt)}{w},$$

équations qui reviennent à

$$\frac{dx + t\,du}{u} = \frac{dy + t\,dv}{v} = \frac{dz + t\,dw}{w}$$

d'où, en désignant par $- t'$ la valeur de ces rapports,

$$dx + t\,du + ut' = 0,$$
$$dy + t\,dv + vt' = 0,$$
$$dz + t\,dw + wt' = 0,$$

et, en éliminant t et t',

$$\begin{vmatrix} dx & u & du \\ dy & v & dv \\ dz & w & dw \end{vmatrix} = 0.$$

[1] G. Darboux, *Recherches sur les surfaces orthogonales* (*Annales de l'École
Normale*, 1865).

C'est, dans toute sa généralité, *l'équation différentielle des lignes de courbure*. Si, par exemple, les coordonnées x, y, z d'un point quelconque de la surface sont données en fonction de deux paramètres α et β, on pourra prendre pour u, v, w les trois déterminants fonctionnels

$$\frac{D(y, z)}{D(\alpha, \beta)}, \quad \frac{D(z, x)}{D(\alpha, \beta)}, \quad \frac{D(x, y)}{D(\alpha, \beta)},$$

et, en substituant, on aura l'équation différentielle en $\frac{d\beta}{d\alpha}$ des lignes de courbure de cette surface.

10. La recherche des lignes de courbure d'une surface revient, d'après ce qui précède, à la détermination de l'intégrale générale d'une équation différentielle du premier ordre; nous indiquerons seulement, pour le moment, deux classes de surfaces dont on obtient immédiatement les lignes de courbure.

Sur une surface de révolution, les lignes de courbure sont les parallèles et les méridiens. En effet, les normales à la surface menées aux différents points d'un méridien sont situées dans un même plan et forment, par suite, une développable; d'autre part, les normales en tous les points d'un parallèle forment un cône de révolution qui est aussi une surface développable. On trouverait facilement le même résultat par le calcul, en prenant l'équation de la surface sous la forme

$$z = f(x^2 + y^2),$$

l'axe des z étant l'axe de la surface. On n'a qu'à substituer, dans l'équation du paragraphe précédent,

$$u = xz\, f'(x^2 + y^2), \quad v = yz\, f'(x^2 + y^2), \quad w = -1;$$

le déterminant se réduit à l'équation

$$(x\,dx + y\,dy)(x\,dy - y\,dx) = 0,$$

qui donne les parallèles et les méridiens.

Considérons, en second lieu, une surface développable. Les génératrices rectilignes de cette surface constituent un premier système de lignes de courbure, car, le plan tangent étant le même en tous les points d'une génératrice, les normales à la surface en tous les points de celle-ci sont toutes dans un même plan. Le second système est formé par les trajectoires orthogonales des génératrices, c'est-à-dire par les développantes de l'arête de rebroussement.

Cherchons les rayons de courbure principaux en un point P d'une surface développable. L'un de ces rayons est manifestement infini, puisqu'une des sections normales principales est une ligne droite. Menons la génératrice passant par le point P et soit M le point où elle touche l'arête de rebroussement. Désignons par (x_1, y_1, z_1) les coordonnées de P et par a_1, b_1, c_1 les cosinus directeurs de la normale en P à la surface; soit enfin R_1 le second rayon de courbure principal cherché. On a, d'après les formules de Rodrigue,

$$R_1 = - \frac{dx_1}{da_1},$$

les différentielles étant relatives à un déplacement sur la seconde ligne de courbure. En appelant (x, y, z) les coordonnées de M et adoptant pour l'arête de rebroussement nos notations habituelles, on a

$$x_1 = x + l\alpha \qquad (l = \mathrm{MP}),$$

$$a_1 = \lambda.$$

Or, quand on se déplace sur une trajectoire orthogonale des génératrices, $dx_1 = l\,d\alpha$ puisque $ds + dl = 0$.

Par conséquent

$$R_1 = - \frac{l\,d\alpha}{d\lambda}.$$

Les formules de Frenet donnant $\dfrac{d\alpha}{d\lambda} = \dfrac{\mathrm{T}}{\mathrm{R}}$, nous avons finalement

$$R_1 = - l\,\frac{\mathrm{T}}{\mathrm{R}},$$

T et R désignant les rayons de torsion et de courbure en M de l'arête de rebroussement.

III. — Théorème de Joachimstal. — Théorème de Dupin.

11. On doit à Joachimstal une proposition élégante relative à deux surfaces ayant une ligne de courbure commune. Nous allons montrer que, *si deux surfaces ont une ligne de courbure commune, elles se coupent sous le même angle en tous les points de cette courbe.*

En un point quelconque M de cette courbe commune L, menons les normales MN et MN' aux deux surfaces S et S', et soit Mν la normale principale à la courbe L. Si φ et φ' désignent les angles de Mν avec MN et MN', on aura (Chap. XIII, § 9)

$$\varphi = \tau + C,$$
$$\varphi' = \tau + C'$$

(C et C' étant des constantes), puisque les normales MN et les normales MN' restent tangentes à deux développées de la courbe, conséquence immédiate de ce que L est une ligne de courbure de S et de S'.

On a donc

$$\varphi' - \varphi = C' - C;$$

l'angle $\varphi' - \varphi$ de MN et de MN' est constant.

A ce théorème on peut joindre une réciproque : *Si deux surfaces se coupent sous un angle constant en tous les points d'une courbe L, et que celle-ci soit une ligne de courbure pour la première surface, elle sera aussi ligne de courbure pour la seconde.* En effet, l'angle NMN' étant constant, on aura

$$\varphi' - \varphi = C''$$

(C'' étant une constante); or, puisque, pour la surface S, la ligne L est une ligne de courbure, la normale MN restera tangente à une développée de cette courbe. Donc

$$\varphi = \tau + C,$$

et par suite

$$\varphi' = \tau + C + C'' = \tau + C',$$

C' étant une constante, c'est-à-dire que MN' reste tangente à une courbe gauche. La ligne L est alors une ligne de courbure pour la surface S'.

L'application de ces théorèmes est particulièrement intéressante pour les lignes planes et sphériques.

Toute ligne plane est une ligne de courbure de son plan et toute ligne tracée sur une sphère est une ligne de courbure de cette sphère. Donc, si un plan ou une sphère coupe une surface suivant une de ses lignes de courbure, l'intersection a lieu sous un angle constant tout le long de cette ligne.

Réciproquement, si un plan ou une sphère coupe une surface sous un angle constant tout le long d'une ligne, celle-ci sera une ligne de courbure pour la surface.

12. Passons maintenant à un théorème célèbre dû à Dupin et qui a été l'origine d'une théorie considérable, celle des surfaces orthogonales. Nous considérons trois familles de surfaces dont les équations renferment chacune un paramètre arbitraire

$$f(x, y, z) = \lambda,$$
$$\varphi(x, y, z) = \mu,$$
$$\psi(x, y, z) = \nu,$$

λ, μ, ν étant les trois constantes arbitraires. Par un point quelconque de l'espace passe une surface de chacune de ces familles.

Supposons que deux surfaces quelconques prises dans ces trois familles se coupent à angle droit : on dit que ces surfaces forment un *système triple orthogonal*.

Le théorème de Dupin s'énonce ainsi :

Les surfaces d'un système triple orthogonal se coupent suivant leurs lignes de courbure.

13. La démonstration de ce théorème va résulter de quelques identités que je commence par établir.

Soient P un point quelconque de l'espace, et PL, PM, PN les trois normales aux surfaces précédentes passant en P : PL est normal à la surface $f = \lambda$, et ainsi des autres (*fig.* 19). Ces trois droites forment, par hypothèse, un trièdre trirectangle ; de plus chacune d'elles sera évidemment tangente à l'intersection des deux surfaces auxquelles elle ne correspond pas. Nous désignerons par

(λ) l'intersection des surfaces $\varphi = \mu$, $\psi = \nu$; la courbe (λ) sera tangente à PL ; et pareillement pour les autres.

Ceci posé, les équations du système triple orthogonal permet-

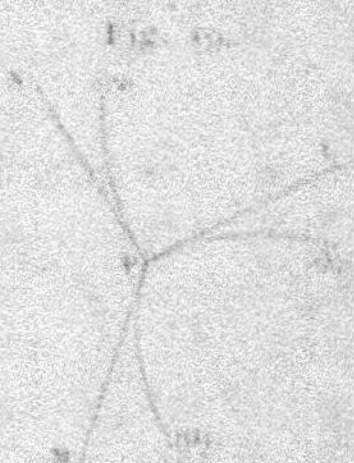

Fig. 61.

tent d'exprimer x, y, z en fonction de λ, μ, ν. Si, dans ces expressions, on donne à μ et ν les valeurs correspondant au point P, et qu'on fasse varier λ, le point (x, y, z) décrira la courbe (λ). L'orthogonalité du système sera alors exprimée par les identités

$$(3) \qquad \begin{cases} \sum \dfrac{\partial x}{\partial \lambda}\dfrac{\partial x}{\partial \mu} = 0, \\[2ex] \sum \dfrac{\partial x}{\partial \mu}\dfrac{\partial x}{\partial \nu} = 0, \\[2ex] \sum \dfrac{\partial x}{\partial \nu}\dfrac{\partial x}{\partial \lambda} = 0, \end{cases}$$

où il faut entendre par $\displaystyle\sum \dfrac{\partial x}{\partial \lambda}\dfrac{\partial x}{\partial \mu}$ la somme

$$\frac{\partial x}{\partial \lambda}\frac{\partial x}{\partial \mu} + \frac{\partial y}{\partial \lambda}\frac{\partial y}{\partial \mu} + \frac{\partial z}{\partial \lambda}\frac{\partial z}{\partial \mu}.$$

Ces trois identités expriment que les tangentes aux courbes (λ), (μ), (ν) sont deux à deux rectangulaires.

En différentiant respectivement par rapport à ν, λ et μ les identités (3), nous avons

$$\sum \frac{\partial x}{\partial \lambda}\frac{\partial^2 x}{\partial \mu\,\partial \nu} + \sum \frac{\partial x}{\partial \mu}\frac{\partial^2 x}{\partial \lambda\,\partial \nu} = 0,$$

$$\sum \frac{\partial x}{\partial \mu}\frac{\partial^2 x}{\partial \nu\,\partial \lambda} + \sum \frac{\partial x}{\partial \nu}\frac{\partial^2 x}{\partial \mu\,\partial \lambda} = 0,$$

$$\sum \frac{\partial x}{\partial \nu}\frac{\partial^2 x}{\partial \lambda\,\partial \mu} + \sum \frac{\partial x}{\partial \lambda}\frac{\partial^2 x}{\partial \nu\,\partial \mu} = 0,$$

On en conclut de suite

$$\sum \frac{\partial x}{\partial \lambda}\frac{\partial^2 x}{\partial \mu\,\partial \nu} = \sum \frac{\partial x}{\partial \mu}\frac{\partial^2 x}{\partial \lambda\,\partial \nu} = \sum \frac{\partial x}{\partial \nu}\frac{\partial^2 x}{\partial \lambda\,\partial \mu} = 0.$$

Remarquons encore, pour avoir sous les yeux tous les résultats nécessaires à la démonstration, que, d'après les identités (3), les expressions

$$\frac{D(y, z)}{D(\lambda, \nu)}, \quad \frac{D(z, x)}{D(\lambda, \nu)}, \quad \frac{D(x, y)}{D(\lambda, \nu)},$$

sont proportionnelles à

$$\frac{\partial x}{\partial \mu}, \quad \frac{\partial y}{\partial \mu}, \quad \frac{\partial z}{\partial \mu}.$$

14. Ces remarques faites, la démonstration est immédiate. Montrons, par exemple, que la courbe (λ) est une ligne de courbure pour la surface $\psi(x, y, z) = \nu$. En appelant u, v, w des quantités proportionnelles aux cosinus directeurs de la normale à cette surface, nous pouvons prendre

$$u = \frac{\partial x}{\partial \nu}, \qquad v = \frac{\partial y}{\partial \nu}, \qquad w = \frac{\partial z}{\partial \nu};$$

or, d'après le § 9, il nous faut vérifier que

$$\begin{vmatrix} dx & u & du \\ dy & v & dv \\ dz & w & dw \end{vmatrix} = 0,$$

le d étant relatif à la variation de λ puisqu'il s'agit de la courbe (λ). Nous devons donc avoir

$$\begin{vmatrix} \dfrac{\partial x}{\partial \lambda} & \dfrac{\partial x}{\partial \nu} & \dfrac{\partial^2 x}{\partial \nu\,\partial \lambda} \\ \dfrac{\partial y}{\partial \lambda} & \dfrac{\partial y}{\partial \nu} & \dfrac{\partial^2 y}{\partial \nu\,\partial \lambda} \\ \dfrac{\partial z}{\partial \lambda} & \dfrac{\partial z}{\partial \nu} & \dfrac{\partial^2 z}{\partial \nu\,\partial \lambda} \end{vmatrix} = 0.$$

Mais cette égalité se réduit à

$$\sum \frac{\partial^2 x}{\partial \nu\,\partial \lambda}\frac{\partial x}{\partial \mu} = 0,$$

C'est une des identités établies plus haut. *Le théorème de Dupin est démontré.*

15. Les surfaces homofocales du second degré offrent l'application la plus simple du théorème précédent.

Considérons les surfaces homofocales du second degré représentées par l'équation

$$(4) \qquad \frac{x^2}{a^2 - \lambda} + \frac{y^2}{b^2 - \lambda} + \frac{z^2}{c^2 - \lambda} = 1 \qquad (a > b > c).$$

Par un point quelconque de l'espace passent trois de ces surfaces; on vérifie facilement, en effet, que cette équation du troisième degré en λ admet trois racines réelles séparées par $- a^2$, $- b^2$, $- c^2$ et $+ \infty$, et auxquelles correspondent respectivement un hyperboloïde à deux nappes, un hyperboloïde à une nappe et un ellipsoïde. Nous formons donc ainsi trois familles de surfaces; elles rentrent dans le même type analytique, mais elles sont géométriquement distinctes et par chaque point de l'espace passe une surface de chacune des familles. Ce système triple est orthogonal, car deux surfaces homofocales quelconques, les surfaces (4) et (5) par exemple

$$(5) \qquad \frac{x^2}{a^2 - \mu} + \frac{y^2}{b^2 - \mu} + \frac{z^2}{c^2 - \mu} = 1$$

se coupent à angle droit. En retranchant en effet membre à membre les équations (4) et (5), on obtient la relation

$$\frac{x^2}{(a^2 - \lambda)(a^2 - \mu)} + \frac{y^2}{(b^2 - \lambda)(b^2 - \mu)} + \frac{z^2}{(c^2 - \lambda)(c^2 - \mu)} = 0,$$

qui exprime précisément l'orthogonalité des surfaces en un point commun (x, y, z).

Il est facile maintenant de trouver les lignes de courbure de l'ellipsoïde

$$\frac{x^2}{a^2} + \frac{y^2}{b^2} + \frac{z^2}{c^2} = 1.$$

Ce seront les intersections de cette surface avec l'hyperboloïde à deux nappes

$$\frac{x^2}{a^2+\lambda} + \frac{y^2}{b^2+\lambda} + \frac{z^2}{c^2+\lambda} = 1 \qquad (-a^2 < \lambda < -b^2),$$

et avec l'hyperboloïde à une nappe

$$\frac{x^2}{a^2+\mu} - \frac{y^2}{b^2+\mu} + \frac{z^2}{c^2-\mu} = 1 \qquad (-b^2 < \mu < -c^2).$$

Je n'indiquerai pas d'autres systèmes triplement orthogonaux. Cette théorie a fait l'objet de travaux considérables. Après les quadriques, le système orthogonal le plus simple est formé de surfaces du quatrième degré ayant pour ligne double le cercle imaginaire de l'infini; il a été découvert par M. Moutard et par M. Darboux. On consultera avec grand intérêt, sur cette question, l'Ouvrage de M. Darboux : *Sur une classe de surfaces algébriques* (Paris, Gauthier-Villars, 1873).

IV. — Surface enveloppe de sphères. — Cyclide de Dupin.

16. Considérons une surface enveloppe d'une sphère dépendant d'un paramètre arbitraire, soit

$$(x - a)^2 + (y - b)^2 + (z - c)^2 = R^2,$$

a, b, c et R étant fonctions d'un paramètre α. La caractéristique de cette sphère est évidemment un cercle. La surface peut donc être considérée comme engendrée par une circonférence mobile. Ces circonférences forment un système de lignes de courbure de la surface, car les normales à la sphère en tous les points de sa caractéristique sont aussi des normales à la surface; celles-ci forment, par suite, une surface développable. Nous obtenons donc ainsi une surface dont un des systèmes de lignes de courbure est circulaire.

Réciproquement, toute surface ayant un système de lignes de courbures circulaires est l'enveloppe d'une sphère dépendant d'un paramètre arbitraire. En effet, si C représente un de ces cercles, son plan fera, avec la surface, un angle constant, d'après le théorème de Joachimstal; les normales à la surface en tous les points de C iront donc toutes passer par un même point O.

La surface sera l'enveloppe de la sphère ayant O pour centre et passant par C : cette sphère dépend, comme le cercle C lui-même, d'un paramètre arbitraire.

En général, dans la congruence des normales à une surface, comme dans toute congruence de droites, il existe une surface focale formée de deux nappes. Pour la surface que nous venons d'étudier, l'une de ces nappes se réduit à une courbe. Toutes les normales à la surface rencontrent, en effet, la courbe lieu du centre O de la sphère ; cette courbe est donc une des nappes de la surface focale de la congruence des normales.

Un cas particulier intéressant est celui où le rayon R de la sphère est constant ; la surface est dite une *surface canal*. Le plan de la caractéristique passera alors constamment par le centre de la sphère correspondante et sera normal à la trajectoire de ce centre. La surface possédera la propriété remarquable d'avoir, en chaque point un de ses rayons de courbure principaux constant ; cette valeur constante sera évidemment égale à R.

Montrons que, réciproquement, toute surface ayant un de ses rayons de courbure principaux constant est une surface canal. En effet, considérons une ligne de courbure C correspondant au rayon de courbure principal constant ; la développée de cette courbe, enveloppe des normales à la surface en tous ses points, devra se réduire à un point puisque son arc aura une longueur nulle. Soit O ce point, la sphère ayant O pour centre et passant par C sera tangente à la surface en tous les points de C : la surface est donc l'enveloppe d'une sphère de rayon constant dépendant d'un paramètre arbitraire.

17. Cherchons si une surface peut avoir, en chaque point, ses deux rayons de courbure principaux constants. Nous supposerons d'abord ces deux rayons différents. D'après le raisonnement fait plus haut, la surface pourra être considérée de deux manières différentes comme une surface canal. La surface focale de la congruence des normales se composera de deux courbes Γ et Γ'. Soient O et O' les centres de courbure correspondant à un point M de la surface ; les courbes Γ et Γ' seront normales à OO' et, de plus, leurs tangentes en O et O' doivent être à angle droit, puisque ces tangentes sont perpendiculaires aux plans des deux lignes de

courbure circulaires de la surface passant en M. Or cela est impossible, car, OO' étant constant, les deux lignes Γ et Γ' sont parallèles. Il ne peut donc y avoir de surface ayant ses deux rayons de courbure principaux constants et différents [1].

Nous avons maintenant à supposer que les deux rayons de courbure principaux sont égaux.

Montrons, d'une manière plus générale, qu'une surface dont tous les points sont des ombilics est nécessairement une sphère. J'emprunte la démonstration de ce théorème au Cours de Calcul différentiel de M. Serret. Nous devrons avoir, pour tous les points de la surface cherchée,

$$(6) \qquad \frac{r}{1+p^2} = \frac{s}{pq} = \frac{t}{1+q^2}.$$

Or désignons par X, Y, Z les cosinus directeurs de la normale

$$X = \frac{-p}{\sqrt{1+p^2+q^2}}, \quad Y = \frac{-q}{\sqrt{1+p^2+q^2}}, \quad Z = \frac{1}{\sqrt{1+p^2+q^2}}.$$

On a, comme conséquence immédiate des équations (6),

$$\frac{\partial X}{\partial y} = 0, \quad \frac{\partial Y}{\partial x} = 0, \quad \frac{\partial X}{\partial x} = \frac{\partial Y}{\partial y}.$$

Il en résulte que X ne dépend que de x, et Y de y ; donc $\frac{\partial X}{\partial x}$ et $\frac{\partial Y}{\partial y}$, qui sont fonctions, l'une de x, l'autre de y, ne peuvent être identiques que si leur valeur commune est une constante ; désignons-la par $\frac{1}{a}$. On aura donc

$$X = \frac{x-x_0}{a}, \quad Y = \frac{y-y_0}{a},$$

x_0 et y_0 étant des constantes. Le cosinus Z sera, dès lors,

$$Z = \frac{1}{a} \sqrt{a^2 - (x-x_0)^2 - (y-y_0)^2},$$

---

[1] *Voir*, pour le même théorème, BERTRAND, *Traité de Calcul différentiel*, p. 726.

P. — I. 26

Maintenant les valeurs de p et q étant $-\dfrac{X}{Z}$, $-\dfrac{Y}{Z}$, la formule

$$dz = p\,dx + q\,dy$$

devient

$$dz = -\frac{(x - x_0)\,dx + (y - y_0)\,dy}{\sqrt{a^2 - (x - x_0)^2 - (y - y_0)^2}},$$

et enfin

$$z - z_0 = \sqrt{a^2 - (x - x_0)^2 - (y - y_0)^2} \qquad (z_0 \text{ étant une constante})$$

ou

$$(x - x_0)^2 + (y - y_0)^2 + (z - z_0)^2 = a^2,$$

ce qui est bien l'équation d'une sphère.

18. Nous avons étudié les surfaces dont un des systèmes de lignes de courbure est circulaire. Cherchons maintenant *les surfaces dont les deux systèmes de lignes de courbure sont circulaires.* Ces surfaces remarquables ont été étudiées par Dupin.

Considérons donc une surface ayant toutes ses lignes de courbure circulaires. Elle sera d'abord (§ 16) l'enveloppe d'une première famille de sphères correspondant au premier système de lignes de courbure circulaires ; mais elle pourra aussi, d'une autre manière, être regardée comme l'enveloppe d'une seconde famille de sphères correspondant au second système de lignes de courbure. Or une sphère quelconque de la première famille est tangente à une sphère quelconque de la seconde, car, si l'on considère deux lignes de courbure de systèmes différents se coupant en un point M, les deux sphères correspondantes seront évidemment tangentes en M. Si donc on prend trois sphères quelconques de la première famille, les sphères de la seconde lui étant tangentes, nous pouvons dire que la surface, si elle existe, est *l'enveloppe d'une sphère restant tangente à trois sphères données.*

Nous sommes ainsi conduits à étudier la surface enveloppe d'une sphère tangente à trois sphères données. La position de cette sphère ne dépend que d'un seul paramètre arbitraire : c'est ce qu'on voit de suite en cherchant le lieu de son centre. Soient C, C', C" les centres de trois sphères données S, S', S", et O le centre d'une sphère Σ tangente à ces trois sphères. Le point O sera sur un hyperboloïde de révolution obtenu en faisant tourner autour de

CC′ une hyperbole convenable ayant C et C′ pour foyers; de
même le point O sera un hyperboloïde de révolution obtenu en
faisant tourner, autour de CC″, une hyperbole ayant C et C″ pour
foyers. Ces deux hyperboloïdes se coupent suivant deux courbes
planes, conséquence immédiate de ce que, F étant un foyer
commun des hyperboles méridiennes, les deux surfaces sont tangentes le long d'une ligne à la sphère de rayon nul ayant pour
centre F. Le lieu du centre O, pour une surface irréductible enveloppe d'une sphère restant tangente à trois sphères données,
sera donc une conique Γ. Remarquons, de plus, que les cônes
ayant pour sommets respectifs C, C′, C″ et passant par Γ sont de
révolution. On sait, en effet, que, quand on fait tourner une conique autour de son axe, le cône ayant pour sommet un foyer
situé sur cet axe et pour directrice une section plane quelconque
de la surface de révolution ainsi engendrée est de révolution.

Ces remarques faites, il est nécessaire de rappeler les propriétés
de la conique focale d'une autre conique. Étant donnée une conique Γ, le lieu des sommets des cônes de révolution passant par
cette conique est une seconde conique Γ′ dite focale de la première, et il y a réciprocité entre ces deux coniques. Le cône ayant
pour sommet un point O de Γ et passant par Γ′ a, pour axe de
révolution, la tangente en O à la conique Γ. Je ne crois pas utile
d'insister sur ces théorèmes classiques, dont la démonstration
n'offre d'ailleurs aucune difficulté.

19. Revenons maintenant à la cyclide de Dupin. La caractéristique de Σ est une circonférence passant par les points de contact
de Σ avec les sphères S, S′, S″, car la caractéristique d'une surface
mobile restant constamment tangente à une surface fixe passe
évidemment par le point de contact. Le cône ayant O pour sommet
et passant par la caractéristique de Σ sera de révolution; son axe
sera la tangente en O à la conique Γ et, de plus, il contiendra les
droites OC, OC′ et OC″. Or le cône ayant O pour sommet et
passant par la focale Γ′ de la conique Γ est aussi de révolution; il
a le même axe que le précédent et passe aussi par OC, OC′ et OC″,
puisque, d'après ce que nous avons fait remarquer à la fin du § 18,
les trois points C, C′, C″ appartiennent à la conique Γ′. Ces deux
cônes coïncident donc nécessairement. Une conséquence impor-

tante en résulte : *toutes les normales de la cyclide rencontrent la conique* Γ' *focale de* Γ. La seconde nappe de la surface focale de la congruence des normales se réduit donc aussi à une courbe, la courbe Γ'. A cette seconde courbe Γ' rencontrée par toutes les normales correspond le second système de lignes de courbures, et, d'après le raisonnement fait plus haut, ce second système sera nécessairement formé de cercles. Nous avons donc démontré que *la cyclide de Dupin a ses deux systèmes de lignes de courbure circulaires* [1].

20. On peut, *a priori*, considérer une congruence formée de droites rencontrant deux coniques Γ et Γ' focales l'une de l'autre. Soient O un point quelconque de Γ, et O' un point quelconque de Γ'; nous allons voir sans peine que les droites OO' restent normales à une même surface. Cherchons en effet les plans *focaux* correspondant à la droite OO' de la congruence. Les deux développables appartenant à la congruence et passant par OO' sont évidemment le cône de sommet O et de directrice Γ', puis le cône de sommet O' et de directrice Γ. Les droites considérées appartiendront à la congruence si ces deux cônes se coupent orthogonalement (Chap. XI, § 14). Or on voit de suite qu'il en est ainsi : si, en effet, OT désigne la tangente en O à la conique Γ, le second cône aura, pour plan tangent, le plan O'OT, et ce plan est évidemment normal au premier cône puisqu'il passe par son axe OT. Ainsi, les droites OO' resteront tangentes à une série de surfaces parallèles. Ces surfaces ont manifestement leurs deux systèmes de lignes de courbure circulaires.

**V. — Généralités sur les lignes asymptotiques.
Quelques exemples.**

21. On appelle *ligne asymptotique* d'une surface une courbe de cette surface, dont le plan osculateur est en chaque point tangent à la surface. Écrivons la relation différentielle qui exprimera

---

[1] M. Mannheim a démontré élégamment que la cyclide de Dupin a ses deux systèmes de lignes de courbure circulaires, en montrant que cette surface est la transformée d'un tore par rayons vecteurs réciproques (*Nouvelles Annales de Mathématiques*, 1860).

cette propriété. Soit

$$Z - z = p(X - x) + q(Y - y)$$

l'équation du plan tangent à la surface au point (x, y, z). Les conditions exprimant que ce plan est osculateur à une certaine courbe de la surface, lieu du point (x, y, z), sont

$$p\, dx + q\, dy - dz = 0,$$
$$p\, d^2 x + q\, d^2 y - d^2 z = 0.$$

La première équation est toujours vérifiée. La seconde est la condition cherchée, mais elle se transforme de suite, car, en différentiant la première et retranchant, il reste

$$dp\, dx + dq\, dy = 0.$$

On peut encore écrire, en remplaçant dp et dq par $r\, dx + s\, dy$ et $s\, dx + t\, dy$,

$$r\, dx^2 + 2s\, dx\, dy + t\, dy^2 = 0.$$

Cette équation homogène et du second degré en dx et dy donne, pour $\dfrac{dy}{dx}$, deux valeurs $f_1(x, y)$ et $f_2(x, y)$. On a donc deux équations du premier ordre

$$\frac{dy}{dx} = f_1(x, y), \qquad \frac{dy}{dx} = f_2(x, y).$$

Elles montrent qu'en général par chaque point M d'une surface passent deux lignes asymptotiques. Nous avons déjà appelé l'attention sur les deux directions qui sont les tangentes des lignes asymptotiques passant par M ; *ce sont les tangentes principales.* Pour s'en assurer, il suffit de se reporter à la formule (§ 3)

$$\frac{\sqrt{1 + p^2 + q^2}}{R} = r\alpha^2 + 2s\alpha\beta + t\beta^2.$$

Pour les tangentes des lignes asymptotiques, le second membre sera nul et, par suite, on aura $\dfrac{1}{R} = 0$, c'est-à-dire que les sections normales correspondant à ces tangentes ont un rayon de courbure infini. On peut encore dire que les tangentes aux lignes asympto-

tiques sont les tangentes, au point de contact, de la section plane
déterminée dans la surface par le plan tangent.

Il n'en est pas des lignes asymptotiques comme des lignes de
courbure. Par un point réel arbitraire de la surface passent deux lignes de courbure *réelles*; les lignes asymptotiques en un point
sont seulement réelles quand la surface est en ce point à courbures
opposées. Ainsi, sur une ellipsoïde, les lignes asymptotiques sont
imaginaires; sur un hyperboloïde à une nappe, les lignes asymptotiques sont réelles, et ce sont évidemment les deux systèmes de
génératrices rectilignes.

22. La propriété des lignes asymptotiques est essentiellement
projective, c'est-à-dire que, si l'on effectue sur une surface une
transformation homographique quelconque, les transformées des
lignes asymptotiques de la surface seront les lignes asymptotiques
de la transformée de la surface. C'est là une remarque évidente,
car, par une transformation homographique, un plan tangent se
transforme en un plan tangent, et le plan osculateur d'une courbe
qui est la limite d'un plan passant par trois points infiniment voisins devient le plan osculateur de la courbe transformée.

En particulier, étant donnée l'équation d'une surface en coordonnées rectilignes

$$f(x, y, z) = 0,$$

l'équation

$$dp\,dx + dq\,dy = 0$$

sera l'équation différentielle des lignes asymptotiques de la surface,
quels que soient les axes Ox, Oy, Oz, rectangulaires ou obliques,
auxquels on rapporte la surface. Deux surfaces ayant la même
équation et rapportées à des axes différents sont, en effet, la transformée l'une de l'autre par une transformation homographique.

23. Cherchons, sous sa forme la plus générale, l'équation différentielle des lignes asymptotiques. Nous supposerons la surface
définie par les trois équations

$$x = f(u,v), \qquad y = \varphi(u,v), \qquad z = \psi(u,v).$$

Soit

$$A(X - x) + B(Y - y) + C(Z - z) = 0$$

l'équation du plan tangent au point (x, y, z). On a

$$(6) \qquad A\frac{\partial f}{\partial u} + B\frac{\partial \varphi}{\partial u} + C\frac{\partial \psi}{\partial u} = 0, \qquad A\frac{\partial f}{\partial v} + B\frac{\partial \varphi}{\partial v} + C\frac{\partial \psi}{\partial v} = 0.$$

Pour que le plan soit osculateur à la courbe correspondant à une certaine relation entre u et v, il faut que

$$A\, dx + B\, dy + C\, dz = 0,$$
$$A\, d^2x + B\, d^2y + C\, d^2z = 0.$$

La première de ces équations est vérifiée en vertu des deux précédentes. La seconde se réduit à

$$(7) \quad \begin{cases} A\left[\dfrac{\partial^2 f}{\partial u^2}\, du^2 + 2\dfrac{\partial^2 f}{\partial u\, \partial v}\, du\, dv + \dfrac{\partial^2 f}{\partial v^2}\, dv^2\right] \\[2ex] + B\left[\dfrac{\partial^2 \varphi}{\partial u^2}\, du^2 + 2\dfrac{\partial^2 \varphi}{\partial u\, \partial v}\, du\, dv + \dfrac{\partial^2 \varphi}{\partial v^2}\, dv^2\right] \\[2ex] + C\left[\dfrac{\partial^2 \psi}{\partial u^2}\, du^2 + 2\dfrac{\partial^2 \psi}{\partial u\, \partial v}\, du\, dv + \dfrac{\partial^2 \psi}{\partial v^2}\, dv^2\right] = 0. \end{cases}$$

Pour avoir l'équation différentielle cherchée, il n'y a qu'à éliminer A, B, C entre les équations (6) et (7). On a ainsi

$$\begin{vmatrix} \dfrac{\partial^2 f}{\partial u^2}\, du^2 + 2\dfrac{\partial^2 f}{\partial u\, \partial v}\, du\, dv + \dfrac{\partial^2 f}{\partial v^2}\, dv^2 & \cdots & \cdots \\[2ex] \dfrac{\partial f}{\partial u} & \cdots & \cdots \\[2ex] \dfrac{\partial f}{\partial v} & \cdots & \cdots \end{vmatrix} = 0,$$

la deuxième et la troisième colonne se déduisant de la première en remplaçant f successivement par φ et ψ.

24. Dans les surfaces réglées, un premier système de lignes asymptotiques s'aperçoit immédiatement : ce sont les génératrices rectilignes. La section normale correspondant à une génératrice, étant cette génératrice, a, en effet, un rayon de courbure infini. Nous reviendrons tout à l'heure sur la détermination du second système de lignes asymptotiques d'une surface réglée. Pour le moment, bornons-nous aux surfaces réglées dont toutes les génératrices rencontrent deux droites fixes D et D_1. On peut d'abord faire une transformation homographique, telle que la droite D, soit rejetée à l'infini parallèlement à un plan fixe P. La transformée de la surface est alors un *conoïde* admettant le plan P pour plan directeur; nous sommes donc ramené à la recherche des lignes asymptotiques d'un conoïde.

Si l'on prend le plan directeur pour plan des xy et la droite D pour axe des z, l'équation du conoïde est de la forme

$$z = f\left(\frac{y}{x}\right).$$

On peut poser

$$x = u, \qquad y = uv, \qquad z = f(v).$$

En substituant dans l'équation du paragraphe précédent, on trouve, en supprimant le facteur dv qui correspond aux génératrices du conoïde,

$$2\frac{du}{u} = \frac{f''(v)}{f'(v)}\,dv,$$

d'où, en intégrant,

$$u^2 = C f'(v),$$

C étant une constante arbitraire. Donc les projections des lignes asymptotiques du conoïde sur le plan des xy ont pour équation

$$x^2 = C f'\left(\frac{y}{x}\right).$$

25. Voici une seconde classe assez étendue de surfaces dont on peut trouver, par des quadratures, les lignes asymptotiques. Elle a été signalée par M. Jamet [¹]. Il s'agit des surfaces représentées en coordonnées homogènes par l'équation

$$f(x, y) = F(z, t),$$

où f est une fonction homogène de x et y, et F une fonction homogène de z et de t, les degrés d'homogénéité étant, bien entendu, les mêmes. Les surfaces considérées par M. Jamet se ramènent immédiatement aux *surfaces représentées par l'équation*

$$(S) \qquad\qquad x f\left(\frac{y}{x}\right) = F(z).$$

[¹] V. JAMET, *Sur les courbes et les surfaces tétraédrales* (*Annales de l'École Normale supérieure*, 1887).

Les lignes asymptotiques de cette surface s'obtiennent sans peine. Si l'on pose $\frac{y}{x} = u$, on a

$$p = \frac{f(u) - u f'(u)}{F(z)}, \qquad x = \frac{F(z)}{f(u)},$$

$$q = \frac{f'(u)}{F(z)}, \qquad y = \frac{u F(z)}{f(u)};$$

en substituant dans l'équation

$$dp\, dx + dq\, dy = 0,$$

on trouve de suite

$$\sqrt{\frac{F''(z)}{F(z)}}\, dz = \sqrt{\frac{f''(u)}{f(u)}}\, du.$$

La recherche des lignes asymptotiques est donc ramenée à des quadratures.

Une application intéressante du résultat précédent consiste à rechercher les lignes asymptotiques de la surface tétraédrale

$$\left(\frac{x}{a}\right)^m + \left(\frac{y}{b}\right)^m + \left(\frac{z}{c}\right)^m = 1.$$

Nous ne diminuerons pas la généralité en prenant la surface sous la forme

$$x^m + y^m = 1 + z^m,$$

qui n'est qu'une transformée homographique de la précédente : elle rentre évidemment dans le type (S). En appliquant la formule trouvée, nous aurons, pour les lignes asymptotiques,

$$\frac{u^{\frac{m}{2}-1}\, du}{1 + u^m} = \frac{z^{\frac{m}{2}-1}\, dz}{1 + z^m},$$

et, si l'on pose $u^{\frac{m}{2}} = u'$, $z^{\frac{m}{2}} = v'$, l'équation devient

$$\frac{du'}{1 + u'^2} = \frac{dv'}{1 + v'^2}$$

ou

$$\frac{u' - v'}{1 + u'v'} = \text{const.},$$

relation algébrique entre z et u (on suppose m entier). *Les lignes asymptotiques de la surface tétraédrale sont donc algébriques,* comme l'avait déjà signalé par une autre voie M. Sophus Lie.

On trouverait aussi aisément les lignes asymptotiques de la surface

$$x^m y^n z^p = 1,$$

dont l'équation rentre dans le type (S).

VI. — Lignes asymptotiques de certaines surfaces réglées.

26. Nous avons dit qu'un système de lignes asymptotiques d'une surface réglée était formé par les génératrices rectilignes. La recherche du second système se ramène à l'intégration d'une équation célèbre, dont nous aurons plus tard à faire une étude approfondie.

Traçons sur la surface réglée considérée une courbe arbitraire et désignons par (x_1, y_1, z_1) les coordonnées d'un point variable de cette courbe qui seront des fonctions d'un paramètre t, et soient α, β, γ les cosinus directeurs de la génératrice passant en (x_1, y_1, z_1) qui seront des fonctions de t. Nous aurons, pour un point quelconque de la surface,

$$x = x_1 + l\alpha, \qquad y = y_1 + l\beta, \qquad z = z_1 + l\gamma,$$

l désignant la distance du point (x, y, z) au point (x_1, y_1, z_1). Les coordonnées x, y, z d'un point arbitraire de la surface sont donc des fonctions des deux paramètres l et t.

L'équation différentielle des lignes asymptotiques sera donc (§ 23)

$$\begin{vmatrix} \left(\dfrac{d^2x_1}{dt^2} + l\dfrac{d^2\alpha}{dt^2}\right)dt^2 + 2\dfrac{d\alpha}{dt}\,dl\,dt & \cdots \\[2ex] \dfrac{dx_1}{dt} + l\dfrac{d\alpha}{dt} & \cdots \\[2ex] \alpha & \cdots \end{vmatrix} = 0,$$

la seconde et la troisième colonne se déduisant de la première en remplaçant α et x_1 par β et y_1, puis par γ et z_1.

En supprimant le facteur dt, qui correspond aux génératrices rectilignes, nous obtenons l'équation

$$\frac{dl}{dt} + Pl^2 + Ql + R = 0,$$

P, Q, R étant des fonctions déterminées de t. Une telle équation différentielle est connue sous le nom d'*équation de Riccati*.

De la forme de l'équation précédente, nous allons déduire une propriété des lignes asymptotiques de la surface.

Considérons quatre solutions quelconques l_1, l_2, l_3, l_4 de cette équation ; on aura

$$\frac{dl_1}{dt} + P l_1^2 + Q l_1 + R = 0,$$

$$\frac{dl_2}{dt} + P l_2^2 + Q l_2 + R = 0,$$

$$\frac{dl_3}{dt} + P l_3^2 + Q l_3 + R = 0,$$

$$\frac{dl_4}{dt} + P l_4^2 + Q l_4 + R = 0.$$

En éliminant P, Q, R entre ces quatre équations, il vient

$$\begin{vmatrix} \dfrac{dl_1}{dt} & l_1^2 & l_1 & 1 \\[1ex] \dfrac{dl_2}{dt} & l_2^2 & l_2 & 1 \\[1ex] \dfrac{dl_3}{dt} & l_3^2 & l_3 & 1 \\[1ex] \dfrac{dl_4}{dt} & l_4^2 & l_4 & 1 \end{vmatrix} = 0.$$

Or le premier membre est la dérivée de

$$\frac{l_1 - l_4}{l_1 - l_3} : \frac{l_2 - l_3}{l_2 - l_4},$$

On aura donc

$$\frac{l_1 - l_4}{l_1 - l_3} : \frac{l_2 - l_3}{l_2 - l_4} = \text{const.}$$

Or cette expression représente le *rapport anharmonique* des quatre points de rencontre d'une génératrice de la surface avec les quatre lignes asymptotiques considérées. Par conséquent, ce rapport anharmonique est constant, quelle que soit cette génératrice.

27. Nous allons nous borner maintenant au cas où l'on connaîtrait sur la surface *deux* lignes asymptotiques. Il est facile de voir

que, dans ce cas, une seule quadrature est nécessaire pour trouver toutes les lignes asymptotiques de la surface. On peut procéder de la manière suivante :

Désignons par μ le paramètre dont dépend la position d'une génératrice. Soient alors, en employant les coordonnées homogènes,

$$x = M_1, \qquad y = M_2, \qquad z = M_3, \qquad t = M_4,$$

les équations de la première ligne asymptotique, les M étant des fonctions de μ. Soient de même

$$x = N_1, \qquad y = N_2, \qquad z = N_3, \qquad t = N_4,$$

les équations de la seconde ligne asymptotique, les N étant aussi des fonctions de μ. La position d'un point quelconque sur la génératrice peut être fixée par les équations

$$x = M_1 + \nu N_1, \qquad y = M_2 + \nu N_2, \qquad z = M_3 + \nu N_3, \qquad t = M_4 + \nu N_4.$$

La relation différentielle entre μ et ν donnant les lignes asymptotiques de la surface pourra s'écrire

$$\begin{vmatrix} M_1 & N_1 & \dfrac{dM_1}{d\mu}+\nu\dfrac{dN_1}{d\mu} & \dfrac{d^2M_1}{d\mu^2}+2\dfrac{d\nu}{d\mu}\dfrac{dN_1}{d\mu}+\nu\dfrac{d^2N_1}{d\mu^2} \\[6pt] M_2 & N_2 & \dfrac{dM_2}{d\mu}+\nu\dfrac{dN_2}{d\mu} & \dfrac{d^2M_2}{d\mu^2}+2\dfrac{d\nu}{d\mu}\dfrac{dN_2}{d\mu}+\nu\dfrac{d^2N_2}{d\mu^2} \\[6pt] M_3 & N_3 & \dfrac{dM_3}{d\mu}+\nu\dfrac{dN_3}{d\mu} & \dfrac{d^2M_3}{d\mu^2}+2\dfrac{d\nu}{d\mu}\dfrac{dN_3}{d\mu}+\nu\dfrac{d^2N_3}{d\mu^2} \\[6pt] M_4 & N_4 & \dfrac{dM_4}{d\mu}+\nu\dfrac{dN_4}{d\mu} & \dfrac{d^2M_4}{d\mu^2}+2\dfrac{d\nu}{d\mu}\dfrac{dN_4}{d\mu}+\nu\dfrac{d^2N_4}{d\mu^2} \end{vmatrix} = 0.$$

Les hypothèses faites sur les lignes M et N permettent de la simplifier. On a, en effet,

$$\begin{vmatrix} M_1 & N_1 & \dfrac{dM_1}{d\mu} & \dfrac{d^2M_1}{d\mu^2} \\[6pt] M_2 & N_2 & \dfrac{dM_2}{d\mu} & \dfrac{d^2M_2}{d\mu^2} \\[6pt] M_3 & N_3 & \dfrac{dM_3}{d\mu} & \dfrac{d^2M_3}{d\mu^2} \\[6pt] M_4 & N_4 & \dfrac{dM_4}{d\mu} & \dfrac{d^2M_4}{d\mu^2} \end{vmatrix} = 0 \quad \text{et} \quad \begin{vmatrix} M_1 & N_1 & \dfrac{dN_1}{d\mu} & \dfrac{d^2N_1}{d\mu^2} \\[6pt] M_2 & N_2 & \dfrac{dN_2}{d\mu} & \dfrac{d^2N_2}{d\mu^2} \\[6pt] M_3 & N_3 & \dfrac{dN_3}{d\mu} & \dfrac{d^2N_3}{d\mu^2} \\[6pt] M_4 & N_4 & \dfrac{dN_4}{d\mu} & \dfrac{d^2N_4}{d\mu^2} \end{vmatrix} = 0.$$

L'équation différentielle se réduit alors, comme on le voit très aisément, à

$$d\mu \begin{vmatrix} M_1 & N_1 & \dfrac{d(M_1+N_1)}{d\mu} & \dfrac{d^2(M_1+N_1)}{d\mu^2} \\[2mm] M_2 & N_2 & \dfrac{d(M_2+N_2)}{d\mu} & \dfrac{d^2(M_2+N_2)}{d\mu^2} \\[2mm] M_3 & N_3 & \dfrac{d(M_3+N_3)}{d\mu} & \dfrac{d^2(M_3+N_3)}{d\mu^2} \\[2mm] M_4 & N_4 & \dfrac{d(M_4+N_4)}{d\mu} & \dfrac{d^2(M_4+N_4)}{d\mu^2} \end{vmatrix} - 2\,\dfrac{d\nu}{\nu} \begin{vmatrix} M_1 & N_1 & \dfrac{dM_1}{d\mu} & \dfrac{dN_1}{d\mu} \\[2mm] M_2 & N_2 & \dfrac{dM_2}{d\mu} & \dfrac{dN_2}{d\mu} \\[2mm] M_3 & N_3 & \dfrac{dM_3}{d\mu} & \dfrac{dN_3}{d\mu} \\[2mm] M_4 & N_4 & \dfrac{dM_4}{d\mu} & \dfrac{dN_4}{d\mu} \end{vmatrix} = 0.$$

La recherche des lignes asymptotiques est donc ramenée à une seule quadrature.

28. Une classe particulière de surfaces réglées va nous donner l'occasion d'appliquer les remarques précédentes. Considérons *les surfaces réglées dont les génératrices appartiennent à un complexe linéaire.*

Reprenant les notations du § 18 (Chap. XI), nous aurons, pour définir une droite, les six coordonnées homogènes

$$L,\ M,\ N,\ X,\ Y,\ Z \qquad (LX + MY + NZ = 0).$$

Si ces six coordonnées sont fonctions d'un paramètre arbitraire, la droite engendrera une surface réglée.

Supposons que les génératrices de cette surface appartiennent à un complexe linéaire, c'est-à-dire qu'on puisse déterminer six constantes A, B, C, D, E, F telle que l'on ait, pour toute valeur du paramètre (Chap. XI, § 18),

$$AL + BM + CN + DX + EY + FZ = 0.$$

Considérant donc une telle surface, je prends sur elle une génératrice arbitraire G. Le plan tangent à la surface en un point de G ne sera pas, en général, le plan correspondant à ce point dans le complexe ou le plan polaire du point. Sur chaque génératrice, il y a seulement *deux* points jouissant de cette propriété. Considérons, en effet, un plan variable passant par G. Le pôle de ce *plan* et son point de contact forment sur cette droite une division homographique : les points doubles de cette homographie sont les points pour lesquels *le plan polaire est en même temps le plan tangent à la surface*. Il est clair que, sur chaque génératrice, ces points seront donnés par une équation du second degré.

Le lieu des points ainsi obtenus forme sur la surface une courbe C. Les tangentes de C font partie du complexe linéaire, car la tangente en un point quelconque de cette courbe est une droite du plan tangent passant par le foyer de ce plan.

La courbe C est une ligne asymptotique de la surface. En effet, les tangentes de cette courbe faisant partie d'un complexe linéaire, le plan polaire de chaque point est le plan osculateur de la courbe d'après le théorème de M. Appell (Chap. XII, § 26); le plan osculateur à la courbe en chaque point coïncide donc avec le plan tangent à la surface, ce qui est la définition d'une ligne asymptotique.

Soit un plan quelconque P. Si A est un point où P rencontre la courbe C, le plan polaire de A ou, ce qui est la même chose, le plan tangent en A à la surface devra passer par le foyer F du plan P; donc la droite FA est tangente en A à la section faite par P dans la surface.

Réciproquement, soit A le point de contact d'une tangente menée à cette courbe par le foyer F. Le plan mené par AF et la génératrice de la surface passant en A est tangent en ce point à la surface. D'autre part, le pôle de ce plan est le point A, puisque AF et la génératrice passant en A sont deux droites du complexe; A est donc un point de la courbe C que nous étudions. Ainsi les points où celle-ci rencontre le plan P sont les points de contact des tangentes menées par le foyer F du plan à la section qu'il fait dans la surface.

Ce résultat est particulièrement intéressant quand la surface est algébrique. La ligne C est alors algébrique et l'on peut énoncer le théorème suivant :

La courbe C est d'un degré égal à la classe d'une section plane quelconque de la surface.

29. Ainsi sur toute surface réglée dont les génératrices appartiennent à un complexe linéaire, nous pouvons obtenir immédiatement, par un calcul purement algébrique, une ligne asympto-

tique; de plus, et c'est là un point important, cette ligne rencontrant chaque génératrice en deux points, nous devons la compter pour deux. Par conséquent, la recherche des lignes asymptotiques de toute surface réglée, dont les génératrices appartiennent à un complexe linéaire, *dépend d'une seule quadrature* (¹) (§ 27).

Il peut arriver que les génératrices d'une surface réglée appartiennent à une infinité de complexes linéaires. Une ligne asymptotique correspond alors sur la surface à chacun de ces complexes: on a, dans ce cas, toutes les lignes asymptotiques.

Reprenons les surfaces réglées dont les génératrices rencontrent deux droites fixes D_1 et D_2. Nous avons déjà trouvé leurs lignes asymptotiques, en les transformant homographiquement en un conoïde.

La remarque précédente permet de les obtenir sans calcul. En effet, les droites rencontrant deux droites fixes D_1 et D_2 font partie d'une infinité de complexes linéaires; on le voit de suite en remarquant que la condition de rencontre de deux droites représentées par les coordonnées

$$L,\ M,\ N,\ X,\ Y,\ Z,$$
$$L_1,\ M_1,\ N_1,\ X_1,\ Y_1,\ Z_1$$

se réduit à

$$LX_1 + L_1X + MY_1 + M_1Y + NZ_1 + N_1Z = o,$$

comme on s'en assure en écrivant simplement que les deux droites se rencontrent. En désignant donc par $(L_1, M_1, \ldots)$, $(L_2, M_2, \ldots)$ les coordonnées de D_1 et D_2, une droite quelconque $(L, M, \ldots)$ rencontrant ces deux droites vérifie la relation

$$L(X_1 + \lambda X_2) + (L_1 + \lambda L_2)X + M(Y_1 + \lambda Y_2) + (M_1 + \lambda M_2)Y$$
$$+ N(Z_1 + \lambda Z_2) + (N_1 + \lambda N_2)Z = o,$$

où λ est une constante arbitraire. Or cette relation représente l'équation d'un complexe dépendant de l'arbitraire λ. Il y a donc

---

(¹) Voir mon *Mémoire sur une application de la théorie des complexes linéaires à l'étude des surfaces et des courbes gauches* (*Annales de l'École Normale*, 1873).

bien une infinité de complexes linéaires auxquels appartiennent toutes les droites rencontrant les deux droites fixes D_1 et D_2.

En particulier, toute surface réglée dont les génératrices rencontrent D_1 et D_2 aura ses génératrices appartenant à une infinité de complexes linéaires dépendant d'un paramètre arbitraire. A chacun de ces complexes correspond une ligne asymptotique, et l'ensemble des lignes asymptotiques se trouve ainsi obtenu; nous voyons de plus, que les lignes asymptotiques de notre surface possèdent la remarquable propriété d'avoir pour tangentes des droites appartenant à un complexe linéaire.

Appliquons ces résultats aux surfaces réglées du troisième ordre. Nous avons déjà étudié (Chap. XI, § 11) quelques-unes de leurs propriétés. Toutes les génératrices rencontrent deux directrices D_1 et D_2; on peut donc trouver leurs lignes asymptotiques. Celles-ci seront évidemment algébriques, et nous allons avoir leur degré en appliquant le théorème du paragraphe précédent. Il est égal à la classe d'une section plane quelconque de la surface. Or une telle section est une cubique ayant un point double, puisque la surface a une courbe double rectiligne; sa classe sera donc égale à *quatre*. Nous voyons donc que *les lignes asymptotiques d'une surface réglée du troisième ordre sont des courbes du quatrième degré*, et les tangentes de ces courbes appartiennent à un complexe linéaire, variable d'ailleurs d'une courbe à l'autre. Ces courbes jouissent donc (Chap. XII, § 25) de la propriété remarquable que, par un point A quelconque de l'espace, on peut leur mener quatre plans osculateurs, et les quatre points de contact sont dans un plan passant par A.

30. La recherche analytique des lignes asymptotiques d'une surface réglée du troisième ordre n'offre aucune difficulté. Nous avons fait ce calcul d'une manière générale pour les conoïdes; or nous avons vu que l'équation d'une surface du troisième degré peut, par une transformation homographique, être ramenée à la forme

$$z = \frac{ax^2 + 2bxy + cy^2}{a'x^2 + 2b'xy + c'y^2}$$

En restant dans le cas général, une nouvelle transformation permet de supposer que le dénominateur se réduit à xy; nous avons donc

$$z = c\frac{y}{x} - 2b + a\frac{x}{y};$$

le second membre est une fonction de $\frac{y}{x}$. Appliquant la formule trouvée pour les conoïdes, nous aurons, comme projections des lignes asymptotiques sur le plan des xy,

$$x^2 y^2 = C(cy^2 - ax^2),$$

C étant une constante arbitraire. Il est aisé de vérifier que la courbe dans l'espace est du quatrième degré, comme nous l'avons trouvé plus haut.

Nous pouvons de plus indiquer une propriété de ces lignes asymptotiques que nous n'avons pas encore signalée : *elles sont unicursales*. Soit, en effet $y = tx$; nous aurons

$$z = ct - 2b - \frac{a}{t}$$

$$x^3 = C(ct^2 - a)$$

Or on peut exprimer t en fonction rationnelle d'un paramètre de manière que $\sqrt{ct^2 - a}$ soit aussi une fonction rationnelle de ce nouveau paramètre; la courbe est donc unicursale.

31. Pour donner un exemple d'une surface réglée dont les génératrices appartiennent à un seul complexe linéaire, considérons la surface définie par les équations

$$(8) \qquad x = \frac{A_1\lambda + B_1}{A\lambda + B}, \qquad y = \frac{A_2\lambda + B_2}{A\lambda + B}, \qquad z = \frac{A_3\lambda + B_3}{A\lambda + B},$$

les A et les B désignant des polynômes arbitraires du *second* degré par rapport à un paramètre μ. Ces expressions de x, y, z en fonction de deux paramètres λ et μ définissent une surface réglée : les génératrices correspondent à $\mu = $ const. Cette surface est du quatrième degré; pour le voir, il suffit de chercher l'intersection de cette surface avec une droite quelconque

$$m\,x + n\,y + p\,z + q = 0,$$
$$m_1 x + n_1 y + p_1 z + q_1 = 0;$$

on a alors les deux équations en λ et μ

$$\lambda(m A_1 + n A_2 + p A_3 - q A) + m B_1 + n B_2 - p B_3 + q B = \mu,$$
$$\lambda(m_1 A_1 + n_1 A_2 + p_1 A_3 - q_1 A) + m_1 B_1 + n_1 B_2 + p_1 B_3 + q_1 B = \mu.$$

L'élimination de λ donne une équation du quatrième degré en μ; nous avons donc quatre points de rencontre de la surface avec une droite quelconque.

Les équations (8) définissent donc une surface *unicursale* du quatrième degré. Toute section plane de la surface est une courbe unicursale du quatrième degré et a par conséquent trois points doubles; la surface considérée a pour courbe double une cubique gauche.

Il est d'ailleurs bien facile de voir que, réciproquement, toute surface du quatrième ordre ayant pour courbe double une cubique gauche est nécessairement une surface réglée unicursale. Prenons, en effet, un point quelconque sur la surface; on peut par ce point faire passer une sécante double de la cubique gauche : cette droite rencontrant la surface en cinq points est tout entière sur elle. D'autre part, chaque génératrice est déterminée individuellement, une section plane quelconque de la surface étant une courbe unicursale. On peut montrer de plus qu'une telle surface peut être représentée par les équations (8) (CLEBSCH, *Math. Annalen*, 1870), mais c'est un point sur lequel je ne m'arrête pas.

Considérant donc la surface réglée représentée par les équations (8), nous allons voir que ses génératrices appartiennent à un complexe linéaire. Il nous faut, pour cela, chercher les six coordonnées (L, M, N, X, Y, Z) d'une génératrice. Celle-ci passe par les deux points

$$\left(\frac{A_1}{A}, \frac{A_2}{A}, \frac{A_3}{A}\right), \quad \left(\frac{B_1}{B}, \frac{B_2}{B}, \frac{B_3}{B}\right);$$

donc on peut prendre

$$X = AB_1 - A_1B, \qquad Y = AB_2 - A_2B, \qquad Z = AB_3 - A_3B.$$

et, en partant de

$$L = yZ - zY, \qquad M = zX - xZ, \qquad N = xY - yX,$$

on pourra prendre

$$L = A_2B_3 - A_3B_2, \qquad M = A_3B_1 - A_1B_3, \qquad N = A_1B_2 - A_2B_1$$

On voit donc que L, M, N, X, Y, Z sont des polynômes du *quatrième* degré en μ : de là nous concluons de suite qu'on pourra déterminer six constantes α, β, γ, δ, ε, η, telles que l'identité

$$\alpha L + \beta M + \gamma N + \delta X + \varepsilon Y + \eta Z = 0,$$

soit vérifiée. En écrivant cette identité, on obtient en effet cinq relations homogènes et linéaires entre $(\alpha, \beta, \ldots, \eta)$. Il y aura donc toujours un complexe, et, en général, un seul auquel appartiendront les génératrices de notre surface.

D'après ce qui a été expliqué plus haut, nous pourrons trouver sur cette surface une ligne asymptotique rencontrant chaque génératrice en deux points. Cette courbe est algébrique, et son degré est égal à la classe d'une section plane quelconque de la surface; or cette section plane étant une courbe du quatrième degré unicursale est de sixième classe. Notre ligne asymptotique est donc une courbe gauche du *sixième* degré. Les autres lignes asymptotiques de la surface s'obtiendront par une seule quadrature; en général, elles ne sont pas algébriques, et la discussion complète montre que leur recherche se ramène à une intégrale elliptique.

CHAPITRE XV.

SURFACES APPLICABLES. — REPRÉSENTATION CONFORME. CARTES GÉOGRAPHIQUES.

I. — Expression du carré de l'élément d'arc sur une surface.

1. Soit une surface définie par les trois équations

$$x = f(u, v), \qquad y = \varphi(u, v), \qquad z = \psi(u, v).$$

Le carré de la distance de deux points infiniment voisins correspondant aux valeurs (u, v) et $(u + du, v + dv)$ des paramètres sera

$$ds^2 = dx^2 + dy^2 + dz^2$$
$$= \left(\frac{\partial x}{\partial u} du + \frac{\partial x}{\partial v} dv \right)^2 + \left(\frac{\partial y}{\partial u} du + \frac{\partial y}{\partial v} dv \right)^2 + \left(\frac{\partial z}{\partial u} du + \frac{\partial z}{\partial v} dv \right)^2;$$

on pourra l'écrire

$$ds^2 = E \, du^2 + 2F \, du \, dv + G \, dv^2,$$

en posant

$$E = \left(\frac{\partial x}{\partial u} \right)^2 + \left(\frac{\partial y}{\partial u} \right)^2 + \left(\frac{\partial z}{\partial u} \right)^2,$$

$$F = \frac{\partial x}{\partial u} \frac{\partial x}{\partial v} + \frac{\partial y}{\partial u} \frac{\partial y}{\partial v} + \frac{\partial z}{\partial u} \frac{\partial z}{\partial v},$$

$$G = \left(\frac{\partial x}{\partial v} \right)^2 + \left(\frac{\partial y}{\partial v} \right)^2 + \left(\frac{\partial z}{\partial v} \right)^2.$$

La forme quadratique binaire en du et dv

$$E \, du^2 + 2F \, du \, dv + G \, dv^2$$

joue, depuis Gauss, un rôle fondamental dans la théorie des surfaces ; on a évidemment $F^2 - EG < 0$.

On peut considérer sur la surface les deux familles de courbes

$$u = \text{const.} \qquad \text{et} \qquad v = \text{const.}$$

Par tout point (u, v) passe, en général, une courbe de la première famille et une courbe de la seconde ; l'angle θ de ces deux courbes est donné par la formule

$$\cos\theta = \frac{\dfrac{\partial x}{\partial u}\dfrac{\partial x}{\partial v} + \dfrac{\partial y}{\partial u}\dfrac{\partial y}{\partial v} + \dfrac{\partial z}{\partial u}\dfrac{\partial z}{\partial v}}{\sqrt{\left(\dfrac{\partial x}{\partial u}\right)^2 + \left(\dfrac{\partial y}{\partial u}\right)^2 + \left(\dfrac{\partial z}{\partial u}\right)^2}\,\sqrt{\left(\dfrac{\partial x}{\partial v}\right)^2 + \left(\dfrac{\partial y}{\partial v}\right)^2 + \left(\dfrac{\partial z}{\partial v}\right)^2}}$$

et, par conséquent,

$$\cos\theta = \frac{F}{\sqrt{EG}}.$$

En particulier, les lignes $u = \text{const.}$ et $v = \text{const.}$ seront orthogonales si $F = 0$.

2. Considérons maintenant deux surfaces s et S ; on suppose que les coordonnées d'un quelconque de leurs points sont exprimées à l'aide des deux mêmes paramètres u et v. Une correspondance se trouve ainsi établie entre les points des deux surfaces. Cherchons à quelles conditions l'angle de deux lignes quelconques de la première surface sera égal à l'angle des deux lignes correspondantes de la seconde. Soient

$$(7) \qquad ds^2 = e\,du^2 + 2f\,du\,dv + g\,dv^2,$$
$$(8) \qquad dS^2 = E\,du^2 + 2F\,du\,dv + G\,dv^2$$

les carrés des éléments d'arcs sur l'une et l'autre surface.

Nous prenons sur s un triangle abc et son correspondant ABC sur S (*fig.* 20). Ces deux triangles ont des angles égaux par hypothèse ; supposons-les infiniment petits. Les deux triangles *rectilignes* abc et ABC auront leurs angles égaux à des infiniment petits près. Pour fixer les idées, supposons que le côté bc et, par suite, son correspondant BC soient seuls mobiles, se rapprochant indéfiniment de a et de A ; on aura

$$\lim \frac{ac}{AC} = \lim \frac{ab}{AB};$$

en d'autres termes, le quotient

$$\frac{e\,du^2 + 2f\,du\,dv + g\,dv^2}{\mathrm{E}\,du^2 + 2\mathrm{F}\,du\,dv + \mathrm{G}\,dv^2}$$

ne dépendra pas de du et dv, ce qui entraîne les relations

$$\frac{e}{\mathrm{E}} = \frac{f}{\mathrm{F}} = \frac{g}{\mathrm{G}}.$$

Réciproquement, quand cette condition est remplie, les angles

Fig. 70.

sont bien conservés. Reprenons, en effet, les deux triangles rectilignes abc et ABC ; on aura

$$\overline{bc}^2 = \overline{ab}^2 + \overline{ac}^2 - 2\,ab\,.\,ac\cos\widehat{\left(bac\right)},$$
$$\overline{\mathrm{BC}}^2 = \overline{\mathrm{AB}}^2 + \overline{\mathrm{AC}}^2 - 2\,\mathrm{AB}\,.\,\mathrm{AC}\cos\widehat{\left(\mathrm{BAC}\right)}.$$

Or, puisque, d'après les hypothèses,

$$\lim\frac{ac}{\mathrm{AC}} = \lim\frac{ab}{\mathrm{AB}} = \lim\frac{bc}{\mathrm{BC}},$$

il en résulte que

$$\lim\widehat{bac} = \lim\widehat{\mathrm{BAC}},$$

c'est-à-dire que les courbes correspondantes se coupent en a et A
sous le même angle.

3. Un cas très remarquable est celui où

$$\mathrm{E} = e, \qquad \mathrm{F} = f, \qquad \mathrm{G} = g.$$

Alors les distances sont aussi conservées sur les deux surfaces.

On dit qu'*elles sont applicables l'une sur l'autre*. Par suite, deux surfaces applicables l'une sur l'autre sont deux surfaces entre les points desquelles on peut établir une correspondance telle que deux arcs correspondants quelconques aient même longueur.

Prenons quelques cas particuliers. Supposons que ds^2 ait la forme

$$(1) \qquad ds^2 = E\,du^2 + G\,dv^2.$$

E et G ne dépendant que de u. Nous allons montrer que, dans ce cas, la surface est applicable sur une surface de révolution convenablement choisie. En prenant pour axe des z l'axe d'une surface de révolution, ses points ont pour coordonnées

$$x = \rho\cos\theta,$$
$$y = \rho\sin\theta,$$
$$z = \varphi(\rho).$$

Pour une telle surface, on a

$$(2) \qquad ds^2 = dx^2 + dy^2 + dz^2 = [1 + \varphi'^2(\rho)]\,d\rho^2 + \rho^2\,d\theta^2.$$

Il est toujours possible de choisir $\varphi(\rho)$ de telle sorte que les surfaces correspondant aux éléments (1) et (2) soient applicables l'une sur l'autre.

Posons

$$v = \theta \qquad \text{et} \qquad G(u) = \rho^2.$$

Cette dernière relation définit u en fonction de ρ et, par suite, $E(u)\,du^2$ prend la forme $\psi(\rho)\,d\rho^2$. Pour identifier (1) et (2), il n'y a qu'à déterminer $\varphi(\rho)$ par la relation

$$1 + \varphi'^2(\rho) = \psi(\rho) \qquad \text{ou} \qquad \varphi(\rho) = \int\sqrt{\psi(\rho) - 1}\,d\rho.$$

La surface correspondant à (1) est donc applicable sur une surface de révolution.

Comme cas particulier, supposons que la surface donnée soit un hélicoïde gauche à plan directeur, c'est-à-dire la surface réglée lieu des normales menées à un cylindre de révolution en tous les points d'une hélice tracée sur ce cylindre. On aura, pour cette surface,

$$x = u\cos v, \qquad y = u\sin v, \qquad z = av,$$

a étant une constante. Donc

$$ds^2 = du^2 + (a^2 + u^2)\,dv^2.$$

Nous sommes donc bien dans le cas étudié plus haut. Posons, conformément à ce qui précède,

$$v = \theta, \qquad a^2 + u^2 = \rho^2,$$

il vient

$$ds^2 = \frac{\rho^2}{\rho^2 - a^2}\,d\rho^2 + \rho^2\,d\theta^2.$$

La fonction $\varphi(\rho)$ sera déterminée par l'équation

$$1 + \varphi'^2(\rho) = \frac{\rho^2}{\rho^2 - a^2},$$

donc

$$\varphi(\rho) = a\log\left[\frac{\rho}{a} + \sqrt{\left(\frac{\rho}{a}\right)^2 - 1}\right],$$

ou

$$\frac{\rho}{a} + \sqrt{\left(\frac{\rho}{a}\right)^2 - 1} = e^{\frac{\varphi(\rho)}{a}},$$

équation d'où l'on conclut

$$\rho = \frac{a}{2}\left(e^{\frac{\varphi(\rho)}{a}} + e^{-\frac{\varphi(\rho)}{a}}\right) = \frac{a}{2}\left(e^{\frac{z}{a}} + e^{-\frac{z}{a}}\right) \qquad \text{[puisque } z = \varphi(\rho)\text{]}.$$

La méridienne de la surface de révolution sera donc une chaînette tournant autour de sa base. Nous avons ainsi cette élégante proposition, qui n'est d'ailleurs qu'un cas particulier d'un théorème plus général dû à Bour [1] :

L'hélicoïde gauche à plan directeur est applicable sur la surface de révolution engendrée par une chaînette tournant autour de sa base.

4. Une classe très intéressante de surfaces est formée de sur-

---

[1] *Voir* le *Traité de Calcul différentiel* de M. Bertrand.

faces applicables sur un plan. Nous allons montrer que ces surfaces sont développables, en suivant la méthode donnée par M. O. Bonnet. Prenons, comme paramètres, les deux coordonnées rectangulaires α et β dans le plan sur lequel est applicable la surface. Les coordonnées x, y, z d'un point quelconque de la surface sont des fonctions de α et β, et l'on a

$$dx^2 + dy^2 + dz^2 = d\alpha^2 + d\beta^2,$$

ce qui entraîne les trois identités

$$\left(\frac{\partial x}{\partial \alpha}\right)^2 + \left(\frac{\partial y}{\partial \alpha}\right)^2 + \left(\frac{\partial z}{\partial \alpha}\right)^2 = 1,$$

$$\left(\frac{\partial x}{\partial \beta}\right)^2 + \left(\frac{\partial y}{\partial \beta}\right)^2 + \left(\frac{\partial z}{\partial \beta}\right)^2 = 1,$$

$$\frac{\partial x}{\partial \alpha}\frac{\partial x}{\partial \beta} + \frac{\partial y}{\partial \alpha}\frac{\partial y}{\partial \beta} + \frac{\partial z}{\partial \alpha}\frac{\partial z}{\partial \beta} = 0.$$

Or, en différentiant ces trois identités successivement par rapport à α et à β, la comparaison des équations obtenues donne de suite

$$\frac{\dfrac{\partial^2 x}{\partial \alpha^2}}{\dfrac{\partial^2 x}{\partial \alpha \, \partial \beta}} = \frac{\dfrac{\partial^2 y}{\partial \alpha^2}}{\dfrac{\partial^2 y}{\partial \alpha \, \partial \beta}} = \frac{\dfrac{\partial^2 z}{\partial \alpha^2}}{\dfrac{\partial^2 z}{\partial \alpha \, \partial \beta}},$$

$$\frac{\dfrac{\partial^2 x}{\partial \beta^2}}{\dfrac{\partial^2 x}{\partial \alpha \, \partial \beta}} = \frac{\dfrac{\partial^2 y}{\partial \beta^2}}{\dfrac{\partial^2 y}{\partial \alpha \, \partial \beta}} = \frac{\dfrac{\partial^2 z}{\partial \beta^2}}{\dfrac{\partial^2 z}{\partial \alpha \, \partial \beta}},$$

Des deux premières égalités, on conclut que les trois fonctions de α et β

$$\frac{\partial x}{\partial \alpha}, \quad \frac{\partial y}{\partial \alpha}, \quad \frac{\partial z}{\partial \alpha}$$

sont fonctions de l'une d'entre elles ; de même, en vertu des secondes égalités,

$$\frac{\partial x}{\partial \beta}, \quad \frac{\partial y}{\partial \beta}, \quad \frac{\partial z}{\partial \beta}$$

sont aussi fonctions de l'une d'elles. Par suite, en vertu de la relation

$$\frac{\partial x}{\partial \alpha}\frac{\partial x}{\partial \beta} + \frac{\partial y}{\partial \alpha}\frac{\partial y}{\partial \beta} + \frac{\partial z}{\partial \alpha}\frac{\partial z}{\partial \beta} = 0,$$

ces *six* dérivées partielles sont fonctions d'un même paramètre.
Or on a

$$\frac{\partial z}{\partial \alpha} = p\frac{\partial x}{\partial \alpha} + q\frac{\partial y}{\partial \alpha},$$

$$\frac{\partial z}{\partial \beta} = p\frac{\partial x}{\partial \beta} + q\frac{\partial y}{\partial \beta},$$

p et q étant, comme d'habitude, les dérivées partielles de z par
rapport à x et à y. Il en résulte que p et q sont fonctions d'un
même paramètre, c'est-à-dire que p est fonction de q. *La surface
est donc développable.*

5. Démontrons que, réciproquement, toute surface développable est applicable sur un plan. Nous considérons la surface
développable comme le lieu des tangentes à une courbe gauche;
x, y, z désignant un point arbitraire P de cette courbe gauche, et
x_1, y_1, z_1 les coordonnées d'un point quelconque P_1 de la génératrice tangente au point P à la courbe, on a

$$x_1 = x + l\alpha,$$
$$y_1 = y + l\beta,$$
$$z_1 = z + l\gamma.$$

l représente évidemment la distance PP_1, et nous regardons x,
y, z, ainsi que les trois cosinus α, β, γ, comme fonctions de l'arc s
de l'arête de rebroussement. On a, pour le carré ds_1^2 d'un arc de
la surface,

$$ds_1^2 = dx_1^2 + dy_1^2 + dz_1^2,$$

et, en se rappelant que

$$\frac{1}{R^2} = \frac{d\alpha^2 + d\beta^2 + d\gamma^2}{ds^2},$$

nous avons

$$ds_1^2 = (ds + dl)^2 + l^2\frac{ds^2}{R^2}.$$

Le rayon de courbure R est une fonction de s. Il faut montrer
que ds_1^2 peut se mettre sous la forme du carré de l'élément d'arc

dans un plan. Écrivons, à cet effet,

$$ds_1^2 = \left(ds + dl + i\frac{l\,ds}{R}\right)\left(ds + dl - i\frac{l\,ds}{R}\right),$$

où i est le symbole ordinaire des imaginaires.

Aucun de ces deux facteurs n'est une différentielle totale exacte par rapport à s et l. Mais

$$e^{\int \frac{ds}{R}}\left(ds + dl + i\frac{l\,ds}{R}\right)$$

est la différentielle totale de

$$ie^{\int \frac{ds}{R}} = \int e^{\int \frac{ds}{R}}\,ds$$

Désignons cette fonction de l et de s par $A + iB$, A et B étant des fonctions réelles de l et s. On aura

$$dA + idB = e^{\int \frac{ds}{R}}\left(ds + dl + i\frac{l\,ds}{R}\right),$$

$$dA - idB = e^{\int \frac{ds}{R}}\left(ds + dl - i\frac{l\,ds}{R}\right)$$

et, par conséquent,

$$ds_1^2 = dA^2 + dB^2,$$

ce qui démontre bien que *la surface est applicable sur un plan*.

Le développement du calcul va nous conduire à un résultat intéressant. Posons

$$\int_0^s \frac{ds}{R} = \tau,$$

on aura alors pour A et B

$$A = l\cos\tau - \int_0^s \cos\tau\,ds,$$

$$B = l\sin\tau - \int_0^s \sin\tau\,ds.$$

A et B représentent les coordonnées rectangulaires dans le plan sur lequel on applique la surface, et les formules précédentes résolvent complètement le problème de l'application de la surface sur le plan. Or considérons la courbe C_1 obtenue en faisant $l = 0$; elle correspond à l'arête de rebroussement C de la surface développable. Cette courbe C_1 est donnée par les équations

$$A_1 = \int_0^s \cos\tau\, ds,$$

$$B_1 = \int_0^s \sin\tau\, ds.$$

L'arc élémentaire ds_1 de C_1 est égal à l'arc ds de C, puisque

$$ds_1^2 = dA_1^2 + dB_1^2 = ds^2.$$

Nous avons déjà rencontré ces expressions de A_1 et B_1, lorsque nous avons calculé les coordonnées des points d'une courbe plane dont le rayon de courbure est donné en fonction de l'arc (Chap. XII, § 11).

Nous en pouvons conclure que les rayons de courbure de la courbe plane C_1 et de la courbe gauche C aux points correspondants sont les mêmes. Ainsi, quand on applique une surface développable sur un plan, son arête de rebroussement se transforme en une courbe plane et les rayons de courbure sont conservés. Enfin, comme on a

$$\cos\tau = \frac{dA_1}{ds_1}, \qquad \sin\tau = \frac{dB_1}{ds_1},$$

les génératrices de la surface deviennent les tangentes à la courbe C_1 dans le plan. Ces divers résultats sont à peu près évidents géométriquement.

6. Étant donnée la forme quadratique

$$ds^2 = E\,du^2 + 2F\,du\,dv + G\,dv^2,$$

où E, F, G sont des fonctions de u et v, proposons-nous de reconnaître si elle correspond à une surface développable, c'est-à-dire si elle peut être ramenée à la forme

$$dX^2 + dY^2,$$

En décomposant ds^2 en un produit de deux facteurs, qui seront d'ailleurs nécessairement imaginaires conjugués, on peut écrire

$$ds^2 = (a\,du + b\,dv)(a'\,du + b'\,dv) = (dX + i\,dY)(dX - i\,dY).$$

Il devra donc exister un facteur μ, fonction de u et v, tel que

$$\mu(a\,du + b\,dv) \quad \text{et} \quad \frac{1}{\mu}(a'\,du + b'\,dv)$$

soient des différentielles totales exactes. Posons $\mu = e^f$; les équations

$$\frac{\partial(\mu a)}{\partial v} = \frac{\partial(\mu b)}{\partial u},$$

$$\frac{\partial\left(\dfrac{1}{\mu}a'\right)}{\partial v} = \frac{\partial\left(\dfrac{1}{\mu}b'\right)}{\partial u},$$

deviennent

$$a\frac{\partial f}{\partial v} - b\frac{\partial f}{\partial u} = \frac{\partial b}{\partial u} - \frac{\partial a}{\partial v},$$

$$a'\frac{\partial f}{\partial v} - b'\frac{\partial f}{\partial u} = \frac{\partial a'}{\partial v} - \frac{\partial b'}{\partial u}.$$

Elles donnent les expressions de

$$\frac{\partial f}{\partial u} \quad \text{et} \quad \frac{\partial f}{\partial v}$$

en fonctions connues de u et v: soit $\dfrac{\partial f}{\partial u} = P$, $\dfrac{\partial f}{\partial v} = Q$. Nous n'aurons plus qu'à vérifier si $\dfrac{\partial P}{\partial v} = \dfrac{\partial Q}{\partial u}$.

II. — Représentation conforme d'un plan sur un plan.

7. Considérons deux plans rapportés aux coordonnées rectangulaires (x, y) et (X, Y); on établit une correspondance entre les points de ces plans, soit

$$X = P(x, y),$$
$$Y = Q(x, y).$$

D'après ce qui a été vu au § 2, la condition nécessaire et suffisante pour que cette transformation *conserve les angles* est que

$$dX^2 + dY^2 = \lambda(dx^2 + dy^2),$$

λ étant indépendant des différentielles, c'est-à-dire ne dépendant que de x et y.

Écrivons plus explicitement cette condition; elle revient aux deux relations

$$\left(\frac{\partial P}{\partial x}\right)^2 + \left(\frac{\partial Q}{\partial x}\right)^2 = \left(\frac{\partial P}{\partial y}\right)^2 + \left(\frac{\partial Q}{\partial y}\right)^2,$$

$$\frac{\partial P}{\partial x}\frac{\partial P}{\partial y} + \frac{\partial Q}{\partial x}\frac{\partial Q}{\partial y} = 0.$$

Telles sont les deux équations que doivent vérifier les fonctions P et Q. On peut les simplifier, car la seconde donne

$$\frac{\dfrac{\partial P}{\partial x}}{\dfrac{\partial Q}{\partial y}} = \frac{\dfrac{\partial Q}{\partial x}}{-\dfrac{\partial P}{\partial y}};$$

la valeur commune de ces rapports est

$$\pm\frac{\sqrt{\left(\dfrac{\partial P}{\partial x}\right)^2 + \left(\dfrac{\partial Q}{\partial x}\right)^2}}{\sqrt{\left(\dfrac{\partial P}{\partial y}\right)^2 + \left(\dfrac{\partial Q}{\partial y}\right)^2}},$$

et est égale, en vertu de la première équation, à ± 1.

On a donc, soit

$$\frac{\partial P}{\partial x} = \frac{\partial Q}{\partial y}, \qquad \frac{\partial P}{\partial y} = -\frac{\partial Q}{\partial x},$$

soit

$$\frac{\partial P}{\partial x} = -\frac{\partial Q}{\partial y}, \qquad \frac{\partial P}{\partial y} = \frac{\partial Q}{\partial x},$$

et, pour passer du second système au premier, il suffit de changer Q en $-$ Q. Nous pouvons donc nous borner au premier système

$$\frac{\partial P}{\partial x} = \frac{\partial Q}{\partial y},$$

$$\frac{\partial P}{\partial y} = -\frac{\partial Q}{\partial x}.$$

Nous retrouverons bientôt ce système qui joue, en Analyse, un rôle considérable. Si P et Q satisfont à ces deux relations, la transformation

$$X = P(x, y), \qquad Y = Q(x, y)$$

conserve les angles; on donne souvent le nom de *représentation
conforme* d'un plan sur un plan aux transformations du type précédent.

Nous avons laissé de côté le second système que nous avions
rencontré. Géométriquement, on passe du second système au premier, en prenant la symétrique de la figure transformée par rapport
à l'axe OX.

8. La remarque suivante nous sera, plus tard, très utile. Soit
une fonction $V(x, y)$, satisfaisant à l'équation

$$\frac{\partial^2 V}{\partial x^2} + \frac{\partial^2 V}{\partial y^2} = 0.$$

On fait la transformation conforme

$$x = P(X, Y), \qquad y = Q(X, Y),$$

V devient une fonction de X et Y; *elle satisfait à l'équation*

$$\frac{\partial^2 V}{\partial X^2} + \frac{\partial^2 V}{\partial Y^2} = 0.$$

Pour s'en assurer, il suffit de vérifier la relation

$$\frac{\partial^2 V}{\partial X^2} + \frac{\partial^2 V}{\partial Y^2} = \left[\left(\frac{\partial P}{\partial X} \right)^2 + \left(\frac{\partial P}{\partial Y} \right)^2 \right] \left(\frac{\partial^2 V}{\partial x^2} + \frac{\partial^2 V}{\partial y^2} \right),$$

en calculant, d'après les règles élémentaires, les dérivées d'une
fonction composée. On vérifiera aussi que

$$\left(\frac{\partial X}{\partial X} \right)^2 + \left(\frac{\partial X}{\partial Y} \right)^2 = \left[\left(\frac{\partial P}{\partial X} \right)^2 + \left(\frac{\partial P}{\partial Y} \right)^2 \right] \left[\left(\frac{\partial X}{\partial x} \right)^2 + \left(\frac{\partial X}{\partial y} \right)^2 \right].$$

9. Un exemple intéressant de transformation conservant les
angles nous sera donné par la considération du système d'ellipses
et d'hyperboles homofocales

$$\frac{x^2}{\lambda^2} + \frac{y^2}{\lambda^2 - c^2} = 1.$$

Si $\lambda^2 > c^2$, on a une ellipse, et si $\lambda^2 < c^2$ une hyperbole. Faisous $c = 1$, et considérons les courbes

$$\frac{x^2}{\lambda^2} + \frac{y^2}{\lambda^2 - 1} = 1 \qquad \text{avec} \quad \lambda^2 > 1 \qquad \text{(ellipses)},$$

$$\frac{x^2}{\mu^2} + \frac{y^2}{\mu^2 - 1} = 1 \qquad (0 < \mu^2 < 1) \qquad \text{(hyperboles)}.$$

Si l'on suppose que x et y sont positifs, à toute valeur de λ^2 et μ^2 correspond un point (x, y). On a d'ailleurs, en résolvant,

$$x^2 = \lambda^2 \mu^2,$$

$$y^2 = (\lambda^2 - 1)(1 - \mu^2),$$

et de là résulte

$$dx^2 + dy^2 = (\lambda^2 - \mu^2)\left(\frac{d\lambda^2}{\lambda^2 - 1} + \frac{d\mu^2}{1 - \mu^2} \right).$$

Or, si l'on pose

$$\frac{d\lambda}{\sqrt{\lambda^2 - 1}} = d\alpha, \qquad \frac{d\mu}{\sqrt{1 - \mu^2}} = d\beta,$$

on aura

$$dx^2 + dy^2 = m(d\alpha^2 + d\beta^2);$$

donc la correspondance entre (x, y) et (α, β) conserve les angles. On a, d'ailleurs,

$$\alpha = \log(\lambda + \sqrt{\lambda^2 - 1}),$$

$$\beta = \text{arc sin } \mu,$$

et, par conséquent, en remplaçant λ et μ par leurs valeurs en α et β,

$$(3) \qquad \begin{cases} x = \dfrac{1}{2}(e^{\alpha} + e^{-\alpha}) \sin \beta, \\[2mm] y = \dfrac{1}{2}(e^{\alpha} - e^{-\alpha}) \cos \beta. \end{cases}$$

On vérifiera que cette transformation rentre dans le second type. Quand le point (α, β) décrit dans son plan une parallèle à un des axes, le point (x, y) décrit une ellipse ou une hyperbole; toutes ces ellipses et hyperboles sont homofocales. Nous allons en déduire facilement une propriété remarquable de ce système, mais commençons par définir ce que Lamé entend par courbes isothermes.

10. On démontre, dans la Théorie mathématique de la chaleur, que, si les points d'un plan sont en équilibre de température, c'est-à-dire si la température V en chaque point est simplement fonction des coordonnées x et y de ce point, et non du temps, cette fonction $V(x, y)$ satisfait à l'équation

$$(4) \qquad \frac{\partial^2 V}{\partial x^2} + \frac{\partial^2 V}{\partial y^2} = 0.$$

Pour un certain état d'équilibre de température, une famille de courbes

$$\varphi(x, y) = \text{const.}$$

est dite *isotherme*, si pour tous les points de chacune de ces courbes la température est la même; celle-ci variera d'ailleurs d'une courbe à l'autre. Pour que les courbes $\varphi = C$ soient isothermes, il faut et il suffit qu'il existe une fonction de φ satisfaisant à l'équation (4), puisque $V(x, y)$ doit être une fonction de φ. Cherchons la condition pour qu'il en soit ainsi; soit

$$V = V(\varphi).$$

En substituant dans l'équation (4), on a

$$\frac{d^2 V}{d\varphi^2}\left[\left(\frac{\partial \varphi}{\partial x}\right)^2 + \left(\frac{\partial \varphi}{\partial y}\right)^2\right] + \frac{dV}{d\varphi}\left(\frac{\partial^2 \varphi}{\partial x^2} + \frac{\partial^2 \varphi}{\partial y^2}\right) = 0,$$

ce que nous écrirons

$$\frac{\dfrac{d^2 V}{d\varphi^2}}{\dfrac{dV}{d\varphi}} = -\frac{\dfrac{\partial^2 \varphi}{\partial x^2} + \dfrac{\partial^2 \varphi}{\partial y^2}}{\left(\dfrac{\partial \varphi}{\partial x}\right)^2 + \left(\dfrac{\partial \varphi}{\partial y}\right)^2}.$$

Le premier membre ne dépend que de φ; il doit en être de même du second. Or φ étant donné, on peut former ce second membre; la condition nécessaire pour que la famille $\varphi = C$ soit isotherme est que ce second membre se réduise à une fonction de φ. Cette condition est aussi suffisante, car, si elle est remplie, la relation précédente permet de trouver la fonction $V(\varphi)$ par une quadrature.

Montrons qu'*une transformation conservant les angles trans-*

forme une famille de courbes isothermes en une autre famille de courbes isothermes.

Ainsi nous effectuons sur x et y une transformation de la nature de celles que nous avons considérées plus haut

$$x = P(X, Y),$$
$$y = Q(X, Y);$$

on a une famille de courbes isothermes

$$\varphi(x, y) = C,$$

elle se transforme en la famille

$$\Phi(X, Y) = C;$$

il faut montrer que la famille $\Phi = C$ est aussi isotherme.

Nous avons vu en effet ($\S$ 8) que

$$\frac{\partial^2 \Phi}{\partial X^2} + \frac{\partial^2 \Phi}{\partial Y^2} = \left[\left(\frac{\partial P}{\partial X} \right)^2 + \left(\frac{\partial P}{\partial Y} \right)^2 \right] \left(\frac{\partial^2 \varphi}{\partial x^2} + \frac{\partial^2 \varphi}{\partial y^2} \right),$$

et que

$$\left(\frac{\partial \Phi}{\partial X} \right)^2 + \left(\frac{\partial \Phi}{\partial Y} \right)^2 = \left[\left(\frac{\partial P}{\partial X} \right)^2 + \left(\frac{\partial P}{\partial Y} \right)^2 \right] \left[\left(\frac{\partial \varphi}{\partial x} \right)^2 + \left(\frac{\partial \varphi}{\partial y} \right)^2 \right];$$

par suite, en divisant

$$\frac{\dfrac{\partial^2 \Phi}{\partial X^2} + \dfrac{\partial^2 \Phi}{\partial Y^2}}{\left(\dfrac{\partial \Phi}{\partial X} \right)^2 + \left(\dfrac{\partial \Phi}{\partial Y} \right)^2} = \frac{\dfrac{\partial^2 \varphi}{\partial x^2} + \dfrac{\partial^2 \varphi}{\partial y^2}}{\left(\dfrac{\partial \varphi}{\partial x} \right)^2 + \left(\dfrac{\partial \varphi}{\partial y} \right)^2}.$$

Si donc le second membre est une fonction de φ, nous sommes assuré que le premier sera une fonction de φ et, par conséquent, de Φ. Les courbes $\Phi = C$ sont donc isothermes.

11. Revenons aux ellipses et aux hyperboles homofocales étudiées au § 9. La transformation (3) qui transforme les angles transforme ces ellipses et ces hyperboles en deux systèmes de droites

$$\alpha = \text{const.}, \qquad \beta = \text{const.}$$

Or ces systèmes de droites forment évidemment des systèmes isothermes. Nous avons donc, par suite, ce théorème de Lamé :

Les ellipses et les hyperboles homofocales forment un système de courbes orthogonales et isothermes.

III. — Quelques exemples de représentation conforme.
Sur les substitutions linéaires.

12. La théorie des fonctions d'une variable complexe nous donnera des systèmes de fonctions $P(x, y)$ et $Q(x, y)$ permettant de réaliser une représentation conforme. Sans anticiper sur des généralités qui auront leur place au commencement du Tome II, bornons-nous à prendre une fraction rationnelle de z, $F(z)$, les coefficients dans cette fonction rationnelle étant des quantités réelles ou imaginaires. Posant alors

$$z = x + iy \qquad (i = \sqrt{-1}),$$

nous pouvons mettre $F(z)$ sous la forme

$$P(x, y) + iQ(x, y),$$

P et Q étant des fonctions rationnelles réelles de x et y. Or, en dérivant successivement les deux membres de l'identité

$$F(z) = P(x, y) + iQ(x, y)$$

par rapport à x et à y, on a

$$F'(z) = \frac{\partial P}{\partial x} + i \frac{\partial Q}{\partial x},$$

$$iF'(z) = \frac{\partial P}{\partial y} + i \frac{\partial Q}{\partial y}.$$

On conclut de là

$$i\left(\frac{\partial P}{\partial x} + i \frac{\partial Q}{\partial x}\right) = \frac{\partial P}{\partial y} + i \frac{\partial Q}{\partial y}$$

et, par suite,

$$\frac{\partial P}{\partial x} = \frac{\partial Q}{\partial y},$$

$$\frac{\partial P}{\partial y} = -\frac{\partial Q}{\partial x}.$$

La transformation

$$X = P(x, y), \qquad Y = Q(x, y)$$

conservera donc les angles. Cette transformation, en posant $X + iY = Z$, peut s'exprimer par l'unique égalité $Z = f(z)$.

13. Nous allons étudier le cas particulièrement simple où

$$F(z) = \frac{az + b}{cz + d} \qquad (ad - bc \neq o),$$

a, b, c, d étant quatre constantes réelles ou imaginaires. Nous avons alors la substitution linéaire exprimée par l'égalité

$$(5) \qquad Z = \frac{az + b}{cz + d},$$

faisant correspondre le point (X, Y) au point (x, y). Montrons que cette transformation est susceptible d'une interprétation géométrique.

Soit d'abord considérée la substitution

$$Z = az.$$

En posant

$$Z = Re^{i\Omega}, \qquad z = re^{i\omega}, \qquad a = ke^{i\alpha},$$

on aura

$$R = kr, \qquad \Omega = \omega + \alpha.$$

Pour avoir le transformé d'un point ou plus généralement d'une figure, il suffira donc de prendre son homothétique par rapport à l'origine avec k pour rapport d'homothétie et de faire tourner d'un angle α autour de l'origine.

Un second cas particulier encore plus simple est celui où l'on a

$$Z = z + b,$$

la transformation équivant manifestement à une translation égale et parallèle à la droite joignant l'origine au point représentant la quantité imaginaire b.

Arrêtons-nous encore sur le cas particulier où

$$Z = \frac{1}{z}.$$

On a alors

$$R = \frac{1}{r}, \qquad \Omega = -\omega.$$

Le point (X, Y) est donc le symétrique par rapport à Ox du point transformé de (x, y) par rayons vecteurs réciproques $(Kr = 1)$.

On voit aisément que la transformation générale

$$Z = \frac{az + b}{cz + d}$$

peut être obtenue en combinant les transformations précédentes ; on peut, en effet, écrire

$$Z = p + \frac{1}{cz + d}.$$

Si donc on fait successivement les transformations successives

$$z' = cz,$$
$$z'' = z' + d,$$
$$z''' = \frac{1}{z''},$$
$$Z = p + z''',$$

on réalisera la transformation cherchée, en employant seulement les cas particuliers indiqués.

14. *La transformation* (5) *transforme une circonférence en une autre circonférence*. La démonstration est immédiate, puisque chacune des transformations partielles transforme un cercle en un cercle ; le fait est évident pour l'homothétie et la translation, et, pour la transformation par rayons vecteurs réciproques, c'est un théorème bien connu. Il est d'ailleurs facile de démontrer directement cette proposition. Partons, à cet effet, d'une forme souvent utile, de l'équation du cercle. On va désigner dans la suite, d'une manière générale, la quantité imaginaire conjuguée d'une grandeur par la même lettre affectée de l'indice zéro ; ainsi

$$A = \alpha + i\beta, \qquad A_0 = \alpha - i\beta.$$

Ceci posé, l'équation de tout cercle peut s'écrire

$$(6) \qquad zz_0 + Az + A_0 z_0 + B = 0 \qquad (z = x + iy),$$

A étant une quantité complexe et B étant réel. Cette équation revient en effet à

$$x^2 + y^2 + 2\alpha x - 2\beta y + B = 0.$$

Si donc nous voulons chercher le transformé du cercle (6) par la substitution (5), nous n'avons qu'à remplacer z par sa valeur en fonction de Z; or on a pour z une expression de la même forme

$$z = \frac{a'Z + b'}{c'Z + d'},$$

et, en substituant dans (2), la relation devient

$$ZZ_0 + A'Z + A'_0 Z_0 + B' = 0,$$

B' étant réel; ce sera donc encore l'équation d'un cercle.

15. Nous allons maintenant particulariser encore davantage, en supposant que a, b, c, d sont réels, et que, de plus,

$$ad - bc = 1.$$

Des substitutions de cette forme se présentent dans plusieurs théories importantes. Nous représenterons la substitution

$$z' = \frac{az + b}{cz + d}$$

par la notation

$$\left(z, \frac{az + b}{cz + d}\right),$$

qui exprime que l'on remplace z par $\frac{az + b}{cz + d}$.

Cette substitution transforme en lui-même le demi-plan situé au-dessus de l'axe Ox des quantités réelles, c'est-à-dire qu'à tout point de ce demi-plan correspond un point du même demi-plan. En effet, de l'égalité

$$X + iY = \frac{a(x + iy) + b}{c(x + iy) + d},$$

on tire de suite

$$Y = \frac{y}{(cx + d)^2 + c^2 y^2}.$$

Y est donc de même signe que y. A un point de l'axe Ox correspond un point de la même droite. La substitution transformera

évidemment aussi en lui-même le demi-plan situé au-dessous de
Ox; nous ne considérons dans la suite que le demi-plan supérieur, c'est-à-dire les points correspondant à $y > o$.

Considérons un cercle ayant son centre sur Ox et par conséquent orthogonal à cette droite; la substitution le transformera
en un autre cercle qui devra être orthogonal à la transformée de
Ox, c'est-à-dire à Ox. Par suite, le cercle transformé aura encore son centre sur l'axe des x. En particulier, toute droite perpendiculaire à Ox se transformera en un tel cercle.

16. Soit une suite indéfinie de substitutions, toutes de la forme

$$\left(z, \frac{az+b}{cz+d}\right)$$

(a, b, c, d réels et $ad - bc = 1$). On dit *qu'elles forment un
groupe*, quand, deux substitutions quelconques étant prises dans
cette suite et effectuées successivement, on retombe sur une
substitution faisant partie de la suite. On a surtout étudié le cas
où toutes ces substitutions peuvent être obtenues en composant
un nombre fini d'entre elles, c'est-à-dire en faisant le produit
d'un nombre quelconque de puissances positives ou négatives de
certaines substitutions en nombre fini. Par puissance positive
d'une substitution, on entend cette substitution faite un certain
nombre de fois successivement; pour définir les puissances négatives, il faut seulement définir la puissance -1 d'une substitution. S désignant une substitution, on entend par S^{-1} la substitution inverse donnant z' en fonction de z par la relation

$$z = \frac{az'+b}{cz'+d},$$

de sorte qu'en faisant à la suite la substitution S et la substitution S^{-1}, on retombe sur la substitution identique (z, z).

Le groupe ainsi formé est dit *discontinu* dans le demi-plan,
quand, A étant un point arbitraire de ce demi-plan en dehors de
l'axe réel, il n'existe pas, dans le groupe, de substitution transformant A en un point différent de A et dont la distance à celui-ci
soit moindre qu'une quantité donnée à l'avance si petite qu'elle
soit. M. Poincaré a fait la théorie de ces groupes, qu'il a appelés

groupes fuchsiens [1], et a donné la loi générale de leur formation.

C'est dans la théorie des fonctions elliptiques que s'est rencontré autrefois le premier groupe fuchsien. Ce groupe, formé de substitutions

$$\left(z,\ \frac{az+b}{cz+d}\right),$$

où a, b, c, d *sont entiers*, a fait l'objet des recherches de M. Hermite (*Mémoire sur la théorie des équations modulaires*). L'étude complète des groupes linéaires à coefficients entiers a été faite par M. Klein dans ses mémorables études sur les fonctions modulaires; elle est du plus grand intérêt pour la théorie de la transformation des fonctions elliptiques [2].

17. Nous allons nous borner à quelques remarques essentielles sur le *groupe* formé par les substitutions

$$\left(z,\ \frac{az+b}{cz+d}\right)$$

où a, b, c, d sont quatre entiers réels quelconques satisfaisant à la relation $ad - bc = 1$.

Tout d'abord il faut montrer que ce groupe est bien *discontinu*. La relation

$$Z = \frac{az+b}{cz+d}$$

donnant

$$X = \frac{y}{(cx+d)^2 + c^2 y^2},$$

on voit que, si

$$|Y - y| < \varepsilon,$$

le dénominateur

$$(cx+d)^2 + c^2 y^2$$

est inférieur à $\dfrac{y}{y-\varepsilon}$; les entiers c et d ne peuvent donc avoir

---

[1] H. Poincaré, *Théorie des groupes fuchsiens* (Acta mathematica, t. I).
[2] F. Klein, *Vorlesungen über die Theorie der elliptischen Modulfunctionen.*

qu'un nombre limité de valeurs. D'autre part, si

$$\frac{az+b}{cz+d} = z + \zeta,$$

$|\zeta|$ étant, comme τ, inférieur à un nombre déterminé très petit,

$$\operatorname{mod}(az+b)$$

ne dépassera pas une limite facile à calculer; a et b ne pourront donc aussi avoir qu'un nombre limité de valeurs. Les substitutions à considérer étant en nombre fini, il ne pourra y avoir de substitution transformant z en une valeur qui en diffère d'aussi peu qu'on veut. *Le groupe est donc discontinu.*

Le raisonnement précédent suppose essentiellement que y est différent de zéro, c'est-à-dire que le point z n'est pas sur l'axe réel.

Pour les points de l'axe réel, au contraire, le groupe n'est pas discontinu. C'est ce dont on peut facilement se rendre compte en considérant la substitution du groupe

$$Z = \frac{(1-ac)z - a^2}{c^2 z + 1 - ac},$$

a et c désignant deux entiers quelconques. Cette substitution peut s'écrire

$$\frac{1}{cZ - a} = \frac{1}{cz - a} + c.$$

Si donc, partant d'un point z arbitraire, on répète cette substitution un nombre infini de fois, on aura un nombre infini de points tendant vers le point

$$Z = \frac{a}{c}.$$

Or, si z est réel, tous les points ainsi obtenus sont réels. On a, par suite, dans le voisinage de $\frac{a}{c}$, un nombre infini de points correspondants, ce qui est en opposition avec l'hypothèse que le groupe serait discontinu sur l'axe réel.

18. Le groupe discontinu qui précède conduit à partager le demi-plan en un nombre infini de triangles : c'est cet intéres-

sant résultat que je voudrais indiquer. Je le rattacherai à la théorie
arithmétique de la réduction des formes quadratiques définies ; il
nous faut donc d'abord ouvrir une parenthèse pour établir, avec
Lagrange, la notion *de forme quadratique réduite*.

Soit une forme quadratique

$$f(x, y) = ax^2 + 2bxy + cy^2,$$

où a, b, c sont des quantités réelles quelconques satisfaisant aux
inégalités

$$a > 0, \quad c > 0, \quad b^2 - ac < 0,$$

ce qu'on exprime en disant que la forme est *définie et positive*.

Concevons qu'on effectue sur x et y toutes les substitutions à
coefficients entiers positifs ou négatifs

$$\begin{aligned} x &= \alpha x' + \beta y' \\ y &= \gamma x' + \delta y' \end{aligned} \right\} \quad (\alpha\delta - \beta\gamma = 1),$$

on aura ainsi une infinité de formes quadratiques qu'on dit *équivalentes* à la première, dans lesquelles les coefficients de x^2 et y^2
sont évidemment positifs et dont le discriminant est le même.
Nous voulons, parmi toutes ces formes équivalentes, en rechercher une ou plusieurs jouissant de propriétés spéciales.

À cet effet, prenons d'abord, dans l'ensemble des formes équivalentes, celles où le coefficient de x^2 est le plus petit possible ;
dans les formes ainsi mises à part, prenons la forme ou les formes
où le coefficient de y^2 est lui-même le plus petit possible. Nous
allons montrer qu'en appelant

$$F = Ax^2 + 2Bxy + Cy^2$$

une telle forme, on a nécessairement

$$(7) \qquad\qquad A \leq C, \qquad 2|B| \leq A.$$

La première inégalité est évidente, puisque, si elle n'était pas
vérifiée, on n'aurait qu'à faire la substitution

$$x = -y', \quad y = x'$$

pour avoir une forme dans laquelle le coefficient de x^2 serait
plus petit que celui de x^2 dans F, ce qui est contre l'hypothèse.

Pour établir la seconde inégalité, faisons la substitution

$$\left.\begin{aligned} x &= x' - \mu y' \\ y &= y' \end{aligned}\right\} \qquad (\mu \text{ entier quelconque}),$$

la forme deviendra

$$A(x'^2 - 2\mu x'y' + \mu^2 y'^2) + 2By'(x' - \mu y') + Cy'^2;$$

donc on a

$$C - 2B\mu + A\mu^2 \geq C,$$

ce qui entraîne

$$2\,|B| \leq A.$$

Les coefficients des formes F satisferont donc aux deux inégalités indiquées (7); on donne le nom de *formes réduites* aux formes satisfaisant à ces conditions.

Si l'on pose

$$B^2 - AC = -D \qquad (D > 0),$$

on a, pour une forme réduite,

$$A^2 \leq AC, \qquad 4B^2 \leq A^2 \leq AC;$$

donc

$$3B^2 \leq AC - B^2 = D.$$

Ainsi

$$|B| \leq \sqrt{\frac{D}{3}} \qquad \text{et} \qquad A^2 \leq AC = AC - B^2 + B^2;$$

donc

$$A \leq \sqrt{\frac{4}{3}D}.$$

Les coefficients A et B sont donc limités en fonction du discriminant D qui est le même pour toutes les formes équivalentes.

Nous allons établir qu'en général il n'existe, dans un système de formes quadratiques équivalentes, qu'*une seule* forme satisfaisant aux conditions (7). Supposons, en effet, qu'il existe deux formes équivalentes satisfaisant à ces conditions

$$Ax^2 + 2Bxy + Cy^2 \qquad \text{et} \qquad A'x^2 + 2B'xy + C'y^2,$$

telles qu'on ait à la fois

$$A \leq C, \qquad 2\,|B| \leq A,$$
$$A' \leq C', \qquad 2\,|B'| \leq A'.$$

Soit A' la plus petite des quantités A et A'. Écrivons donc

$$A' < A,$$

d'où nous concluons

$$AA' < \frac{4}{3}\,D.$$

Je suppose que la substitution à coefficients entiers

$$(x,\ y,\ \alpha x + \beta y,\ \gamma x + \delta y)\qquad (\alpha\delta - \beta\gamma = 1)$$

transforme la première forme en la seconde. On a

$$A' = A\alpha^2 + 2B\alpha\gamma + C\gamma^2,$$
$$B' = A\alpha\beta + B(\alpha\delta + \beta\gamma) + C\gamma\delta.$$

Or

$$AA' = (A\alpha + B\gamma)^2 + D\gamma^2,$$

et, puisque

$$AA' < \frac{4}{3}\,D,$$

il en résulte

$$\text{soit}\quad \gamma = 0,\qquad \text{soit}\quad \gamma = \pm 1.$$

1° Prenons d'abord l'hypothèse $\gamma = 0$, alors $\alpha = \delta = \pm 1$; donc

$$A = A',\qquad B' = \pm A\beta + B.$$

Or

$$|B'| \le \frac{A'}{2} = \frac{A}{2}\qquad et\qquad |B| \le \frac{A}{2}.$$

Pour qu'on ait $B' - B = \pm A\beta$, la valeur de β ne peut être que 0, ± 1.

Si $\beta = 0$, on a $B' = B$, et les formes coïncident.

Si $\beta = \pm 1$, on a $B' = -B = \pm \dfrac{A}{2}$, d'où les deux formes

$$Ax^2 \pm Axy + Cy^2,\qquad Ax^2 \mp Axy + Cy^2.$$

2° Supposons maintenant que $\gamma = \pm 1$. Dans les calculs qui suivent, les signes supérieurs correspondront à l'hypothèse $\gamma = +1$, les signes inférieurs à $\gamma = -1$. On aura

$$A' = A\alpha^2 \pm 2B\alpha + C;$$

or

$$A' \ge A \ge C,$$

donc

$$A\alpha^2 \pm 2B\alpha \geqq 0,$$

et comme

$$2|B| \leqq A,$$

ce qui entraîne

$$A\alpha^2 \pm 2B\alpha \leqq 0,$$

il en résulte

$$A\alpha^2 \pm 2B\alpha = 0,$$

par suite

$$A' = C, \qquad \text{donc} \qquad A = A' = C.$$

La relation $A\alpha^2 \pm 2B\alpha = 0$ entraîne soit $\alpha = 0$, soit $\alpha^2 = 1$, puisque $2|B| \leqq A$.

Si α égale zéro, on aura, en se reportant à la valeur de B',

$$B' + B = \pm A\delta,$$

et comme

$$|B| \leqq \frac{A}{2}, \qquad |B'| \leqq \frac{A}{2},$$

il en résulte que l'on a

$$\text{soit} \quad \delta^2 = 0, \qquad \text{soit} \quad \delta^2 = 1.$$

Dans le premier cas, la forme (A', B', C') ne diffère de la forme (A, B, C) que par le signe du second coefficient.

Dans le second cas, la relation

$$B'^2 - A'C' = B^2 - AC$$

donne

$$(-B \mp A\delta)^2 - AC' = B^2 - AC,$$

d'où l'on déduit

$$C' = 2A \mp 2B\delta = 2(A \mp B\delta).$$

Or

$$B' = -B \mp A\delta$$

et, par suite,

$$C' = \pm 2B'\delta \qquad (\text{puisque } \delta^2 = 1).$$

Mais, comme la forme (A', B', C') est réduite, on a

$$C' \geqq A'$$

et, par suite,

$$\pm 2B'\delta \geqq A'.$$

Cette inégalité est impossible puisque $2|B'| \leqq A'$. On a donc, dans la forme (A', B', C'),

$$2|B'| = A'.$$

Si α^2 égale l'unité, on a

$$2B = \pm A\alpha.$$

En se reportant à la valeur de B', il vient

$$B' + B = A\alpha\beta,$$

et comme

$$|B| \leq \frac{A}{2}, \qquad |B'| \leq \frac{A}{2},$$

on ne peut avoir que $\beta = 0$ ou $\beta^2 = 1$.

Dans le premier cas, la forme (A', B', C') ne diffère de (A, B, C) que par le changement de signe du terme moyen.

Dans le second cas, puisqu'ici $|B| = \frac{A}{2}$, on aura

$$2|B'| = A.$$

C'est la même conclusion que plus haut.

De cette discussion résulte la conclusion suivante : *Dans un système de formes définies positives équivalentes, il n'existe qu'une réduite*

$$Ax^2 + 2Bxy + Cy^2,$$

sauf dans le cas où l'on a

$$\text{soit}\quad A = C, \qquad \text{soit}\quad 2|B| = A,$$

Le calcul ci-dessus enseigne, dans ces cas, à former les réduites équivalentes.

19. Revenons maintenant au groupe de substitutions linéaires

$$\left(z, \frac{az+b}{cz+d}\right) \qquad (ad - bc = 1),$$

a, b, c, d étant des entiers. Je rattacherai de la manière suivante l'étude de ce groupe à la théorie de la réduction des formes quadratiques exposée dans le paragraphe précédent. En posant

$$z = x + iy,$$

la partie réelle de $\dfrac{az+b}{cz+d}$ sera

$$\frac{ac(x^2+y^2)+(ad+bc)x+bd}{c^2(x^2+y^2)+2cdx+d^2},$$

et le carré de son module est égal à

$$\frac{a^2(x^2+y^2)+2abx+b^2}{c^2(x^2+y^2)+2cdx+d^2}.$$

J'envisage la forme quadratique aux indéterminées X et Y

$$(F) \qquad X^2+2xXY+(x^2+y^2)Y^2,$$

x, y ayant des valeurs déterminées $(y>o)$. Si l'on effectue sur cette forme la substitution

$$(X, Y, dX-bY, cX+aY),$$

elle devient

$$[c^2(x^2+y^2)+2cdx+d^2]X^2+2[(x^2+y^2)ac+(ad+bc)x+bd]XY$$
$$+[a^2(x^2+y^2)+2abx+b^2]Y^2.$$

Or on peut choisir les entiers a, b, c, d $(ad-bc=1)$ de manière que cette forme soit réduite; on aura alors

$$c^2(x^2+y^2)+2cdx+d^2 < a^2(x^2+y^2)+2abx+b^2,$$

$$-\frac{1}{2} < \frac{(x^2+y^2)ac+(ad+bc)x+bd}{c^2(x^2+y^2)+2cdx+d^2} < \frac{1}{2}.$$

Donc, en choisissant convenablement les entiers a, b, c, d, le module de $\dfrac{az+b}{cz+d}$ sera plus grand que l'unité, et sa partie réelle sera comprise entre $-\dfrac{1}{2}$ et $+\dfrac{1}{2}$.

On peut encore dire qu'*à tout point z du demi-plan correspond, par une substitution convenable du groupe, un point dans le triangle formé dans le demi-plan par les droites $x=\dfrac{1}{2}$, $x=-\dfrac{1}{2}$ et la circonférence $x^2+y^2=1$.* Le troisième sommet de ce triangle curviligne est à l'infini dans la direction de Oy. Ce triangle est dit le polygone *fondamental* du groupe.

Au point z ne correspond d'ailleurs en général qu'un point *dans le triangle précédent.* En effet, si le point (x, y) est à l'intérieur du triangle (et non sur son périmètre), la forme quadratique F est une forme réduite, et toute autre forme équivalente n'est pas une réduite, d'après le théorème du paragraphe précédent.

Les points du périmètre du triangle se correspondent deux à deux par une substitution du groupe.

La substitution

$$(z, \; z+1)$$

transforme le côté BB′ dans le côté CC′; la substitution

$$\left(z, \; -\frac{1}{z}\right)$$

transforme l'arc en AB en l'arc AC. (*fig.* 91).

Si l'on fait des représentations conformes du triangle *fondamental* qui précède, en employant toutes les substitutions du groupe, on obtiendra une infinité de triangles curvilignes dont les côtés seront des arcs de cercle normaux à Ox. Deux quel-

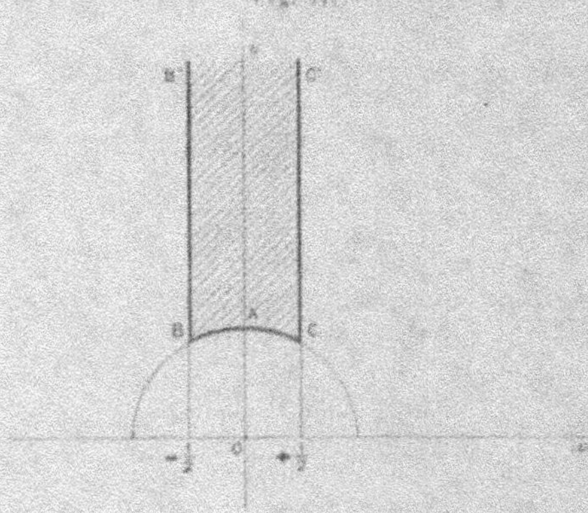

conques de ces triangles ne pourront avoir d'autres points communs que des points de leur périmètre; en effet, s'il en était autrement, un tel point commun, considéré comme appartenant à l'un ou l'autre de ces triangles, correspondrait à deux points de l'*intérieur* du triangle fondamental, ce qui est impossible, puisque deux points de l'intérieur de ce dernier triangle ne peuvent se correspondre par une substitution du groupe. *Le demi-plan se trouve ainsi partagé en une infinité de triangles curvilignes*, et deux quelconques de ces triangles sont la représentation conforme l'un de l'autre [1].

20. Le point de vue auquel je me suis placé plus haut pour rattacher la théorie de la substitution

$$\left(z, \frac{az + b}{cz + d} \right)$$

à la théorie des formes quadratiques peut être étendu pour obtenir les substitutions d'un *demi-espace*, qui sont les analogues des substitutions précédentes [2].

Il nous faut auparavant indiquer la façon dont M. Hermite a généralisé la notion de forme quadratique, en considérant des formes quadratiques à indéterminées conjuguées. M. Hermite donne ce nom aux formes telles que

$$AXX_0 + BXY_0 + B_0X_0Y + CYY_0,$$

dans laquelle X et X_0 ainsi que Y et Y_0 sont deux variables complexes conjuguées. Les coefficients A et C sont réels et B_0 est la conjuguée de B. Si l'on effectue sur X et Y une substitution

$$X = aX' + bY',$$
$$Y = cX' + dY',$$

a, b, c, d étant des quantités complexes, et si l'on a soin d'effectuer sur X_0 et Y_0 la substitution conjuguée

$$X_0 = a_0 X'_0 + b_0 Y'_0,$$
$$Y_0 = c_0 X'_0 + d_0 Y'_0,$$

---

[1] Outre l'ouvrage déjà cité de M. Klein, on pourra consulter sur ce sujet le Mémoire de M. Dedekind : *Ueber die elliptischen Modul-Functionen* (*Journal de Crelle*, t. 83).

[2] É. PICARD, *Sur un groupe de transformations des points de l'espace situés du même côté d'un plan* (*Bulletin de la Société mathématique*, 1884).

la forme donnée se transforme en une autre de même nature. Il y a encore un invariant analogue à celui des formes réelles : c'est l'expression

$$BB_0 - AC.$$

Quand celle-ci est négative et que $A > 0$, $C > 0$, la forme est encore dite *définie et positive*.

Ces remarques faites, j'envisage la forme suivante, qui va remplacer la forme F du § 19,

$$XX_0 - xXY_0 - x_0X_0Y + (xx_0 + y^2)YY_0,$$

où x désigne une quantité complexe arbitraire et y une quantité réelle positive.

La substitution à coefficients complexes quelconques

$$(X, Y, dX - bY, -cX + aY) \qquad (ad - bc = 1)$$

la transforme en

$$A'XX_0 - B'XY_0 - B'_0X_0Y + C'YY_0,$$

en posant

$$A' = cc_0(xx_0 + y^2) - dc_0x - d_0cx_0 + dd_0,$$
$$B' = ca_0(xx_0 + y^2) - a_0dx - cb_0x_0 + db_0,$$
$$C' = aa_0(xx_0 + y^2) - ba_0x - b_0ax_0 + bb_0.$$

On est ainsi conduit à une transformation relative à la variable complexe x et à la somme $xx_0 + y^2$, substitution qui peut s'écrire

$$(S)\quad \begin{cases} x' = \dfrac{ca_0(xx_0 + y^2) - a_0dx - cb_0x_0 + db_0}{cc_0(xx_0 + y^2) - dc_0x - d_0cx_0 + dd_0}, \\[2ex] x'x'_0 + y'^2 = \dfrac{aa_0(xx_0 + y^2) - ba_0x - b_0ax_0 + bb_0}{cc_0(xx_0 + y^2) - dc_0x - d_0cx_0 + dd_0}. \end{cases}$$

A un système de valeurs de la quantité complexe x et de la quantité positive y correspond par ces formules un système parfaitement déterminé de x' et y' (y' étant positif comme y). D'après la manière même dont cette substitution a été obtenue, il est manifeste que le produit de deux de ces substitutions, correspondant aux valeurs a, b, c, d et a', b', c', d' ($ad - bc = a'd' - b'c' = 1$) sera encore une substitution de même nature.

On peut donner une forme géométrique au résultat précédent.

Soient $O\xi$, $O\eta$, $O\zeta$ un système d'axes rectangulaires et considérons le *demi-espace* situé au-dessus du plan des $\xi\eta$ ($\zeta = 0$). A chaque point (ξ, η, ζ) correspond un système de valeurs de la quantité complexe x et de la quantité positive y, si l'on pose

$$x = \xi + i\eta, \quad y = \zeta$$

et réciproquement.

La substitution (S) donne donc une transformation du demi-espace en lui-même; elle est tout à fait l'analogue de la transformation du demi-plan en lui-même fournie par la substitution linéaire à coefficients réels.

C'est M. Poincaré qui a, le premier, étudié cette transformation de l'espace; il l'a obtenue par des considérations géométriques. Elle joue un rôle essentiel dans la théorie des groupes kleinéens (¹).

La méthode que nous avons suivie pour obtenir (S) rend facile l'étude du cas où a, b, c, d sont quatre entiers complexes, c'est-à-dire de la forme $m + ni$ (m et n entiers), satisfaisant à la relation

$$ad - bc = 1.$$

Les substitutions S forment alors un groupe discontinu. On trouve, pour ce groupe, un *polyèdre fondamental* limité par les quatre plans

$$\xi = \frac{1}{2}, \quad \xi = -\frac{1}{2}, \quad \eta = \frac{1}{2}, \quad \eta = -\frac{1}{2}$$

et la sphère

$$\xi^2 + \eta^2 + \zeta^2 = 1;$$

ce polyèdre est tout à fait analogue au triangle fondamental rencontré plus haut. Mais le développement de ce point m'entraînerait trop loin, et je me borne à renvoyer à mon article cité plus haut.

IV. — Carte d'une surface.

21. On appelle *carte géographique* d'une surface la représentation d'une surface sur un plan, de telle sorte qu'à chaque point du

---

(¹) H. Poincaré, *Mémoire sur les groupes kleinéens* (*Acta mathematica*, t. III).

plan corresponde un point de la surface. Les cartes les plus intéressantes sont celles dans lesquelles les angles sont conservés, c'est-à-dire dans lesquelles l'angle de deux lignes quelconques dans le plan est égal à l'angle des lignes qui leur correspondent sur la surface : dans ces conditions, les parties infiniment petites sur la surface et sur la carte sont semblables.

Soit

$$ds^2 = \mathrm{E}\, du^2 + 2\mathrm{F}\, du\, dv + \mathrm{G}\, dv^2$$

le carré de l'élément d'arc sur la surface. Si l'on exprime u et v en fonction des coordonnées rectangulaires X et Y sur le plan de la carte, on doit avoir (§ 2)

$$\mathrm{E}\, du^2 + 2\mathrm{F}\, du\, dv + \mathrm{G}\, dv^2 = \lambda\,(d\mathrm{X}^2 + d\mathrm{Y}^2)$$

égalité qui exprime que les carrés des éléments linéaires sur le plan et sur la surface sont proportionnels. Le problème des cartes géographiques revient donc à exprimer u et v en fonction de X et Y, de telle sorte qu'à un facteur près la forme qui représente ds^2 se réduise à $\overline{d\mathrm{X}}^2 + \overline{d\mathrm{Y}}^2$.

Cette réduction, comme Lagrange l'a montré, peut être faite d'une infinité de manières. Il est évident, *a priori*, que d'une carte on déduira toutes les autres, en effectuant sur cette carte une transformation quelconque conservant les angles, transformation étudiée dans la Section II. Pour démontrer la possibilité de la réduction annoncée, il faut nous appuyer sur le résultat suivant, que nous aurons à reprendre avec plus de détail dans la théorie des équations du premier ordre.

Étant donnée une expression

$$\mathrm{P}\, dx + \mathrm{Q}\, dy,$$

où P et Q sont des fonctions quelconques de x et y, il existe une fonction μ de x et y, telle que

$$\mu(\mathrm{P}\, dx + \mathrm{Q}\, dy)$$

soit une différentielle totale. Il faut et il suffit pour cela que

$$\mathrm{P}\,\frac{\partial\mu}{\partial y} - \mathrm{Q}\,\frac{\partial\mu}{\partial x} + \mu\left(\frac{\partial\mathrm{P}}{\partial y} - \frac{\partial\mathrm{Q}}{\partial x}\right) = 0.$$

On n'aura aucune difficulté à admettre pour le moment qu'il existe une fonction μ de x et y (et même une infinité) satisfaisant à cette unique équation. On appellera μ un facteur intégrant de l'expression $P\,dx + Q\,dy$.

Ceci posé, reprenons

$$ds^2 = E\,du^2 + 2F\,du\,dv + G\,dv^2 \qquad (EG - F^2 > 0).$$

Nous pouvons décomposer cette forme quadratique en du et dv en un produit de deux facteurs qui seront imaginaires conjugués. Soit

$$ds^2 = (a\,du + b\,dv)(a'\,du + b'\,dv);$$

a et a', b et b' sont des fonctions imaginaires conjuguées des deux variables réelles u et v. L'expression

$$a\,du + b\,dv$$

admettra un facteur intégrant que nous écrirons sous la forme $m + ni$, en mettant en évidence la partie réelle et la partie imaginaire. On a donc

$$(m + ni)(a\,du + b\,dv) = dX + i\,dY,$$

X et Y étant deux certaines fonctions de u et v.

Pareillement,

$$(m - ni)(a'\,du + b'\,dv) = dX - i\,dY;$$

par suite,

$$ds^2(m^2 + n^2) = dX^2 + dY^2.$$

Les deux fonctions X, Y de u, v établissent donc la correspondance cherchée entre les points de la surface et les points du plan (X, Y).

La recherche du facteur intégrant exigeant, en général, l'intégration d'une équation du premier ordre, le calcul précédent donne seulement la démonstration de la possibilité théorique de la réduction.

22. Prenons quelques exemples simples. Proposons-nous de faire la carte d'une sphère; en la rapportant à son centre et désignant par φ et θ la longitude et le complément de la latitude d'un

point (x, y, z), nous avons

$$x = R \sin\theta \cos\psi,$$
$$y = R \sin\theta \sin\psi,$$
$$z = R \cos\theta,$$

R étant le rayon de la sphère. On a de suite

$$ds^2 = R^2(d\theta^2 + \sin^2\theta \, d\psi^2).$$

Pour ramener ds^2 à la forme $\mu(dX^2 + dY^2)$, nous pouvons écrire

$$ds^2 = R^2 \sin^2\theta \left(\frac{d\theta^2}{\sin^2\theta} + d\psi^2 \right)$$

Il suffit alors de poser

$$dX = \frac{d\theta}{\sin\theta}, \qquad dY = d\psi,$$

ce qui donne

$$X = \log \tang \frac{\theta}{2}, \qquad Y = \psi$$

On a alors une carte dans laquelle les parallèles et les méridiens sont représentés par des parallèles aux axes de coordonnées. C'est la *carte de Mercator*.

Une autre carte de la sphère peut être obtenue de la manière suivante. Écrivons ds^2 sous la forme

$$ds^2 = 4 \cos^2 \frac{\theta}{2} \left(\frac{R^2 \, d\theta^2}{4\cos^4 \frac{\theta}{2}} + R^2 \tang^2 \frac{\theta}{2} \, d\psi^2 \right).$$

Si l'on pose $\rho = R \tang \frac{\theta}{2}$, on aura alors

$$ds^2 = 4 \cos^4 \frac{\theta}{2} (d\rho^2 + \rho^2 \, d\psi^2).$$

La quantité entre crochets représente le carré de l'élément linéaire dans un plan, rapporté aux coordonnées polaires (ρ et ψ). Par conséquent, si l'on pose

$$X = \rho \cos\psi, \qquad Y = \rho \sin\psi,$$

on aura

$$ds^2 = 4\cos^4\frac{\theta}{2}\,(dX^2 + dY^2),$$

forme correspondant à une carte géographique. Il est facile d'interpréter géométriquement le résultat qui précède. Prenons la projection stéréographique sur le plan de l'équateur, le point de vue étant au pôle austral sur la sphère. Si α est la projection stéréographique du point $A(\theta, \phi)$, on aura évidemment

$$O\alpha = R\,\mathrm{tang}\,\frac{\theta}{2}.$$

Les coordonnées polaires du point α dans le plan sont donc $R\,\mathrm{tang}\,\frac{\theta}{2}$ et ϕ. La carte que nous avons obtenue n'est donc autre que *la carte par projection stéréographique*; le calcul précédent conduit à ce résultat bien connu que cette transformation conserve les angles.

23. Terminons en faisant la carte de l'ellipsoïde

$$\frac{x^2}{a^2} + \frac{y^2}{b^2} + \frac{z^2}{c^2} = 1 \qquad (a > b > c).$$

Nous prendrons les coordonnées elliptiques λ et μ sur cette surface. Le paramètre λ, supposé compris entre $-a^2$ et $-b^2$, correspond à l'hyperboloïde à deux nappes

$$\frac{x^2}{a^2+\lambda} + \frac{y^2}{b^2+\lambda} + \frac{z^2}{c^2+\lambda} = 1.$$

μ, compris entre $-b^2$ et $-c^2$, correspond à l'hyperboloïde à une nappe

$$\frac{x^2}{a^2+\mu} + \frac{y^2}{b^2+\mu} + \frac{z^2}{c^2+\mu} = 1.$$

Les trois équations précédentes donnent

$$x^2 = \frac{a^2(a^2+\lambda)(a^2+\mu)}{(a^2-b^2)(a^2-c^2)},$$

$$y^2 = \frac{b^2(b^2+\lambda)(b^2+\mu)}{(b^2-c^2)(b^2-a^2)},$$

$$z^2 = \frac{c^2(c^2+\lambda)(c^2+\mu)}{(c^2-a^2)(c^2-b^2)}.$$

Calculons
$$ds^2 = dx^2 + dy^2 + dz^2;$$

on a
$$2\frac{dx}{x} = \frac{d\lambda}{a^2 - \lambda} + \frac{d\mu}{a^2 - \mu},$$
$$2\frac{dy}{y} = \frac{d\lambda}{b^2 - \lambda} + \frac{d\mu}{b^2 - \mu},$$
$$2\frac{dz}{z} = \frac{d\lambda}{c^2 - \lambda} + \frac{d\mu}{c^2 - \mu}$$

et, par conséquent,
$$\tfrac{1}{4}ds^2 = M_1\,d\lambda^2 + M_2\,d\mu^2,$$

en posant
$$M_1 = \frac{x^2}{(a^2-\lambda)^2} + \frac{y^2}{(b^2-\lambda)^2} + \frac{z^2}{(c^2-\lambda)^2},$$
$$M_2 = \frac{x^2}{(a^2-\mu)^2} + \frac{y^2}{(b^2-\mu)^2} + \frac{z^2}{(c^2-\mu)^2}.$$

Pour calculer rapidement M_1 et M_2, opérons comme le fait Jacobi (*Vorlesungen über Dynamik*). Soit
$$u(t) = 1 - \frac{x^2}{a^2 - t} - \frac{y^2}{b^2 - t} - \frac{z^2}{c^2 - t},$$

on a
$$\left(\frac{du}{dt}\right)_{t=\lambda} = \frac{x^2}{(a^2-\lambda)^2} + \frac{y^2}{(b^2-\lambda)^2} + \frac{z^2}{(c^2-\lambda)^2} = M_1.$$

Mais, d'autre part, $u(t)$ s'annulant pour $t=0$, $t=\lambda$, $t=\mu$, on peut écrire
$$u(t) = \frac{t(t-\lambda)(t-\mu)}{(a^2-t)(b^2-t)(c^2-t)},$$

donc
$$\left(\frac{du}{dt}\right)_{t=\lambda} = \frac{\lambda(\lambda-\mu)}{(a^2-\lambda)(b^2-\lambda)(c^2-\lambda)}.$$

Ainsi
$$M_1 = \frac{\lambda(\lambda-\mu)}{(a^2-\lambda)(b^2-\lambda)(c^2-\lambda)}, \qquad M_2 = \frac{\mu(\mu-\lambda)}{(a^2-\mu)(b^2-\mu)(c^2-\mu)}.$$

Nous avons donc
$$\tfrac{1}{4}ds^2 = (\mu-\lambda)\left[\frac{\lambda}{(a^2-\lambda)(b^2-\lambda)(c^2-\lambda)}\,d\lambda^2 - \frac{\mu}{(a^2-\mu)(b^2-\mu)(c^2-\mu)}\,d\mu^2\right].$$

Cette formule permet d'obtenir immédiatement une carte géographique de l'ellipsoïde. Il suffit de poser

$$X = \int \sqrt{\frac{\lambda}{(a^2+\lambda)(b^2+\lambda)(c^2+\lambda)}}\, d\lambda,$$

$$Y = \int \sqrt{\frac{\mu}{(a^2+\mu)(b^2+\mu)(c^2+\mu)}}\, d\mu.$$

Les deux systèmes de lignes de courbure de la surface, correspondant à $\lambda = $ const. et $\mu = $ const., seront représentés sur la carte par des parallèles aux axes de coordonnées.

FIN DU TOME I.

18841   Paris. — Imp. GAUTHIER-VILLARS ET FILS, quai des Grands-Augustins, 55.